国家卫生和计划生育委员会"十二五"规划教材
全国中医药高职高专院校教材
全国高等医药教材建设研究会规划教材
供医疗美容技术专业用

美容实用技术

第 2 版

主　编　张丽宏

副主编　曾小平　王　艳　赵　丽

编　委　（按姓氏笔画为序）

王　艳（湖北中医药高等专科学校）

申芳芳（山东中医药高等专科学校）

李春雨（安徽中医药高等专科学校）

张　苗（福建中医药大学）

张　婳（安徽中医药高等专科学校）

张丽宏（黑龙江中医药大学佳木斯学院）

季顺欣（黑龙江中医药大学佳木斯学院）

赵　丽（辽宁卫生职业技术学院）

贾小丽（四川中医药高等专科学校）

曾小平（江西中医药高等专科学校）

雷双媛（黑龙江中医药大学佳木斯学院）

U0322796

人民卫生出版社

图书在版编目（CIP）数据

美容实用技术 / 张丽宏主编. —2 版. —北京：人民卫生
出版社，2014

ISBN 978-7-117-19005-3

Ⅰ．①美…　Ⅱ．①张…　Ⅲ．①美容－中医学－高等职
业教育－教材　Ⅳ．①R275②TS974.1

中国版本图书馆 CIP 数据核字（2014）第 112964 号

| 人卫社官网　www.pmph.com | 出版物查询，在线购书 |
| 人卫医学网　www.ipmph.com | 医学考试辅导，医学数据库服务，医学教育资源，大众健康资讯 |

美容实用技术
第 2 版

主　　编：张丽宏
出版发行：人民卫生出版社（中继线 010-59780011）
地　　址：北京市朝阳区潘家园南里 19 号
邮　　编：100021
E - mail：pmph @ pmph.com
购书热线：010-59787592　010-59787584　010-65264830
印　　刷：三河市尚艺印装有限公司
经　　销：新华书店
开　　本：787 × 1092　1/16　印张：21
字　　数：524 千字
版　　次：2010 年 5 月第 1 版　　2014 年 7 月第 2 版
　　　　　2019 年 7 月第 2 版第 7 次印刷（总第 9 次印刷）
标准书号：ISBN 978-7-117-19005-3/R · 19006
定　　价：42.00 元

打击盗版举报电话：010-59787491　E-mail：WQ @ pmph.com
（凡属印装质量问题请与本社市场营销中心联系退换）

《美容实用技术》网络增值服务编委会名单

主 编 张丽宏

副主编 季顺欣 申芳芳 雷双媛

编 委 （按姓氏笔画为序）

王 艳（湖北中医药高等专科学校）

申芳芳（山东中医药高等专科学校）

李春雨（安徽中医药高等专科学校）

张 苗（福建中医药大学）

张 姵（安徽中医药高等专科学校）

张丽宏（黑龙江中医药大学佳木斯学院）

季顺欣（黑龙江中医药大学佳木斯学院）

赵 丽（辽宁卫生职业技术学院）

贾小丽（四川中医药高等专科学校）

曾小平（江西中医药高等专科学校）

雷双媛（黑龙江中医药大学佳木斯学院）

全国中医药高职高专国家卫生和计划生育委员会规划教材
第三轮修订说明

　　全国中医药高职高专卫生部规划教材第 1 版(6 个专业 63 种教材)2005 年 6 月正式出版发行,是以安徽、湖北、山东、湖南、江西、重庆、黑龙江等 7 个省市的中医药高等专科学校为主体,全国 20 余所中医药院校专家教授共同编写。该套教材首版以来及时缓解了中医药高职高专教材缺乏的状况,适应了中医药高职高专教学需求,对中医药高职高专教育的发展起到了重要的促进作用。

　　为了进一步适应中医药高等职业教育的快速发展,第 2 版教材于 2010 年 7 月正式出版发行,新版教材整合了中医学、中药、针灸推拿、中医骨伤、护理等 5 个专业,其中将中医护理学专业名称改为护理;新增了医疗美容技术、康复治疗技术 2 个新专业的教材。全套教材共 86 种,其中 38 种教材被教育部确定为普通高等教育"十一五"国家级规划教材。第 2 版教材由全国 30 余所中医药院校专家教授共同参与编写,整个教材编写工作彰显了中医药特色,突出了职业教育的特点,为我国中医药高等职业教育的人才培养作出了重要贡献。

　　在国家大力推进医药卫生体制改革,发展中医药事业和高等中医药职业教育教学改革的新形势下,为了更好地贯彻落实《国家中长期教育改革和发展规划纲要(2010–2020)》和《医药卫生中长期人才发展规划(2011–2020)》,推动中医药高职高专教育的发展,2013 年 6 月,全国高等医药教材建设研究会、人民卫生出版社在教育部、国家卫生和计划生育委员会、国家中医药管理局的领导下,全面组织和规划了全国中医药高职高专第三轮规划教材(国家卫生和计划生育委员会"十二五"规划教材)的编写和修订工作。

　　为做好本轮教材的出版工作,成立了第三届中医药高职高专教育教材建设指导委员会和各专业教材评审委员会,以指导和组织教材的编写和评审工作,确保教材编写质量;在充分调研的基础上,广泛听取了一线教师对前两版教材的使用意见,汲取前两版教材建设的成功经验,分析教材中存在的问题,力求在新版教材中有所创新,有所突破。新版教材仍设置中医学、中药、针灸推拿、中医骨伤、护理、医疗美容技术、康复治疗技术 7 个专业,并将中医药领域成熟的新理论、新知识、新技术、新成果根据需要吸收到教材中来,新增 5 种新教材,共 91 种教材。

　　新版教材具有以下特色:

　　1. 定位准确,特色鲜明　本套教材遵循各专业培养目标的要求,力求体现"专科特色、技能特点、时代特征",既体现职业性,又体现其高等教育性,注意与本科教材、中专教材的区别,同时体现了明显的中医药特色。

　　2. 谨守大纲,重点突出　坚持"教材编写以教学计划为基本依据"的原则,本次教材修订的编写大纲,符合高职高专相关专业的培养目标与要求,以培养目标为导向、职业岗位能力需求为前提、综合职业能力培养为根本,注重基本理论、基本知识和基本技能的培养和全面素质的提高。体现职业教育对人才的要求,突出教学重点、知识点明确,有与之匹配的教学大纲。

3. 整体优化,有机衔接 本套教材编写从人才培养目标着眼,各门教材是为整个专业培养目标所设定的课程服务,淡化了各自学科的独立完整性和系统性意识。基础课教材内容服务于专业课教材,以"必需,够用"为度,强调基本技能的培养;专业课教材紧密围绕专业培养目标的需要进行选材。全套教材有机衔接,使之成为完成专业培养目标服务的有机整体。

4. 淡化理论,强化实用 本套教材的编写结合职业岗位的任职要求,编写内容对接岗位要求,以适应职业教育快速发展。严格把握教材内容的深度、广度和侧重点,突出应用型、技能型教育内容。避免理论与实际脱节,教育与实践脱节,人才培养与社会需求脱节的倾向。

5. 内容形式,服务学生 本套教材的编写体现以学生为中心的编写理念。教材内容的增减、结构的设置、编写风格等都有助于实现和满足学生的发展需求。为了解决调研过程中教材编写形式存在的问题,本套教材设有"学习要点"、"知识链接"、"知识拓展"、"病案分析(案例分析)"、"课堂讨论"、"操作要点"、"复习思考题"等模块,以增强学生学习的目的性和主动性及教材的可读性,强化知识的应用和实践技能的培养,提高学生分析问题、解决问题的能力。

6. 针对岗位,学考结合 本套教材编写要按照职业教育培养目标,将国家职业技能的相关标准和要求融入教材中。充分考虑学生考取相关职业资格证书、岗位证书的需要,与职业岗位证书相关的教材,其内容和实训项目的选取涵盖相关的考试内容,做到学考结合,体现了职业教育的特点。

7. 增值服务,丰富资源 新版教材最大的亮点之一就是建设集纸质教材和网络增值服务的立体化教材服务体系。以本套教材编写指导思想和整体规划为核心,并结合网络增值服务特点进行本套教材网络增值服务内容规划。本套教材的网络增值服务内容以精品化、多媒体化、立体化为特点,实现与教学要求匹配、与岗位需求对接、与执业考试接轨,打造优质、生动、立体的网络学习内容,为向读者和作者提供优质的教育服务、紧跟教育信息化发展趋势并提升教材的核心竞争力。

新版教材的编写,得到全国 40 余家中医药高职高专院校、本科院校及部分西医院校的专家和教师的积极支持和参与,他们从事高职高专教育工作多年,具有丰富的教学经验,并对编写本学科教材提出很多独到的见解。新版教材的编写,在中医药高职高专教育教材建设指导委员会和各专业教材评审委员会指导下,经过调研会议、论证会议、主编人会议、各专业编写会议、审定稿会议,确保了教材的科学性、先进性和实用性。在此,谨向有关单位和个人表示衷心的感谢!

希望本套教材能够对全国中医药高职高专人才的培养和教育教学改革产生积极的推动作用,同时希望各位专家、学者及读者朋友提出宝贵意见或建议,以便不断完善和提高。

全国高等医药教材建设研究会
第三届全国中医药高职高专教育教材建设指导委员会
人民卫生出版社
2014 年 4 月

全国中医药高职高专第三轮规划教材书目

中医学专业

1 大学语文（第3版）	孙　洁	
2 中医诊断学（第3版）	马维平	
3 中医基础理论（第3版）★	吕文亮	
	徐宜兵	
4 生理学（第3版）★	郭争鸣	
5 病理学（第3版）	赵国胜	
	苑光军	
6 人体解剖学（第3版）	盖一峰	
	高晓勤	
7 免疫学与病原生物学（第3版）	刘文辉	
	刘维庆	
8 诊断学基础（第3版）	李广元	
9 药理学（第3版）	侯　晞	
10 中医内科学（第3版）★	陈建章	
11 中医外科学（第3版）★	陈卫平	

12 中医妇科学（第3版）　　　盛　红
13 中医儿科学（第3版）★　　聂绍通
14 中医伤科学（第3版）　　　方家选
15 中药学（第3版）　　　　　杨德全
16 方剂学（第3版）★　　　　王义祁
17 针灸学（第3版）　　　　　汪安宁
18 推拿学（第3版）　　　　　郭　翔
19 医学心理学（第3版）　　　侯再金
20 西医内科学（第3版）★　　许幼晖
21 西医外科学（第3版）　　　贾　奎
22 西医妇产科学（第3版）　　周梅玲
23 西医儿科学（第3版）　　　金荣华
24 传染病学（第2版）　　　　陈艳成
25 预防医学　　　　　　　　　吴　娟

中医骨伤专业

26 中医正骨（第3版）　　　　莫善华
27 中医筋伤（第3版）　　　　涂国卿
28 中医骨伤科基础（第3版）★　冼　华
　　　　　　　　　　　　　　陈中定
29 中医骨病（第3版）　　　　谢　强

30 骨科手术（第3版）　　　　黄振元
31 创伤急救（第3版）　　　　魏宪纯
32 骨伤科影像诊断技术　　　申小年
33 骨科手术入路解剖学　　　王春成

中 药 专 业

34 中医学基础概要（第3版）　宋传荣
　　　　　　　　　　　　　　何正显
35 中药药理与应用（第3版）　徐晓玉
36 中药药剂学（第3版）　　　胡志方
　　　　　　　　　　　　　　李建民
37 中药炮制技术（第3版）　　刘　波
　　　　　　　　　　　　　　李　铭
38 中药鉴定技术（第3版）　　张钦德
39 中药化学技术（第3版）　　李　端
　　　　　　　　　　　　　　陈　斌

40 中药方剂学（第3版）　　　吴俊荣
　　　　　　　　　　　　　　马　波
41 有机化学（第3版）★　　　王志江
　　　　　　　　　　　　　　陈东林
42 药用植物栽培技术（第2版）★宋丽艳
43 药用植物学（第3版）★　　郑小吉
　　　　　　　　　　　　　　金　虹
44 药事管理与法规（第3版）　周铁文
　　　　　　　　　　　　　　潘年松
45 无机化学（第3版）　　　　冯务群

针灸推拿专业

医疗美容技术专业

康复治疗技术专业

护 理 专 业

★为"十二五"职业教育国家规划教材。

第三届全国中医药高职高专教育教材建设指导委员会名单

顾　问

刘德培　于文明　王　晨　洪　净　文历阳　沈　彬　周　杰
王永炎　石学敏　张伯礼　邓铁涛　吴恒亚

主任委员

赵国胜　方家选

副主任委员（按姓氏笔画为序）

王义祁　王之虹　吕文亮　李　丽　李　铭　李建民　何文彬
何正显　张立祥　张同君　金鲁明　周建军　胡志方　侯再金
郭争鸣

委　员（按姓氏笔画为序）

王文政　王书林　王秀兰　王洪全　刘福昌　李灿东　李治田
李榆梅　杨思进　宋立华　张宏伟　张俊龙　张美林　张登山
陈文松　金玉忠　金安娜　周英信　周忠民　屈玉明　徐家正
董维春　董辉光　潘年松

秘　书

汪荣斌　王春成　马光宇

第三届全国中医药高职高专院校医疗美容技术专业教材评审委员会名单

主任委员

李建民

副主任委员

黄丽萍　陈丽娟

委　员（按姓氏笔画为序）

申芳芳　陈美仁　范俊德　胡　玲

再 版 前 言

为了更好地贯彻落实《国家中长期教育改革和发展规划纲要》和《医药卫生中长期人才发展规划（2011-2020 年）》，推动中医药高职高专教育的发展，培养中医药类高级技能型人才，在总结汲取前一版教材成功经验的基础上，在全国高等医药教材建设研究会、全国中医药高职高专教材建设指导委员会的组织规划下，按照全国中医药高职高专院校各专业的培养目标，确立本课程的教学内容并编写了本教材。

本教材共分为 10 章，系统阐述了美容技术的发展、对象、应用领域等，囊括了各类美容实用技法，包含了临床验证具有可靠疗效的成熟技术、普遍应用技术，以及新兴的具有实用前景的新技术等，书中介绍的这些技术涵盖面广、实用性强、角度新颖、图文并茂、技法全面，本书还增加了许多富有实用指导性的技法，并充实了其理论依据。

全书注重理论与实践、基础与临床的密切结合，做到了技术的应用开发有据可依，有源可循，真正体现了科学性、实用性、规范性、前瞻性的统一，本书有着较高的学术价值，是目前涉及面广、系统全面、实用性较强的美容技术教材。

本书在编写过程中，参阅了大量美容界同行出版的相关论著，并对于一些技术加以汲取和借鉴，在此表示衷心地感谢！但由于时间仓促，书中疏漏之处，敬请美容界各位同仁批评指正。美容技术是一个新兴的行业，美容教育更是个充满激情的事业，其飞速发展，让更多求美者的梦想变为现实，中华传统医学美容的养生理念更是为美容技术锦上添花。作为美容行业的从教者，我们深深地热爱这一事业，并愿意在美容教育的道路上永远追寻下去！

本书特别对湖北中医药高等专科学校王艳、安徽中医药高等专科学校李春雨、黑龙江中医药大学佳木斯学院季顺欣、雷双媛等老师的大力协助，表示衷心的谢意。

由于时间和经验所限，教材可能会存在一些不足或疏漏之处，恳请广大师生在使用中提出宝贵意见，以使我们不断修订完善。

《美容实用技术》编委会
2014 年 5 月

目 录

绪 篇

上 篇

下　篇

绪 篇

第一章 绪 论

学习要点

美容医学的发展概况；当前美容实用技术存在的学科状况及地位；美容相关概念的内涵和外延。

从古至今，美是一个永恒的话题。爱美是人的天性，美不仅仅是人类进化的产物，也是生产力发展、社会文明的标志。随着科学技术的飞速发展，以美容经济、美容产业、美容教育为主体的"美容文化"已经成为社会发展的必需。

自 20 世纪 80 年代以来，医学领域里出现了"美容医学"这个新兴交叉学科，特别是医学与美学的"联姻"，导致医学美学学科的建立，赋予了美容医学崭新的形象和内容。经过30 余年的实践，美容医学迅速发展起来，有了自己的理论基础、学科群系、概念、研究对象、体系结构、方法、技术、应用等，从而衍生出许多新兴的分支学科，如医学人体美学、美容皮肤科学、美容外科学、美容实用技术、化妆品学、美容心理学、美容保健技术、美容内科学、美容牙科学、美容营销学等。

美容医学的形成和发展，是医学发展到一定时期的产物，是现代科学发展的又一趋势。美容实用技术作为美容医学的一个新兴分支学科，顺应了现代高新技术的应用及时代的社会需求。

一、美容实用技术的概念和对象

随着美容医学的蓬勃发展，许多美容技术如肌肤养护、塑形美体、注射填充、激光、冷冻、文饰等日益显现出其应用的重要性来。这些技术有的从属于美容医学的分支学科，如美容皮肤科学、美容外科学、美容牙科等；有的自成一体，如来源于理化医疗技术、按摩技术、传统的文饰技术等。同时，随着人们美容观念的转变，人与社会、人与自然及与自身的相互适应与和谐，给健康赋予了新的内涵。随之而来的养生技术、芳香技术等一些新技术应运而生。如何把这些散在的、实用性、操作性较强的新老美容技术项目集中统一起来，归纳为一个整体，避免长期孤立地仅在某一分支学科中单向发展，使其成为美容医学中的一个应用性技术群，已经势在必行。这不仅有利于专业技术人才的培养，有力于临床实践研究的提高和学科系统的发展，而且丰富了美容医学的学科内涵，顺应了当代科学由分化走向整合发展的新要求。

经过多年的医疗实践，综合了许多学者的观点，我们认为：美容实用技术主要是以医学美学原理为指导，以中西医理论为基础，同时根据人体皮肤容颜的自然变化和形成规律，将分散于各医学母体学科的一些技术和方法融为一体（除外美容牙科和美容外科），研究各种美容操作技术、技巧和手法，维护、修复、改善和重塑人体形态美的一门学科，是不同的美容技术作用原理及技法的总和，是美容医学领域中一个实用性很强的应用性技术群。它与美容医学的其他分支学科同时存在，并广泛应用于美容医学实践中，是美容医学整体学科中的重要组成部分。

 **知识链接**

相关概念

1. **医学美容**　是指使用药物、手术、手法、医疗仪器及其他损伤性或侵入性医学手段所进行的美容。

2. **美容医学**　是一门以人体形式美理论为指导，采取手术或非手术的医学手段，来直接维护、修复和再塑人体美，以增进人的生命活动美感和生命质量为目的的新兴医学交叉学科（张其亮）。它是一个学科，包含美容皮肤科学、美容外科学、美容内科学、美容牙科学、物理美容学、美容医学基础理论、中医美容学、美容实用技术、美容保健技术学等分支学科。

3. **医学美学**　研究医学领域中的美与审美的一般规律和医学审美创造的医学人文科学。

4. **技术**　泛指生产实践经验和自然科学原理而发展成的工艺操作方法和技能。

美容实用技术的实施对象，主要是在健康的基础上具有求美愿望的人群，以达到人的健与美的和谐统一，从而提高人类生命的质量和水平。

由于美容实用技术作为独立的分支学科形成不久，其内涵与外延仍存在一定的不确定性，美容医学界对它的认识还不够深入，尚需要进一步加强学术研究，完善其理论结构。

二、美容实用技术课程的地位和基本任务

（一）课程的地位

美容实用技术是一门应用技术性很强的美容医学分支学科，是医学美容专业课程体系中最基本的骨干课之一，是美容专业学生在校学习期间的必修课程，在美容教育教学中发挥着重要的作用，为学生实习提供了必要的美容基础知识和基本技能。

（二）课程的基本任务

（1）运用目前已经成熟的基础理论和实践技术，充分满足广大社会求美人士的需求。

（2）在医学美学原理和医学理论指导下，充实提高美容实用技术理论，逐渐丰富、完善这一年轻的技术群体，使之在众多学科中脱颖而出，成为美容医学的一朵奇葩。

（3）充分运用美学、医学及美容医学相关学科的成熟理论，研究考证新兴的美容技术、技法，为其寻找科学理论支撑点，从而发展安全、有效、科学的美容技术。

（4）进一步科学地借鉴美容医学相关学科的知识和技能，结合美容技术临床实践，不断探索、丰富、发展、创新、精益求精，使求美者与实施者之间达到美容心理上的沟通和共识，从而获得最佳的美容效果；同时，也为美容医学学科的发展、完善、成熟作出贡献。

（5）注重和提高美容实用技术的科技含量是一项长期而重要的任务。虽然美容实用技术在我国飞速发展，但有些技术急功近利，缺乏理论根据及科技水平，科技含量和实践精度与国际先进水平相比还有一定的差距。因而将美容实用技术的发展与科学技术同步，将是一项长期而艰巨的重要任务。

（6）美容实用技术学科是一个新生事物，人才培养、教材编著是美容实用技术服务事业得以延续和发展的根本因素。

三、美容实用技术的应用领域

从近年来我国美容医学学科研究和美容实用技术的应用情况来看，美容实用技术的应用领域大体包含以下几个方面：

1．肌肤养护技术　包括皮肤专业养护技术、毛发美容技术和美容文饰技术、芳香美容技术等。

2．物理化学美容技术　包括激光美容技术、冷冻美容技术、磨削美容技术、化学剥脱美容技术等。

3．仪器美容技术　包括皮肤检测美容仪、皮肤清洁美容仪、皮肤修复美容仪等。

4．微创或非手术美体塑形技术　包括注射填充美容技术、吸脂塑形技术及其他美体塑身技术等。

5．装饰技术　包括化妆技术、美甲技术等。

四、美容实用技术的发展前景

美容实用技术作为美容医学的分支学科，是在社会需求不断增长的新形势下迅速发展壮大起来的。虽然把它确立为一个应用性技术群，但如何在现代医学模式转变及医学技术飞速发展的今天，充分满足求美者急剧增长的审美要求，以及美容观念的转变；在美容产品层出不穷，美容材料不断更新，美容项目、美容技法不断翻新的趋势下，如何应对美容行业愈来愈激烈的竞争；如何为新项目、新技术寻找科学依据及理论支撑；如何完善美容技术专业队伍建设，都将是一个长期而艰巨的使命。美容已是人们之必需，由美容资源、美容产业、美容市场等要素构成的美容经济，已成为消费热点之一，美容实用技术的发展前景艰辛而光明。

附　医学美容的发展史

一、西方整形外科的发展

从医学的历史记载来看，整形外科是战争的产物。两次世界大战造成了大量的创伤畸形，伤残将士们要求国家医疗机构为其做修补、整形、再造手术，尽可能恢复其原有的体态容貌。经过相当的一段过程，这种手术实践、手术方法一再创新，技术水平也不断提高。因而，在一些医疗技术先进的国家中，整形外科从外科学中分化出来，形成独立的医学分支学科。整形外科的医师们，在医学实践中渐渐意识到：应该恢复和改善人体的自然形态，并作为整形外科医学实践活动的出发点和落脚点。同时，对于先天性、感染性的畸形与缺损也有了一定认识。经过临床实践，整形外科得到了充实和发展。

在整形外科实践活动的启发下，有些医师开始思考能否在健康体态与容貌上进行整形和再造技术来获得美感。基于上述想法，有些整形外科医师利用业余时间进行健康手术设计，或者有的医师私下秘密做一些美容整形手术。因为，这在当时的某些国家是不被允许的，并且受到医学界的反对。

二、西方现代美容整形外科的形成发展

二次世界大战后，英、美、日、意等国家开始实施发展生产、繁荣经济的建设方针，促使人们生活水平迅速提高。当人们物质生活条件得到满足之后，对自身容貌和体态的追求越来越高，要求做美容手术的人

与日俱增。这促使整形外科医师开始向美容整形专业发展，从而使美容整形技术日趋成熟。于是，自20世纪70年代以后，有些国家的美容整形外科开始从整形外科中分离出来，成为独立的"美容整形外科"。直至20世纪80年代，美容整形外科才逐渐得到国际医学界的认可和重视。

1979年，国际美容整形外科协会在纽约成立。此后，在美国出版发行了世界上首本医学美容杂志——《美容整形外科杂志》。其后，日本美容外科学会出版了世界上第二本医学美容杂志——《日本美容外科学会会报》。有些国家则在医学杂志上开辟了美容整形专栏，为美容医学的发展作出了贡献。

对于现代美容整形外科的形成发展，作出重要贡献的国家有：法国、美国、英国、意大利、德国、新加坡、日本，此外，中国经络美容和许多中医药美容在国外医学美容事业中也占有显著地位。

1975年3月，在雅典举行的第29届国际美容学会上，东方代表宣读的《经络美容法》论文，获得"狂热"的反响。同时，将化妆品、美容学、医学美容学分别设为独立的学科组，虽然具有医学美容的内涵，但尚未受到国际医学界的广泛参与。

三、我国现代医学美容学的兴起与发展

20世纪80年代，随着美容外科、皮肤美容、口腔颌面美容等学术活动的开展，及医学美学基础理论研究的兴起，我国现代医学美容学逐渐发展和兴盛起来。它不仅积累了我国现代医学实践经验，继承和发扬了祖国传统医学美容的精华，而且融合了国外医学美容的先进技术。

目前，国外的医学美容仍处在美容技术单项发展、"各自为政"的状态。与国外医学美容相比，我国现代医学美容具有起步晚、发展快和综合发展趋势的三大特点。

随着国民经济的迅速发展，人民生活水平普遍提高，人们追求美的欲望和需求日益高涨，这激发了广大医务工作者的热情，积极投身到医学美容理论与技术的研究之中。自1987年以来，我国医学美容的研究与实践进入了长足发展的时期。在国际上颇具影响力的中华医学会医学美学与美容学会于1990年11月成立，并设有四个学组，六个工作组。

对于我国现代医学美容学的兴起与发展作出突出贡献的专家有：

(1) 美容外科方面较早的有：宋儒生、张涤生、朱洪荫、汪良能、王大枚等。

(2) 美容皮肤科方面较早的有：王高松、李树莱、张其亮等。

(3) 口腔医学美学方面有：孙少宣、张震康、王兴等。

(4) 医学美容学基础理论研究方面，较系统研究的有：彭庆星、邱琳枝、丁蕙孙、赵永耀等。

总之，现代医学模式正在由传统的生物医学模式向生物—心理—社会医学模式转变，由原来维持人的生存、救死扶伤到全力满足人的全方位需求，以提高人的生命质量，增进人的生命活力，提高健与美的质量及健与美的高度和谐统一为最终目标。

因此，医学美容工作者要努力适应这一转变，体现"以人为本"，端正服务思想，提高专业技能，尤其是要打好基础，不断充实自己，紧跟时代科技发展，成为合格的美容工作者。医学美容发展之势已经势不可挡，并且有着光辉的前景，我们坚信：医学美容的明天将会更加美好。

（张丽宏）

❓复习思考题

1. 如何理解美容实用技术的概念和对象？

2. 美容实用技术在当今美容业的地位如何？

学习要点

> 皮肤的解剖结构及美容作用意义；运用皮肤美容知识解释当前存在的美容现象；通过皮肤结构特点分析皮肤的生理功能；鉴别并区分不同皮肤类型；皮肤保养原则意识的重要作用。

马雅可夫斯基说："没有任何一件美丽的外衣比得上健康的皮肤。"美丽而健康的皮肤，是古今爱美人士孜孜不倦的追求，也是美容最重要的内容。新陈代谢的自然规律，决定了追求皮肤永远美丽、长生不老是不现实的，青春永驻也只能是人们美好的愿望。现代生物医学及科技高度发达的今天，延缓衰老，推迟皮肤老化逐渐变为现实。要想拥有健康而美丽的容颜，科学、正确的运用养护手段，首先要从皮肤美容的基本知识开始。

第一节　皮肤的解剖构成

皮肤是人体最大的组织器官，覆盖于人体表面，处于机体和外界环境之间，与空气密切接触，是人体的第一道防线，具有十分重要的功能，也是美容保健的主要对象。由于皮肤的特殊位置，直接反映了人体内外环境的变化，无论皮肤何种结构出现异常，均会影响到皮肤的健美。

 知识链接

正常皮肤颜色的决定因素

皮肤主要由黑、红、黄、白等色调构成，正常皮肤颜色的主要决定因素有：①皮肤的厚薄，特别是角质层和颗粒层的厚薄，不仅对人的肤色有影响，同时对皮肤的吸收也产生一定的影响。角质层和颗粒层过厚，皮肤透光性差，看上去皮肤发黄无光泽，吸收力差，护理时可用磨砂膏或去死皮方法祛除，以保持皮肤细嫩。②皮肤中毛细血管分布的疏密、深浅及血流量。③皮肤中黑色素的含量，黑色素是一种保护性色素，是褐色的颗粒，它的多少、分布和疏密决定皮肤的黑度。黑种人的黑色素几乎密集分布于表皮各层，白种人和黄种人则主要分布于基底层。④皮肤中胡萝卜素的含量，胡萝卜素是维生素A的前身物质，它的含量多少是皮肤呈现黄色的主要因素。

皮肤从外向内由表皮、真皮和皮下组织三部分构成，其间分布着血管、神经、淋巴管及皮脂腺、汗腺、毛囊、毛发等皮肤附属器官。

一、表皮

表皮由角化的复层鳞状上皮构成，主要是由上皮细胞（角朊细胞）和树突状细胞组成。上皮细胞发生和分化的最终阶段是形成含有角蛋白的角质层细胞，故又称角质形成细胞。

树突状细胞数目较少，主要为黑色素细胞、朗格汉斯（Langerhans）细胞、麦克尔（Merkel）细胞、未定型细胞等。

根据角质形成细胞分化和成熟的不同发展阶段和特点，又将表皮从外向内依次分为角质层、透明层（仅见手掌和足跖）、颗粒层、棘细胞层和基底层。

1. 角质层　位于表皮的最外层，由数层扁平角化的无核细胞组成，无生物活性，相嵌排列组成板层状结构，非常坚韧，同时细胞内充满角蛋白及表皮脂肪物质。角蛋白是一种非水溶性的软角蛋白，有很强的吸水性，含水量约在10%～20%之间，当水分为10%～20%时，角质状态最佳；脂肪物质犹如每层角化细胞间的黏垫，使每层角化细胞紧密连接，并柔软细胞和防止水分渗入及其他物质侵入。此层厚度因部位而异，其形成和脱落有一定的时间性，平均约14天，使角质层保持一定的厚度。因此，角质层使皮肤具有抵抗外界摩擦，防护冷、热、酸、碱等刺激，防止水分与电解质的通过，防止病毒和细菌入侵，保持皮肤柔软湿润，防止皲裂的作用。角质层的天然屏障作用对面部皮肤护理和治疗有一定的影响，因而在做皮肤护理或面部按摩前，需用蒸气浴面或用磨砂等来软化和祛除部分角质，或在药物中加入透皮剂，才有利于药物和营养成分的渗透和吸收。

角质层含有30%的天然保湿因子（如透明质酸、神经酰胺），有极强的吸水性，可维持角质层的含水量。若该层含水量保持在10%～20%时，皮肤柔软滋润；水分少于10%时，皮肤则干燥、起皱纹、脱屑；水分多于25%时，皮肤则潮红、敏感。

2. 透明层　紧贴在角质层的下面，仅见于手掌和足跖角质层特别厚的部位，是角质层的前期，由2～3层扁平、无核细胞构成，排列成板层状，含磷脂类物质较多，具有防止水及电解质通过的屏障作用。

3. 颗粒层　由棘细胞生发而来，由扁平梭形细胞并列组成，是进一步向角质层细胞分化的细胞，正常皮肤颗粒层的厚度与角质层的厚度成正比，内含透明角质颗粒及拒水的磷脂质，既防止水分流失也防止体外水分及有害物质入侵，同时可折射阳光中的紫外线，建立起表皮的又一道屏障，但易受高温、盐碱、阳光暴晒的影响而失去功能。

4. 棘细胞层　由基底细胞不断增殖分化而来，由4～8层带棘的多角形细胞组成，是表皮最厚的一层，细胞间有空隙，有淋巴液流动，以供应细胞营养。深层细胞的胞质中有时仍可见黑色素颗粒，至浅层时黑色素大多已分解。靠近基底层的棘细胞仍具有分裂功能，参与伤口愈合过程。

5. 基底层　由一层排列成栅栏状的圆柱细胞或立方形细胞组成，位于表皮深层，与真皮的交界处形成波浪状的基底膜，是由向真皮伸入的表皮脚和向表皮突出的真皮乳头之间互相镶嵌而成，预示皮肤的储水能力和皮肤状态。基底层在年轻时，交界处凹凸不平，储水能力强，皮肤弹性好；随着年龄增长，交界处波浪逐渐变平，储水能力也逐渐变差，皮肤弹性减弱。基底层细胞有很强的分裂增殖能力，表皮各层细胞均由基底层细胞生发而来，又叫生发层。基底层与皮肤美容关系密切。

（1）基底细胞有较强的分裂和生长能力。基底细胞的分裂生长周期为12～19天，能不断产生新生的表皮细胞，部分新生的细胞向上移动进入棘细胞层，再到颗粒层约需14天，通过角质层脱落又需约14天，即一个细胞由基底层新生到抵达角质层脱落大概需要28天，这称为细胞通过时间或细胞更替时间。若从基底细胞分裂生长来计算则需40～47天。因而，一定要遵循表皮细胞新陈代谢的周期，合理科学地进行皮肤美容养护，任何违背这一生理规律的"美容治疗"都是不科学的。

科学合理祛除角质

美容工作者为顾客祛除角质前,不仅要遵循表皮细胞的新陈代谢周期,也要依据顾客皮肤性质及状况,科学、灵活地处理。如果是干性、中性皮肤,就要遵循表皮细胞的代谢周期,即 28 天左右做一次祛角质护理,来维持角质层的保护功能;如果是油性皮肤,根据皮肤具体状况,按照新生细胞由棘细胞层生长过渡到角质层所需 14 天左右时间来计算,可每隔 15 天做一次祛角质护理,保持皮肤的清爽。

(2)基底细胞之间夹杂有黑色素细胞。正常情况下,黑色素细胞产生一定量的黑色素颗粒,黑色素颗粒含量的多少决定肤色的深浅。当机体受到内外刺激时(如紫外线照射、机体损伤、病变),黑色素细胞分泌增强,产生大量的黑色素颗粒,并通过黑色素细胞的树突,输送给邻近的基底细胞及棘细胞,用来抵抗外界损害,严重时即形成表皮的色素斑。机体分泌黑色素的实质是为了保护机体深部组织,免受紫外线的物理性伤害,若无黑色素,皮肤呈半透明状,容易受损伤。因而,白种人患皮肤癌的几率高于黑种人。但由于黑色素能影响维生素 D 的合成,因此黑种人儿童比白种人儿童更易患佝偻病。

防晒因子(SPF)

SPF 又叫日光保护系数,SPF 值是国际上测定防晒产品效能的主要指标。SPF= 防护后皮肤出现最小红斑的时间 / 未防护时皮肤出现最小红斑的时间。东方人的皮肤未加任何防护在太阳下 20 分钟后即会出现红斑,若 SPF 值为 15,使用其防晒品后,皮肤受保护的时间为 20 分钟 ×15=300 分钟。

(3)在面部进行美容治疗时,不可超越基底层,因为外伤、手术,尤其是面部美容磨削手术后,其新生细胞的来源主要靠基底层细胞,若其功能被破坏,创伤就得不到修复,而创口的皮肤便会被真皮层的成纤维细胞形成的结缔组织所代替,从而表现为瘢痕形成。因此美容手术一定要保护好基底层,尤其切勿损伤表皮脚内干细胞,以免术后留下瘢痕,鉴别治疗是否达到了真皮层,临床上主要以是否有点状出血来判定。

二、真皮

真皮位于表皮和皮下组织之间,比表皮厚 3～4 倍,含有皮肤组织中 60% 的水分,主要由结缔组织构成,由纤维(胶原纤维、弹力纤维、网状纤维)、基质(黏多糖和黏蛋白)和细胞(组织细胞、肥大细胞、浆细胞、成纤维细胞等)组成,血管、神经及神经末梢、淋巴管、肌肉、皮肤附属器交织其中。

真皮分为上部的乳头层和下部的网状层,二者之间并无明确界限。

1. 乳头层 真皮乳头与表皮突互相交错,紧密嵌合,让表皮借助真皮纤维使皮肤更具舒展性和平整性。同时,乳头层内含丰富的毛细血管神经末梢装置,因而感觉灵敏,伤及此层时可出现点状出血。

2. 网状层 主要由粗大的胶原纤维、较多的弹力纤维和网状纤维组成。纤维相互交织,排列成网,有很强的抗压能力和弹性,并含有丰富的血管、神经、淋巴管、汗腺、皮脂腺、竖毛肌等,包埋于基质中,是各种营养物质、水和电解质等代谢物质交换的场所。同时皮肤的松紧和硬度与此层状态相关。若胶原纤维和弹力纤维变性、断裂，皮肤将呈现松弛状态，并出现皱纹。

真皮的结构特点建立起皮肤对外防护的第二道屏障。真皮层在美容学上有重要意义，一般来说，美容治疗深度未达真皮层时，皮肤可以恢复不留痕迹。如果深达真皮或真皮以下，就要造成瘢痕，这是美容治疗中必须注意的，应用高频电刀、二氧化碳激光、冷冻、刮除术及磨砂去死皮时，切记不能伤及真皮层。

三、皮下组织

皮下组织主要由脂肪组织和疏松的结缔组织构成，又叫皮下脂肪层，有一定的弹性，可缓和外力冲击，保护内部器官，使皮肤具有弹性和抗压性，是皮肤、各种组织、器官的第三道屏障，也是机体的能量源。其厚度因性别、年龄、部位、营养状况而异，并受内分泌调节，决定人的胖瘦。因而，人体健美、丰满与否与真皮和皮下组织有关。

四、皮肤附属器

皮肤附属器包括毛发、皮脂腺、汗腺和指（趾）甲，重点介绍以下两种。

1. 皮脂腺　皮脂腺分布广泛，除手掌、足底、足背外，遍及全身各处皮肤，尤以鼻周、头面部、胸背中线处，即"T"字及"V"字区最多，称为皮脂溢出部位。多数皮脂腺导管开口于毛囊上部，腺体位于立毛肌和毛囊夹角之间，立毛肌收缩，促进皮脂腺排泄。

皮脂腺的生长周期一生只发生两次：①新生儿期：此期皮脂腺很发达，胎儿出生时全身包裹一层皮脂，因而婴儿时期需要每天洗澡，注意保持皮肤清洁干燥，皮脂腺生后不久即萎缩；②青春期，皮脂腺再次发达，故易患粉刺或痤疮。

 知识链接

黑头粉刺、白头粉刺

雄激素分泌增加，使毛囊壁增厚，毛囊口角化过度及栓塞，使皮脂腺分泌的皮脂不能排出，堆积在毛囊内，形成半固体的脂肪栓即白头粉刺，又称闭合性粉刺；若脂肪栓顶端表面经空气氧化与外界灰尘污物融合，形成黑色脂肪栓即黑头粉刺，又称开放性粉刺。

皮脂腺的主要功能为分泌和排泄一种半流动的油状物质，即皮脂，呈弱酸性，均匀分布于皮肤表面，有润泽皮肤、毛发，抑菌杀菌的作用，并能防止皮肤内水分的蒸发。皮脂腺分泌要适中，若皮脂腺分泌过盛，皮肤表现为油腻、粗糙和毛孔粗大，易长粉刺、痤疮，发生脂溢性皮炎或脱发；若分泌过少，又可导致皮肤干燥、脱屑、缺乏光泽，易老化，头发易断。

影响皮脂腺分泌的因素：①与雄激素和肾上腺皮质激素的调节相关，青春期皮脂腺分泌最为旺盛，所以患粉刺、痤疮的几率倍增；②与皮肤性质和年龄有关，油性皮肤的人，皮脂腺分泌增多；到了中年后，皮脂腺分泌量减少，这一年龄段更应注重皮肤的养护；到了老年期皮脂腺的分泌量更低，故老年人的皮肤偏于干燥、皮屑增多；③与温度有关，随着外界温度的升高，皮脂腺分泌增多。皮脂的熔点为30℃左右，皮温每升高1℃，皮脂分泌量上升10%，因而夏天皮肤多油腻，冬天皮肤多干燥。

皮脂膜是皮脂腺分泌的皮脂与汗腺分泌的汗液在皮肤表面混合形成的一层薄薄的乳化

膜。皮脂膜是皮肤自然形成的分泌物，是最理想的天然护肤品，对皮肤有重要的生理作用，主要表现在：①屏障作用，防止皮肤内外水分的蒸发及渗入，保持皮肤正常的含水量；②润泽皮肤，使皮肤柔软、滑润、富有光泽，防止皮肤干裂；③抑菌杀菌，皮脂膜含有游离脂肪酸，呈弱酸性，可阻止某些病原微生物的入侵，起到保护皮肤的作用。但碱性物质与高温是弱酸性皮脂膜的天敌。

 知识链接

为什么情绪紧张、工作繁忙易生痘痘？

皮脂腺处于毛囊和立毛肌之间，立毛肌收缩，挤压其间的皮脂腺，使其排泄增加，同时立毛肌受交感神经支配，故当情绪紧张、工作繁忙时，立毛肌可以收缩，促进皮脂腺分泌排泄，脸部的油脂往往增多，久而久之，阻塞毛囊口而形成痘痘。

2. 汗腺　遍布全身，以手掌、足底最多，位于真皮与皮下组织之间的管状腺体，由导管经真皮直接开口于皮肤表面，有分泌汗液、散热和调节体温的作用，汗液还能协助肾脏排泄体内废物。

汗腺分为小汗腺和大汗腺两种，一种在皮肤表面做酸性分泌，一种在毛囊做碱性分泌。小汗腺的主要作用是调节体温，排出的汗液99%以上为水，其他为氯化物和尿素等；大汗腺又称顶泌汗腺，分泌的汗液黏稠，易受细菌感染，常带有明显的臭味，发生在腋窝处称为"腋臭"，可用高频电针或局部注射硬化剂进行治疗。

第二节　皮肤的生理功能

人体的皮肤与其他组织和器官一样，参与全身的功能活动，维持机体内外环境的平衡统一。皮肤的生理功能对维护机体健康及皮肤健美有重要意义，主要体现在以下八个方面。

一、屏障功能

也称皮肤的保护功能，皮肤的结构特点筑起了皮肤的三层防线，主要体现在以下方面。

（一）防御机械性刺激

表皮角质层致密柔韧，真皮中的胶原纤维和弹力纤维，皮下脂肪组织的软垫效应，使皮肤具有抵消和缓冲外界的各种摩擦、牵拉、挤压、冲击等机械性刺激的作用。

（二）防御化学性刺激

皮肤表面的角质及角质蛋白有防御弱酸、弱碱及化学物质的渗透能力，同时皮脂膜能在一定程度上防止化学物质的侵蚀，汗液可冲淡化学物的酸碱度，保护皮肤。虽然皮肤对化学物质有防御作用，但它并不是不可逾越的屏障。

（三）防御物理性刺激

1. 防御光线　角质层可反射大部分日光，并滤去部分透入表皮的紫外线；黑色素对紫外线有较好的吸收和反射作用，故颜色较深的皮肤比较白的皮肤对紫外线和日光有较强的耐受性；表皮细胞各层交织排列，可使透入表皮的紫外线发生散射，减轻直接照射造成的损害。表皮的这些结构，可以保护机体组织器官免受紫外线损伤。经常接受日晒的皮肤颜色变深及日晒后角质层增厚，是皮肤对紫外线照射的一种自然反应。

2. 防御电流　角质层对电流有一定的阻抗性，故皮肤干燥时不易受电击，皮肤湿润时，电阻减小，较易受电击。

3. 防御热损伤　角质细胞不易传热，受热以后，皮肤血管扩张，血流增加，可加大散热能力。

（四）防御生物性刺激

皮脂膜可防止皮肤水分过度蒸发，软化角质层，使皮肤润滑，防止微生物侵入皮肤；皮脂中所含的游离脂肪酸还具有抑菌作用。

二、体温调节功能

正常机体在中枢神经系统控制下，体温波动于恒定范围，这与其重要的调节体温功能是分不开的，且机体产生的热量 80% 通过皮肤自行调节进行。皮肤通过辐射、对流、蒸发、传导等四种散热方式来调节体温，还通过皮肤浅层毛细血管的舒缩、血流的加快或减慢及汗液、呼吸等来自动调节体温。

三、感觉功能

皮肤内广泛分布着感觉神经和运动神经末梢及特殊感受器，可将体内外刺激通过神经反射，传至大脑皮层中央后回而产生痛觉、触觉、压觉、温觉、冷觉及痒感的单一感觉，还可以感知潮湿、干燥、坚硬、柔软、粗糙等复合感觉。机体通过感知这些感觉，产生相应反应来减少外界对皮肤的伤害。

四、分泌和排泄功能

皮肤的分泌和排泄主要通过大、小汗腺、皮脂腺来完成。

（一）汗腺的分泌和排泄

汗腺的分泌受自主神经系统的支配，并受视丘下部温度调节中枢的控制。汗液主要由小汗腺分泌，平时仅有少数汗腺进行分泌活动，不易察觉，称为不显性出汗。当外界气温达到 31～32℃ 或受到某种刺激时，汗腺分泌活动增加，排液增多。汗液的主要成分是水，还含有尿素、尿酸、肌酐、磷酸盐、乳酸等。

汗腺分泌汗液，调节体温，同时帮助肾脏排泄部分尿素、尿酸，在肾衰竭时，排汗起一定的辅助治疗作用。同时，也排泄机体部分的代谢废物及铅、酒精等，如目前流行的汗蒸疗法。

（二）皮脂腺的分泌和排泄

皮脂腺不受神经调节，直接由内分泌系统调控。因而，雄激素、肾上腺皮脂激素使皮脂腺增生、肥大，皮脂分泌增多，大量雌激素会抑制皮脂腺分泌。皮脂腺还受年龄、性别、温度、湿度、饮食的影响。

皮脂腺分泌和排泄的皮脂中含有油脂、软脂、脂肪酸及蛋白质，也含有少量的 7- 脱氢胆固醇，其通过紫外线的照射可转变成维生素 D 而吸收入体内。当皮肤表面皮脂达到一定厚度时，皮脂的排泄几乎停顿。

五、吸收功能

皮肤虽有屏障功能，但并不是绝对严密而无通透性的组织，它具有吸收外界某些物质的能力,对维护身体健康必不可少,也是现代皮肤科外用药物治疗皮肤病的理论基础。

皮肤吸收外界物质的途径部位有:①皮肤角质层,通过角质层细胞膜和角质层细胞间隙进入后,通过其他各层吸收,为皮肤吸收的主要途径,约占皮肤吸收的90%,绝大多数是脂溶性物质,如维生素A、维生素D、维生素E等,可完全吸收,速度较快;②皮肤附属器,通过毛囊、皮脂腺和汗腺导管吸收少量大分子及不易渗透的水溶性物质;③皮脂膜可吸收少量水剂。当皮肤完整性遭到破坏或发炎时,皮肤的吸收能力大大增强。

 知识链接

影响皮肤吸收作用的因素

①皮肤的血管状态,皮肤血管扩张、充血、发红易于吸收;②角质层的厚薄;③皮肤的干湿状态,皮肤湿润可增加某些药物的渗透吸收;④年龄差别,婴幼儿及儿童皮肤角质层薄,吸收能力强;⑤皮肤的完整性,当皮肤受损伤后吸收作用大大增强,大面积烧伤易发生毒血症等,就是细菌代谢产物被过多吸收的结果;⑥外界环境温度越高,湿度越大,皮肤越易吸收;⑦透入物质的性质和浓度,一般来讲,脂溶性物质比水溶性物质易吸收,对油脂的吸收能力为动物油>植物油>矿物油。在低浓度时,浓度愈高,皮肤吸收愈多。

六、呼吸功能

皮肤呼吸量极小,对皮肤表面发生的整个皮肤呼吸的比例存在不同评价,氧的吸收约1%~1.9%,仅为肺的1/160;二氧化碳排出约为2.7%,仅为肺的1/220。所以,人不可生活在水里。皮肤的呼吸为皮肤活动提供动力,皮肤活动最旺盛的时间是22:00到凌晨3:00。因而,这一时段保证良好的睡眠对靓丽容颜大有好处。

七、代谢功能

皮肤与机体息息相关,参与整个机体的糖、蛋白质、水和电解质、脂肪、黑色素等新陈代谢过程来维持机体内外生理及环境的平衡。

皮肤内的含水量为62%~71%,占体重的18%~20%,主要贮存于真皮,仅次于肌肉,为人体的第二水库,可调节全身的水代谢。

皮肤葡萄糖含量为60%~81%,相当于血糖的2/3左右,表皮含量多。糖尿病时,皮肤含糖量增加,皮肤易受细菌和真菌感染。

八、皮肤的再生功能

皮肤的再生功能很强,特别是表皮。皮肤细胞每10小时分裂繁殖1次,从22:00到凌晨3:00最为活跃。因为,只有在机体消除疲劳、处于正常生理功能状态下,副交感神经才兴奋,皮肤新陈代谢旺盛,血供充足,皮肤再生能力就活跃。所以,保持充足睡眠是保养皮肤的重要准则。

皮肤再生功能分为生理性再生和补偿性再生。前者指不断对细胞衰老进行补充的细胞再生;后者则是通常指皮肤受到伤害后,修复损伤的细胞再生。一般来说,补偿性再生的过程和修复时间,因受损的面积和深度而有很大的差别。小而浅的损伤,数天就能愈合,且不形成瘢痕。较大而深的损伤,其再生过程则较长。

第三节　皮肤的分型及特点

虽然每个人皮肤的组织结构都一样，但皮肤的性质却不尽相同。根据皮肤角质层的含水量、pH 的多少、皮脂含量、皮脂腺多少及色素细胞状况，将皮肤分为：干性皮肤、中性皮肤、油性皮肤、混合性皮肤、敏感性皮肤和衰老性皮肤。

一、中性皮肤

中性皮肤被公认为是正常、健康、理想的皮肤，是皮肤应有的最佳状态。是所有爱美人士梦寐以求的皮肤，因而，肌肤养护是一项长期工程，必须持之以恒，力争达到此标准。其特点如下：

1. 皮肤角质层含水量适中（在 10%～20%）。
2. 皮脂（油分）和汗液（水分）分泌均匀，皮肤不油腻、不干燥。
3. 皮肤柔润、光泽、纹理细腻、毛孔细小、富有弹性。
4. 皮肤厚薄适中，对外界刺激不敏感，不易老化。
5. pH5.0～5.6（男性略低于女性）
6. 多见青春期前的少男、少女、婴幼儿，极少能保持到中年。
7. 化妆后不易脱妆。
8. 可随年龄、季节、环境变化而发生改变。

二、干性皮肤

干性皮肤皮肤干燥，或缺油或缺水，皮肤易变粗糙，长期不进行养护，皮肤会变得敏感、多皱纹，是问题性皮肤的根源之一，一定要注重对其养护。其特点如下：

1. 角质层水分含量较低（在 10% 或以下）。
2. 皮脂分泌量减少，皮肤表面干燥、粗糙，常伴脱屑，不易长粉刺、痤疮。
3. 皮肤缺乏光泽、黯淡无华、纹理特别细腻、毛孔极细、弹性差。
4. 皮肤多较薄，对外界刺激缺乏抵抗力，易生皱纹、斑点和过敏。
5. pH4.5～5.0。
6. 年龄分布最广，可发生在幼年到老年的各个阶段（女性大于男性）。
7. 化妆时，化妆品不易抹匀，妆面不易脱落。

干性皮肤又因缺水或缺油及干燥程度的不同，又细分为干性缺水皮肤、干性缺油皮肤。

 知识链接

干性皮肤形成的原因

1. 内因　缺乏维生素 A；雌性激素作用较强；先天性皮脂活动力弱，导致滋润不足；后天性皮脂腺和汗腺减少，皮肤血液循环不良及营养不良；长期疲劳等。

2. 外因　烈日暴晒、寒风吹袭、长期处于冷暖空调中、皮肤不洁、乱用化妆品以及洗脸次数过多等。

三、油性皮肤

油性皮肤的主要问题是皮脂分泌太多，超出正常皮肤的分泌量，容易受到污垢、细菌侵袭，并滋生繁殖而感染。油性皮肤多由遗传因素所决定。所以，油性皮肤养护的重点在于彻底清除皮肤表面的灰尘、污垢、坏死细胞、代谢废物等，保持毛孔彻底通畅，利于皮脂分泌排泄；并且宜少食辛辣、油腻、有刺激性的食物。其特点有：

1. 角质层水分含量适中或较多。

2. 皮脂分泌旺盛，表面油腻、光亮、易沾污垢、易长粉刺和痤疮。

3. 皮肤润泽、肤色较深、毛孔粗大、纹理较粗。

4. 皮肤多粗厚，色素斑少，头皮屑多，不易老化，不易产生皱纹。

5. pH5.6～6.6。

6. 年龄分布在青年(青春期至25岁)至中年，男性多于女性。

7. 皮肤亲和力差，化妆后易掉妆。

8. 夏季为油性皮肤多发季节。

油性皮肤根据皮脂分泌多少、毛孔堵塞情况的不同，产生的症状轻重不同，可分为偏油性皮肤、典型油性皮肤、超油性皮肤(暗疮皮肤)、缺水性油性皮肤等。

四、混合性皮肤

混合性皮肤大多油性区域与干性区域分界明显，兼具油性和干性肤质的双重特征，有些地方偏油，有些地方偏干。因而，美容工作者在这类皮肤养护上要依据顾客具体肤质分区养护，合理选配不同部位的护肤品。混合性皮肤的特点如下：

1. 介于干性和油性皮肤之间，兼有干性和油性皮肤的混合特性。

2. 以"T"型区域(前额、鼻和下颏)或三角区呈现油性，毛孔粗大，常伴有白头；其余部位呈现干性，肤质较细、毛孔细小、明显干燥、脱屑或有皱纹。

3. 分布于青少年至中老年的各个阶段，在人群比例中最多，年龄多见于25～35岁之间，南方偏多。

4. 既可长粉刺，又可长色斑、皱纹或其他瑕疵。

5. 夏季偏油，冬季偏干，特别是两颊偏干。

根据油性区域与干性区域分布部位及呈现哪型皮肤特点的不同，又可分为整体混合性皮肤、混合偏干性皮肤、混合偏油性皮肤、典型混合性皮肤等。

五、敏感性皮肤

敏感性皮肤多由干性皮肤发展而来，主要是皮肤对内外不利因素反应过于强烈，导致皮肤出现红肿、发痒、脱皮及过敏性皮炎等异常现象。敏感性肌肤是一种处在高度警戒状态、不安定的皮肤，其特点如下：

1. 角质层水分含量少，皮脂分泌量低。

2. 皮肤多较嫩薄，纹理细，毛细血管浮显，易潮红。

3. 皮肤耐受力差，受到外界刺激时，易出现红、肿、热、痒、痛、皮疹、水疱等过敏现象。

4. 对外界的多种刺激，如阳光、灰尘、花粉、药物、油漆、动物皮毛、海产品等较敏感，一旦遇上过敏原就会产生过敏现象。

5．伴着地球环境等因素的改变，敏感性皮肤的人越来越多，年龄贯穿婴幼儿至成年人的各个阶段。

6．一般春季较易诱发敏感性皮肤。

 知识链接

破坏皮脂膜的主要因素

皮肤的脆弱敏感是由于皮脂膜遭到了破坏，也就是天然防护系统出了问题，使皮肤失去了防御外来刺激的能力。常见因素有：①长期处在阳光和污浊的空气中；②年龄增长，使皮脂腺分泌功能减退；③生理因素、内分泌失调；④劣质护肤品的刺激和使用碱性肥皂；⑤护理方法不当，过度摩擦；⑥药物或食物过敏或过敏体质。

六、衰老性皮肤

皮肤的衰老是自然界的定律，若机体不到年龄便出现皮肤自然衰退现象，称为早衰性皮肤。我们能做的仅仅是延缓皮肤衰老的过程，通过肌肤养护手段加以改善，延缓衰老的进程。衰老性皮肤的特点如下：

1．角质层水分含量较低（在 10% 或以下）。

2．皮脂分泌量低，汗腺功能衰退，汗液排出减少，皮肤干燥、皮屑增多、发痒或出现浮肿。

3．皮肤黯淡无光、发灰发黄，色素失调，黑斑、白斑或老年斑产生，皱襞加深，出现明显的皱纹，弹性降低，皮肤松弛、下垂。

4．皮肤变薄变硬，角质层增厚、萎缩，适应力、抵抗力、再生修复力均下降，易感染或过敏，伤口不易愈合。

5．与年龄关系密切，多见于中老年人及多愁善感的妇女。

 知识链接

衰老性皮肤的常见成因

西医：①环境因素，长期户外活动、紫外线照射等原因；②保养不当，用过热的水洁面、化妆品选用不当等；③生活习惯，生活不稳定、长期睡眠不足、生活无规律、情绪紧张、容易发怒、皱眉、挤眉弄眼、表情丰富、长期饮酒、抽烟等；④不适当的快速减肥或缺乏体育锻炼；⑤健康、营养状况，长期营养不良、慢性疾病等。

中医：①肾精耗损；②脾胃虚弱；③饮食失节；④劳逸损伤；⑤情志不畅。

皮肤类型并不都是单一存在的，现实生活中，往往会出现复杂的皮肤类型，如敏感＋干性＋油性＋混合性皮肤并存的情况，色斑、粉刺、痤疮可以长在任何一种皮肤类型上。对于这种错综复杂的皮肤问题，应给予详细而准确的判断和诊断，再确定处理方案。处理原则一般为：先处理敏感问题，其次处理炎症，最后再处理其他问题。

皮肤类型也不是一成不变的，一般认为，皮肤的生长成熟期在 25 岁，但青春期和更年期是皮肤变化最明显的两个时期。除自然的生理变化规律外，许多人为因素（如工作环境、饮食、气候、睡眠、情绪等）也会使皮肤类型发生变化。如过食油炸、热性食品、过用油腻性护肤品，可使干性皮肤逐渐转为混合性皮肤，甚至是油性皮肤、暗疮皮肤；护理不当或误食药物，又可使皮肤转变为干性或敏感性等。

每一个人都有自己的皮肤类型，随着年龄、季节和生理状况而发生变化。时时了解自己的皮肤类型，并加以细心呵护，对保护和美化皮肤是极为重要的。

第四节　皮肤类型的测定方法

一、目测指触法

在充足光线下，通过视觉和指腹的触感，依据不同性质皮肤的特点，来观察皮肤细腻度、弹性及损容性症状等信息，初步判断皮肤类型。

二、洁面法

清洁面部后，不涂抹任何护肤品，若洁面 30 分钟后，感觉皮肤不紧绷正常者为中性皮肤；若洁面 20 分钟后，感觉面部皮肤紧绷感消失的为油性皮肤；若洁面 40 分钟后，感觉皮肤紧绷感消失的为干性皮肤。

三、纸巾擦拭法

1. 操作方法　晚上洁肤后，不涂任何护肤品，第二天晨起后用干净的面巾纸或吸油纸分别轻按额部、面颊、鼻翼、下颌等处，在光线下观察纸巾或吸油纸上油污的多少，来判定皮肤性质。

2. 判断方法
（1）干性皮肤：纸上基本不沾油污。
（2）中性皮肤：纸上油污面积不大，呈微透明状。
（3）油性皮肤：纸上可见大片油污，呈透明状。

四、仪器透视法

1. 美容放大镜观察法　美容放大镜能提供放大及不刺眼的光线，可详细透视皮肤的微小瑕疵，如毛孔大小、纹理粗细、粉刺等，来判断皮肤类型。

2. 美容透视灯观察法　美容透视灯又称滤过紫外线灯，它是由普通紫外线通过含镍的玻璃滤光器制成。根据不同物质在深紫色光线照射下，会发出不同颜色的光，由此判断皮肤情况。

3. 皮肤测试仪　皮肤测试仪主要由紫外线光管和放大镜两个部分组成。不同性质的皮肤在吸收紫光后，会反映出不同的颜色，再通过放大镜扩放，就能清晰鉴别出皮肤的不同性质。是目前判断皮肤性质比较准确的一种方法。

4. 皮肤显微成像检测仪　该仪器通过彩色银幕，直接观察局部皮肤基底层的细微情况，微观放大，及时成像，顾客可以亲眼目睹自身皮肤受损情况，是目前最常用的一种检测手段。

5. 专业皮肤检测分析仪　专业皮肤检测分析仪是一种高新技术美容检测设备，利用专用的皮肤电子显微镜及电子数字水分计，将图像及相关参数输入电脑，然后进行分析，准确而量化地诊断出皮肤的水分含量、油脂含量、皮脂膜的酸碱值、弹性强弱程度及皮肤的色素含量等，为皮肤提供一个全新的测试，可以更准确、科学的判断皮肤的状况。

第五节 皮肤的保养原则

人的肌肤是人体健康的晴雨表,是机体不可分割的一部分,机体内部组织器官发生病变及外界环境的各种刺激,往往通过肌肤直接反映出来。因此要加以呵护,明确保养总则。

1. 预防为主,防治结合　皮肤保养的首要原则是预防为主,其次才是防治结合。早在《黄帝内经》中就有"治未病"的预防思想。人体是一个整体,"皮肤是内脏的一面镜子",内脏功能紊乱或衰退都可由肌肤再现,美化皮肤的根本是要内外兼具。随着年龄的增长,皮肤生理功能逐渐衰退、新陈代谢缓慢,皱纹随之产生,出现衰老征象。因此,应经常对皮肤施以保养,运用科学合理、行之有效的护肤方法,防患于未然。

要保持皮肤健美,必须有健康的身体作保证。身体有病时应积极治疗,以消除不利于皮肤健美的内在因素。同时,对于皮肤外用药,一定要在明确诊断后再使用,避免盲目或滥用。

2. 充足睡眠　充足的睡眠是防止过度疲劳造成皮肤早衰的保养原则之一。俗语讲"睡美人",表明睡眠在皮肤保养中的重要作用。因为在睡眠过程中,毛细血管循环增多,加快了皮肤的新陈代谢,皮肤因一天的疲劳带来的细小皱纹、颜面憔悴,都会在睡眠中得以恢复。所以,要保持充足睡眠,重视调整睡眠质量。

3. 适当运动　适当的体育运动能促进血液循环,加快新陈代谢,它不仅是保持皮肤容颜,也是机体组织器官不老的法宝。

4. 情志调养　保持精神愉快,做到起居有规律,劳逸相结合,心情要舒畅,生活应乐观,遇事不急躁,它既是皮肤保养的滋润剂,也是情志调养的精髓。

5. 合理膳食　注意营养成分的合理搭配,定时进食,食量适度,膳食多样化而不偏食、挑食,不食烟酒及辛辣、油炸、油腻等对皮肤有刺激的食物。

6. 三项及时　是指营养及时、清洁及时、排泄及时。因为皮肤是机体的第一道防线,应及时给皮肤补充水分和养分,来维持皮肤正常的生理功能,保障细胞的生命活力永存;其次皮肤表面有许多灰尘、病菌、角化细胞、汗液、油脂、代谢废物等,应及时清洁,避免侵害皮肤;再则体内毒素、有害菌和宿便是引起损美性疾病的原因之一,因此要防止便秘,养成良好及时的排便习惯。

附 黑色素沉着的形成及调节

一、黑色素沉着的形成

黑色素是一种不含铁的不溶性物质和蛋白质结合而成的颗粒,存在于正常毛发和皮肤内,呈黑褐或黄褐色。产生黑色素的细胞称黑色素细胞,位于表皮基质层,呈树枝状。黑色素细胞在真皮中脱颗粒时,组织细胞将其吞噬,成为噬黑色素细胞。

正常情况下,黑色素细胞并不产生黑色素,只有当细胞内的酪氨酸酶被激活,将酪氨酸羟基化成DOPA(3,4二羟基苯丙氨酸)即多巴,再使DOPA氧化成DOPA醌,而聚合成黑色素颗粒。

表皮中的巯基(-SH)可与酪氨酸酶中的铜离子结合而产生抑制作用,所以任何使巯基(-SH)减少的因素,如紫外线、皮肤炎症等,均可使黑色素形成增加;阻止酪氨酸酶的形成或使酪氨酸酶的活性降低,均可达到抑制黑色素形成的目的。

二、黑斑的形成原理

酪氨酸 $\overset{①}{\longrightarrow}$ 多巴 $\overset{②}{\longrightarrow}$ 多巴醌 $\overset{③}{\longrightarrow}$ 黑色素 $\overset{④}{\longrightarrow}$ 黑色素小体,并由黑色素细胞的树状突输送给基底细胞、棘细胞,从而使皮肤表现为黑斑出现。

①酪氨酸酶羟化;②氧化(维生素降低);③聚合;④分泌

三、影响黑色素形成的因素

黑色素的形成同种族、疾病、内分泌、营养状态、外来因素等有关。黑种人的皮肤内有极多的黑色素,甚至于表皮浅层也有黑色素。某些疾病黑色素明显增多,如肾上腺皮质功能不全的皮肤黏膜中有很多的黑色素,肝脏和肾脏也有黑色素颗粒。

内分泌对黑色素的产生有明显的影响。脑垂体中叶分泌黑色素细胞刺激素,能刺激黑色素细胞产生黑色素,因此妊娠及肢端肥大症患者常有色素沉着。长期注射促肾上腺皮质激素,也可引起色素沉着。甲状腺素和雌激素也可以影响到黑色素生成,这些激素可以使乳头乳晕的黑色素增多。

营养状态是影响黑色素生成的另一因素。生成黑色素的酪氨酸及铜离子均由食物摄取获得。维生素缺乏可使皮肤变色,如维生素 C 影响黑色素生成反应,也可以妨碍黑色素的氧化而使其处于颜色的还原状态。

日光、紫外线、放射线都能使皮肤的黑色素增多,可能是这些因素促使其氧化,降低了巯基抑制酪氨酸酶的作用所致。

总之,紫外线、血清中铜离子、雌激素、甲状腺激素、肾上腺皮质激素等均可激活酪氨酸酶的活性,促进黑色素生成;而表皮内的巯基(-SH)、维生素 E、维生素 A、维生素 C、谷胱甘肽等均可抑制酪氨酸酶的活性,减少黑色素生成。

四、黑色素沉着的调节

黑色素沉着的调节是非常复杂的,涉及黑色素的生物合成、代谢及黑色素细胞与角质形成细胞的相互作用和相互调节。

1. 黑色素细胞的基因调控　人类不同的遗传性色素性皮肤病由不同的遗传方式决定。黑色素细胞向皮肤迁移、发育及其分化过程,以及黑色素细胞的形态学、黑色素体基质的结构、酪氨酸酶的活性、黑色素合成的类型、黑色素体转运及其随后的降解方式都受遗传控制,由不同的基因决定。

(1)黑色素细胞分化中基因的调控作用:有很多基因参与神经嵴中黑色素细胞的分化和增殖。

(2)酪氨酸酶基因及基因调节:酪氨酸酶是黑色素生成过程中的主要限速酶,黑色素生成的过程依赖于酪氨酸酶的活性和分布。

(3)c-kit 基因:c-kit 基因是一种原癌基因。c-kit 蛋白和 c-kit 蛋白的配体 -SCF 是黑色素细胞和造血干细胞增殖所必需的。目前,已经确定在人类斑驳病中至少有 7 种 c-kit 基因突变,分别引起程度不等的色素减退。

2. 炎症介质对黑色素细胞的影响　炎症对皮肤色素的影响主要是色素沉着或色素脱失。皮肤炎症时所释放出的炎症介质和细胞因子,对黑色素细胞功能有重要影响,同时,在炎症性皮肤病中黑色素细胞也能分泌一些炎症介质和细胞因子参与炎症过程。炎症介质如:前列腺素 D_2（PGD_2）、PGE_2、白三烯 C_4（LTC_4）和 LTB_4、白细胞介素 1（IL-1）、IL-6 和肿瘤坏死因子 α（TNF-α）等均可致炎症后色素减退。

3. 黑色素细胞产生的炎症介质、细胞因子和基质蛋白　在炎症过程中,炎症介质和细胞因子能刺激黑色素细胞产生炎症介质、细胞因子和基质蛋白。黑色素细胞能够产生和分泌多种基质蛋白。黑色素细胞所产生的基质蛋白可能在黑色素细胞游走中发挥重要作用。而黑色素细胞游走则在痣细胞形成、白癜风色素恢复过程中起着重要作用。

4. 自由基对黑色素细胞的影响　自由基是人体内不配对的电子,是体内的致衰因子,具有强氧化作用,可损害机体的组织和细胞,进而引起慢性疾病及衰老效应。

黑色素细胞对外源性 H_2O_2 和内源性的氧自由基损伤非常敏感,同时由于缺乏自由基清除剂的保护机

制，黑色素细胞对巨噬细胞、白细胞和 NK 细胞等在炎症过程中所产生的氧自由基更敏感，这可能是黑色素细胞损伤的另一机制。

5. 其他因素

（1）巯基：人体表皮中正常存在的 -SH 能与酪氨酸酶中的铜离子结合而抑制其功能。任何使表皮内巯基减少的因素，如紫外线照射、炎症等均可使黑色素生成增多。

（2）神经因素：神经冲动对黑色素的形成有一定影响。在交感神经过度兴奋时产生黑色素抑制因子，对促黑色素细胞激素有拮抗作用而使色素减退。而副交感神经则可使色素增加。

（3）微量元素：铜、锌离子参与黑色素的形成，在黑色素代谢中起触酶作用，如果缺乏可使动物毛变白。而某些金属如铁、银、砷、汞、铋、金等可与 -SH 结合，使酪氨酸酶活性增强，使黑色素增加。

（4）维生素：叶酸、复合维生素 B 能促进氧化可以使色素增加。泛酸参与酪氨酸酶的合成。维生素 C 为还原剂，在黑色素代谢中可以使深色氧化型醌式产物还原，使色素减退。维生素 E 为抗氧化剂，可以使色素减退。维生素 A 缺乏可以使巯基消耗而引起色素沉着。烟酸缺乏可以增加对光敏感性从而出现色素沉着。

（雷双媛）

❓复习思考题

1. 皮肤的结构及美容作用是什么？
2. 皮肤的生理功能有哪些？
3. 皮肤的分型及各型的鉴别及特点是什么？

上 篇

第三章 肌肤养护技术

 学习要点

> 脱屑、物理性脱屑、化学性脱屑、美容按摩的概念；肌肤养护的准备工作流程和一般护理程序；脱屑的操作方法及注意事项；面部按摩和刮痧操作方法及注意事项；正确调制和涂敷面膜的方法；不同类型皮肤护理方案的制定与实施。

　　肌肤是人体的保护神，能够直接反映出一个人的年龄、健康等信息，不老的容颜是每个爱美人士的梦想，女人尤其如此。随着现代高新科技的发展和运用，化妆品产业的迅猛崛起，现代医学美容与传统医学美容充分结合，以及爱美人士对健康的关注和审美品位的提高，越来越多的人关注皮肤的日常养护和健康养生。因而，科学、合理、专业的肌肤养护技术越发彰显出其重要性。

　　肌肤养护技术是指根据皮肤的类型和存在的问题选择适当的养护手段，对皮肤进行正确的调理，使皮肤保持和恢复健康美的一种科学方法。

　　通过对肌肤的定期养护来达到以下目的：①防止和祛除面部痤疮、色斑等各类皮肤问题，使皮肤柔嫩白皙、健康洁净；②增加皮肤弹性及光泽，使人增强自信，精神焕发；③强健肌肤，增强皮肤活力，延缓衰老。

第一节　肌肤养护的准备工作

有序的工作是完美服务的基本保证，肌肤养护首先做好以下准备工作。

一、做好准备工作的目的

做好各项准备工作是为了达到安全、有效、优质的服务。

1. 安全服务　指肌肤养护过程中的用电安全、使用仪器设备安全和卫生消毒安全。

2. 有效服务　可保证肌肤养护的各项操作顺利进行，并且在操作中设备运转正常。

3. 优质服务　将肌肤养护前的准备工作做好、做到位，可随时准备为各种性质皮肤的顾客提供必要而优质的服务。

4. 科学服务　牢固掌握医学、美学理论知识，从而为顾客提供科学理论支撑下的美容实践技术，以达到正确、合理、科学的服务。

二、准备工作的步骤与要求

肌肤养护的准备工作包括环境、仪器设备、用品和美容工作者自身的准备。

（一）环境的准备

指为顾客提供轻松、舒适、优雅、安全的美容环境。

1．按照卫生管理要求，做好美容机构内部和周围的环境卫生，保持室内通风，空气清新。

2．室温适宜，满足不同养护的需求。

3．播放舒缓轻柔旋律的音乐，让顾客身心放松。

（二）仪器设备的准备

要做到"净、齐、通、良、消"五个方面。

1．净　用干布将设备、仪器擦拭干净，并保持其干燥，以备随时使用。

2．齐　严格检查仪器设备的配件、附属用品等，保证其配齐、就位。

3．通　检查电源有无漏电，是否安全，确保设备能随时接通。

4．良　检查仪器性能，做好调试工作，保证接通电源后，仪器设备能处于良好的工作状态，避免故障或事故发生。

5．消　仪器在使用过程中，与皮肤直接接触的部分，如各种探头、导棒等，要进行严格的消毒。

（三）美容用品的准备

1．清洁、消毒　在养护时使用的各种用品（包括各种容器、面扑、打板、美容排针等），与顾客直接接触的毛巾、美容床单、美容衣等物品，都要进行清洗，并严格消毒，保证一位顾客一套。

2．铺置单、巾　将消毒后的美容床单铺于美容床上，床头放置三条消毒毛巾，调整好美容床的位置、角度。

3．摆放用品　将肌肤养护需要的各种用品整齐、有序地摆放在工作台上，便于随时取用。

（四）美容工作者自身的准备

美容工作者必须建立干净、整洁及热情的服务观念，为顾客提供科学、合理、有序、优质的服务。

1．个人卫生与着装

（1）美容工作者应按要求确保个人卫生，如修剪指甲、不戴首饰、口腔无异味等。

（2）穿工作装，戴口罩，戴工牌，化淡妆。

2．引导顾客

（1）与顾客沟通：热情、微笑接待顾客，通过沟通及时了解顾客的需要，指导其进行合理的肌肤养护。

（2）帮助顾客填写完整的养护卡，并妥善保管。

（3）请顾客更换美容衣，摘除项链、戒指等饰品，贵重物品由顾客亲自保管。

（4）请顾客仰卧于美容床上，为其盖好被子。

（5）包头巾：在进行面部养护时，用包头巾将顾客的头发包起，充分暴露整个面部。

1）方法一：①双手拿起与后发际平齐的毛巾一侧，向下折约 3cm（图 3-1）；②右手沿顾客左额头发际将头发捋向脑后，左手持毛巾左端顺势搭在额头发际处；③右手持毛巾右端压在左端上，并塞入毛巾左侧折边内（图3-2）；④双手扣住毛巾边缘，将毛巾边缘轻轻拉至发际处，最大限度的暴露面部皮肤（图3-3）。

图3-1 包头的方法一（1）

图3-2 包头的方法一（2）

2）方法二：①双手持毛巾斜（约45°）搭在床头（以右侧远离自己为例）（图3-4）；②右手持毛巾右侧反折回床头，使折后的边缘处呈一横线（图3-5）；③左手沿顾客额头发际将头发捋向脑后，右手提起毛巾折后边缘（横线）的右侧搭在额头发际处；④左手持毛巾折后边缘的左端压在右端上，并塞入右侧折边内；⑤双手扣住毛巾边缘，将毛巾边缘轻轻拉至发际处，最大限度的暴露面部皮肤（图3-6）。

图3-3 包头的方法一（3）

图3-4 包头的方法二（1）

图3-5 包头的方法二（2）

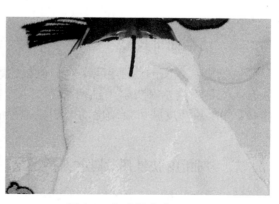

图3-6 包头的方法二（3）

注意事项：包头巾要松紧适中，过紧会感觉头部不适，过松则头发容易散落。在操作过程中包头巾松落时，要及时重新包好，避免污染顾客头发。

（6）搭胸巾：将毛巾的一端斜搭在颈前，另一端反折回另一侧颈前，将顾客的衣领全部包裹在毛巾里，最大限度地暴露颈部（图3-7）。适用于V字领、圆领的美容衣。

对于一字领的美容衣，可以将毛巾横向搭在胸前，毛巾远侧的横边折入美容衣衣领中即可。

图3-7　斜搭法

（7）双手消毒：美容工作者在为每一位顾客进行肌肤养护前，都应当清洗双手，或喷涂75%的酒精进行消毒。

三、准备工作的注意事项

1. 使用消毒剂时应注意先将待消毒的物品清洗干净。
2. 消毒剂应按时更换，贮藏时必须贴好标签，不能和其他物品混放。
3. 各项准备工作都必须认真对待，严格执行，不可敷衍了事，避免造成不必要的损失和纠纷。

第二节　肌肤养护的程序

合理的肌肤养护程序，不仅能保证养护工作有条不紊、顺畅进行，而且有助于改善顾客的皮肤状况，促进美容产品的吸收，增强美容效果。

一、清洁面部皮肤

祛除皮肤表面的油脂污垢，对于化妆的顾客，在清洁之前需要进行卸妆。清洁面部皮肤有人工徒手清洁和仪器清洁两种方法。在实际操作过程中，应根据顾客的皮肤状况进行选择。如：油性皮肤可借助电动磨刷扫进行清洁；而干性皮肤和暗疮皮肤则应禁止使用磨刷扫。

二、判断皮肤性质，制定养护方案

通过目测指触、微电脑检测等方法，结合不同皮肤类型的特点确定皮肤性质，制定出适合顾客的最佳养护方案，设计养护卡，填写养护日志。

三、蒸面或敷面

以微温的蒸气蒸面，可以促进血液循环，改善新陈代谢，软化皮肤，扩张毛孔，使死细胞和污物易于清除。

奥桑喷雾仪蒸面需根据皮肤性质调整蒸面时间和距离（详见第六章常见美容仪器表6-5）；热毛巾敷面的关键是毛巾的温度，其功效和作用与奥桑喷雾仪基本相同。由于不受场地、设备限制，简单易行，热毛巾敷面愈来愈常用。热敷时，应准备两条已经彻底消毒的干净毛巾，最好是较厚的、不易散热的，大小需能覆盖整个面部。热敷的步骤为：①将毛巾竖着对折两次，在热水中浸透后拧干；②用毛巾中部盖住唇部、下颌，两端向上、向内对折，露出鼻孔，盖住双颊、眼部及额头；③温度降低后，换另一条。两条交替，热敷约5分钟。

四、脱屑

即深层洁肤，主要目的是祛除皮肤表面衰老、死亡的角化细胞，防止毛孔堵塞，预防黑头粉刺等皮肤问题的发生。操作时，应根据皮肤类型，选择脱屑产品，控制脱屑的时间和力度。

1. 干性皮肤　可使用去死皮膏或脱屑水轻微脱屑，不宜使用磨砂膏进行脱屑。宜将脱屑放在蒸面前进行。

2. 油性皮肤　可使用磨砂膏进行脱屑。

3. 中性皮肤　几种脱屑方法都适合。

4. 暗疮、发炎皮肤　禁止脱屑。

5. 敏感性皮肤　一般不脱屑，尤其是敏感程度较重者绝对不能脱屑。

五、面部按摩养护

是肌肤养护中重要的一个环节，顾客在接受按摩的过程中，不仅可以促进肌肤的正常功能，还能放松神经，延缓衰老。根据皮肤性质选择按摩手法，调整按摩的力度。按摩时间以15～20分钟为宜，最长不要超过25分钟。

六、美容仪器养护

肌肤养护过程中，常用适当的美容仪器来弥补徒手养护的不足，养护时间及操作由所选仪器而定。

七、面膜养护

是目前国际流行的最直接和有效的一种独特的护肤美肤方法。面膜的种类很多，应根据顾客的皮肤性质加以选择，停留的时间一般为15～20分钟。

八、爽肤润肤

1. 爽肤　面膜完成后，皮肤的微血管和毛孔通常处于开放状态，此时应轻轻拍上一些化妆水，收缩毛孔，调整pH值；亦可借助冷喷仪，将爽肤水等液体护肤品喷洒在皮肤上。

2. 润肤　爽肤之后，还应根据皮肤性质，选用一些乳液或膏霜等护肤品，来进一步保持皮肤的水分和油分的均衡，令肌肤光滑、滋润。

美容时间

也称美容带,是皮肤新陈代谢最旺盛的时段,一般指夜里 22 点到凌晨 2～3 点,此时皮肤最需要营养,因此睡前应涂抹晚霜。此段时间的睡眠也被称为美容觉。

九、整理内务

1. 结束养护工作

(1)为顾客除去包头巾和胸巾。除胸巾时,注意同时提毛巾的四个角,将污物抖至垃圾桶内,避免落到顾客的颈、面部。

(2)撤去盖在顾客身上的被子。

(3)帮顾客整理好服饰。如有要求,为其修眉、化淡妆。

(4)认真征求顾客意见,请其填写养护意见,如发现不妥之处,诚恳道歉并予以妥善解决。

2. 整理用品、器具及周围环境

(1)拧紧护肤品的瓶盖,使其密闭保存。

(2)切断仪器电源,并简单养护。

(3)洗净擦干工具、器皿,并及时彻底消毒。

(4)整理美容床及周围环境。

(5)换上干净的单、巾,做好随时为下一位顾客服务的准备。

上述步骤:洁肤→判断皮肤性质→蒸面或敷面→脱屑→按摩→美容仪器养护→面膜养护→爽肤润肤→整理内务,是进行肌肤养护时最常用、最基本的步骤。实际操作中,还应根据顾客的皮肤性质及具体要求,灵活变动,选用适当的操作手法进行养护,以达到更好的效果。

第三节　面部洁肤与脱屑

面部洁肤一般指卸妆和洁面,是皮肤养护的基础,也是各种面部肌肤养护手段必不可少的第一步。脱屑属于深层洁肤,需视角质层状况选择是否进行,并根据皮肤性质确定脱屑频率,也是皮肤保养的重要环节。

一、洁肤的意义

生活环境中漂浮的各种污物、粉尘、细菌等物质会直接附着在面部;机体自身不断分泌的油脂、汗液及代谢的细胞产物等也会留在皮肤表面,如果这些因素得不到及时清理,就会阻塞毛孔,影响肌肤的功能,甚至引发感染。所以,洁肤是非常重要的肌肤养护手段,通过洁肤,能有效地祛除皮肤表面的污垢、分泌物,保持毛孔和腺体的通畅;使皮肤得到休息,充分发挥其生理功能;为肌肤养护做好准备。

二、洁肤的方法与要求

(一)卸妆

卸妆要用到卸妆油(乳)、纸巾(洁面海绵)、棉片、棉棒等。其中,卸妆油(乳)也可用洗面奶、清洁霜代替。

1. 卸妆用具的使用

（1）纸巾

1）使用方法：①将纸巾三折，为原宽度的 1/3；②掌心向内，用食指与中指夹住纸巾下端约 1/3 处（或再短些，视纸巾长度而定）（图3-8、图3-9）；③将纸巾上端向下，绕过食指、中指、无名指及小指后将纸巾向上，用中指将纸巾上端固定（图3-10、图3-11）。

2）注意事项：纸巾的缠绕要迅速、牢固、整齐、松紧适度，全过程约3秒完成。

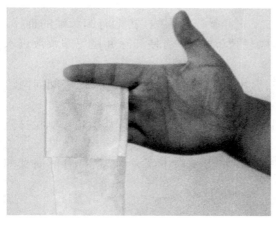

图3-8　纸巾的使用（1）

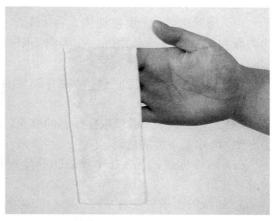

图3-9　纸巾的使用（2）

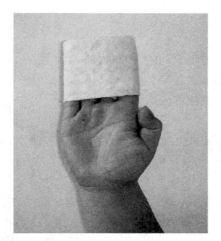

图3-10　纸巾的使用（3）

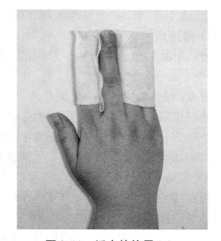

图3-11　纸巾的使用（4）

（2）洁面海绵

1）使用方法：将海绵浸湿、拧干后，用拇指和食指、无名指和小指分别将海绵两端固定，海绵中心部分包住食指、中指和无名指指腹；或用拇指和食指固定海绵一端，其余三指半握拳状。

2）注意事项：①切忌将手上的水滴随意乱甩，可两手交替将水滴用海绵轻拭去；②海绵两面可交替使用；③擦拭到面部较窄的部位时，可将海绵折起使用；④海绵使用后应该立即清洗、消毒。

（3）棉片

1）使用方法：棉片的使用方法与洁面海绵基本一致。此外，还可铺于睫毛下方，进行睫毛卸妆。

2）注意事项：①使用的棉片必须符合卫生标准；②棉片为一次性用品，不可重复使用。

2．卸妆的步骤、方法

（1）清除面部的油脂和汗垢：使用浸湿拧干后的纸巾擦拭面部。

（2）清除睫毛膏：将小块棉片置于下眼睑睫毛根部，让顾客闭眼，用蘸有卸妆油的棉棒，沿睫毛生长方向擦洗。

（3）清除眼线液：更换棉棒。将上眼皮上提，充分暴露上眼线，持蘸有卸妆油的棉棒，由内眼角至外眼角滚动擦洗。在清洗下眼线时，轻拉下眼皮，方便卸除并避免卸妆液进入眼睛。

（4）清洗眉毛，清除眼影：持蘸有卸妆油的棉片，顺着眉毛的生长方向，由中间向两边拉抹，清洗眉毛和眼部。

（5）清除唇膏：一手轻按住顾客的嘴角，另一手持蘸有卸妆油的棉片从嘴角一侧拉抹至另一侧，清除上下唇的唇膏。

（6）清除腮红：持蘸有卸妆油的棉片置于腮部，指尖朝向下颌方向，从鼻唇部向颊部拉抹。

3．卸妆的要求与注意事项

（1）卸妆要彻底，不能有遗漏的部位。

（2）卸妆时要顺着肌肤的纹理方向，手法要轻柔。

（3）注意不要将卸妆产品流入顾客的口、眼、鼻中。

（二）清洁皮肤

1．洁肤用品的选择及使用　常用的洁肤品有香皂、洗面奶、卸妆油（乳）等。

（1）香皂

1）特点：碱性较大，清洁效果显著，但对皮肤刺激性较大。

2）适用皮肤类型：油性或不干燥的皮肤。

3）使用方法：①先用香皂清洗双手；②清水湿润面部，降低碱度；③香皂蘸水、涂于手掌并揉起泡沫，将泡沫在脸上抹开；④清洗面部。

（2）洗面奶

1）特点：性质温和，碱性小于香皂，清洁效果良好，是美容机构常用的洁肤品。

2）适用皮肤类型：各种类型的皮肤、化淡妆时的卸妆。

3）使用方法：①用清水润湿面部（包括颈部）；②分六点（额头、双颊、鼻尖、下颏和颈部）放置洗面奶；③用指腹打圈清洁皮肤；④用清水洗净。

（3）卸妆油（乳）

1）特点：常用于卸妆。卸妆油溶油性更强，适合卸除浓妆；卸妆乳的油性成分可以洗去污垢，而且滋润皮肤，适合卸除日常生活的妆容。

2）适用皮肤类型：卸妆油适用于油性皮肤，卸妆乳适用于干性、中性皮肤。

3）使用方法：①保持双手、顾客面部干燥，将卸妆油（乳）涂于皮肤上；②用脂腹轻轻打圈，使污物溶于卸妆油（乳）中；③用清水洗净面部。

2．清洁皮肤的步骤、方法　清洁面部皮肤的顺序一般是由内向外，由下到上，即从下颏至额部，依次为下颌、两颊、口周、鼻部、眼部、额部、颈部和耳部。

（1）放置洁肤品：取适量洁肤品分六点放置于面部和颈部，即额部、鼻部、两颊、下颏部和颈部，并用指腹均匀涂抹开（图3-12）。

（2）洗下颌：双手横位，五指并拢。用掌心及五指包住下巴，五指相对用力，两手分别由内向外拉抹至耳根，双手交替操作。如此重复2～3次（图3-13）。

（3）洗面颊：中指、无名指并拢，用指腹沿面颊三道线向外向上打小圈，三道线

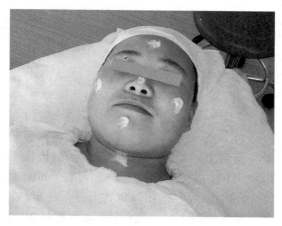

图3-12 放置洁肤品

为迎香穴至耳门穴、地仓穴至听宫穴、承浆穴至听会穴，如此重复2～3次（图3-14）。

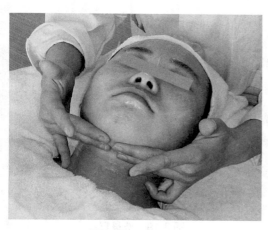

图3-13 洗下颌

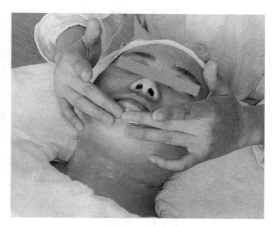

图3-14 洗面颊

（4）洗口周：双手横位，中指伸直，用中指指腹由下颏部同时向两侧口角处拉抹；中指抬起，两指尖相对放于人中沟中，由内向外沿上唇部拉抹至口角。如此重复2～3次（图3-15、图3-16）。

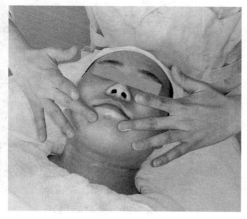

图3-15 洗口周（1）

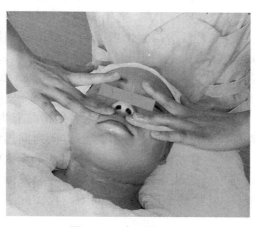

图3-16 洗口周（2）

（5）洗鼻部：主要分为洗鼻梁、洗鼻侧及鼻翼。

1）洗鼻梁：两拇指交叉，左手中指搭于右手中指之上，由鼻根部沿鼻梁至鼻尖推抹，再由鼻尖轻滑回鼻根部，如此重复2～3次（图3-17）。

2）洗鼻侧及鼻翼：两拇指交叉将两手架于鼻部直上，两中指指腹由鼻根两侧推抹至口角两侧，再按原路线拉抹回鼻根，如此重复2～3次；两中指在口角处上提至鼻翼，在鼻翼部向外向下打小圈清洗，如此重复2～3次（图3-18、图3-19）。

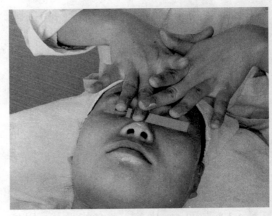

图3-17　洗鼻梁

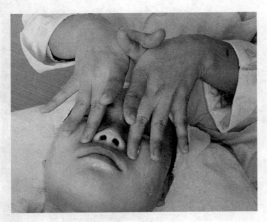

图3-18　洗鼻侧

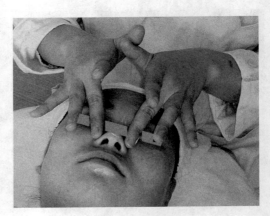

图3-19　洗鼻翼

（6）洗眼部：双手中指、无名指指腹由太阳穴沿下眼眶经内眼角滑至上眼皮，再顺势经太阳穴滑至上眼眶，再滑回下眼眶，如此重复2～3次；张开手掌，拇指轻搭于额部，用食指、中指、无名指指腹由内眼角沿眼下部扫散至太阳穴，并向上、向内轻拂过上眼皮部，再沿内眼角至眼下部，如此重复2～3次。（图3-20、图3-21、图3-22）

（7）洗额部：双手中指、无名指指腹着力，由额部正中线向两侧打圈，打圈方向为向内向上。操作共分三道线，临眉一道线（眉心至太阳穴）、额中一道线（额中部至太阳穴）、临发际一道线（临发际额部正中点至太阳穴），如此重复2～3次。（图3-23、图3-24）

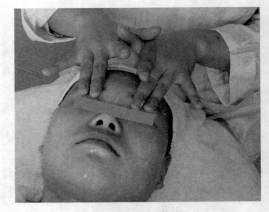

图3-20　洗眼部（1）

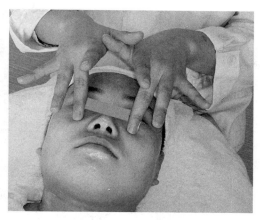

图 3-21　洗眼部（2）

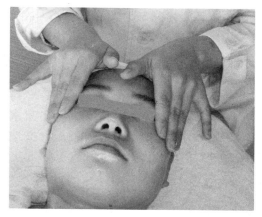

图 3-22　洗眼部（3）

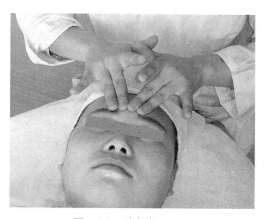

图 3-23　洗额部（1）

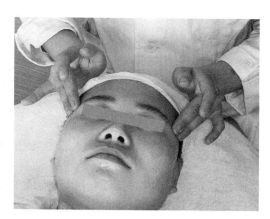

图 3-24　洗额部（2）

（8）洗颈部：双手横位，五指并拢。双手交替从颈部拉抹至下颌。如此重复 2～3 次。（图 3-25）

（9）洗耳部：双手顺势沿面部两侧滑至耳部，拇指指腹与食指指腹相对，沿外耳郭轻揉至耳垂。如此重复 2～3 次。此步骤应征得顾客同意才能进行。（图 3-26）

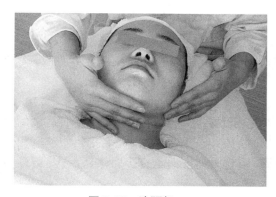

图 3-25　洗颈部

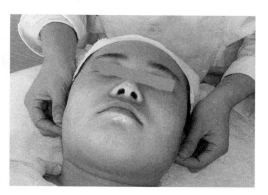

图 3-26　洗耳部

（10）点按神庭穴：双手顺势沿耳部滑至神庭穴，双手中指点按神庭穴约 3 秒钟。（图 3-27）

3. 洁肤的要求与注意事项

（1）水的选择：①选用含矿物质少的软水（日常用自来水、纯净水、蒸馏水等），对皮肤无刺激。硬水（如井水、泉水、矿泉水等）含矿物质多，易产生反应，不可用；②选用 34～37℃ 的温水。水温过低，会引起毛孔收缩，污物不宜清除，易导致毛孔堵塞；水温过高，毛孔张开，过度洗去皮脂，易导致皮肤干燥、粗糙。

（2）洁肤品应借助工具取用，勿直接用手挖取。

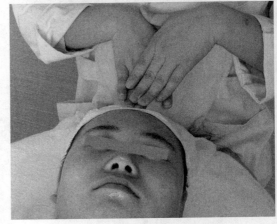

图 3-27　点按神庭穴

（3）手法要灵活、连贯，充分发挥腕关节、指间关节的灵活度，尽量用指腹接触顾客皮肤，避免指尖、指甲接触。

（4）洁面后彻底清洗面部的洁肤品，以免残留在皮肤上造成伤害。

（5）整个洁面过程以 3 分钟左右为宜（不卸妆）。

三、脱屑

脱屑也叫深层洁肤，指借助人工的方法，将堆积在皮肤表层的死细胞除去，是常见的肌肤养护手段之一。而皮肤的自然脱屑，是由皮肤自身正常的新陈代谢过程来完成的，即表皮细胞经一定时间由基底层逐渐生长到达皮肤表面后，变为角化死细胞而自行脱落。

1. 脱屑的分类　根据脱屑的方式，可以分为物理性脱屑和化学性脱屑。

（1）物理性脱屑：是不通过任何化学手段，只使用物理的方法使表皮角质层的死细胞发生移位、脱落的方法。例如磨砂膏中的磨砂粒、粉碎的果核、果皮等，利用小颗粒与皮肤的物理摩擦，使表皮角化的死细胞脱落。该方法刺激性较大，一般只适用于油性皮肤。

（2）化学性脱屑：就是将含有化学成分的去死皮膏（水）涂抹于皮肤表面，使其将附着于皮肤角质层的死细胞软化、脱落的方法。该方法脱屑适用于各类型皮肤。

2. 脱屑的作用

（1）清除污垢：可以彻底清除毛囊内的顽固污垢，祛除老化细胞，充分发挥皮肤的生理功能。

（2）防堵塞：清除过剩油脂及黑头，防止毛孔堵塞，预防粉刺生成。

（3）利于营养吸收：预防面部角质层增厚，加速新陈代谢，有利于皮肤营养吸收，令肌肤光洁、平滑。

3. 脱屑的方法

（1）磨砂膏的使用方法：①彻底洁面后，使用蒸气蒸面，使毛孔彻底打开，取适量的磨砂膏，分别涂抹于额部、鼻部、两颊和下颏，用指腹均匀抹开；②中指、无名指指腹蘸取少量清水润湿磨砂膏，分别在额部、鼻部、两颊、口周、下颏处向内向上打小圈搓揉；③将磨砂膏清洗干净。

（2）去死皮膏（水）的使用方法：①同磨砂膏使用方法第①步；②停留片刻，待产品与表皮充分接触,在面部周围垫上纸巾,防止皮屑污染顾客的衣服;③左手食指、中指指腹绷紧皮肤,右手中指、无名指指腹顺皮纹方向由中间向两边,由下向上拉抹;④将去死皮膏(水)彻底清洗干净。

4.注意事项与禁忌

(1)脱屑产品的选择应考虑顾客的皮肤类型,目前去死皮膏(水)使用较广泛。

(2)操作手法轻柔,不可过度拉扯皮肤。

(3)眼周肌肤嫩薄不可脱屑;"T"字区操作时间可稍长。

(4)问题性皮肤不可脱屑。如皮肤炎症、外伤、严重痤疮、毛细血管扩张及敏感性皮肤,均不可盲目脱屑。

(5)脱屑间隔时间可根据季节、气候、皮肤状态而定,一般油性皮肤1~2次/月,干性、中性皮肤1次/月。

(6)避免外出前脱屑,以免晒伤皮肤。

第四节　面部按摩与刮痧技术

美容按摩与面部刮痧是保养皮肤最有效的方法之一。美容工作者必须熟练掌握科学的操作方法,才能够在工作中有效帮助顾客,达到满意的护肤效果。

一、面部按摩技术

(一)美容按摩的概念

美容按摩是采用各种轻柔有节律的摩擦、振动、按压等手法,对身体某一局部或穴位造成一种良性机械刺激,通过皮肤感受器,借助神经的应激反应,引起大脑皮层对全身功能的调整,加快血液循环,促进新陈代谢,使人体各系统处于良性状态,从而达到护肤、健肤、嫩肤等目的的一种美容技法。

(二)按摩的作用

1.升高皮肤温度

(1)促进血液循环:局部温度升高,使血液循环加快,一方面,毛细血管开放运送充足的养分,同时运出废物,使皮肤变得光洁;另一方面,血流量增加,能够提高皮肤对氧的利用率,使皮肤红润光泽;同时,静脉血回流加速,可消除黑眼圈及眼部水肿。

(2)促进腺体分泌:皮肤温度升高,可使皮脂腺、汗腺的分泌增加,促进皮脂膜的形成,从而阻止皮肤表面水分的过度蒸发,防止皮肤干燥,保证皮肤的光滑润泽。

(3)增强皮肤的吸收能力:血液循环加快,毛孔开放,大大提高了皮肤对各种护肤品和外用药品的吸收能力。

2.点按穴位,调节气血平衡　通过穴位的刺激,可以疏通经络,平衡阴阳,行气活血,使皮下神经松弛,肌肉放松,减轻肌肉的疼痛和紧张感,消除疲劳。

3.强健皮下肌层　按摩的力度达到皮下肌层,使肌肉组织随之运动起来,使肌肉组织密实而有弹性,防止肌肉松弛。

(三)按摩的原则与要求

1.按摩的原则

除需要遵循身体保健按摩的一般原则之外,美容按摩还应遵循如下原则:

（1）按摩走向从下向上、从里向外、从中间向两边　随着年龄增长，人体生理功能在逐渐减退，肌肤变得松弛，松弛的皮肤在重力作用下发生下垂，从而呈现出衰老的状态。因此，在按摩时应从下而上提拉皮肤，减轻松弛下垂，延缓衰老。同时，按摩时，还应尽量将面部皱纹向两边推展。

（2）按摩方向与肌肉走向一致，与皮肤皱纹方向垂直　按摩时应顺着肌肉的走向，强健肌肉的张力和韧性，增强皮肤弹性；垂直皱纹方向，使其舒展，减缓肌肤衰老的状态。

（3）按摩时应尽量减少肌肤的位移　当位移较大时，肌肉运动方向另一侧的肌纤维必将绷紧，而过度持续的张力会使肌肤松弛，加速其衰老。因此，在操作过程中，应尽量减少局部肌肤的位移，做到力达深层，而表皮基本不动。

使用足够量的按摩介质是防止肌肤位移的有效方法之一。

2. 按摩的要求

和保健按摩相似，也要求持久、有力、柔和、得气等，但强度和频率又有所不同。

（1）持久　每个手法都要重复几遍，维持一定的时间。一般要求 3～5 遍即可，手法由轻到重，再到轻。

（2）有力　进行手法操作时（尤其是点穴），要施加一定的力度。力度要透达真皮层，甚至皮下肌层，要有渗透性。

（3）均匀　手法动作的节奏感和用力的平稳性。一般要求先慢后快再慢，先轻后重再轻。

（4）柔和　手法变换、衔接的顺畅连贯性。力求做到"轻而不浮，重而不滞"。

（5）得气　点穴时，穴位处应有酸、胀、麻等感觉，说明经气已通，气至而有效。

（6）动作熟练、准确、优美　手指、掌、腕部动作灵活，能够配合不同部位的肌肉状态变换手法，相互协调以适应各部位按摩需要，并给人一种美感。

（7）按摩的时间　以 10～15 分钟为宜，一般不超过 20 分钟。整个按摩过程要连贯、无停顿。

（8）按摩的环境　要求温暖舒适、通风良好、空气清新、光线充足，有清雅舒缓的音乐为背景。

（四）按摩的注意事项与禁忌

1. 注意事项

（1）按摩最好在淋浴或熏蒸后，毛孔张开时进行。

（2）按摩前必须做面部清洁。

（3）按摩过程中，要给予足够的介质，尽可能减少肌肤的位移。

（4）按摩时间要适中。

2. 禁忌　顾客有以下情况时，不能做按摩：

（1）皮肤严重过敏。

（2）皮肤传染病（扁平疣、黄水疮等）和特殊脉管状态（毛细血管扩张、破裂等）。

（3）严重痤疮、外伤或皮肤急性炎症。

（4）严重疾病的发作期、骨关节肿胀、腺体肿胀等。

（5）精神病患者、孕妇（7 个月以上）。

（6）过饥或过饱状态。

（五）按摩常见穴位及美容相关作用（见附录1）

（六）面部按摩手法

1. 开穴

（1）原理 开穴，就是在美容按摩之前先点按相关穴位。按照中医经络学说，人体是由经络连接脏腑官窍、四肢百骸而形成的有机整体，穴位是内部脏腑精气在体表灌注、停留的反射点。因此，通过开穴能使经络畅通，促进气血的正常运行，就如同打开了美丽的"开关"，再加以针对性的养护疗程，进行美容按摩，就能达到事半功倍的效果。

开穴过程中有轻微疼痛是正常反应，但是如果某按压点有刺痛感，则说明该痛点所在的经络有堵塞现象，也提示所对应的脏腑需要进行保养。

（2）操作方法、技巧 用双手中指指腹，从下到上、从中间向两边依次点按面部穴位。力度应先轻后重再轻：即指腹轻放于穴位上，然后施力于穴位，保持3～5秒后，双手轻轻抬起。以穴位出现轻微酸胀感为佳。

所点穴位依次为：承浆、大迎、颊车、地仓、颧髎、下关、听会、迎香、四白、上关、听宫、耳门、承泣、瞳子髎、太阳、睛明、攒竹、鱼腰、丝竹空和阳白等。

2. 按摩技法

（1）掌抚额头 双手自然展开，以手掌为接触面，沿临眉到发际的方向拉抹额头，左右手交替，从额头一侧做至另一侧。（图3-28）

（2）展额部皱纹 左手食指、中指并在一起，平放在额头右侧的皮肤上，紧贴额头皮肤分开，撑开局部皮肤，使皱纹展平；右手美容指在展开的局部缓慢画小圈，每个部位画一圈半；然后抬起右手，合并左手食指、中指，向前移动，再撑开、画圈，直至左侧额头。重复2～3遍。（图3-29）

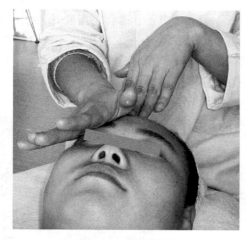

图3-28 掌抚额头

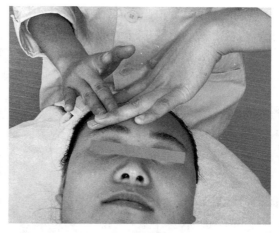

图3-29 展额部皱纹

（3）轻抹前额 双手五指打开，以小鱼际为接触面，自前额发际线起，向临眉方向抹半圆，再抹回发际线。该手法仅在额头正中部位轻抹，不向侧面移动。双手交替，重复2～3遍。（图3-30、图3-31）

（4）掌根推头部 双手掌根置于顾客头部，左、右手美容指一前一后轻放在额头，双侧掌根向同一个方向（斜下方）用力按压，在前的美容指尽量放在穴位上，就势点按穴位。变换手位，原在后的美容指转到前部，搭放在穴位上，再次按压。重复一遍。（图3-32、图3-33）

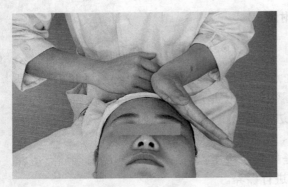

图 3-30　轻抹前额（1）

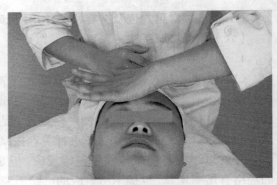

图 3-31　轻抹前额（2）

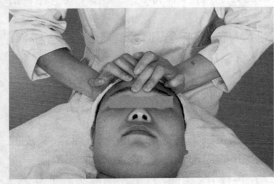

图 3-32　掌根推头部（1）

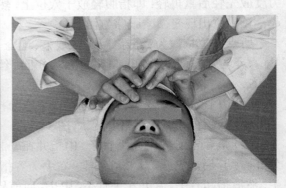

图 3-33　掌根推头部（2）

（5）拍打印堂　抬起上臂，使与身体约成 45°，双手美容指并齐，其余几指展开，用美容指第一、二指关节交替拍打印堂、鱼腰、太阳。从印堂开始，按照中→右→中→左→中的顺序，回至印堂结束。印堂和太阳处分别拍打 20 下左右，鱼腰处 3～5 下过渡即可。注意，双手美容指的落点要在同一位置，拍打的同时有向上提抹的感觉。（图 3-34、图 3-35）

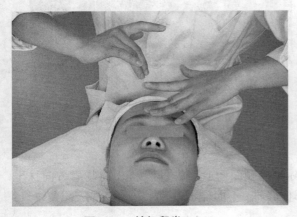

图 3-34　拍打印堂（1）

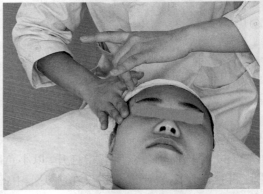

图 3-35　拍打印堂（2）

（6）叩眼眶　用双手美容指指腹，从印堂开始，沿眉弓、外眼角、下眼眶、内眼角做叩法。重复 3～5 遍。（图 3-36、图 3-37）

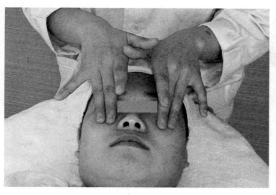

图 3-36　叩眼眶（1）

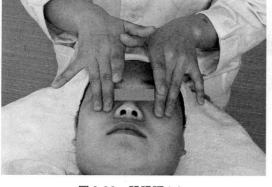

图 3-37　叩眼眶（2）

（7）按抚眼部　以右眼为例，左右手指绷直，中指、无名指分开呈剪刀状，以内眼角为起点，中指、无名指分别向右拉抹上、下眼睑至外眼角处，两手指并拢并向上向外提拉。左右手交替进行。注意两侧眼睛要做相同的遍数。（图 3-38）

（8）点按眼周穴位　依次点按睛明、攒竹、鱼腰、丝竹空、瞳子髎和承泣，注意点按睛明时要向上提压。

（9）浴目　搓热双手，拇指交叉，保持虚掌，掌心正对眼球，捂双眼。用掌根稍用力向下按压。重复 2～3 遍。（图 3-39）

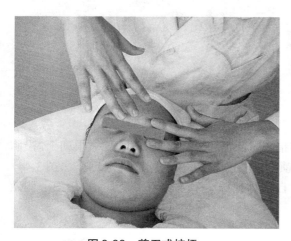

图 3-38　剪刀式按抚

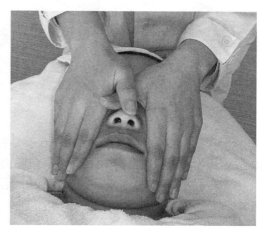

图 3-39　浴目

（10）鼻部按抚　点按迎香、睛明，用单手拇指、食指和中指捏鼻梁、鼻翼，再做鼻部拉抹（同洗鼻部）。

（11）唇部按抚　同洗唇部手法进行拉抹，点按地仓，再拉抹一遍，点按承浆和人中。重复一遍。

（12）点穴　依次点按大迎、颊车、巨髎、下关、上关和太阳。

（13）轮指　五指分开，大拇指外展，其余四指依照食、中、无名、小指的顺序依次弹拨下颌至面颊。先左右手交替做一侧 2～3 遍；再做对侧 2～3 遍；然后两侧同时做 2～3 遍。注意，轮指的过程中，美容工作者不能碰触顾客的耳朵和下颏。（图 3-40、图 3-41）

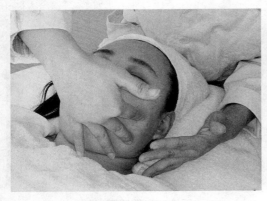

图 3-40　轮指（1）

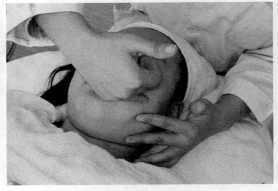

图 3-41　轮指（2）

（14）压拉皮肤　双手五指交叉，直立于面部上方，自鼻梁两侧同时向下轻拉，以同样的手法按照中→上→中→下的顺序压拉整个面部。（图 3-42、图 3-43）

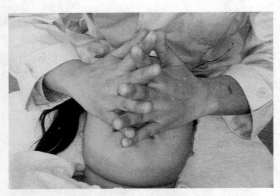

图 3-42　压拉皮肤（1）

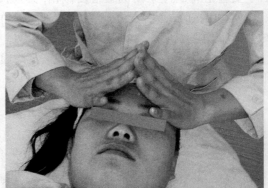

图 3-43　压拉皮肤（2）

（15）展颈部皱纹　美容工作者双手美容指同时从下颌拉抹至同侧耳根；掌根朝上，沿胸锁乳突肌下至同侧颈根；掌根水平，小鱼际沿锁骨推回正中线，双手一起回到下颌。（图 3-44）

（16）拉抹颈部　以双手四指为接触面，自锁骨拉抹至下颌。双手交替，自颈部一侧做向另一侧。（图 3-45）

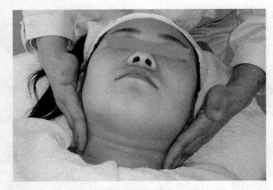

图 3-44　展颈部皱纹

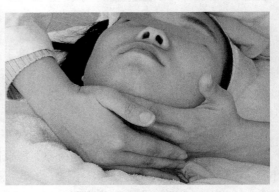

图 3-45　拉抹颈部

（17）耳部按摩　拇指指腹在耳前推抹，点按耳前穴位听会、听宫和耳门；然后四指自然置于耳郭下方，大拇指在耳郭内部，拇指与其余几指相配合，向外向上展平耳郭；然后拇指和食指捏住耳垂，逐渐用力捻至轻微发疼，再逐渐松开。（图3-46）

（18）揉风府抬风池，拔萝卜　双手无名指重叠，置于风府穴的位置，揉3～5圈，然后向上顶，使头部稍向上抬；而后双手美容指做同样动作，揉抬风池；然后，中指在风池保持不变，大拇指移至太阳，食指自然搭放在颌骨下的颈部，拇指和中指用力，向头顶的方向拔伸颈部。（图3-47）

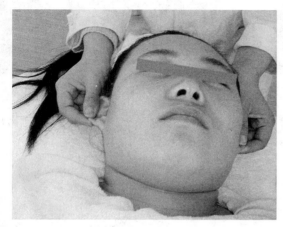

图3-46　展耳郭

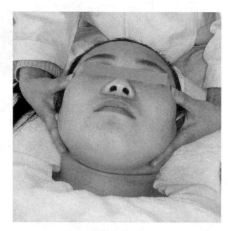

图3-47　拔萝卜

（19）调整面部轮廓　美容工作者右手五指自然弯曲，自顾客左侧耳根包绕下颌，拉抹至右侧耳根，手指打开，手掌继续拉抹至太阳，调整手位用掌根推抹至额头正中固定；左手以同样手法自顾客右侧耳根起，拉抹、推至额头正中；左右手交叠，左手在下，右手在上，一半额头一半发际，掌指关节对准正中线，用力下压。然后在上的右手指尖沿耳前自然下滑，调整手位自耳根包绕下颌，拉抹回原位，置于左手下，按压。左右手交替，重复2～3遍。（图3-48、图3-49）

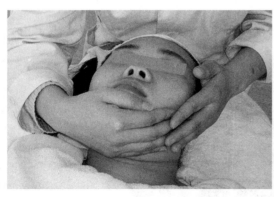

图3-48　调整面部轮廓（1）

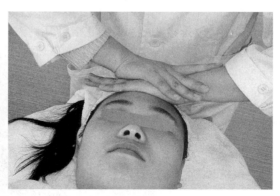

图3-49　调整面部轮廓（2）

（20）拍打前额　双手五指自然展开，以小鱼际为接触面，在额头正中（一半额头一半发际）位置拍打。注意翻腕。（图3-50）

（21）梳理动作　主要在头部进行。

① 沿督脉密集点按：左右手拇指指腹，自印堂起，沿督脉交替点按至百会。注意：点按

印堂至神庭时手指不能碰触顾客面颊。（图 3-51）

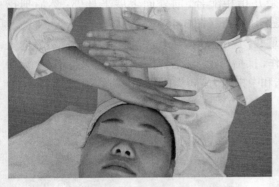

图 3-50　拍打前额

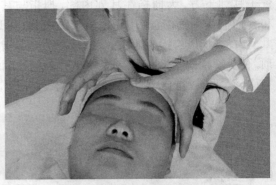

图 3-51　沿督脉密集点按

② 搔头皮、按头部：双手五指自然分开，指腹紧贴头皮，搔抓 3～5 次；五指均匀用力，变换部位，按压整个头部。（图 3-52、图 3-53）

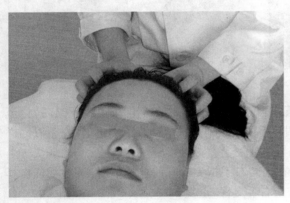

图 3-52　搔头皮

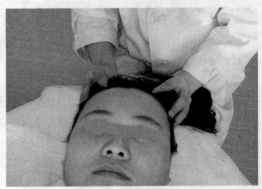

图 3-53　按头部

③ 梳理、扯拉头发：双手五指打开，指尖向上插入头发，梳理 3～5 次；然后，双手指尖相对四指夹住一大缕头发，一手在前一手在后，轻轻向后扯拉。（图 3-54）

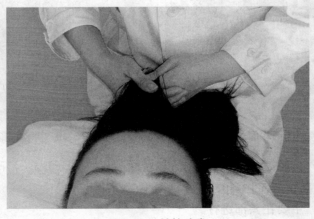

图 3-54　扯拉头发

④叩头部：双手合掌，拇指、无名指和小指分别交叉，用中指和食指以其指腹为接触面，轻轻叩击整个头部。（图 3-55、图 3-56）

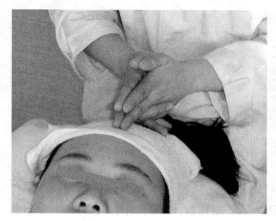

图 3-55　叩头部（1）

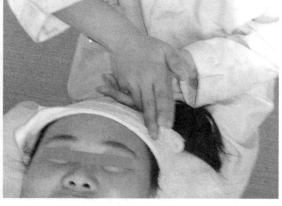

图 3-56　叩头部（2）

二、面部刮痧

（一）刮痧的概念

刮痧是在中医理论指导下，利用边缘光滑的刮板在皮肤表层特定部位（皮部、经络、腧穴等），施以各种刮拭手法，使皮肤局部出现发热、鲜红、黯红及紫红及青黑色斑点或斑片，以疏通经络、调畅气血、调理脏腑的一种简便易行的外治方法。面部刮痧是刮痧疗法的一个重要组成部分，操作部位在面部皮肤，刮拭力度宜轻，刮至皮肤轻微发热或潮红即可，以不出痧为度。

（二）面部刮痧的美容作用

面部刮痧作用于面部的经络和腧穴，可以有效疏通面部经络，调畅局部气血，改善微循环状态，促进新陈代谢，起到调整肤色、舒缓皱纹、淡化色斑、保健美肤的作用。

（三）面部刮痧的注意事项

1. 面部刮痧前应先清洁面部。

2. 刮痧时必须使用介质，保证足够的润滑度，不能干刮。介质可选用精油、精华素或美容刮痧油等。

3. 刮痧速度易缓慢柔和，刮痧时间和按压力度要因人而异。

4. 面部刮痧手法力度宜轻，刮至皮肤轻微发热或潮红即可，以不出痧为度。

5. 局部炎症或破损区域不宜刮拭，红血丝部位禁刮。

（四）面部刮痧手法

1. 刮额部：

（1）用刮痧板鱼头部按揉前额部（图3-57），竖板以平刮法从额头中部向两侧刮拭（图3-58）至太阳穴，用鱼头平面按揉太阳穴（图3-59）。重复5～6遍。

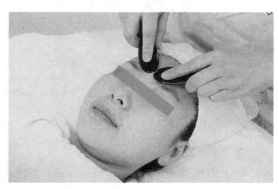

图 3-57　刮额部（1）

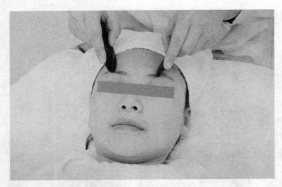

图 3-58 刮额部（2）

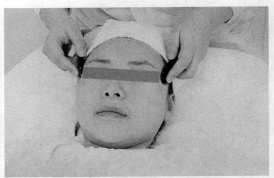

图 3-59 刮额部（3）

（2）用鱼头平面按揉印堂穴（图 3-60），竖板以平刮法从额头中部向两侧刮拭，经阳白穴（图 3-61）、丝竹空穴（图 3-62）至太阳穴，用鱼头平面按揉太阳穴（图 3-63）。重复 5～6 遍。

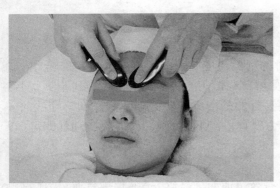

图 3-60 刮额部（4）

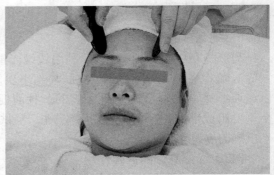

图 3-61 刮额部（5）

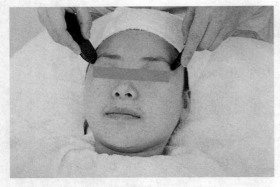

图 3-62 刮额部（6）

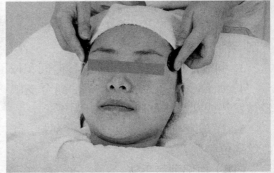

图 3-63 刮额部（7）

2．刮眼部：

（1）用鱼头点按睛明穴（图 3-64），然后经攒竹穴（图 3-65）、鱼腰穴（图 3-66）至瞳子髎穴（图 3-67），用鱼头平面按揉瞳子髎穴（图 3-68）。重复 5～6 遍。

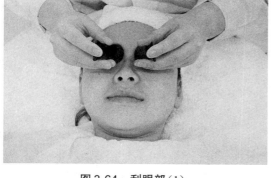

图 3-64 刮眼部（1）

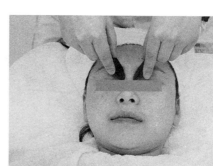

图 3-65 刮眼部（2）

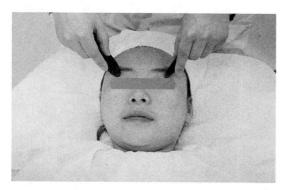

图 3-66 刮眼部（3）

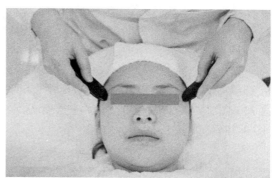

图 3-67 刮眼部（4）

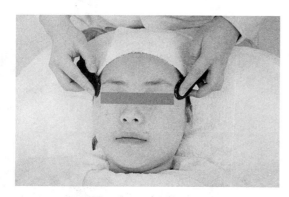

图 3-68 刮眼部（5）

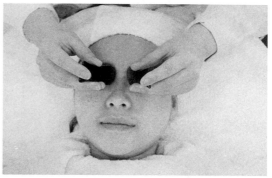

图 3-69 刮眼部（6）

　　（2）用鱼头点按睛明穴（图 3-69），然后经承泣穴（图 3-70）向外刮至瞳子髎穴（图 3-71），用鱼头平面按揉瞳子髎穴。重复 5～6 遍。

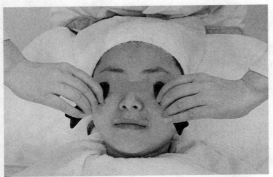

图 3-70　刮眼部（7）

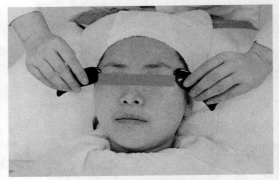

图 3-71　刮眼部（8）

3. 刮面颊：

（1）用鱼头点按上迎香穴（图 3-72），用鱼身以平刮法经四白穴（图 3-73）刮至太阳穴（图 3-74），用鱼头平面按揉太阳穴。重复5～6遍。

（2）用鱼头点按迎香穴（图 3-75），用鱼身以平刮法经颧髎穴（图 3-76）刮至听宫穴（图 3-77），用鱼头平面按揉听宫穴（图 3-78）。重复5～6遍。

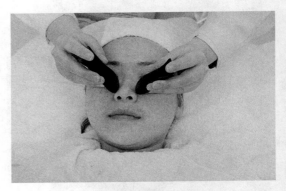

图 3-72　刮面颊（1）

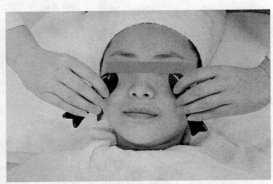

图 3-73　刮面颊（2）

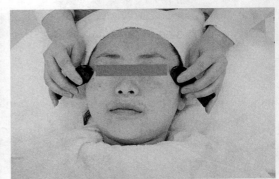

图 3-74　刮面颊（3）

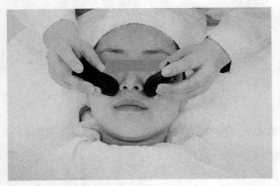

图 3-75　刮面颊（4）

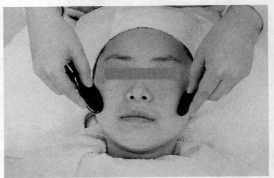

图 3-76　刮面颊（5）

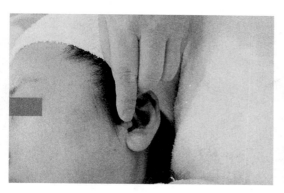

图 3-77　刮面颊（6）

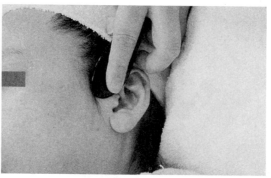

图 3-78　刮面颊（7）

4. 刮口周：

（1）用鱼头点按水沟穴（图 3-79），用鱼身以平刮法沿两侧上唇（图 3-80）刮至地仓穴，用鱼头平面按揉地仓穴（图 3-81）。重复5～6遍。

（2）用鱼头点按承浆穴（图 3-82），用鱼身以平刮法沿两侧下唇经地仓穴（图 3-83）、颊车（图 3-84）至下关穴，用鱼头平面按揉下关穴（图 3-85）。重复5～6遍。

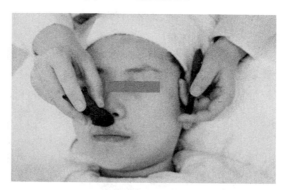

图 3-79　刮口周（1）

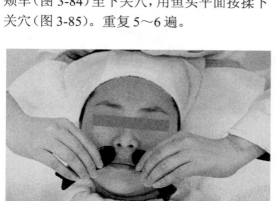

图 3-80　刮口周（2）

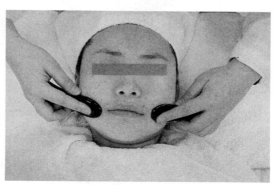

图 3-81　刮口周（3）

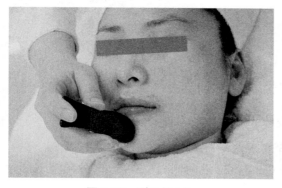

图 3-82　刮口周（4）

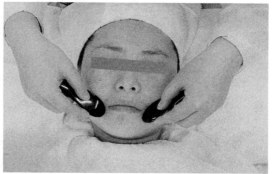

图 3-83　刮口周（5）

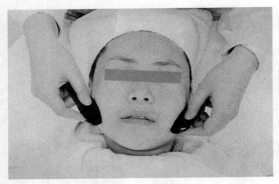

图 3-84　刮口周（6）

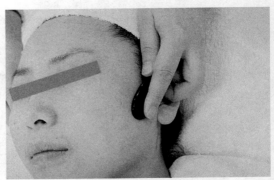

图 3-85　刮口周（7）

5. 刮鼻部：

（1）用鱼尾双手并排从印堂穴（图 3-86）经鼻根（图 3-87）、鼻梁（图 3-88）至鼻尖（图 3-89）。重复 5～6 遍。

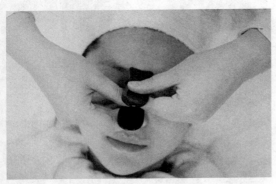

图 3-86　刮鼻部（1）

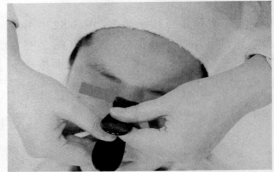

图 3-87　刮鼻部（2）

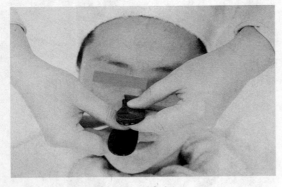

图 3-88　刮鼻部（3）

图 3-89　刮鼻部（4）

（2）用鱼头从睛明穴（图 3-90）沿鼻侧刮至鼻翼两侧（图 3-91）。重复 5～6 遍。

6. 刮下颌：用鱼尾以平刮法从下颌中央（图 3-92）沿两侧（图 3-93）向外刮至下颌角（图 3-94）。重复 5～6 遍。

图3-90　刮鼻部（5）

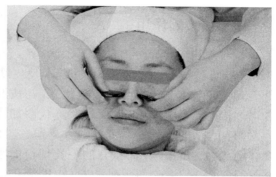

图3-91　刮鼻部（6）

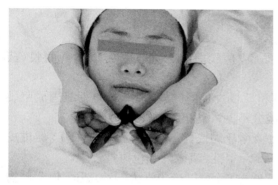

图3-92　刮下颌（1）

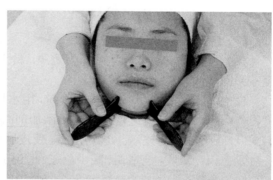

图3-93　刮下颌（2）

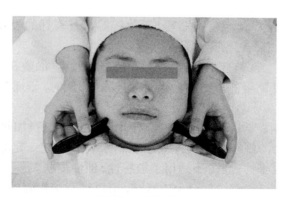

图3-94　刮下颌（3）

第五节　面膜养护技术

面膜养护技术源于药物的外治法，是常用的肌肤养护技术，随着高科技的发展和美容医学的兴起，这种技术已成为不可缺少的美容手段之一。面膜由各种溶性材料、赋形剂、营养物质和药物制作而成，涂敷面部形成一层薄膜，因此称为面膜。因其所含有的成分不同，作用也不一样。实际运用时，需要根据个人皮肤类型进行选择。

一、面膜的作用

一般来说，面膜既能清洁，又能营养，坚持使用，可以改善皮肤干燥、粗糙、皱纹、毛孔粗大、暗疮炎症、黯淡无泽等状态，使皮肤重新呈现柔嫩细腻、光滑清爽、洁白红润的健康光泽。这是因为：面膜敷在脸上，与皮肤产生亲和力，随着逐渐干燥，局部皮肤温度升高，血液循环加快，一方面使新陈代谢加快，自我修复能力增强；另一方面使皮肤绷紧而张力加强，皮肤分泌的皮脂和水分留在膜内，被角质层反吸收，使皮肤柔润舒展，细小皱纹消失，毛孔张开；而张开的毛孔使得面膜中的营养成分易于被吸收；同时，由于面膜的吸附作用，当清除面膜时，皮肤上的老化角质、毛孔内的污垢被同时带出，使皮肤深层清洁。

二、面膜的分类及特点

（一）按面膜材料分类

根据面膜的材料不同，可分为倒膜、黏土面膜、薄膜面膜、蜡状面膜、中草药面膜（药膜）、果蔬面膜和矿泥面膜等。

1. 倒膜　即硬膜。原料为石膏粉，用水调和后很快凝固，敷于皮肤上自行凝固成坚硬的膜体，使膜体温度持续渗透。由于添加剂的成分不同，有热倒膜和冷倒膜两种。

（1）热倒膜：对皮肤进行热渗透，使皮肤血液循环加快，毛细血管和毛孔张开，促进皮肤对营养药物吸收，能增白、减少色斑，适用于干性、中性、衰老性和色斑性皮肤。

（2）冷倒膜：添加了具有特殊冻胶效果的天然橡胶，可以产生强力的渗透压，使营养物质容易渗透到皮肤底层。其制冷作用，可收缩粗大毛孔，使皮脂分泌下降，适合于油性、暗疮、敏感性、微血管扩张的皮肤。

2. 黏土面膜　原料为高岭土、滑石粉、氧化锌等。有较好的吸收性，能除去皮脂和汗液，又称为净化面膜，适用于正常皮肤及油性皮肤。

3. 薄膜面膜　原料为水溶性的高聚物（如甲基纤维素）。涂敷在皮肤上，水分蒸发后形成一层薄膜，揭去薄膜使黏附其上的污垢也一同被除去；同时，干燥时的收缩作用使皮肤绷紧，细小皱纹也被除去，属于剥离型面膜。

4. 蜡状面膜　原料主要是石蜡和油剂。使用前需先将材料加热至 42～45℃，成为液状，稍冷却至 30℃左右后，刷在面、颈、手、足等部位，冷却固化一定时间后再除去。可有效补充油分和水分，适用于干性皮肤，不适用于敏感性、油性皮肤。

5. 中草药面膜（药膜）　原料主要为中草药，可以是直接粉碎的中药粉，或者有效成分的提取物做成面膜贴。根据中药的功效不同，其作用也不相同，如益母草面膜可使皮肤红润，肉桂面膜可改善皮脂分泌。另外，为达到或强化某种治疗作用，也可以直接或配合使用一些西药，这种含有特定治疗效果的面膜称为药膜。

6. 果蔬面膜　原料取自各种天然果蔬。制作简便，纯天然，种类多，适合不同皮肤。但需有耐心，长期坚持，方可见效。

7. 矿泥面膜　原料主要是矿物泥、火山泥、海泥。因其含有大量矿物质，纯天然，能使皮肤恢复柔软和光滑，具有良好的消炎、美白作用，是夏日暴晒后最佳的护肤选择。适用于暗疮皮肤。

（二）按面膜的化学性质分类

根据面膜的化学性质不同，可分为普通面膜、美容面膜和美容倒膜。

1. 普通面膜　种类繁多，按形状不同，可分为膏状面膜、啫喱面膜和粉末状面膜。

（1）膏状面膜：呈牙膏状，直接涂于面部，干后用清水清洗即可。使用携带方便，收敛性强。

（2）啫喱面膜：透明黏稠，呈果冻状，使用时直接涂敷，根据干后的状态不同，分为可干啫喱面膜和保湿啫喱面膜两类。

1）可干啫喱面膜：干后凝结成整体，可整张撕下，又称撕拉式面膜。对污垢和老化角质的黏附力较强，清洁力佳，可用于油性、老化角质堆积较厚的皮肤。

2）保湿啫喱面膜：膜体保持在潮湿状态下发挥作用，不凝结。保湿效果好，可用于眼部养护。

（3）粉末状面膜：膜体呈粉末状，使用时需要用水调和，如中草药面膜。

2. 美容面膜　又称软膜。主要基质为淀粉、黏土等，可加入多种营养物质，发挥营养、增白、防皱、延衰的功效。

特点：①用水调和后，涂在皮肤上，形成质地细软的薄膜；②性质温和，对皮肤无压迫感；③皮肤自身的分泌物被膜体阻隔在膜内，反渗于角质层，从而给皮肤补充足够的水分，使皮肤明显舒展，细碎皱纹消失。

3. 美容倒膜　即"倒膜"。

（三）按面膜的功能分类

根据面膜的功能不同，可分为清洁面膜、保湿面膜、调节面膜、减脂面膜、紧肤面膜和美白面膜等。

如上所述，面膜都具有营养、清洁、紧肤的功效，为强化某种作用可加入一些具体成分，以达到不同的治疗护肤目的。

（四）按面膜的性状分类

可分为涂膜型面膜和中药纱布袋压膜。

1. 涂膜型面膜　由成膜材料，如聚乙烯醇和明胶等加入某些营养物质或治疗药物等制作而成的胶状或糊状面膜。

2. 中药纱布袋压膜　将不同功效的中药经过研制后装入布袋内加以蒸煮，使其达到一定温度后敷压于面部。此压膜法对痤疮、黄褐斑、皮肤粗糙和老化有较好的治疗效果。

以上各种面膜中，最常见的有：软膜、硬膜、膏状面膜、啫喱面膜、矿泥面膜、中草药面膜（药膜）、果蔬面膜和蜡膜等。

三、面膜的使用方法

（一）软膜的使用方法

使用软膜的过程，一般可以分为四个步骤：准备工作、调膜、敷膜和清洗。

1. 准备工作

（1）备好肌肤养护的常用工具：洗面盆、包头毛巾、颈巾、面扑等。

（2）备好调制膜粉的容器、调膜棒、毛刷、纸巾；根据皮肤类型选择软膜粉、爽肤水和营养霜。

（3）彻底清洁预敷膜部位的皮肤。

（4）将包头巾四周用纸巾包严。

2．调膜　在消毒后的干燥容器内放入适量膜粉，加蒸馏水或流质，用调膜棒沿一个方向迅速搅拌，将其调成均匀的糊状（搅拌时间约为15～20秒）。

3．敷膜　用消毒后的软毛刷将调好的糊状面膜均匀涂于面部。

（1）敷膜的顺序及部位

1）顺序依次为：前额→双颊→鼻→颈→下颏→口周（口鼻之间）。

2）部位：要求覆盖下颏、颈部之上、发际线之下的整个面部（眼部和唇部除外）。

（2）敷膜的走向：从中间向两边、从下往上涂抹。

（3）敷膜的时间

1）涂敷时间：整个涂敷过程应在1～2分钟内完成。时间太长，会导致糊状膜体在容器内变干，涂敷不上或很快干结，达不到有效养护皮肤的目的。

2）面膜在面部保留的时间：产品不同，停留的时间也不同，一般15～20分钟。

4．清洗

（1）启膜：若是凝结性的面膜，可从下颏、颈部的膜边，慢慢向上掀起，轻轻撕下；若是非凝结性的面膜，先用面扑蘸水浸湿，使其软化后再轻轻抹去。

（2）用清水彻底洗干净。

（3）拍爽肤水，涂营养霜。

（二）硬膜的使用方法

使用硬膜的过程，一般分为五个步骤：准备工作、调膜、敷膜、启膜和清洗。

1．准备工作

（1）用具的准备：包括肌肤养护的常用工具、调膜的容器、调膜棒、倒棒（或医用压舌板）、纸巾、湿棉片和纱布。

（2）用品的准备：根据皮肤类型，选择适当的硬膜粉、营养底霜、爽肤水和润肤霜。

（3）包头巾、颈巾，彻底清洁预敷膜部位皮肤。

（4）用纸巾将包头毛巾、颈巾四周包严。

（5）询问顾客的身体状况（是否有感冒、咳嗽等呼吸道疾病，胸闷等心脏问题，恐黑症等）来确定倒膜时是否盖口和眼睛。

（6）涂抹营养底霜。

（7）用潮湿的薄棉片或两层纱布盖住眼睛、眉毛、嘴巴和鬓角裸露的所有毛发（顾客有不适症状时，留出眼或口）。

2．调膜　在消毒后的干燥容器内放入200～300g膜粉，加适量蒸馏水（冬天用热倒膜时，需用温水），用调膜棒沿一个方向迅速搅拌，将其调成均匀的糊状。从倒入蒸馏水时计，调膜过程应在15～20秒内完成。

3．敷膜　用压舌板或倒棒迅速均匀地涂于面部。

（1）顺序及部位：同软膜，注意必要时露出眼睛和嘴巴。

（2）敷膜的走向：同软膜。

（3）敷膜的时间：同软膜。

（4）涂完膜后，应立即将盛膜粉的容器和调膜棒清洗干净。

4．启膜

（1）用手接触膜面，确定面膜干透后，请顾客做微笑动作，以便使皮肤与膜面脱离。

（2）美容工作者的双手拇指扶住额部膜的上沿，轻轻向上托起，将膜与额部皮肤分开。

（3）拇指保持不动，再用双手食指托住面膜两侧，四指同时用力，将面膜向上轻轻托起，使膜与面部皮肤完全分开。

（4）双手十指同时均匀用力，托住面膜，移离面部 1cm 左右，停留 3～5 秒，待顾客的眼睛适应光线后，再取下面膜，放入垃圾桶。

5．清洗　用清水彻底洗干净，拍爽肤水，涂营养霜。

（三）普通面膜的使用方法

除调膜外都基本与软膜一致。

四、面膜养护技术的操作要求、注意事项和禁忌

（一）敷膜的操作要求

1．敷膜部位要清楚、正确。

2．敷膜动作需迅速、熟练，涂抹方向、顺序正确。

3．膜体厚薄适度、均匀，膜面光滑；硬膜应能整膜取下。

4．整个敷膜过程干净、利落，全部结束后，周围不遗留膜粉渣滓。

（二）面膜养护技术的注意事项

1．根据顾客的皮肤状态，正确选用面膜、爽肤水、营养霜，以及做硬膜时的营养底霜。

2．为达到更好的效果，涂敷软膜前也可以先涂抹一层底霜。除去外层软膜后底霜可以继续保留 3～5 分钟。

3．调膜时要顺着一个方向搅拌，否则容易产生小疙瘩，且不易搅匀。

4．涂敷面膜时，勿使面膜材料进入眼睛、鼻孔和口内。

5．调热倒膜时，水温不能太高，以免烫伤皮肤。

6．面膜在面部保留的时间要适度。水分含量高的可以多保留一会，但要遵从产品说明的时间，以免面膜干后，反将角质层的水分吸出，使皮肤更干燥；停留时间太短则起不到有效的护肤作用。

7．做硬膜之前要询问顾客的身体状况，确定是否需要露出眼睛和嘴巴，但鼻孔必须露出。

8．除去面膜时，操作宜轻柔，以免损伤皮肤。

9．面膜养护不可过频，成年人一般一周 2～3 次即可（在干燥季节，单纯的保湿面膜可以天天做）。太频繁会使皮肤营养过剩，自我修复能力变弱；而撕拉式面膜由于和皮肤接触充分，黏合力强，使用不当可能造成皮肤松弛和毛孔粗大，故不可过频。

10．面膜养护后，一定要擦爽肤水和护肤霜进行锁水，并保持一段时间后再上妆。

（三）面膜养护技术的禁忌

1．严重过敏性皮肤病患者慎用。

2．局部有创伤、烫伤、发炎感染等暴露性皮肤症状者慎用。

3．严重的心脏病、呼吸道感染、高血压等病的患者，在发病期间应慎用或禁用硬膜。

第六节　养护卡的制作

为了能更详尽地把握顾客的皮肤状态，有针对性地采取养护措施，全面分析养护效果，美容机构都会为顾客建立档案，也就是我们所说的美容养护卡。

不同美容机构的养护卡并不完全相同，但主要内容和功能大致相当，包括以下几个部分：

一、基本信息栏

位于美容养护卡的首页。除建立养护卡时的日期外，还应包含顾客的所有基本信息：姓名、性别、年龄、生日、婚姻状况、饮食习惯、睡眠状况、喜好、职业、联系方式等内容。

注意：基本信息有利于了解顾客的生活规律，要采集全面，但尽可能不涉及顾客隐私，留档保存过程中也要做好保密工作。

二、既往护肤情况

初步了解顾客既往肌肤养护情况及美容护肤习惯，便于结合其工作环境及生活方式，有针对性地制定养护方案，提供切实可行的日常养护建议。具体内容包括：顾客既往所用产品、采用何种护肤方式（个人生活护肤，还是专业美容机构定期护肤），对个人皮肤的自我评价等内容。

三、皮肤类型判定

包括对顾客皮肤进行鉴别、判断的过程，对结果的分析和所下的结论。

1. 过程　一般包括：所采用的测定方法、得到的数据和观察结果等项目。注意：该栏下所记录的数据和结果必须是客观真实的，不掺入主观分析。

2. 分析　结合顾客的既往护肤情况，对结果做简单的分析，为结论和方案提供科学依据。

3. 结论　直接写出分析得出的主要结论，一般是具体的皮肤类型。

四、制订养护方案

针对顾客的皮肤类型和所存在的问题，制订合理的养护方案。包括：养护疗程和主要解决的皮肤问题、养护程序、所采用的产品和预期目标。

1. 养护疗程和主要解决的皮肤问题　疗程就是调理某主要皮肤问题的过程。一般每个疗程都有一定的针对性，一个疗程结束时，皮肤状态应有所变化。

2. 养护部位　记录顾客选择的主要养护部位，便于选择产品和手法。

3. 所用产品　记录为顾客选用主要的产品，为预期目标的确立奠定基础。

4. 预期目标　是一个疗程结束时确定是否调整养护方案的主要参考，预期目标要切合实际，不能夸大或含糊不清。

五、日常生活建议

根据顾客的皮肤状态和工作、生活特点，提出日常肌肤养护的基本要求，建议其养成有利于保养皮肤的健康生活方式，如早睡早起、规律饮食、适当锻炼等。

六、肌肤养护日志

任何一种皮肤类型的养护都不可能一次就有满意的效果,一般都要持续一段时间,循序渐进地进行调理,并在日常生活中注意保持。每次进行养护时,美容工作者都应认真记录当次的情况,即填写养护日志。养护日志应包括如下内容:

1. 日期　除记录日期外,还应标明是第几疗程的第几次。

2. 养护前观察　主要记录养护前顾客的皮肤状态,欲解决的主要问题,若有条件可在征得顾客同意后,保存拍摄的照片或仪器检测数据。

3. 养护程序　本次养护所采取的主要养护程序。对原方案进行调整的,在建议中标明调整理由。

4. 养护后的状况　简单描述养护刚结束时的皮肤状况。主要是和养护前的状况相对比(最好借助照片或仪器)。

5. 建议　可以是对顾客饮食、睡眠等生活方式的建议,也可以是对养护方案或产品的变动意见。

6. 顾客满意度和意见　和顾客及时沟通,询问其主观体验,便于有效调整方案,以取得更好的效果。若顾客有不满,应诚恳道歉、解释,积极查找原因并予以改进。

七、制作肌肤养护卡

表3-1　肌肤养护卡

编号＿＿＿＿＿＿＿　　　　　　　　　　日期＿＿＿＿＿年＿＿＿＿＿月＿＿＿＿＿日

姓名		性别		年龄		生日	
婚否		体重		工作单位与职业			
饮食习惯			运动习惯				
睡眠状况			就寝与晨起时间				
喜好			每天工作时间				
联系方式			地址				

既往护肤情况	所用产品	护肤方案		自我评价	
		专业养护	自我护肤	优点	困扰

皮肤类型测定	测定过程	采用的测试方法	数据、结果
	分析		
	结论		

续表

	疗程	主要解决皮肤问题						养护部位			所用产品	预期目标
		美白	补水	祛斑	祛痘	调肤色	抗衰	面部	眼部	颈部		
护理方案	第一疗程											
	第二疗程											
	第三疗程											
日常生活建议	生活方式											
美容工作者:_____	日常护肤											

肌肤养护日志

次数	日期	养护前观察	养护程序	养护后状况	建议	顾客满意度及意见
					美容工作者_____	
					美容工作者_____	
					美容工作者_____	
					美容工作者_____	
					美容工作者_____	

第七节　不同性质皮肤的分析与养护

一般来说，不论何种性质的皮肤，其专业养护的程序都差不多，只是针对皮肤存在的不同问题，选择使用的护肤品不同，操作技法、时间有所不同而已。

一、中性皮肤的分析与养护

（一）皮肤分析

1. 肉眼观察。皮肤既不干也不油，面色红润，皮肤光滑细嫩，富有弹性。

2. 美容放大镜观察。皮肤纹理不粗不细，毛孔较小。

3. 纸巾擦拭法观察。纸巾上沾油污面积不大，显微透明状。

4. 美容透视灯观察。皮肤大部分为淡灰色，小面积有橙黄色荧光块。

5. 光纤显微检测仪观察。表皮部位纹路清晰，没有松弛、老化迹象。纹路间隔整齐、紧实；在真皮部位没有脂肪颗粒阻塞的现象，亦无褐色斑点。

（二）养护分析

中性皮肤是最健康、最理想的皮肤类型，采用一般程序养护即可，目的是尽可能维持皮脂膜的健全，使皮肤长期具有充足的水分和油分，并保持水油平衡。

（三）养护建议

1. 专业养护　成年人中性皮肤者，建议每周做一次专业养护，一个月左右做一次深层洁肤；青少年可以仅作日常养护，不特意进行专业养护。

2. 日常养护　建议把防晒作为每天护肤的一部分。少年儿童可以仅按清洁→爽肤润肤→防晒进行养护；青年以上可坚持使用面膜，频率以 1～2 次 / 周为宜。

3. 生活建议　均衡饮食，保证营养；保持充足的睡眠，尤其是睡好美容觉；适当进行体育锻炼；保持心情舒畅等。

二、干性皮肤的分析与养护

（一）皮肤分析

1. 干性缺水皮肤

（1）肉眼观察。皮肤较薄，干燥，不润泽，可见细小皮屑，皱纹较明显，皮肤松弛缺乏弹性，肤色一般较白皙。

（2）美容放大镜观察。表皮纹路较细，皮肤毛细血管和皱纹较明显。

（3）纸巾擦拭法观察。纸巾上基本不沾油渍。

（4）美容透视灯观察。大部分皮肤为青紫色。

（5）光纤显微检测仪观察。表皮纹路明显，皮沟浅，皮肤较细致，无湿润感。皮肤里普遍有咖啡色圆圆的斑点，但不像油性肤质那样出现一粒粒的橘红色颗粒。

2. 干性缺油皮肤

（1）肉眼观察。皮脂分泌量少，皮肤较干，缺乏光泽。

（2）美容放大镜观察。表皮纹路细致，毛孔细小不明显，常见细小皮屑。

（3）纸巾擦拭法观察。纸巾上基本不沾油渍。

（4）美容透视灯观察。皮肤呈淡紫色，有少许或没有橙黄色荧光块。

（5）光纤显微检测仪观察。表皮纹路较深，与干性缺水比较，略有湿润感。

（二）养护分析

干性皮肤自身皮脂腺分泌不旺盛，不能很好地形成乳化膜，无法阻隔干燥空气对皮肤水分的蒸发，因而比较干燥、易有细小皱纹和色素斑、对外界刺激易过敏。所以，养护重点是补足水分、补充并留住有限的油脂，防止皮肤因失水而干燥，甚至出现皱纹。

（三）养护建议

1. **专业养护**　建议每周做一次专业美容养护；每月做一次深层洁肤（选用较柔和的去死皮膏）；可在蒸面的同时进行水疗；多选用营养型软膜，一般不使用倒膜；眼部、额部和颈部应重点保养。

 知识链接

面部水疗

是简便、有效的面部补水方式之一。操作方法：洁面后，奥桑喷雾仪或热毛巾蒸面打开毛孔，同时取纱布或面膜纸，用专供水疗使用的 SPA 平衡水（可用爽肤水与乳液的混合液来替代）浸湿，稍微拧干后，盖住整个面部，并用美容指蘸取剩余的 SPA 平衡水，在整个面部轻轻拍打，直至完全吸收。

2. **日常养护**　应选用温和的洗面奶，以防碱性过大损伤皮肤自身的乳化膜；夏季可使用爽肤水，涂各种滋润营养的乳液，秋冬季节应选用营养型的爽肤水和油脂含量较高的霜类护肤品；坚持使用滋润型晚霜；坚持使用保湿类或睡眠类面膜，不要使用矿泥类、柑橘类、收缩毛孔类、去油脂类等产品；注意日常防晒养护，宜选用霜状的防晒用品。

3. **生活建议**　除了与中性皮肤相同的注意事项之外，饮食上宜吃一些含脂肪稍高、维生素 E 丰富的食品，如牛奶、鸡蛋、猪肝、黄油及新鲜水果等；可以常饮蜂蜜水滋养皮肤。在秋冬干燥的季节，要格外注意多喝水，防止皮肤干燥脱屑。

三、油性（暗疮）皮肤的分析与养护

（一）皮肤分析

1. 肉眼观察。皮脂分泌量多而使皮肤呈现出油腻光亮感。

2. 美容放大镜观察。毛孔较大，皮肤纹理较粗。

3. 纸巾擦拭法观察。纸巾上有大片油渍，呈透明状。

4. 美容透视灯观察。皮肤上有大片橙黄色荧光块。

5. 光纤显微检测仪观察。表皮过油，纹路不清晰，有油光；真皮油亮，湿润；毛孔若阻塞严重，表皮看不见纹路，真皮可见大小颗粒，粗糙，多杂质，颜色粗黄。

（二）养护分析

油性皮肤皮脂分泌旺盛，毛孔粗大，皮肤较油腻，易附着灰尘，多伴有粉刺、痤疮。因而，应以保持皮肤清洁、调节皮脂分泌为养护重点。伴有痤疮、粉刺者，视情况给予排痘处理；伴有炎症时，避开炎症部位进行按摩或不按摩，仅做祛痘、消炎面膜处理。

（三）养护建议

1. **专业养护**　暗疮皮肤宜选择专业产品，坚持排痘等专业养护，视暗疮轻重程度设计美容养护疗程，1～3 次／周；油性皮肤者宜选用控油、消炎、抑痘、收缩毛孔类产品，1～2 次／周。

养护程序可采用：洁肤→蒸面→脱屑→仪器养护，和排痘→按摩→面膜养护→爽肤润肤→整理内务。

（1）在仪器养护的同时进行排痘：①真空吸啜毛孔粗大及黑头粉刺部位；②使用暗疮针对暗疮进行清理治疗；③使用高频电疗仪对暗疮部位进行拍、点式火花电疗；④用导入仪导入收缩毛孔精华液。

（2）脱屑：有暗疮又需要脱屑者，避开暗疮部位进行脱屑。脱屑频率以 1～2 次 / 月为宜。

2．日常养护　宜选择祛除油性污垢能力强的清洁霜卸妆；用中性或稍偏碱性的洗面奶温水洗涤，可每天洗脸 2～3 次，洗完后使用爽肤水或各种平衡水；无论冬夏都应使用乳液类润肤品，在北方寒冷干燥的环境里，也可适当使用霜类，重度油性皮肤的人在炎热的夏季可以仅用爽肤水。

3．生活建议　宜选用含维生素 C 丰富的水果、蔬菜等食物，少吃烧烤油炸、生冷等油腻刺激食物和甜食。余同中性皮肤。

（四）护理方案

1．护理目的

（1）清洁皮肤，去除表皮的坏死细胞，减少油脂分泌，保持毛孔通畅。

（2）及时清除黑头、白头粉刺。

（3）对已经发炎的皮肤进行消炎杀菌。

2．护理步骤

（1）消毒：用 75% 酒精棉球消毒。取酒精时远离顾客头部，避免碰到顾客的皮肤和眼睛，对需使用的工具、器皿及产品的封口处进行消毒，暗疮针最好提前浸泡半小时消毒。

（2）卸妆：用棉片或棉棒蘸取卸妆液进行卸妆，动作小而轻，勿将产品弄进顾客眼睛，棉片、棉棒一次性使用。

（3）清洁：选择油性洗面凝胶洁面，注意对发炎部位动作应轻柔，不能过多摩擦；用过的清洁棉片应丢弃，以免传染。

（4）爽肤：用棉片蘸取双重保湿水，轻轻擦拭。

（5）观察皮肤：肉眼观察或皮肤检测仪器仔细观察皮肤问题所在。

（6）蒸面：用棉片盖住眼睛，喷雾仪蒸面 8 分钟或冷喷仪冷喷 20 分钟，距离 25cm，皮肤有严重问题时不能蒸面。

（7）去角质：用去角质霜，痤疮部位不做，严重者不做。

（8）清白头粉刺和黑头粉刺：先用酒精对局部皮肤消毒，然后选择采用手清或针清方式清除，再进行局部消毒并涂抹消炎膏。

（9）按摩：选用暗疮膏徒手按摩，时间 5～10 分钟。一般应避免在痤疮创面上按摩，痤疮较多时不做按摩。

（10）仪器：清除痤疮后，用火花式高频电疗仪对创面进行消炎杀菌，以防感染，每个创面 10 秒。

（11）面膜：消粉刺软膜或痤疮面膜、冷膜。痤疮部位也可用甲硝唑涂敷打底后涂冷膜，或痤疮面膜打底后涂冷膜。

（12）爽肤：用痤疮消炎水敷面，暂时可收敛毛孔，平衡油脂。

（13）润肤：痤疮部位涂痤疮膏，其他部位涂乳液。

3．家庭护理计划

（1）日间护理：油性洁面凝胶→爽肤水→防晒乳液，有痤疮部位涂暗疮膏→眼霜。

（2）晚间护理：卸妆液＋油性洁面凝胶→爽肤水→眼霜→暗疮部位涂暗疮膏。

（3）每周护理：消炎面膜或油脂平衡面膜每周两次，可加眼膜。

四、衰老性皮肤的分析与养护

（一）皮肤衰老的进程

皮肤衰老是随着机体衰老发生的不可逆转的自然过程。但是，由于个人的生活环境、生活方式、肌肤养护方法和遗传等因素的不同，使得每个人的衰老进程有很大差异。一般来说，皮肤衰老显示的方式是慢慢进行的，最先出现的大都是外眼角的鱼尾纹和皮肤的干燥状态；接下来是眼部及唇周皱纹、皮肤丧失柔软度和张力，变为粗硬状态；最后全脸显现粗深皱纹，皮肤松弛明显，看得见"双下巴"。皮肤衰老的典型表现是松弛和皱纹。

面部出现的皱纹按其能否消退，可分为假性皱纹和定性皱纹两类。

1．假性皱纹大都是由于暂时缺水或缺油引起，皮肤的组织结构和腺体功能正常。一般可以通过皮肤弹性的自我调节或非手术性养护，在一段时间内自行消退。

2．真性皱纹是胶原纤维和弹力纤维等组织结构性能下降引起的，非手术方法不能祛除，具有稳定性。

假性皱纹是形成定性皱纹的前期，而定性皱纹是假性皱纹发展的结果。若减少假性皱纹存在的机会，则减少了定性皱纹形成的可能。我们采用的养护方式、调养方法和使用祛皱活肤类护肤品，主要是祛除假性皱纹，延缓皮肤的衰老进程。

（二）皮肤分析

1．肉眼观察。类似干性皮肤，弹性减弱，无光泽，皮下组织减少，变薄，皮肤松弛，下垂，皱纹增多，色素也增多。

2．美容透视灯观察。皮肤呈紫色，有悬浮白色。

3．光纤显微检测仪观察。表皮没有纹路，表示肌肤萎缩紧绷；真皮纹路宽大，有的微血管扩张，表示肌肤松弛，皮肤上没有橘红色的颗粒，但是有浅咖啡或深咖啡色的斑点。

（三）养护分析

衰老性皮肤与年龄关系密切，多见于中老年人及多愁善感的妇女。除进行专业养护、补足水分和油分、增强皮肤营养和弹性外，还应注意保持心情舒畅、增强体质、适度运动，促进皮肤自身的生理功能，缓解老化。眼部、颈部和手部尤其要注意特殊养护。

（四）养护建议

1．专业养护　建议每月进行1～2次深层洁肤，祛除老化的角质；每周做一次专业养护，用仪器导入营养丰富的精华素、使用祛皱面膜、选用滋养型的霜类护肤品，增强皮肤的营养和弹性。

2．日常养护　选用营养丰富的滋养型护肤品、坚持敷面膜、长期使用精华素和晚霜，保持皮肤的湿润和营养；可采用轻轻拍打等方法增加皮肤弹性；尽量减少外界因素的刺激，平时注意防晒，天气恶劣时外出要戴帽子、围巾等。

3．生活建议　养成均衡的饮食习惯，多吃含脂肪、维生素E等丰富的食物，可以适当服用含小麦胚芽油、葡萄籽油等抗氧化、延缓衰老类的保健品；保障睡眠质量，保持充足的睡眠；劳逸结合，保持乐观良好的心态，处于更年期的，积极调整其带来的不良情绪；适当运动,增强体质;中老年妇女应戒烟限酒;防止不合理的快速减肥。

（五）护理方案

1. 护理目的

（1）加强深层按摩,增加血液循环,促进新陈代谢。

（2）加强按摩刺激皮脂腺分泌,保持皮肤滋润,紧实面部肌肉,保持皮肤弹性。

（3）补充水分、油分、高效营养物质、生长因子等,激发活力,延缓衰老。

2. 护理步骤

（1）消毒:用 75% 酒精棉球消毒。取酒精时远离顾客头部,避免碰到顾客的皮肤和眼睛,对需使用的工具、器皿及产品的封口处进行消毒。

（2）卸妆:用棉片或棉棒蘸取卸妆液进行卸妆,动作小而轻,勿将产品弄进顾客眼睛,棉片、棉棒一次性使用。

（3）清洁:选择保湿润肤洁面乳洁面,眼睛不需再清洁,动作轻柔快速,时间 1 分钟,T形区部位时间稍长。

（4）爽肤:用棉片蘸取双重保湿水,轻轻擦拭 2～3 次,同时,可以平衡 pH 值。

（5）观察皮肤:利用肉眼观察或皮肤检测仪器仔细观察皮肤问题所在。

（6）蒸面:用棉片盖住眼睛,喷雾仪蒸面 3 分钟,距离 35cm,不开臭氧灯。

（7）去角质:用瞬间去角质凝胶,每月最多 1 次,动作轻柔,避免牵扯。

（8）仪器:用超声波美容仪或阴阳离子导入仪,全脸导入活细胞精华素、保湿精华素,时间 5～8 分钟,每月 2～4 次。

（9）按摩:选用滋润按摩膏、活性精华素徒手按摩,或超微电脑除皱机按摩,手法以按抚为主,时间 15～20 分钟。

（10）面膜:生化活性面膜或高效滋润面膜、抗皱面膜、拉皮面膜,可用高效滋润面膜打底,再敷热膜 15～20 分钟,包括施用眼膜、颈膜、唇膜。

（11）爽肤:用双重爽肤水敷面。

（12）润肤:选择活力再生霜、眼霜涂于面部。

3. 家庭护理计划

（1）日间护理:保湿嫩肤洁面乳→双重保湿水→眼霜→活力再生霜＋防晒霜。

（2）晚间护理:卸妆液＋保湿嫩肤洁面乳→眼霜→双重保湿水→营养晚霜。

（3）每周护理:自我按摩＋除皱精华素(捏按)＋高效滋润面膜＋眼膜(每周 2～3 次)。

五、色斑性皮肤的分析与养护

（一）色素斑的分类

1. **雀斑**　与常染色体异常有关。皮疹为棕褐色或淡黑色芝麻大小、圆形或卵圆形斑点,表面光滑,不高出皮肤,无自觉症状。以面部等暴露部位最多见,也可发于肩背部。日晒后颜色加深,秋冬季变淡。常于 5～7 岁开始出现,青春期更明显。

2. **黄褐斑**　又称蝴蝶斑、妊娠斑和肝斑等。为淡褐色或淡黑色开放状不规则的斑片,不高出皮肤,无自觉症状。多见于女性面部,以颧、颊、额部多见,多对称分布。病程缓慢。

3. **老年斑**　是常见于老年人面部、手背等处的一种良性皮肤肿瘤,为数毫米至数厘米大小淡褐色或黑褐色隆起性斑块。表面粗糙,成乳头状,整个皮疹好像贴在皮肤上。

4. **色素痣**　又称痦子。与遗传有关,是由痣细胞形成的新生物,很常见。

（二）皮肤分析

1. 肉眼观察。中性、油性、干性、混合性皮肤都可能出现色斑，即在皮肤上出现黄褐色或咖啡色，大小形状不一的色素沉着。

2. 美容透视等观察。皮肤呈现棕色，有少量荧光块。为灰褐色的表皮型黄褐斑，在透视灯下色泽会加深；蓝灰色的真皮型黄褐斑则色泽不变；深褐色的混合型黄褐斑则斑点加深。

3. 光纤显微检测法观察。表皮的颜色呈咖啡色，深浅不一；真皮则整片或点状黄色，有的呈血管扩张般的红褐色。

（三）养护分析

色斑性皮肤是损美性皮肤的一种。由于干性皮肤和衰老性皮肤较容易出现色斑，所以色斑性皮肤进行养护时首要任务就是补水：皮肤水分充足，皮脂膜完好，能有效抵制紫外线照射等外界刺激，阻碍色素形成；其次，要选用淡斑类产品；再次，要详细询问顾客的遗传史、职业、饮食习惯等，进行专业养护的同时，叮嘱顾客注意防晒、多食用能够抑制色素形成的食品、保持心情舒畅等。

（四）养护方案

1. 专业养护　宜选择专业淡斑美白的功能性护肤品定期进行养护，频率和产品有关，一般5～7天一次；不能使用奥桑喷雾仪进行蒸面；宜选用促进血液循环的活肤面膜。

2. 日常养护　可使用含有活化肌肤及促进血液循环的护肤品；注意防晒；坚持使用美白淡斑类面膜；外出前尽量涂抹隔离霜。

3. 生活建议　应多食含维生素C较丰富的食品（猕猴桃、草莓等）；出门前不要食用感光性果蔬（柠檬、萝卜等）或使用具有感光性的护肤品；尽量减少电脑等的辐射，用完电脑后马上洗脸并涂抹护肤品；与生理周期有关的色斑，应有效调理内分泌。

（五）护理方案

1. 护理目的

（1）加强按摩，促进新陈代谢，加速血液循环，帮助色斑淡化。

（2）补充美白祛斑产品，淡化色斑，抑制黑色素的形成。

（3）保持皮肤充足的油分和水分，有利于皮肤的改善。

2. 护理步骤

（1）消毒：用75%酒精棉球消毒。取酒精时远离顾客头部，避免碰到顾客的皮肤和眼睛，对需使用的工具、器皿及产品的封口处进行消毒。

（2）卸妆：用棉片或棉棒蘸取卸妆液进行卸妆，动作小而轻，勿将产品弄进顾客眼睛，棉片、棉棒一次性使用。

（3）清洁：选择美白保湿洁面乳洁面，眼睛不需再清洁，动作轻柔快速，时间1分钟，T形区部位时间稍长。

（4）爽肤：用棉片蘸取双重保湿水，轻轻擦拭2遍。

（5）观察皮肤：肉眼观察或皮肤检测仪器仔细观察皮肤问题所在。

（6）蒸面：用棉片盖住眼睛，喷雾仪蒸面8分钟，距离35cm，不开臭氧灯等。

（7）去角质：用去角质霜，每月1次。

（8）仪器：用超声波美容仪，采用低档位导入美白祛斑精华素，时间不超过10分钟，色斑部位时间2分钟。

（9）按摩：选用滋润按摩膏＋美白精华素徒手按摩，按抚法可促进皮脂腺分泌，扣抚震颤法可激活维生素 C,重点是色斑部位,时间 15～20 分钟。

(10)面膜:祛斑面膜,再敷热膜 15～20 分钟。

(11)爽肤:用美白水敷面。

(12)润肤:选择祛斑霜、美白霜涂于面部,加强防晒,可搽有防晒作用的美白霜。

3.家庭护理计划

(1)日间护理:美白洁面乳→美白保湿水→美白精华素→美白霜(防晒霜)+眼霜。

(2)晚间护理:卸妆液 + 美白洁面乳→美白保湿水→晚霜 + 眼霜(晚间需按摩,也可搽祛斑霜)。

(3)每周护理:自我按摩 + 美白祛斑精华素(捏按)+ 美白面膜 + 眼膜 + 颈膜(每周 2 次)。

六、敏感性皮肤的分析与养护

(一)皮肤分析

1.肉眼观察:类似干性皮肤或中性皮肤,皮肤毛孔紧闭细致,表面干燥缺水、粗糙、有皮屑,皮肤薄,隐约可见毛细血管和不均匀潮红。

2.美容透视灯观察。可观察到紫色斑片。

3.光纤显微检测法观察。表皮呈发炎红肿,角质层较薄,毛细血管表浅;真皮部位则呈现一片发红的现象。

(二)养护分析

敏感性皮肤抵抗力弱,受到外界物理性、化学性因素、紫外线与粉尘等刺激会产生明显的过敏反应,与皮肤中存在某种特殊抗体有关。养护时应选用较温和的产品,以补水保湿为主,尽量减少刺激;增厚角质层、维护皮脂膜的完整,增强皮肤的抵抗能力。

(三)养护建议

1.专业养护 宜选择专门针对敏感性皮肤的脱敏、修复类美容产品,不可使用磨砂膏等刺激性较大的产品;各种养护的操作时间均相对较短,手法宜轻,只选用拉抹类手法轻柔按摩或仅开穴,不进行按摩,尽可能减少刺激。敏感程度较高者一定不能做按摩及热喷等。

2.日常养护 不要过频清洁皮肤;使用含有脂质体的化妆品规律地补充角质层;长期使用温和、无刺激性、又能达到预期效果的同一品牌护肤品,换护肤品要慎重;恶劣天气时注意防护。

3.生活建议 保持居室空气的温度和湿度,防止皮肤的角质层变干;注意保养的同时,逐渐锻炼皮肤的适应性;积极锻炼身体,增强机体抵抗力。

(四)护理方案

1.护理目的

(1)总体原则是避免刺激,按抚、镇定皮肤。

(2)控制皮肤的过敏症状,修复受损皮肤。

(3)消除肌肤敏感状态,对容易过敏的敏感性皮肤通过护理增强皮肤抵抗力。

2.护理步骤

(1)消毒:用 75% 酒精棉球消毒。取酒精时远离顾客头部,避免碰到顾客的皮肤和眼睛,对需使用的工具、器皿及产品的封口处进行消毒。

(2)卸妆:用棉片或棉棒蘸取卸妆液进行卸妆,动作小而轻,勿将产品弄进顾客眼睛,棉片、棉棒一次性使用。

(3)清洁:选择防敏洁面乳或只用温水洁面,敏感部位需用棉片轻轻擦拭,避免过热过

冷的水,并清洁干净。

（4）爽肤:用棉片蘸取防敏保湿水,再次清洁2~3次,同时,可以平衡pH值。

（5）观察皮肤:肉眼观察或皮肤检测仪器仔细观察皮肤问题所在。

（6）蒸面:已过敏的皮肤禁用热喷雾,可用冷喷镇静冷敷。时间不超过5分钟,冷喷距离不可近于35cm。

（7）按摩:选用防敏按摩膏徒手按摩,侧重穴位点压或淋巴引流手法,时间8~10分钟,皮肤过敏严重者不做按摩;易过敏皮肤按摩时动作要轻柔,不可用力,避免大面积揉按;毛细血管扩张部分不做,可采用点弹手法按摩,即以手指指端部分,沿眼、颊、鼻周、唇周做轻敲动作。

（8）面膜:防敏面膜,轻者可厚涂防敏底霜+纱布+冷膜(对冷膜成分不敏感者才行),也可将冰纱布盖在脸上,将防敏面膜涂于纱布上,20分钟后取下,起到防敏、镇静、收缩血管的作用。

（9）润肤:涂防敏霜,没有过敏症状时也可用保湿霜和防晒霜。

3. 家庭护理计划

（1）日间护理:温水+过敏时用的防敏水或正常时用的保湿水→防敏膏(或保湿霜,防晒霜)。

（2）晚间护理:卸妆液+防敏洗面奶→过敏时用防敏膏,正常时用晚霜。

（3）每周护理:可用防敏精华素,增加皮肤抵抗力。

 知识链接

肤值的计算与应用

1. 原理　人的皮肤性质会随着生活环境、气候、年龄、身心状态的改变而变化,所以,即使是判断同一个人的皮肤类型,也应综合考虑多方面的因素,以做到正确掌握,进而采用合适的护肤方法。肤值计算法就是综合考虑多种因素来判断皮肤性质的。

2. 肤值计算表

肤值	年龄	皮肤性质	季节
0	20岁以下	油性	夏季
1	21~30岁	中性	春、秋季节
2	30岁以上	干性	冬季

3. 计算公式　合计值=年龄肤值+皮肤性质肤值+季节肤值
①合计值为0~1者:采取油性皮肤的保养方法;②合计值为2~3者:采取中性皮肤的保养方法;③合计值为4~6者:采取干性皮肤的保养方法。

第八节　眼部皮肤的养护

一、眼部皮肤的特点

眼睑,俗称眼皮。眼睑的主要功能是保护眼球,通过瞬目运动使泪液润湿眼球表面,从而保持角膜光泽、清除结膜囊灰尘及细菌、帮助泪液的分布和导流。

眼睑分为上眼睑、下眼睑,由外至内分为六层:皮肤、皮下组织、肌层、肌下组织、睑板、睑结膜。

二、眼袋和黑眼圈

眼袋和黑眼圈是眼部常见的皮肤问题,也是眼部养护的重点。

（一）眼袋

眼袋,是由于眶内脂肪堆积或下睑支持结构薄弱,使原本的平衡改变时,眶内脂肪向前膨出而形成的袋状眼睑畸形,常见于下睑,是最容易显示眼部老态的一种老化现象。多见于40岁以上中老年人,男女均可发生,常伴有下睑皮肤松弛。部分年轻人也可发生,多与家族遗传有关,一般下睑皮肤松弛并不明显。

眼袋的主要形成原因有以下5种:

1. 机体衰老 眼部皮肤及眼轮匝肌张力下降、眶隔弹性丧失、支持力减弱,导致眶内脂肪膨出;眼睑支持力下降等现象的出现,导致下眼睑脂肪堆积,形成眼袋。

2. 遗传 有家族遗传史者,在青少年时期就可出现,并随年龄增长愈加明显。

3. 长期失眠、熬夜、过度疲劳、用眼过度。

4. 睡觉前喝大量的水、哭泣等。

5. 长期缺乏眼部养护、保养或肾脏疾病。

（二）黑眼圈

黑眼圈是较常见的一种眼部问题,表现为眼周皮肤深浅不同的色素沉着,通常为青蓝色或深褐色的阴影。黑眼圈常给人一种神情憔悴、双目无神、精神疲倦的感觉,影响美观。

黑眼圈的形成原因有先天性和后天性两种。先天性黑眼圈与遗传有关,祛除较困难,只有通过养护使黑色素稳定,颜色才不再加深。后天性黑眼圈的主要发生原因有以下5种:

1. 眼部血液循环不良 如过度疲劳,睡眠不足等。眼睑由于得不到休息,长时间处于紧张收缩状态,该部位的血流量长时间增加,引起眼圈皮下组织血管充盈,从而导致眼圈瘀血,形成黑眼圈。

2. 肾气亏虚 中医认为,肾气亏损,使两眼缺少肾精的滋润。黑色为肾之主色,肾气不足使黑色浮于上,因此眼圈发黑。如肾病、房事过劳等。

3. 体虚多病,各种慢性消耗性疾病 由于眼周围皮下组织薄弱,皮肤易发生色素沉着,从而出现黑眼圈。如肝病、结核病、哮喘及微循环障碍等。

4. 月经不调及怀孕的女性 这两个时期女性体内的荷尔蒙变化很大,最容易出现色素沉淀。如功能失调性子宫出血、原发性痛经、月经提前及错后、经期过长、经量过多、怀孕末期等常易出现黑眼圈。

5. 使用劣质化妆品、卸妆不彻底及过度紫外线照射等。

三、眼部的保养

（一）眼部养护

1. 开穴 双手掌根轻搭在额头上,中指指腹依次点压眼周穴位:晴明、攒竹、鱼腰、丝竹空、瞳子髎、太阳、承泣、四白、阳白、印堂。

2. 眼部按摩 眼部按摩以提升、祛皱和按抚手法为主,按摩时间约为10～15分钟。

（1）打圈按摩:以右眼按摩为例,右手中指与无名指指腹轻提住眼角皮肤,左手中指与

无名指蘸取少量眼部精油或精华素，由内眼角沿下眼睑向外眼角打小圈按摩，小圈方向向上向外。（图3-95）

（2）剪刀手提升：以左眼为例，左右手指绷直，中指、无名指分开呈剪刀状，以内眼角为起点，中指、无名指分别向右拉抹上、下眼睑至外眼角处，两手指并拢并向上向外提拉。左右手交替进行。（图3-96）

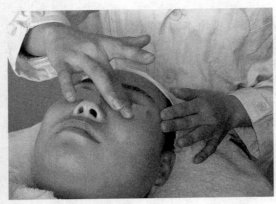 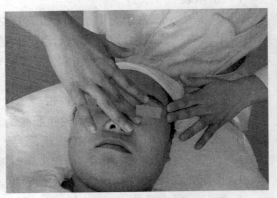

图3-95　按摩打圈　　　　　　　　　　　　图3-96　剪刀手提升

（3）眼部按抚

1）张开手掌，两拇指交叉，将两手架起位于额头上部，用食指、中指、无名指指腹由内眼角沿眼下部扫散至太阳穴，并向上向内轻拂过上眼皮部，再沿内眼角至眼下部，如此重复2～3次。（图3-97）

2）双手快速摩擦生热，手指并拢呈虚掌，掌根轻搭在眉弓处，虚掌扣住整个眼部，保持3～5秒，如此重复2～3次。利用手的热度改善眼部血液循环，解除眼部疲劳。操作时手指不可压迫鼻部和唇部。（图3-98）

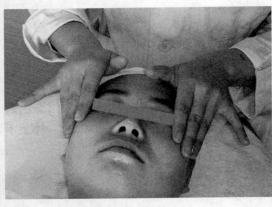 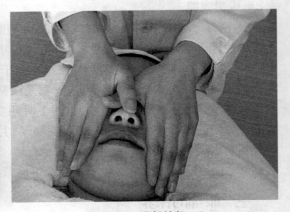

图3-97　眼部按抚（1）　　　　　　　　　　图3-98　眼部按抚（2）

3．眼部排毒

（1）在眼部涂抹少量精油。

（2）剪刀手眼睑排毒：操作手法与眼部按摩剪刀手按抚基本相同，但至外眼角处一手应保持住，当另一手点按眼部穴位（睛明、攒竹、鱼腰、丝竹空、瞳子髎和承泣）后，从下眼睑画

圈按摩回来时，方可交替。交替时不可回手，保持皮肤不放松。（图 3-99）

（3）两手交替操作 5 次左右时，推至外眼角处，一手沿颌下淋巴结、耳后淋巴结、颈部淋巴结、锁骨上窝淋巴结推至腋窝淋巴结。（图 3-100、图 3-101、图 3-102）

（4）每侧眼睛操作 5～8 次。

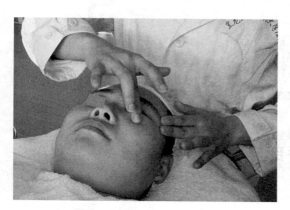

图 3-99　剪刀手眼睑排毒

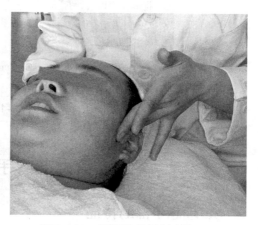

图 3-100　眼部排毒循行路线（1）

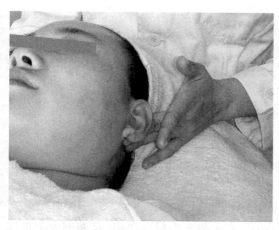

图 3-101　眼部排毒循行路线（2）

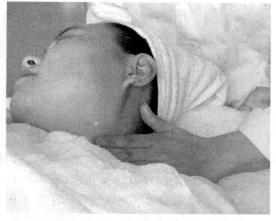

图 3-102　眼部排毒循行路线（3）

4．仪器操作　使用电子仪器（超声波美容仪、电子按摩仪、微电流美容仪等）对眼部皮肤进行操作，时间约为 15 分钟。

5．敷眼膜（图 3-103）。

（二）眼部保养的注意事项

1．按摩要轻柔，切勿过分扯拉眼部皮肤，防止出现皮肤松弛、皱纹。

2．同一手法，左眼与右眼操作次数要相同。

3．眼部排毒时，手指不可放松，应按顺序直至一次排毒路线走完。

4．排毒时，手法不应过重，不可过分刺激淋巴结。

5．有过敏、湿疹、创伤等皮肤问题时禁止进行排毒。

6．有发烧、肝肾功能不全、恶性肿瘤等疾病患者禁止进行排毒。

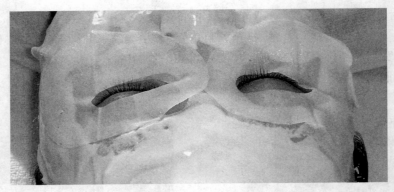

图 3-103　敷眼膜

第九节　手部皮肤的养护

一、理想手部的特征

手部的养护在现代美容养护中越来越受到重视，目前并没有一个绝对的标准来衡量手部的美，一般来说，我们认为理想的手部有以下特征：

1. 细腻　手部皮肤白皙，光滑滋润，纹理细腻，有弹性。
2. 平洁　指甲平整、有光泽、洁净。
3. 饱满　整个手部饱满充实，粗细适中。
4. 修长　手形修长，手掌、手指长度适中，粗细均匀。
5. 流畅　手部线条圆滑、流畅，无明显骨节突起。

二、手部养护的步骤、方法及要求

手部养护的基本步骤为：清洁、脱屑、按摩、敷膜、爽肤、润肤。

（一）清洁的操作方法及要求（图 3-104）

1. 将干净毛巾分别铺在顾客的手臂下和美容工作者腿上。

2. 清洁前臂：美容工作者左手托住顾客手腕部，右手蘸取少量洗面奶，从腕部向上推抹至肘部，翻手沿手臂下方拉回至腕部；右手顺势托住顾客手腕部，左手向上清洗前臂。左右手交替进行清洗。

3. 清洁手背：美容工作者双手四指分别托住顾客大小鱼际，使手背向上。双手拇指指腹从手指末端沿手指、掌骨至腕部向上向外打小圈。

4. 清洁手掌：美容工作者无名指、小指并拢，左右手分别勾住顾客的拇指、小指，食指、中指托住顾客手部，使手心向上。用双手拇指指腹在顾客手心上交替向

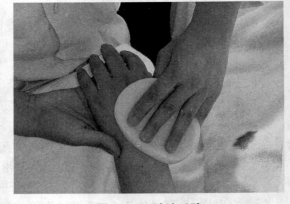

图 3-104　清洁手臂

上向外打小圈。

操作要求：清洁时动作幅度不宜过大，避免溅湿顾客衣物及美容床单。

（二）脱屑的操作方法及要求

1. 手臂脱屑：左手托住顾客手腕，使手背向上，右手拇指指腹由腕部沿手臂向上向外打圈，至肘部后用力拉回；将顾客手翻转，使手心向上，右手拇指指腹由腕部沿手臂向上、向外打圈，至肘部后用力拉回。

2. 手背脱屑：操作要领同清洁手背。打圈时力量、幅度不宜过大，不可过分按压、扯拉皮肤；手背部脱屑操作方向顺皮纹方向，以向外拉抹为主。

（三）按摩的操作方法及要求

1. 按摩前臂：美容工作者左手托住顾客腕部，使手背向上。右手四指自然并拢，从腕部沿手臂推至肘部，再翻掌由肘部拉抹至腕部；右手顺势托住顾客腕部，左手重复该操作。如此左右手各做2～3次。（图3-105）

2. 按摩手背：美容工作者双手四指微屈并拢，分别托住顾客的大、小鱼际，使手背向上。双手拇指指腹从指根部沿掌骨至手腕部向外向上摩圈；最后用拇指点按手部穴位（合谷、中渚）。如此重复2～3次。（图3-106、图3-107）

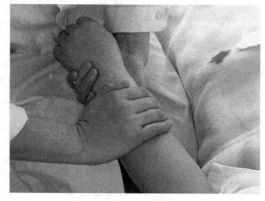

图3-105　按摩前臂

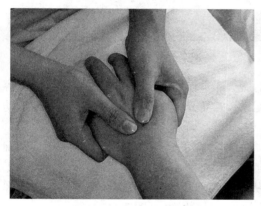

图3-106　按摩手背

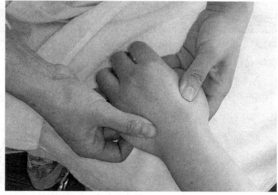

图3-107　点按手背穴位

3. 按摩手掌：美容工作者无名指、小指并拢，左右手分别勾住顾客的拇指、小指，食指、中指托住顾客手部，使手心向上。拇指指腹在顾客掌心中向上向外交替摩圈；最后拇指揉按劳宫穴。如此重复2～3次。（图3-108、图3-109）

4. 按摩手指：美容工作者左手托住顾客的手部，使手背向上。用食指和拇指稍用力夹住顾客的手指，拇指指腹在顾客手指背面，从指尖至指根向上向外打小圈按摩，从指根处用力捏住手指拉回指尖；用食指和中指第二指节夹住顾客手指两侧，从指根部稍用力拉抹至指尖。按摩时从拇指至小指依次进行，每个手指按摩2～3次。（图3-110、图3-111）

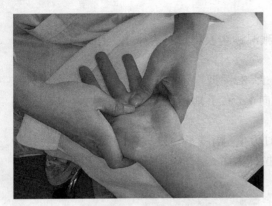

图 3-108　按摩手掌

图 3-109　点按劳宫

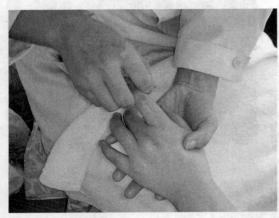

图 3-110　按摩手指（1）

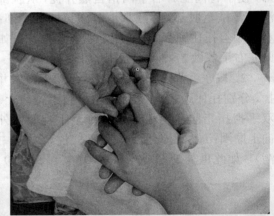

图 3-111　按摩手指（2）

5．活动腕关节：美容工作者左手扶住顾客的腕关节，右手四指与顾客四指交叉。美容工作者利用右手掌前后运动带动顾客手腕前后运动；美容工作者右手掌左右方向旋转带动顾客手腕左右旋转。如此重复数次。（图 3-112）

6．放松动作：顾客手臂自然平伸，放松。美容工作者双手分别握住顾客左手两侧，使腕部放松，做上、下快速抖动，带动顾客整个手臂的抖动，再对右手臂进行同样操作；美容工作者用右手中指、食指第二指节夹住顾客手指，从指根部向指尖用力拔伸，至指尖处快速弹离，两手分别操作，一般从拇指到小指依次拔伸。如此重复数次。（图 3-113）

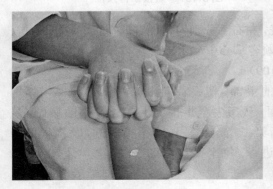

图 3-112　活动腕关节

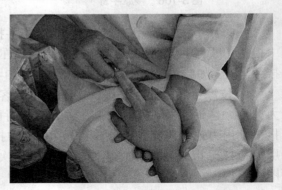

图 3-113　放松动作

操作要求：按摩手法较前稍用力，但不可过重，以免造成肌肤损伤；放松动作中，指关节拔伸有时会出现关节弹响声，此为正常反应，但不可过分追求弹响声，避免造成关节拉伤。

（四）敷膜的操作方法及要求

1. 敷软膜

（1）用软毛小刷子将调成糊状的软膜均匀刷于顾客手掌及手背上。

（2）铺上软布或用毛巾将手包起来。

2. 敷热蜡

（1）用刷子将已预热好的巴拿芬蜡涂于顾客手部。

（2）套上胶袋、毛巾和手套。

（3）手上的蜡冷却后，除去手套、胶袋及凝固的蜡皮。

三、手部的日常养护

1. 养成勤洗手的习惯　由于日常工作、生活的需要，我们的双手经常会接触到许多东西，在不自觉中就被污染。所以，无论从卫生的角度，还是从手自身的保健来看，都应及时清除手部的污物、灰尘等。

（1）洗手时最好用温水、软水：过热的水容易使手部皮肤干燥粗糙，过凉的水又不能完全洗净手上的污垢；硬水中含有较多的无机盐离子，可能会干扰清洁剂发挥作用，达不到理想的清洁效果。

（2）尽量使用碱性小的清洁剂：碱性强的清洁剂去污力虽然强，但是容易过分祛除表皮的油脂，造成皮肤干燥粗糙。

（3）洗完手要注意保养，及时涂抹润肤露、护手霜等。

2. 防止化学物质对手部的伤害　日化用品中的化学成分对皮肤都有一定的伤害，如洗衣粉、洗洁精、肥皂等，如果不注意保养，会加速皮肤的老化，出现皮肤粗糙、干裂等问题。所以在接触这些产品的时候要戴上胶皮手套保护皮肤。洗完后，将手在温水中洗净，然后涂抹润肤露、护手霜等。

3. 注意保暖　秋冬时节，空气中的湿度下降，温度降低，血液循环较差，容易出现皮肤干燥、起屑、冻疮等。应及时戴手套，注意手部保暖。

4. 坚持做手部运动　经常做手部运动，会加快皮肤血液循环，增强皮肤的弹性、灵活性。可参照手部按摩方法进行自我按摩，按揉手部穴位。

5. 注意防晒　现代研究表明，紫外线是加快皮肤衰老的重要原因。应及时涂抹防晒霜，做好防晒是保养皮肤的关键。

6. 定期养护指甲，保持指甲的健康、整洁。

第十节　头颈肩部的养护

头部按摩可以促进头部血液循环，起到缓解疲劳，清脑提神等作用；颈部是最容易显现年龄的部位，肩背部是女性穿礼服时暴露的部位，都应该和脸部皮肤一样注意保养。

一、头部养护

（一）头部按摩的作用

头部的局部按摩可防治失眠、头痛、精神不振、眩晕头昏、失眠多梦、耳鸣、神经衰弱、脱发白发、面色晦黯等；头部的整体按摩可防治肢体瘫痪麻木、耳聋失语、高血压、面神经麻痹等。总的来说，坚持对头部进行按摩，可使督脉、膀胱经等循行于头部的经络气血通畅，活跃大脑的血液循环，增加大脑的供血量，促进神经系统的兴奋，起到清脑提神、强身健体、乌黑秀发、改善面色的作用。

（二）头部按摩方法

1．按抚头部：双手掌置于头部前方，沿颞部、枕部向头顶作环绕式按摩。

2．双手置于枕后，中指及无名指向上按压哑门、风府穴，并止于风池穴。

3．拇指分别沿神庭、两侧头维穴向后纵行指压（各六点），止于后四神聪穴。

4．拇指分别沿神庭、上星、百会横向按压，分别止于耳前、耳中、耳后。

5．五指指腹定点抓揉头皮。

6．五指指腹按压头皮。

7．用双手掌根从头中央往左右两侧按压。

8．轻轻握住双手或合掌叩击整个头部。

9．用五指指腹有节律地轻轻叩击整个头部。

10．用五指指腹做梳头式动作并抓拉头发。

（三）头部按摩的要求

1．头部按摩时，各种手法动作要平稳有节奏，施力要适度，频率要合理，不可忽轻忽重，忽快忽慢。

2．按摩时，点穴要准确，动作要轻，防止拉伤头发。

3．按摩时，整个过程要注意力集中，全身心放松，按摩手法要由轻→重→轻，由慢→快→慢，由浅→深，由表→里，循序渐进。各种手法变换和衔接要自然而连贯。

4．整套按摩时间在15～20分钟。

（四）头部按摩的注意事项

1．按摩的时候只要将需要按摩的部位，如颈部、肩部露出即可，不要整体都进行按摩，以免引发感冒症状。

2．进行按摩时，被按摩者应该放松，不要紧张，全身放松的按摩效果会更好一些。

3．按摩者的指甲不能太长，以免在进行头部按摩的时候损伤被按摩者的皮肤，导致划伤。

4．进行头部按摩时，按摩者取穴要准确，用的力度也要恰到好处，既柔和均匀又有持久力。随时观察患者神态，以患者不感到疼痛为度。

二、颈肩部的养护

（一）颈肩部的特点

1．颈部的特点　颈部的组织结构比较薄弱，油脂分泌较少，容易干燥；颈部活动频繁，容易导致肌肉松弛和细纹出现。一般从20～25岁开始就应当加强颈部的养护。

2．肩部的特点　肩关节的运动幅度大而稳固性差，肩关节周围的肌肉、韧带对其稳固性起重要作用。暴力牵拉或突然的强力劳作容易使肩关节及其周围组织损伤。

（二）颈肩部皮肤衰老的因素

1．颈部皮肤老化与松弛的因素

（1）枕头过高：会使颈部压力过大，容易破坏颈椎正常的生理前屈角度。

（2）整天伏案做事，很少抬头：让细细的脖颈支撑头颅的重量，容易造成颈部疲劳。

（3）夹着电话听筒"煲电话粥"。

（4）喷洒香水，对颈部造成"伤害"。

（5）疏于防护：在恶劣的天气不喜欢戴围巾；烈日下不采取防晒措施；平时不注意养护等。

2．影响肩部美观的因素

（1）粉刺、毛周角化等皮肤问题。

（2）长时间单侧挎包、站姿不当、单手运动等，造成两侧不对称。

（3）疏于防护，露肩时不注意防晒，不涂抹护肤品等。

（三）颈肩部养护的方法

1．左右拉抹下颌：顾客仰卧位。美容工作者用手掌和四指包绕下颌骨，从对侧耳根拉抹至同侧耳根。左右手交替。

2．舒展颈部皱纹：顾客仰卧位。美容工作者双手美容指同时从下颌拉抹至同侧耳根；掌根朝上，沿胸锁乳突肌下至同侧颈根、掌根水平，小鱼际沿锁骨推回正中线，双手一起回到下颌。

3．提拉颈部：顾客仰卧位。美容工作者用手指和小鱼际，由颈根部往上拉抹，左右手交替，从一侧到另一侧。做此动作时，头应稍向后仰起，保持颈部皮肤绷紧。

4．沿颈椎点按：顾客仰卧位。美容工作者用双手中指交替点按颈椎棘突下，由大椎至风府，旋揉风府。

5．揉按、拿捏项部：顾客仰卧位。美容工作者双手美容指分别置于顾客项部，用指腹揉按。然后让顾客头部侧向一边，单手拿捏项部。

6．点按肩部穴位：肩井、肩髃、肩髎、肩外俞。

7．拿揉肩部：顾客仰卧位。美容工作者双手四指在下，拇指在上，拿揉肩部。从正中到肩峰，再回到正中。

（四）注意事项

1．颈肩部养护前均应清洁皮肤。

2．养护颈部皮肤时，按摩或清洁后均要涂上护颈霜或营养霜，并可做倒膜；以1～2次/月，专门养护为宜。

3．颈部养护手法以提拉为主，操作时尽量使顾客颈部舒展。

4．顾客有颈、肩部疾病时，依据病情手法适当加重或放轻，或者不做养护。

（申芳芳　王　艳　赵　丽）

?复习思考题

1．面部皮肤护理的一般养护程序是什么？

2．面部按摩的操作原则是什么？

3．面膜皮肤养护的原理是什么？

4．油性、衰老、色斑、敏感性皮肤的判断方法、护理目的及护理步骤是什么？

5．头、颈肩部护理的注意事项有哪些？

附1 头面部按摩常用穴位（附图3-1）

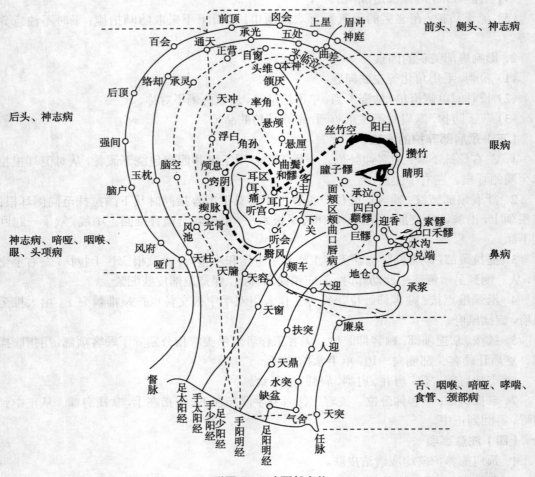

附图3-1 头面部穴位

1. 眼部周围穴位（附表3-1）

附表3-1 眼部周围穴位

穴位名	归经	定位	主治
阳白	足少阳胆经	前额部，瞳孔直上，眉上1寸	眩晕，眶上神经痛，眼睑下垂，近视，面神经麻痹，鼻塞，黄褐斑，额部皱纹等
印堂	督脉	额部，两眉头中间	头痛，眩晕，鼻塞，目赤肿痛，颜面疗疮，痤疮，酒渣鼻，精神紧张，失眠等
太阳	经外奇穴	颞部，眉梢与目外眦之间，向后约一横指的凹陷处	偏正头痛，近视，口眼歪斜，神经衰弱，疲劳综合征，眼角皱纹等
攒竹	足太阳膀胱经	面部，当眉头陷中，眶上切迹处	头痛，近视，面神经麻痹，眼睑下垂，三叉神经痛，呃逆，眼角、额部皱纹等
鱼腰	经外奇穴	额部，瞳孔直上，眉毛中	眼睑下垂，近视，头痛，面神经麻痹，额纹等
丝竹空	手少阳三焦经	面部，当眉梢凹陷处	头痛，眩晕，面神经麻痹，近视，目赤肿痛，鱼尾纹等

续表

穴位名	归经	定位	主治
睛明	足太阳膀胱经	面部,目内眦角稍上方凹陷处	各种眼部疾病,口眼歪斜,眼睑浮肿,眼角皱纹等
承泣	足阳明胃经	面部,瞳孔直下,眼球与眶下缘之间	眼睑浮肿,目赤肿痛,眼袋,近视,面瘫,面肌痉挛,迎风流泪
瞳子髎	足少阳胆经	面部,目外眦旁,当眶外侧缘处	头痛,近视,目赤肿痛,面肌痉挛,鱼尾纹等
四白	足阳明胃经	面部,瞳孔直下,眶下孔凹陷处	面神经麻痹,过敏性面肿,眼肌痉挛,黄褐斑、雀斑、皱纹,眼睑浮肿等

2. 鼻部周围穴位(附表3-2)

附表3-2　鼻部周围穴位

穴位名	归经	定位	主治
上迎香	经外奇穴	面部,鼻翼软骨与鼻甲的交界处,近鼻唇沟上端处	鼻塞,鼻窦炎,过敏性鼻炎,鼻部疮疖,酒渣鼻,黄褐斑,雀斑等
迎香	手阳明大肠经	鼻翼外缘中点旁,鼻唇沟中	鼻塞,鼻炎,嗅觉减退,酒渣鼻,鼻旁色素沉着,面痒浮肿等
素髎	督脉	面部,鼻尖正中央	鼻塞,多涕,鼻出血,酒渣鼻,休克,低血压,心动过缓等

3. 口周穴位(附表3-3)

附表3-3　口部周围穴位

穴位名	归经	定位	主治
口禾髎	手阳明大肠经	上唇部,鼻孔外缘直下,平水沟穴	鼻出血,鼻炎,嗅觉减退,酒渣鼻,面神经麻痹,口周色素沉着等
水沟	督脉	面部,人中沟中的上1/3与中1/3交点处	面部浮肿,鼻塞,牙齿痛,急性腰扭伤,口臭,口周皱纹,面肌抽搐,晕车,晕船等
地仓	足阳明胃经	面部,口角外侧旁开0.4寸,向上直对瞳孔	面神经麻痹,面肌痉挛,口唇皲裂,口部疔疮,唇周皱纹,唇周色素沉着,痤疮等
承浆	任脉	面部,当颏唇沟的正中凹陷处	面神经麻痹,口腔溃疡,牙龈肿痛,口臭,面肿,面部浮肿,面部皮肤粗糙等

4. 面颊部穴位(附表3-4)

附表3-4　面颊部穴位

穴位名	归经	定位	主治
巨髎	足阳明胃经	面部,瞳孔直下,平鼻翼下缘处,鼻唇沟外侧	鼻炎,酒渣鼻,雀斑,黄褐斑,痤疮,面神经麻痹,面部皮肤粗糙,毛孔粗大等
颧髎	手太阳小肠经	面部,目外眦直下,颧骨下缘凹陷处	面部除皱,面瘫,颜面肿胀,黄褐斑,雀斑,痤疮,面部皮肤粗糙,毛孔粗大等
大迎	足阳明胃经	下颌角前方,咬肌附着部的前缘,面动脉搏动处	面部浮肿,面神经麻痹,面肌痉挛,咬肌痉挛,腮腺炎等
颊车	足阳明胃经	面颊部,下颌角前上方约一横指(中指),咀嚼时咬肌隆起,按之凹陷处	面神经麻痹,咬肌痉挛,颞下颌关节功能紊乱综合征,面颊部皱纹,黄褐斑,痤疮,瘦脸等

5. 耳周穴位（附表3-5）

附表3-5　耳周穴位

穴位名	归经	定位	主治
上关	足少阳胆经	耳前，下关穴直上，当颧弓的上缘凹陷处	耳鸣，耳聋，中耳炎，面神经麻痹，偏头痛，黄褐斑，雀斑等
下关	足阳明胃经	耳前，颧弓与下颌切迹所形成的凹陷中	咬肌痉挛，颞下颌关节功能紊乱综合征，牙痛，面神经麻痹，耳鸣，耳聋，眩晕，黄褐斑，雀斑，痤疮等
耳门	手少阳三焦经	面部，耳屏上切迹的前方，下颌骨髁状突后缘，张口有凹陷处	耳鸣，耳聋，中耳炎，牙痛，颞下颌关节紊乱综合征等
听宫	手太阳小肠经	面部，耳屏前，下颌骨髁状突后方，张口呈凹陷处	耳鸣，耳聋，中耳炎，下颌关节炎，牙痛，面部色素沉着等
听会	足少阳胆经	耳前，耳屏间切迹的前方，下颌骨髁状突后缘，张口有凹陷处	面瘫，耳鸣，耳聋，牙痛，颞下颌关节紊乱综合征，面肌痉挛等
翳风	手少阳三焦经	耳垂后，乳突与下颌角之间的凹陷处	面瘫，面肌痉挛，耳鸣，耳聋，神经性皮炎，下颌关节炎，口眼歪斜等

6. 头部穴位（附表3-6）

附表3-6　头部穴位

穴位名	归经	定位	主治
神庭	督脉	头部，前发际正中直上 0.5 寸	头痛，眩晕，鼻炎，与失眠及情绪有关的损容损形性疾病等
百会	督脉	头部，前发际正中直上 5 寸，或两耳尖连线的中点处	神经衰弱，脑供血不足，耳鸣，健忘，疲劳综合征，面色晦暗无华，面部皮肤粗糙等
风府	督脉	项部，后发际正中直上 1 寸，枕外隆凸直下，两侧斜方肌之间凹陷中	中风失语，头项强痛，目眩，脱发，皮肤瘙痒症，四肢麻木等
上星	督脉	在头部，当前发际正中直上 1 寸	头痛，目眩，目赤痛，鼻塞，鼻出血，癫狂，痫症，以及前额神经痛，鼻炎，角膜炎，近视
哑门	督脉	位于项部，当后发际正中直上 0.5 寸，第 1 颈椎下	治疗舌强不语，暴喑，癫痫，瘛症，头痛项强首选穴
风池	足少阳胆经	项部，枕骨直下，与风府相平，胸锁乳突肌与斜方肌上端之间的凹陷处	头痛，眩晕，皮肤瘙痒症，风疹，神经性皮炎，面肌痉挛，失眠，近视等
头维	足阳明胃经	在头侧部，当额角发际上 0.5 寸，头正中线旁开 4.5 寸	头痛、目眩、眼痛、迎风流泪
四神聪	经外奇穴	在百会前、后、左、右各开 1 寸处，因共有四穴	头痛、眩晕、失眠、健忘、癫痫等神志病证

附2 手部按摩常用穴位（附表3-7，附图3-2）

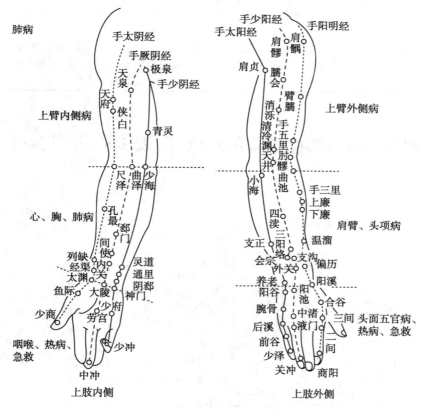

附图3-2 上肢穴位分布图

附表3-7 上肢部按摩穴位

穴位名	归经	定位	主治
合谷	手阳明大肠经	手背，第1、2掌骨间，当第2掌骨桡侧的中点处	齿痛、手腕及臂部疼痛、口眼歪斜、感冒发热等症，孕妇慎用
中渚	手少阳三焦经	在手背，第四、五掌骨小头后缘之间凹陷中，当液门穴直上1寸处	头痛、目赤、耳鸣、耳聋、喉痹舌强等头面五官病证；热病，肩背肘臂酸痛、手指不能屈伸
劳宫	手厥阴心包经	在手掌心，当第2、3掌骨之间偏于第3掌骨，握拳屈指时中指尖处	中风昏迷，中暑，心痛，癫狂，痫证，口疮，口臭，鹅掌风
阳溪	手阳明大肠经	在腕背横纹桡侧，手拇指上翘起时，当拇短伸肌健与拇长伸肌腱之间的凹陷中	狂言喜笑，热病心烦，胸满气短，厥逆头疼，耳聋耳鸣，肘臂不举，喉痹
阳谷	手太阳小肠经	在手腕尺侧，当尺骨茎突与三角骨之间的凹陷中	癫痫，肋间神经痛，尺神经痛，神经性耳聋，耳鸣，口腔炎，齿龈炎，腮腺炎
鱼际	手太阴肺经	在手外侧，第一掌骨桡侧中点赤白肉际处	咳嗽、哮喘、咳血；咽喉肿痛、失音、发热

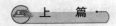
续表

穴位名	归经	定位	主治
大陵	手厥阴心包经	腕掌横纹的中点处,当掌长肌腱与桡侧腕屈肌腱之间	心痛,心悸,胃痛,呕吐,惊悸,癫狂,痫证,胸胁痛,腕关节疼痛,喜笑悲恐,疮疡
曲池	手阳明大肠经	肘横纹外侧端,屈肘,当尺泽与肱骨外上髁连线中点	疗肩肘关节疼痛、上肢瘫痪、高血压、荨麻疹、流行性感冒、扁桃体炎、甲状腺肿大、急性胃肠炎等

附3　颈肩部按摩常用穴位（附表3-8，附图3-3）

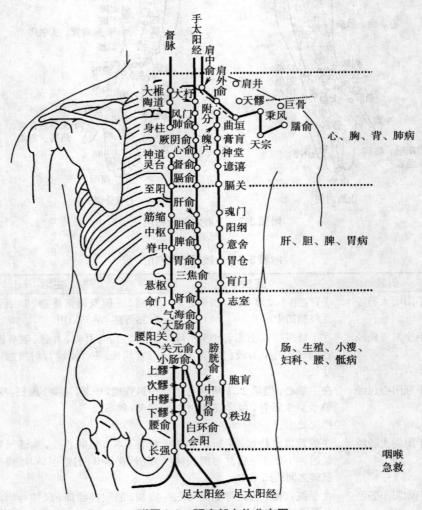

附图3-3　颈肩部穴位分布图

附表3-8 颈肩部养护常用穴位

穴位名	归经	定位	主治
气舍	足阳明胃经	当锁骨内侧端的上缘,胸锁乳突肌的胸骨头与锁骨头之间	咽喉肿痛,气喘,呃逆,瘿瘤,瘰疬,颈项强
大椎	督脉	第7颈椎棘突下凹陷中	常用于治疗感冒、疟疾、颈椎病、痤疮、小儿舞蹈病等
肩井	少阳胆经,系手少阳、足少阳、足阳明与阳维脉之会	在大椎穴与肩峰连线三中点,肩部最高处	肩背痹痛,手臂不举,颈项强痛,乳痈,瘰疬,难产
肩髎	手少阳三焦经	在肩部于肩髃穴后方,肩后三角肌上部,肩峰后下方,举臂外展时呈凹陷处	臂痛,肩重不能举
肩髃	手阳明大肠经	位于人体上臂外侧三角肌上,臂外展,或向前平伸时,当肩峰前下方向凹陷处	肩臂挛痛不遂,瘾疹,瘰疬
肩中俞	手太阳小肠经	在背部,当第7颈椎棘突下,旁开2寸	主治支气管炎,哮喘,支气管扩张,吐血,视力减退,肩背疼痛等
肩外俞	手太阳小肠经	在背部,当第1胸椎棘突下,旁开3寸	主治项背拘急,肩背疼痛,上肢冷痛
巨骨	手阳明大肠经	位于人体的肩上部,当锁骨肩峰端与肩胛冈之间凹陷处	主治肩臂挛痛不遂,瘰疬,瘿气

第四章　芳香美容技术

学习要点

　　芳香美容、精油、基础油、芳香纯露的概念；芳香精油的特性、原理与功效；常用单方精油、基础油和芳香纯露的基本运用方法；芳香精油的调配和实施方法；卵巢保养、肾保养、淋巴引流按摩、芳香耳烛疗法、经络排毒疗法等芳香美容项目的运用。

第一节　芳香美容的简介及发展史

一、芳香美容的简介

　　人类自古就有使用芳香植物来预防、治疗疾病的历史。芳香疗法（aromatherapy）起源于古埃及、中国等文明古国，盛行于希腊、罗马等欧洲国家，但直到 1928 年，"芳香疗法"这一术语才由法国化学家盖特弗塞（Rene Mauricegattaffosse）博士首次提出，并沿用至今。

　　芳香疗法又称香氛疗法、香薰疗法、芳香美容等，是以芳香精油为物质基础，以整体论和芳香疗法学为理论指导，以特殊的推拿按摩手法为主要途径，在和缓、轻柔、唯美、优雅的氛围中，使芳香精油以不同方式作用于全身或局部，以帮助人们恢复身体、心理、心灵健康，达到美容、保健、治疗等功效的补充疗法，是一种既与正统医疗相似，又非取代正统医疗的自然疗法。

知识链接

芳疗师与芳香保健师证书

　　芳疗师即芳香师、精油师，是芳香保健师的简称，也是我国 2005 年 10 月 25 日颁布的第四批新职业工种之一。指通过了国家劳动部门核准，能在正确诊断后，运用纯天然芳香植物精油有针对性地为顾客进行保健服务的职业技师。

　　芳香保健师证书是我国的职业资格证书，国家承认，全国通用。共设五个等级，即初（五）、中（四）、高（三）级芳香保健师、芳香保健技师（二级）和高级芳香保健技师（一级）。采用理论知识考试和技能操作考核的方式。技师、高级技师还须进行综合评审。

　　现在类似的国际证书还有美国 NAHA 与英国 IFA 的证书等。

　　现代社会充斥着的各种压力，都会影响人体的生理功能，使机体的平衡调节功能紊乱，从而产生各种不适，甚至是疾病。芳香疗法重视人体自身的平衡调节能力即自愈功能，并以此为基础发挥治疗作用。因此，在当今呼唤回归自然的思潮下，芳香疗法日益受到人们的青睐。对其源流和发展轨迹的回顾，将有利于提取其精粹，为美容、保健、临床和科研事业等服务。

二、古代芳香美容的发展

药草疗法是芳香疗法的前身，在蒸馏技术萃取精油出现以前，人们一直将一些能提炼精油的芳香植物作为重要的药材广为应用。据考证，植物精油的历史，早在几千年前的文明古国（中国、埃及、印度等）就有记载。

（一）中国

在浩如烟海的历代中医文献中，有许多美容中药来自芳香植物，其具有芳香化湿、芳香开窍醒神、芳香温通、芳香辟秽等作用，对人体美容保健治疗起到了一定的作用。

早在殷商甲骨文中就有熏燎、艾蒸和酿制香酒的记载；周代有沐浴兰汤、佩带香囊的习俗。在先秦文献中，《山海经》中记载薰草"佩之可以已疠"；马王堆汉墓出土的一批香囊、药枕、熏炉，内有茅香、佩兰、辛夷、肉桂等芳香药物。这些都说明了当时即有用芳香药物防治疾病、辟秽消毒、清洁环境的风俗习惯。

春秋战国时期，文献记载的芳香药物显著增加。集东汉以前药物学大成的《神农本草经》记载药物 365 种，其中就有不少芳香药物。由于其较详细地记述了芳香中药的药物性能，对后世芳香药物的运用提供了重要依据。

隋唐时期，大量芳香药物的传入，促进了芳香疗法的发展。唐代《新修本草》正式收入了许多外来香药，如苏合香、龙脑香、安息香、阿魏等。

宋代，芳香药物的中外交流达到了高峰，"海上丝绸之路"出现了专事海外运输芳香药的"香舫"；《太平圣惠方》中以香药命名的方剂达 120 首，如苏合香丸、沉香散、木香散、安息香丸等。

明代，《普济方》中专列"诸汤香煎门"，收录 97 方，并详细记载了其方药的组成、制作、用法等。《本草纲目》更是广搜博采，记载"芳草"类 56 种，"香木"类 35 种，此外，还介绍了浴、涂、擦、敷、含漱法等芳香疗法的给药方式。

清代外治大师吴师机的《理瀹骈文》对芳香疗法的药物选择、作用机理、用法用量、注意事项等都作了系统阐述，使芳香疗法有了完整的理论体系。

总之，在中医学发展的历史长河中，芳香疗法随着经验的积累和理论的提高不断发展完善，无形中为现代芳香疗法的创新发展奠定了基础。

（二）印度

成书于 3000 多年前的《印度草药学》是有关草药的经典著作，起用到的草药和香料有黑胡椒、丁香、檀香、安息香等。芳香推拿是医学疗法的一部分，也用于疾病的预防。印度草药学中记载的芳香推拿使用了檀香油，而一种被称为 urgujja 的美容膏中则包含了檀香、芦荟、玫瑰和茉莉花等。

（三）古埃及

一般认为，埃及是最早使用芳香疗法的国家。很多资料都表明，芳香疗法在古埃及得到了广泛的应用。芳香油贸易曾繁盛一时，尤其是产于埃及的雪松、没药、丝柏等闻名于世。

早在公元前 4500 年，埃及人就已经开始将香精、有香味的树皮与树脂、辛香料、香醋、酒等用于医疗、美容、宗教仪式、星象学和尸体防腐上。在金字塔的挖掘过程中，考古学家就常常发现一些压榨或蒸馏木头、植物的器具。

公元前 2800 年，埃及人就有了对芳香剂的医学应用和一些神奇作用的记载。当时，

埃及人已经很熟悉乳香、没药、肉桂、雪松、菖蒲和苦杏仁等提取物的应用。在胡夫法老王建造的"大金字塔"中，发现了不少化妆品、药品、按摩膏的记载，例如丝柏常用来驱魔，没药用于眼睛发炎等。芳香油膏是献给神明的供品之一，而制作膏的祭司们可谓是最早的调香师了。当时的埃及人常在沐浴之后以香精油按摩身体，女子则把精油作为美容养颜的秘方。

（四）古希腊、罗马

西方的芳香疗法始于古埃及，发扬光大的却是古希腊、罗马人。

古希腊医药之父希波克拉底曾提到芳香浴和芳香按摩，他还使用了大约 400 种主要来自植物的药物。在雅典瘟疫流行期间（公元前 430 年），他劝说居民燃烧香料祛除瘟疫。盖伦（129-199）同样应用了许多植物药和芳香剂，并发明了"冷膏"，"盖仑制剂"至今仍被用于指一般的植物药膏。

罗马则使用固体药膏、芳香油和粉状香料。罗马人对芳香疗法的痴迷与奢华程度远胜于希腊人：他们善于利用大理石、玛瑙、花岗岩及玻璃等材料，甚至以象牙来制作容器，存放香膏；除了精致容器之外，他们使用香料的程度更令人咋舌，往往一磅重的香精就要用数十种植物混合而成，并将其用于头发、身体、衣服、床和房屋的墙壁上。无论是在公共场合还是家里，芳香油都被用于洗浴后的按摩。

（五）中东

据史书记载，在十世纪十字军东征的时期，有关精油以及香水的知识传播到了远东及阿拉伯地区。阿拉伯人利用薄荷解毒，用杜松抗菌，善于科学发明的阿拉伯人，还将罗马人传过去的蒸馏法改良，成功地萃取玫瑰花、茉莉和其他种类的花香精油。阿拉伯医师阿维森纳（Avcicenna）被认为是最早发明蒸馏法以提炼植物精油的人，他的许多提炼原则沿用至今。他在著述的《医学标准》一书中，提到了肉桂、芫荽、丁香、安息香、甘菊和欧薄荷等精油。大约与此同时，阿拉伯人还发明了蒸馏酒精的方法，从而具备了以高纯度酒精来溶解精油制造非油脂性香水的能力。

波斯人出口玫瑰花露到中国、印度和欧洲等。到 12 世纪时，"阿拉伯香水"已经闻名于世。

三、现代芳香美容的发展

（一）芳香疗法的兴起

19 世纪，随着医学科学的快速发展，化学药物的应用逐渐取代了草药的应用。同样地，精油在香料方面的应用超过了作为药物的应用，甚至草药学家也停止了使用精油。直到 19 世纪后期，精油工业才随着香水工业的发展成长、壮大起来。

到了 20 世纪初，法国化学家盖特弗塞（Rene Maurice Gattefosse）博士重新燃起了人们对芳香疗法的兴趣。他最初的研究是关于精油的抗微生物性质（如美容膏中含有防腐剂和保养成分等）。他在一次实验室小型爆炸中烧伤了手，情急之下就将手放在一个装满液体的瓶子里，烧伤很快减轻，而且痊愈后没有瘢痕，后来发现这碗液体正是薰衣草精油。自此他便对各种植物精油产生兴趣，开始着手研究其治疗功能，写下最早的"芳香疗法"专书，并将精油应用于第一次世界大战时的军队伤患者身上，取得了令人惊讶的效果，被称为"现代芳香疗法之父"。

同时，世界各地的其他研究者也很活跃，如彭佛德（Penfold）在澳大利亚研究了茶树；盖提（Gatti）和赛尤拉（Cayola）在意大利研究了精油心理治疗方面的属性等。

（二）芳香疗法的推广

二战期间，法国军医珍瓦涅（Jean Valnet）承续了盖特佛塞的研究。他用精油作为消毒剂来治疗外伤，使精油和医疗有了密不可分的关系，并获得法国正式医疗许可。其所著《芳香疗法之临床医疗》是现代芳疗师必备的参考书籍。而意大利的保罗·罗文第（Paolo Rovesti）则围绕佛手柑、柠檬和柑橘的属性，阐述了芳香疗法对焦虑和压抑状态的改善作用。

20世纪50年代，英国法籍美容治疗师玛格丽特·摩利（Maguerite Maury）对精油的治疗和美容作用进行了研究，并发展了外用精油进行推拿。1961年，她出版的《生命与青春的奥秘》一书集中探讨了回春术，参考了很多印度、中国和藏医学的理论；而在另一本《摩利夫人的芳香疗法》中，她将芳香疗法带入健康、美容、饮食、烹饪等不同领域。她不仅研究每一种天然精油的疗效，还研究如何运用精油来养护皮肤，提倡使用复方精油，他是现代将芳疗与美容相结合的第一人。

20世纪70年代，雪丽·普莱斯（Shirley Price）的出现，使芳香疗法的应用有了重大改变。雪丽认为一位芳疗师必须懂得丰富的解剖学、生理学、病理学知识，熟知各种专用精油化学成分的疗效，并且掌握特殊的物理疗法技术，她在1978年开办雪丽·普莱斯芳疗学院，其教育功能和资格得到权威机构的肯定及认可。

（三）芳香疗法的热潮

在英国，芳香疗法一跃而成为迅速崛起的现代替代疗法中一颗耀眼的明星。1998年，芳香治疗师资格作为国家认定的资格确定；在大学，芳香疗法已纳入正式教学课程；英国专业芳疗师协会致力于芳香疗法的普及推广、培养高水平的芳香治疗师。在号称芳香疗法最先进的国家——法国和比利时，清淡的精油可以内服和外用，其疗效已被人们所认可。在欧洲，已经有40多所学校开设芳香疗法课程；在欧洲的很多主要国家，芳香疗法已被纳入医疗保险的适用范围，足见其地位和作用。

1990年，日本芳香治疗师协会理事町田久先生在中国福建中医学院设立塞拉按摩中心，此外，还在北京、天津等地设立分院，将芳香疗法在国外发展的信息带回其古老的发源地——中国。2000年，环太平洋芳香替代疗法协会与福建中医学院共同举办了"国际芳香替代疗法学术研讨会"，来自日、美、英、韩四国的专家和中国同道们一起探讨了芳香疗法的发展前景及作用机制。

当前，芳香疗法更是因其促进身心健康的绝佳功效和在美容领域的应用而备受瞩目。法、美、德、伊朗、澳大利亚、瑞士等国已经开始了芳香疗法的医学临床试验，并颇具成效。

从基础的"芳香分子导入""芳香按摩""芳香与心智、身体的互动"到"压力处理""孕、产妇呵护"等，芳香疗法已不再只是好闻的、单纯的芳香味道而已，而是能借助着混合纯植物精油的特性，运用香熏吸入、按摩、沐浴等方式，深入淋巴液和血液，激发人体潜在的活力，提升人体的自愈力，加强镇静及重生能力，达到预防及治疗的功效。演变至今，芳香疗法不仅具有丰富的临床应用经验，更逐渐成为一个热门的辅助治疗学方法。

第二节　精油的基本知识

一、精油的概念

植物精油，又称植物精质或植物挥发油，是从植物的根、茎、叶、花、果实、树皮等处提

炼出来的具有浓厚气味的脂溶性液体，属于天然药物化学中挥发油的范围。研究显示，精油具有吸引昆虫授粉、防虫及防菌的功效，是保护植物得以生存的重要物质。因此，精油还被称为"植物的血液"、"植物激素"，甚至是"植物的灵魂"。

自然界中所有的植物都会进行光合作用，并分泌出植物精华，植物精华可以存储在产生它的细胞里，或通过导管存储在存储囊里：①叶毛的存储管中；②木质或树皮内植物纤维中的导管；③柑橘皮的存储囊。植物的分泌细胞或存储囊越多，精油的产量就越多，价格也相应地越便宜，反之亦然。

二、精油的特性

（一）渗透性

植物精油分子极细小，能迅速有效地被吸收至毛囊之中，与皮脂互相融合，进而扩散至血液、淋巴及组织液中而运送至全身，发挥其神奇功效。不同精油的吸收速度也不同：吸收速度最快的尤加利和百里香，半个小时就会被吸收到血液；最慢的薄荷及芫荽等则需要两个小时。

（二）抗菌性

所有植物精油都有不同程度的杀菌功效，如尤加利、茶树及百里香。有些还能够抗病毒，如茶树和大蒜，但由于气味不佳，大蒜精油通常不用于芳疗按摩，而是将其制成胶囊来保健身体。还有些植物精油，如迷迭香和杜松，具有抗风湿的效果，按摩时能促进血液及淋巴循环，增加疼痛部位的带氧量，协助乳酸等废物的排出，从而改善风湿痛等。

（三）挥发性

精油是一种天然的、易挥发的物质，几乎所有精油都有在常温下易挥发的特性，它们会散发在空气中而不会在纸上留下油渍。根据其挥发速度，可将精油分为快、中、慢板三种，其挥发性也影响到作用于人体的层面。

（四）有香味（气味）

植物精油都有特殊而强烈的芳香味道。其中，初次接触个别味道者可能会感觉刺鼻难闻甚至恶心，这是因为人的嗅觉经验没有这个嗅觉记忆的缘故，多闻几次后就会习惯并喜爱它的味道。

 知识链接

香气音符

一种精油的蒸发率取决于其化学成分的挥发性，不同的化学成分具有不同的蒸发率，所以在蒸发的过程中气味的特征和强度都在变化。香水调配者在调配香水时，使用了音乐作曲家的词汇：每一个香气成分都是整个"乐曲"的一个"音符"。高音符是挥发性强的成分，主要形成香水的初香；低音符部分取决于低挥发性的化合物；香味的主要基调则取决于中等挥发性的化学组成。

在评价精油的香气时，头香是高音符；体香（中音符）一般在15~30分钟后出现；体香消失后，尾香就会被注意到。

（五）亲油抗水性

精油除了能溶解于植物油中，也可以溶解于酒精、蛋黄及蜡中（如溶解的蜂蜡及霍霍巴油），借助这一点可以用来稀释精油，但精油只能部分溶解于水及醋中（在醋中的溶解度略高于水中）。

（六）浓度高

功效约为原形植物的 70 倍，因此使用多以"滴"来计算，并且除了薰衣草、德国洋甘菊和茶树精油外，其余精油必须稀释后才可搽在皮肤上。

（七）光学活性

精油大都具有较高的折光率，有光学活性。因此，一般都保存在深色瓶中。

（八）协同作用

不少芳疗医师们认为调和数种精油的功效胜于使用单种精油，即精油具有神秘的协同作用。这为选择和调配精油提供了参考和指导。实际上，即使总量相同，调和精油的效果也更好，尤其是抗菌性。但是，许多芳疗师认为，若调和超过 5 种以上的植物精油，反而会使其抗菌效果减弱。

三、精油的分类

精油的分类国内目前还没有统一的标准，以下为常用的几种分类法：

（一）按精油的用途

1. 单方精油　指单纯的一种品种、未经配方的纯精油，可单独使用，也可供混合调配时使用，犹如未经配方的单味药。

2. 复方精油　由 2 种以上单方精油按一定的比例调配而成，可供直接使用，常以该精油的疗效命名，犹如配好的成方。

3. 基础油　用来调和一种或几种高浓度单方精油的纯植物媒介油，大多精油经基础油调和后，才可以直接在身体上使用。

（二）根据精油的气味

1. 柑橘类　如佛手柑、柠檬。

2. 花类　如洋甘菊、玫瑰。

3. 药草类　如迷迭香、快乐鼠尾草。

4. 木质类　如尤加利、茶树。

5. 香料类　如茴香、姜。

6. 树脂类　如乳香、安息香。

7. 异国风情类　如檀香、伊兰。

（三）按萃取部位

不同部位萃取出的精油能给人的生理和心理带来不同的治疗效果。

1. 花朵类　有镇定、放松、保养皮肤功效，如玫瑰、茉莉。

2. 果实类　有振奋、平衡皮脂分泌功效，如葡萄柚、柠檬。

3. 药草类　有平衡内分泌、治疗头痛、促进循环功效，如罗勒、迷迭香。

4. 叶片类　有坚定意志、杀菌、止咳功效，如尤加利、薄荷。

5. 树脂类　有冥想、放松、祛皱功效，如安息香、乳香。

6. 根部类　有促进平衡、保护神经功效，如姜、岩兰草。

7. 种子类　有促进循环系统（血液和淋巴）功效，如甜茴香、芫荽。

8. 香料类　有增强信心、对消化系统有益功效，如黑胡椒、丁香。

9. 木质类　有宽容、平和、对生殖系统有益功效，如雪松、檀香。

（四）按精油挥发速度

可分为：快板（高挥发度）、中板（中挥发度）和慢板（低挥发度）三类。

1．快板精油 挥发速度最快，香气只可维持 24 小时左右，却能在最短时间内有效发挥其功能、特性，提升情绪及思考力，对于极度无活力、忧郁或情绪低落等病症效果良好。如欧薄荷。

2．中板精油 挥发速度一般，香气能维持 72 小时左右。令人感到平衡和谐，主要会影响身体的消化、动作及新陈代谢功能，如薰衣草。为确保发散快速和慢速、沉重和轻盈的元素之间能产生连接，在调和精油中通常至少会有一种中板精油。

3．慢板精油 挥发速度缓慢，香气能维持一周左右。给人一种沉稳的感觉，适合冥想沉思时使用；可作用于细胞和自主神经，使人具有坚强及镇定的特质，对于紧张、情绪不稳定及容易激动的人很有帮助。如檀香。

（五）按植物科属可分为

松科、柏科、橄榄科、樟科、桃金娘科、菊科、唇型科、伞形科、芸香科、蔷薇科、木樨科、樨科、蕃荔枝科、牻牛儿科、胡椒科、檀香科。科属相近的精油在疗效上可以类推和替代。

四、精油发挥作用的原理与功效

（一）原理

化学成分可以影响精油的气味和药理属性，精油的化学结构非常复杂，分子极细小，大多由约 15 个碳原子组成，呈亲脂性。小分子及亲脂性的特点使其能通过皮肤和黏膜被吸收，进入血管，进而到达体内各器官，被组织细胞吸收利用；同时，精油分子还可经呼吸进入鼻腔的嗅觉细胞，通过细胞中的纤毛来记忆和传达香味，再透过嗅觉神经传达到大脑的嗅觉区。

（二）功效

精油发挥作用的途径主要有：①神经系统；②内分泌系统；③直接作用于组织、器官。

1．调节、平衡神经系统 精油对神经系统具有双向调节作用（使常态化），根据个体的需要可以发挥兴奋或镇静作用。精油里的化学物质可以触发机体内与神经系统相关的神经化学物质的形成和释放，这些化学物质（如去甲肾上腺素、5-羟色胺、内啡肽和脑磷脂）是温和的欣快剂和镇痛剂。一些精油影响自主神经系统，从而刺激肾上腺素和雌二醇的分泌。

2．调节内分泌系统 植物激素是结构与动物激素相似的植物化合物，一般认为对腺体的分泌有影响。例如，含有雌二醇的蛇麻花会造成女性采集者的月经不调。而大茴香、小茴香的精油具有雌二醇的活性。精油能通过以下方式影响内分泌：①刺激腺体，使内分泌常态化；②植物激素；③间接影响——通过影响情绪或神经系统实现。如天竺葵、罗勒、迷迭香和鼠尾草等精油可以兴奋肾上腺皮质。

3．调节呼吸系统 在呼吸系统中，芳香精油最常发挥的是抗菌、解痉及祛痰的功效。如佛手柑可以破坏白喉杆菌，百里香、肉桂对呼吸道感染有效；鼠尾草和百里香能够明显提高肺活量，可能对肺部有直接的解痉作用；而樟脑和迷迭香是普通的呼吸兴奋剂，其祛痰作用主要是通过促进黏膜分泌和支气管解痉实现的。具有确切祛痰作用的精油有：大茴香、小茴香、百里香、柠檬、薄荷、肉桂等。

4．调节消化系统 精油可刺激唾液及消化液的分泌，加强肠道的收缩蠕动，在肠胃痉挛不适的时候，用舒缓、深入的按摩活动并配合使用精油能镇定并缓和痉挛。已经证明可以影响胃消化功能的精油有：当归、茴香、柑橘和肉桂；影响胆囊的精油有：薰衣草和欧薄荷；对消化系统具有解痉作用的有：甘菊、茴香等；而肉桂、马郁兰和迷迭香等可以增加蠕动，具有缓泻作用。

5．调节循环系统

（1）调节血液循环：一些精油及其化合物具有循环刺激作用，这些作用常在大剂量使用时发生。一些精油通过提高局部血液循环影响内部器官和肌肉；一些通过刺激局部皮肤产生缓激肽等化学物质，引起血管舒张；另一些可以通过扩张或收缩血管（或毛细血管）而产生低血压或高血压——如薰衣草和天竺葵可引起低动脉压；而迷迭香、鼠尾草和百里香则可通过刺激肾上腺分泌引起动脉压升高。

（2）调节淋巴循环：精油能激发身体的防御机制，如薰衣草、佛手柑和柠檬都能有效刺激白细胞生成；而有些精油还能刺激巨噬细胞的吞噬作用。

6．调节泌尿系统　精油可以有效治疗金黄色葡萄糖球菌引起的泌尿道感染（如杜松、檀香、百里香）。檀香对由肾功能障碍引起的血尿有效；而甘菊和天竺葵在溶解肾结石方面作用显著。

7．调节生殖系统　佛手柑（对淋病双球菌有效）和檀香对淋病等传染病的治疗作用显著。一些精油可以刺激子宫，使骨盆中的血管充盈、子宫痉挛，使肝脏发生退行性变化而引起堕胎效应，如含有侧柏酮或芹菜脑的精油；另一些精油可能因刺激催产素的产生，引起子宫收缩而具有催产作用，如茉莉花和杜松；还有些芳香剂具有催情作用，如伊兰、快乐鼠尾草和茉莉。

8．调节肌肉组织　长时间的紧张与压力容易导致肌肉疲乏、沉重、疼痛、僵化以及萎缩。精油会刺激并调节真皮及皮下组织，使局部温度升高而促进毒素排出，并能够滋养皮肤，去除老化角质，刺激皮肤的新陈代谢，维持皮肤的年轻活力及光彩，使肤色健康靓丽。

五、精油的提取方法

精油的提炼需要耗费大量的人力、物力，故成本相当高。一般来说，玫瑰花要3000～5000kg、薰衣草200kg、柠檬200kg才能提炼出1kg的精油，因此10ml纯精油价格都要上百元至数千元不等，有的甚至上万元，精油因此被称为"液体黄金"。精油的提取方法不同，其品质与价格有较大差异。

1．蒸馏法　最早可追溯至到5000年以前，90%以上的精油用此法提炼。可分为蒸汽蒸馏法和真空蒸馏法。蒸汽蒸馏法是将植物的药用部位放在一定容器中隔水加热，蒸出其挥发油成分，并通过冷却使之成为液体状，再依照不同的比重差异而进行分离，这是目前常用的，也是最古老的一种提取精油方法。如玫瑰精油、薰衣草精油、檀香精油等。

真空蒸馏法又称减压蒸馏法，指低压下使液体在较低温时蒸馏的方法。其原理是降低液面压力，使液体的沸点相应降低，减压的真空越高，沸点就降得越低，同时改善温度差，使热导良好，可蒸馏出更好的精油。

2．压榨法　将含精油的物质经过压榨后，再经分析和分离而获得精油，可用于萃取柑橘类如橙、橘、柠檬等果皮的精油。

3．溶剂法　利用一些挥发性溶剂，如酒精、石油醚等，反复通过需要萃取的植物上，再将含有精油的溶剂进行分离解析，以低温蒸馏法得到精油。常用于提炼树脂、树胶以及花瓣类的精油，如肉桂精油、鼠尾草精油等。

4. 脂吸法　应用于萃取一些花瓣植物精油，如橙花、茉莉和晚香玉等。目前已知，在法国格拉斯的蒸馏厂仍保留有少量以脂吸法萃取的精油以供参观，除此之外，以脂吸法萃取精油的情景已很难被看到。

5. 二氧化碳超临界流体萃取法　是利用二氧化碳在低温高压状态下分离物质的特性来萃取精油。整个萃取过程在低温下进行，可大量保存对热不稳定及易氧化的挥发性成分，所萃取的精油含量高、不含任何残余物，并且非常接近植物内原有的芳香物质组成，算是一种相当完美的萃取法。但其使用的器材数量庞大并且相当昂贵。所以，该方式萃取出的精油价格也相当昂贵，且不容易买到。

六、芳香美容的实施方法

根据精油进入身体的途径，即透过皮肤及嗅觉进入身体，可分为以下四种方法：

（一）嗅觉吸收法

精油的强挥发性使之在室温下即可渐渐散布于空气中，随呼吸进入体内，对调节情绪及呼吸道疾病效果较好。

1. 熏蒸法　这是一种最流行最简单的方法。只要将 1～3 滴精油滴于盛有 8 分满纯净水的香熏炉中（熏香法精油组合及功效见表 4-1），用天然环保无烟蜡烛或电香熏炉加热，使精油受热挥发，散布于室内空气中，发挥芳香、除臭、带氧、杀菌、除虫等功效，从而达到清新空气、镇定按抚、缓解压力、提神振奋及增强免疫力等目的。

表 4-1　熏香法精油的组合及功效

功效	建议精油
浪漫组合	茉莉、玫瑰、伊兰、天竺葵
冥想组合	薰衣草、檀香、乳香、雪松
安眠组合	薰衣草、岩兰草、罗勒、茴香、缬草、马郁兰、洋甘菊
缓压组合	茉莉、伊兰、快乐鼠尾草
夜间放松组合	薰衣草、柠檬、迷迭香、尤加利、桦木
镇定按抚组合	薰衣草、天竺葵
驱蚊组合	薰衣草、尤加利、罗勒
提神醒脑、读书增忆组合	薰衣草、柠檬、迷迭香、尤加利、薄荷
激发潜能组合	紫苏、乳香、茉莉、檀香
提神振奋组合	薄荷、柠檬、佛手柑、尤加利、香茅
赋予活力组合	薰衣草、茉莉、香橙、玫瑰草
提高免疫力组合	茶树、百里香、尤加利
拒抽二手烟组合	薄荷、柠檬、佛手柑

2. 热水蒸汽法　该方法对呼吸道感染、提神、改善情绪最快速有效，但哮喘病患者不宜使用。运用时在容器（脸盆、杯子等）中装入沸水，加入 4～6 滴精油，以口、鼻交替呼吸直到舒适。

3. 喷雾法　将蒸馏水放入喷雾器中，滴入数滴精油，随时喷洒在床、衣服、家具、地毯等环境，起到消毒除臭、改善生活环境的作用。常用的精油有迷迭香、柠檬、甜橙、薄荷、天竺葵、尤加利等，最常用的比例为 5～30 滴精油兑 100ml 水。

4．其他方法　如手帕法（将精油滴在面巾纸或手帕上）、手掌摩擦法（精油滴于手掌中，摩擦生热再吸入）等。

（二）按摩吸收法

是指用精油作为按摩油，涂抹在一定的部位进行按摩，从而达到放松心情、舒解压力的一种方法。精油经过按摩很快能被皮肤吸收渗入体内，按摩在刚洗完澡，身体微湿时效果最好。按摩力道可视需要而有所不同，较快较重的按摩可提振精神，而轻柔的抚触、按压，则可舒压按抚或帮助睡眠。此类方法的精油配置原则有三：①身体按摩：10ml 基础油 5 滴精油；②脸部按摩：10ml 基础油 2～3 滴精油；③止痛按摩：10ml 基础油 50 滴精油，只做局部按摩 3 天。

刮痧法也属按摩吸收法，即运用精油涂抹于患部适当穴位旁，再用刮痧器刮拭（具体见淋巴排毒刮痧美容技法章节）。

（三）敷抹法

将精油按 1%～5% 的比例稀释于冷水（冷敷）或热水（热敷）中，浸入毛巾，再把毛巾拧干，敷在需要部位，或将精油稀释后直接涂抹于身体某处。

1．冷敷法　可缓解紧张，镇定安神，按抚肌肤，适用于感冒、发烧、扭伤、割伤、烫伤等急症。可选薰衣草、洋甘菊、薄荷等。

2．热敷法　能促进血液循环、排出体内毒素或增加精油对皮肤的渗透性，适用于关节炎、肠胃痉挛、月经症候群、减肥等慢性病症。可选迷迭香等。

3．涂抹法　可适用于表皮及其他问题，如外伤、烫伤、蚊虫叮咬、皮肤病、风湿痛等。一般 10～15 滴精油加 50ml 基础油稀释后涂抹，少数纯精油可直接涂抹，如薰衣草可直接用于烫伤的皮肤上。精油还可作为日常护肤品，与基础油调配使用。不同部位浓度不同：用于眼部的浓度为 1%，面部为 3%～5%，全身肌肤则为 10%～20%。也可将稀释后的精油加入沐浴露、洗发乳、护肤霜等化妆品中，比例为 10ml 基础霜加 10 滴已经稀释过的精油。

（四）沐浴法

行沐浴法时，盛水的器具最好是不锈钢材质，避免与精油起化学反应。

1．盆浴

（1）清洁并消毒浴器。

（2）配制精油：筛选适合客人的精油进行配制；可以将精油加入基础油中，或添加到牛奶或浴盐里（表4-2）。

表4-2　沐浴法精油组合及功效

功效	建议精油
清晨振奋	薰衣草、薄荷、柠檬、迷迭香、佛手柑
提神醒脑	柠檬、迷迭香
清新舒畅	薰衣草、薄荷、柠檬、紫苏
晚间放松	薰衣草、佛手柑、天竹葵、快乐鼠尾草
舒解压力	薰衣草、檀香
解除肌肉酸痛、疲劳	薰衣草、迷迭香、黑云杉、桦木、柠檬、香茅
活络亢进	薄荷、迷迭香、百里香
浪漫激情	玫瑰、茉莉、伊兰

（3）溶液的准备：浴器中加入温水，水温 37～39℃为宜。

（4）添加精油：将配制好的精油 6～8 滴滴入盛有温水的浴器中调均匀。

（5）净身：让客人按普通冲澡方式洗净身体并擦干。

（6）沐浴浸泡：让客人浸泡在调有精油的浴器中 15～30 分钟，使精油不仅通过呼吸和皮肤的吸收进入体内循环，还可通过嗅觉神经传入大脑，调节情绪。

（7）起浴：擦干水分。

（8）推拿按摩：做全身轻柔的推拿按摩。

（9）结束工作：帮助客人整理仪容，并收拾工具、清洗浴盆。

第 8 步骤推拿按摩也可放在净身步骤后面进行，但手法可稍重一些。

2．足浴　劳累导致的足部浮肿、感冒、冬天双脚冰冷等，均可利用精油 4～6 滴泡脚来舒缓症状。

3．坐浴　用一只能够容纳臀部的盆盛半盆温水，滴入 1～2 滴精油（可选择薄荷、薰衣草、迷迭香、尤加利等）搅匀，进行坐浴，这种方法对治疗痛经、阴道炎或生理期因卫生巾不透气而造成的皮肤瘙痒等，效果甚佳。

4．漱口法　将配制好的精油或 1 滴复方精油，滴入装有 30ml 温水的杯中混合均匀，进行漱口。香熏漱口可保持口气清新，清除口腔细菌，保护牙齿，减轻喉炎，达到香口美容的目的。

此外，沐浴法还包括香氛蒸浴法、淋浴法、灌洗法等。

七、精油使用的注意事项

芳香美容技法总的来说是安全可靠的，但在应用过程中也要注意以下事项：

1．除非有专业医师的建议，否则不可将精油应用于口腔、直肠及阴道中。

2．除薰衣草、洋甘菊、茶树外，其余的精油必须经稀释后才可直接使用在皮肤上，以免皮肤过敏。

3．皮肤或体质敏感者首次使用精油时，应先用基础油进行皮肤测试，保持 12 小时，若无不良反应，再将一滴精油稀释在 10ml 基础油里再次进行皮肤测试，待 12 小时后确定是否适合使用。

4．剧烈运动或饱餐后 30 分钟内，禁止做芳香护理。

5．对敏感性肌肤、炎症期（如感冒、发热、伤口感染、淋巴结肿大）、哮喘、高血压、癫痫、糖尿病、妊娠期、婴儿等要慎用或禁用。

6．不可滴入眼睛、鼻孔、耳朵、口腔等敏感部位。

7．精油宜密封保存在阴凉处，应避免与强光、电热、高温相接融，并尽量在开封 6 个月内用完，尤其是柠檬精油，最好在 3 个月内用完。

8．把精油放置在远离儿童的地方，不可让儿童拿到或玩耍。

9．柑橘类精油大多有光敏作用，不宜在日光浴前使用，以免产生雀斑、晒斑和黑斑，如佛手柑、柠檬、香橙等。

10．单一精油不可长期、连续使用：同一种单方精油持续使用最多不超过 3 周，同一复方精油勿连续使用超过 3～4 个月。

11．不可经常高剂量使用：初次使用精油，通常要低剂量并持续一段时间，高剂量通常只使用在紧急状况下，或作为某些急症的辅助治疗。

纯精油的简单鉴别

1. 看包装 精油通常会保存到深色密封的小玻璃瓶里，以防止日光及氧气渗入，这样精油才不易挥发、变质。如果是近乎透明的玻璃瓶，即便里面放的是顶级精油，都已经不值钱了。

2. 看价格 精油主要采用蒸馏法提取，一般 100kg 的花草可提炼出 2～3kg 精油，因此，真正的精油价格不会太便宜。

3. 看溶解 纯精油滴于清水中大多会在水面形成薄薄的油膜，搅拌后产生多片小油膜，不溶于水，不会形成细碎的油珠。

4. 闻味道 多数纯精油味道柔和醇正，有一种难以言喻的自然植物的味道（虽然气味不一定好闻），用香精调配的精油味道略微刺鼻。

5. 看挥发 多数纯精油滴在纸上挥发后不留油迹，植物油则会在纸上留下油印。

第三节 常用精油

一、常用单方精油

单方精油指单独一种精油。单方精油比复方精油快速、有效、针对性强，但不适合长期使用。现将常用单方精油介绍如下（表4-3）：

表4-3 常用单方精油

精油	植物种类/萃取部位	气味	功效特点			使用注意
			心灵疗效	身体疗效	皮肤疗效	
薰衣草	灌木/花	花香淡而清澈，略带木头香	平衡中枢神经，安定情绪	化湿止痛，解郁降压助眠，解表除臭杀虫；是最常使用、最受重视、最常入药的精油	促进细胞再生，平衡皮脂分泌；治灼伤与晒伤——国外被视为"家庭第一必备急救用油"	低血压或孕初期勿用
安息香	树/树干流出的树脂	甜，似香草	安抚神经系统，舒缓紧张与压力	镇咳化痰，行气活血止痛，除臭，除胀	柔肤润肤，干燥龟裂及伤口、溃疡的良好疗方	需集中注意力时勿用
薄荷	药草/叶与开花的顶端	强劲的穿透力，清凉醒脑	对安抚疲惫的心灵和沮丧的状态功效绝佳	双重功效——热时清凉、冷时暖身——治感冒的功效绝佳；抗痉挛，祛胃肠胀气；止痛	排出毒性郁积的阻塞现象；收缩微血管；柔软皮肤；对油性发质和肤质极具效果	怀孕及哺乳期禁用；小心剂量
茶树	树/叶	新鲜、清新，略刺鼻	使头脑清新，恢复活力，尤适于受惊吓的情况	助免疫系统抗传染性疾病——强效抗菌精油，"未来的抗菌战士"；抗霉菌；杀虫	净化效果绝佳，能改善伤口感染的化脓现象，治疗疖、痈等	对敏感皮肤有刺激性

续表

精油	植物种类/萃取部位	气味	功效特点			使用注意
			心灵疗效	身体疗效	皮肤疗效	
柠檬	水果/果皮	柑橘类香气,新鲜而强劲	平抚炙热烦躁情绪,帮助澄清思绪	循环系统的绝佳补药;有效的强心剂、开胃剂、消化剂;退烧;抗酸	明亮肤色;改善破裂的微血管;净化油腻发肤;软化结疤组织	可能刺激敏感皮肤;光敏性
檀香	树/木心	木质、细致,甜而带异国情调,余香袅绕	放松效果绝佳,镇静效果多于振奋;改善执迷状态	消炎、抗菌、利尿——对生殖泌尿系统极有帮助;抗痉挛;镇咳、祛痰;祛胃肠胀气	柔软皮肤,对干性湿疹及老化缺水皮肤特别有益;混合可可脂后是绝佳的颈部乳霜	催情;沮丧时会使情绪更低落
肉桂	树/花蕾,树皮,叶子	带香料味,略冲鼻,甜甜的麝香味	对筋疲力尽和虚弱、沮丧情绪的安抚效果绝佳	强劲的抗菌剂;肠道感染的舒缓剂;腺体的强劲刺激剂	温和的收敛效果;紧实松垮组织;清除疣类	孕期禁用;注意剂量
迷迭香	药草/开花的顶部或叶	强烈清澈有穿透力,清新的药草香	活化脑细胞,使头脑清楚,增强记忆力	极好的神经刺激品;珍贵的强心剂和心脏刺激剂;通经止痛;改善肝脏充血现象	收敛、紧实——减轻充血、浮肿、肿胀;调理头皮失调——改善头皮屑,刺激毛发生长	高血压、癫痫病、孕初期禁用
玫瑰	花/花瓣	甜而沉的纤细花香	极女性化,能使女性产生积极正面的自我感受;提振、舒缓紧张和压力	优越的子宫补品;对不孕症有益,增加精子数;催情;通经止血;利脾胃	"花中之后";适于所有皮肤;收缩微血管,是治疗小静脉破裂的神奇之宝	孕期禁用
佛手柑	树/果皮	轻淡、纤巧、清新	既能安抚又能提振	有价值的尿道抗菌剂、绝佳的肠内抗菌剂;驱虫、调节子宫机能	对油性皮肤特别有益,和尤加利并用时,对皮肤溃疡的疗效绝佳	光敏性、刺激性
尤加利	树/叶	澄清、略冲鼻、有穿透力	冷静情绪,使头脑清楚,集中注意力	抗病毒——对呼吸道最有帮助,对传染性疾病效果绝佳;退烧——对各种发烧都有效;除臭;降血糖	对治疗皮疹有显著功效;能预防细菌滋生及蓄脓,促进新组织建构;改善堵塞的皮肤	强效;高血压、癫痫慎用
橙花	橙树/花瓣	芬芳的花香,索绕不去	安抚,催眠,使人精神愉快,可减轻长期的焦虑、沮丧与压力	克服沮丧情绪——助眠、经前、更年期问题等;催情;抗痉挛	"花中公主";增强细胞活力,增加弹性;适合干性、敏感及成熟皮肤	集中注意力时不宜使用
天竺葵	开花植物/花和叶	甜而略重,稍像玫瑰、薄荷	缓解焦虑、沮丧,提振情绪,舒解压力	调节内分泌(改善妇科问题);利尿、抗感染、安抚神经痛;驱虫	能平衡油脂分泌,适合各种皮肤状况,堪称一种全面性的洁肤油	刺激性;孕期不宜
茉莉	树木/花朵	甜甜的花香,充满异国风情	安抚神经,温暖情绪,使人产生正面的感受与自信	利子宫(可能是生产时最有帮助的精油);催乳;催情(超越性障碍);抗痉挛	"花中之王";适于任何肤质,尤其是干燥及敏感皮肤的高效护肤品	孕期禁用;干扰注意力集中

续表

精油	植物种类/萃取部位	气味	功效特点			使用注意
			心灵疗效	身体疗效	皮肤疗效	
洋甘菊	药草/干燥的花朵	水果香，似苹果的香气	安抚效果绝佳，使人放松有耐性，感觉祥和；减轻焦虑，助眠	止痛——尤善因神经紧张引起者；通经；祛胃肠胀气；改善持续感染	镇静，抗过敏，对干燥易痒的皮肤极佳；非常优良的皮肤净化保养品	怀孕早期禁用
百里香	药草/花和叶	相当甜而强烈的药草香	强化神经、活化脑细胞——提高记忆力和注意力；提振低落的情绪	抗感染、祛瘀、尤其适于各类呼吸道感染；增强免疫力；升血压；抗风湿；是小肠和尿道抗菌剂	是头皮的补药，对减少头皮屑和落发十分有效；可使伤口、湿疹、疮等症状早日缓解。	非常强劲；高血压和孕妇禁用
杜松	灌木/浆果	干净、清新、略带木头香	清净、激励、强化神经；净化气氛，让心灵在充满挑战的情况下获得支持	利尿——对膀胱炎、尿急痛（无力排尿）和肾结石极佳；净化肠道；是肝的补药；能清除尿酸；助产	油性、充血皮肤的帮手；净化、收敛、促进结疤	肾病、孕期禁用
乳香	树/树皮	带木头香及香料味	安抚、清新心神，减轻焦虑	抗菌——对黏膜有卓越功效，清肺；利消化利尿利子宫，治创伤	护肤圣品——抚平皱纹，赋老化皮肤以新生命；收敛	未知
伊兰	树/花	甜甜的花香，带着异国风情的厚重感	抗忧郁，使人愉悦，适合在易兴奋情况下使用	平衡激素方面声誉卓著，调节生理系统方面极有价值；催情；降血压	"花中之花"；平衡皮脂分泌，干性和油性皮肤都适用；保养滋润发丝	发炎或湿疹皮肤慎用
快乐鼠尾草	药草/开花的顶端和叶	药草气息，带点坚果香，有些厚重的感觉	镇静效果强烈，是极佳的神经振奋剂；温暖放松，带来幸福的感受，使人感到生命充满希望	子宫的良好补药，荷尔蒙平衡剂；助产；祛胃肠胀气；抗痉挛；对全身均有调节、平衡的功效	促进细胞再生，尤利于头皮部位的毛发生长；能抑制皮脂的过度分泌	开车前、饮酒前后勿用；注意用量
广藿香	灌木/叶	味道强烈有异国风情	给人实在而平衡的感觉，能消除嗜睡，让人比较清醒	抑制胃口；利尿；除臭，平衡排汗，消除闷热烦躁感	促进伤口结疤与细胞再生；改善粗糙龟裂皮肤及治疗各种伤口与疮	低剂量镇静，高剂量刺激

二、常用基础油

（一）概念

基础油又称基底油、媒介油，是用来调和一种或几种高浓度单方精油的纯植物媒介油。由于纯精油的浓度很高，直接使用会造成皮肤不适，所以，使用在皮肤上时，一定要先用基础油进行稀释。基础油既可以用来调配芳香按摩油，也可以作为皮肤保养用油，其本身就具有疗效。

（二）原理

芳香疗法中的基础油，是经冷压（60℃以下低温处理）从植物的花朵、坚果或种子中提炼萃取而来的100%的纯植物油，植物中丰富的矿物质、维生素、脂肪酸等有效成分保存良好而不流失，具有优越的滋养特性。而食用的植物油，如大豆油则是以200℃以上的高温萃取，失去了大部分的天然养分，并且含有高温产生的氢氰酸等有害物质，对身体不利，故不适合做基础油。基础油由基本的脂肪酸所组成，含有脂溶性维生素，并且非常容易被皮肤吸收，因此，既可调和精油、协助渗透，同时又起到延展、助滑、滋养皮肤的作用。

需要注意的是，矿物油和动物油（如婴儿油或绵羊油等）也不适合用作基础油。因为它们渗透力差，易堵塞毛孔，造成粉刺、痤疮。

基础油平时可保存在冰箱里，加入精油后可保存六个月左右。每次调和的分量最好一次用完，勿存放过久。

（三）常用基础油

1. 霍霍芭油　又名霍霍巴油、荷荷巴油，呈淡黄色，含丰富的维生素 D 及蛋白质、矿物质，稳定性高，是渗透性最强的基础油，极易被皮肤吸收，清爽滋润、不油腻，能恢复皮肤酸碱平衡，可抗氧化，祛皱纹，有效改善油性皮肤，调理皮脂腺分泌机能，收缩毛孔，同时含有最接近皮脂膜的液态蜡，是最佳的皮肤保湿油。适合于各种肤质，也是护发用油的最佳选择。

2. 小麦胚芽油　又称天然维生素 E 油，呈橘黄色，含丰富的维生素 E、大量天然蛋白质、矿物质，是著名的天然抗氧化剂（防腐剂），可延长复方精油的保存时间，对干性皮肤、黑斑、瘢痕、湿疹等均有滋养效果。最适合于成熟、衰老皮肤。

3. 橄榄油　在西方被誉为"植物油皇后"，呈绿色，气味较强烈，富含不饱和脂肪酸及多种维生素，极易被皮肤吸收，清爽自然，绝无油腻感，是纯天然的美容佳品，被称为"可以吃的护肤品"，对阳光晒伤有缓和作用。多用于老化、晒伤皮肤的护理，还可用于减肥、风湿、关节扭伤，以及保养指甲和护发等。

4. 葡萄籽油　近乎无色或浅淡绿色，渗透力强，清爽不油腻，极易被皮肤吸收，主要成分是亚油酸与原花青素，可以抵抗自由基，保护肌肤中的胶原蛋白，抗老化，使肌肤保持应有的弹性及张力，帮助吸收维生素 C 和 E，降低紫外线的伤害，预防黑色素沉积。可增强肌肤的保湿作用，使皮肤柔软、光滑，任何肤质均适用。尤其适合敏感、粉刺皮肤。

5. 玫瑰果油　来源于植物果实部分。含丰富的维生素 A、B、E、K，特别是维生素 C。其保持皮肤水分的功效卓越，有柔软肌肤、美白的功效，也可以预防日晒后的色素沉着。老化皮肤使用玫瑰果油可防皱、增强皮肤弹性，具有组织再生的功能，能有效改善瘢痕、暗疮、青春痘等。

6. 甜杏仁油　颜色淡黄，含有丰富的矿物质及维生素，质地相当轻柔、润滑，是最不油腻的基础油，具有很好的亲肤性、滋润性，是一种保养皮肤及滋润效果极佳的植物油。它能使肌肤恢复光滑柔细，适用于各种肤质，尤其适合婴儿、干性、衰老、粉刺以及敏感性肌肤，并且非常适合全身按摩。它可与任何植物油调和，还具有隔离紫外线的作用，因此，也是使用最广泛的基础油。

三、花香纯露

（一）概念

花香纯露又称纯露、花水、水精油，是蒸馏法萃取精油的过程中留下的一种副产品。蒸馏精油时，蒸馏水不断地通过植物组织，植物中的许多成分会溶在蒸馏水中，将精油收集后所残留的蒸馏水即为纯露。

（二）原理

纯露中除了含有微量精油之外，还含有许多植物体内的水溶性物质。因此，纯露的特性和精油虽然很接近，但并不完全相同。纯露没有精油独特的香气，而是类似人体血液里充塞着各种矿物质的味道，和精油相比，纯露的性质更温和，不会刺激皮肤，一般不需稀释就可直接使用，因此非常适合儿童、老人和体质虚弱的人使用，使用范围也非常广泛，可以用于护肤（如代替爽肤水使用、调制面膜等）、护发（如喷于头发上使头发柔润顺滑，防止紫外线伤害等）、沐浴（如加入纯露进行芳香泡澡）或作为纯天然空气清新剂等，都是很好的使用纯露的方式。所以，纯露同精油相比各有所长。

（三）常用花香纯露

1. 薰衣草纯露　是最常用的纯露，有着和薰衣草精油相似的功效——舒缓皮肤和心灵，是温和的收敛剂，能清洁皮肤，平衡油脂，抗菌消炎，调理粉刺肌肤，促进痤疮和小伤口愈合。适用于混合性、油性肌肤，敏感性肤质也可使用。薰衣草花水可成为一般香水的替代品，特有的香味非常适合男性使用。

2. 玫瑰纯露　是被大家喜爱和推崇的纯露，性质十分稳定，具有镇静和催情效果，洁净皮肤，增加并保持皮肤的水分，可以美白、快速消炎、抗敏、抗衰老，适合干性、衰老以及敏感皮肤使用。玫瑰纯露香味宜人，用于喷洒房间、床被、衣柜等，可以清除异味。

3. 洋甘菊纯露　是敏感皮肤的最爱。性质极为温和，能放松、抚慰身心，有消肿、止痛、抗炎、收缩毛细血管的功效。能强化组织，增加弹性，治疗敏感皮肤——对干燥、易痒、脱皮的状况效果极佳；并能镇定、修复晒后的红肿肌肤，减轻脸颊微血管扩张所造成的红斑；消除眼部浮肿，减轻因疲劳和睡眠不足造成的黑眼圈；对易生粉刺的肌肤有收敛净化的功效。

4. 薄荷纯露　有特殊的清凉感觉，可清洁、柔软皮肤，并缓解皮肤发痒、发炎或灼伤；能平衡油脂分泌，抑菌杀菌，促进伤口迅速愈合。适用于易生粉刺或毛孔粗大的肌肤。调配时应先倒入基础油，再滴入精油。

第四节　芳香美容的应用

一、精油的调配

精油在使用时多以复方的形式出现。使用复方精油的好处在于，功能类似的精油互相调配可增强功效；功能差异大的精油进行调和，可扩大疗效，并增加香味的丰富性；对于一些气味不好闻和具有疗效的精油，也可借助其他芳香精油的香气来调和，让人在使用的时候更为舒适。由于不同精油在混合调制时，会产生协同或拮抗作用，直接影响到精油的功效，所以，在调配复方精油之前，必须详细了解每一种精油的特性与化学性质，切忌随意调配。

（一）调配原则

1. 选择3～5种作用相辅相成的精油，与基础油按一定比例调配出适合的复方精油，调配复方精油的种类尽量不要超过5种以上。

2．最好同时能包括有三种不同挥发度的精油。可参考快板：中板：慢板的比率是2：2：1。

3．气味相近、植物科属相似或是挥发性差不多的都可以互相搭配。一般说来，柑橘类、花香类、异国情调类的精油很容易混合，木质类、草本类和柑橘类的精油也容易混合，辛香类则容易和树脂类以及木质类精油混合。

知识链接

调油表

每一类别内的精油均能调和得当，紧邻的两类也适合互相调配。（此处分类是以气味为主）

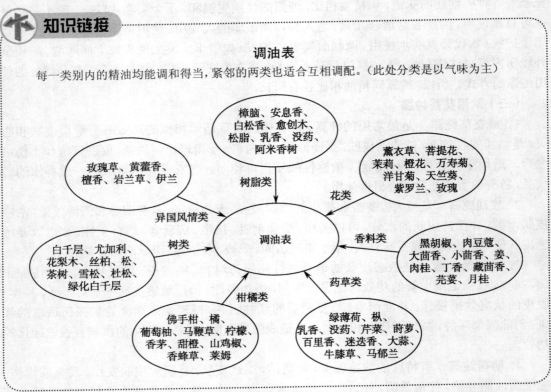

4．在调配精油时，除了要考虑对方的年龄，更应重视对方的身体状况、心理状况以及对香气的喜好，做出精油的搭配和使用方法上的建议。倘若针对的问题属情绪方面的，浓度低的芳香精油较合适；倘若问题属生理方面的（如肌肤），那么较高浓度的芳香精油会产生较佳的效果。

5．在选择基础油时，还应考虑到使用者的皮肤状况。

（二）注意事项

1．必须在空气流通的房间进行调配，以免气味过强引起身体不适。

2．调配用的容器必须选用玻璃、陶瓷或不锈钢等不被腐蚀的材质，避免用塑胶容器。容器要清洁、干燥，不得掺有任何杂质及水分，以免破坏精油的品质。

3．储存须用琥珀色或深色的玻璃瓶，避光、常温、密封保存。

4．一次调配的用量，以当次足够使用为原则，最多不超过 6 个月的用量，避免久放影响精油的品质。

5．原材料要优质。

（三）基本用品、用具

基础油、精油、量杯、精油瓶、滴管、标签、玻璃搅拌棒等。

（四）调配浓度

精油的调配比例通常以 5ml 基础油为一个计量单位，作为一个百分比（100%），不同年龄、肤质调配的比例不同。

1. 0～6 岁的安全剂量　0.5%，即 5ml 的基础油中滴入 0.5 滴的纯精油。

2. 7～14 岁的安全剂量　1%～2%，即 5ml 的基础油中滴入 1～2 滴的纯精油。

3. 14 岁以上及成年人的安全剂量　1.5%～3%，即 5ml 的基础油中滴入 1.5～3 滴的纯精油。

4. 一般肌肤　精油的最大滴数＝基础油毫升数 /2。

例如，20ml 基础油可加入约 10 滴精油，这 10 滴是包含了不同精油的总滴数。

5. 孕妇或敏感性皮肤　精油最大滴数＝基础油毫升数 /4。

（五）芳香精油的调配方法：①将基底油倒入玻璃量杯内；②用滴管依次滴入所要滴入的精油；③用玻璃调棒搅拌均匀（如果要保存较长时间，可再滴约 5% 的小麦胚芽油）；④将调好的复方精油倒入深色玻璃瓶内；⑤封紧瓶盖，贴上标签（写下所调的精油及日期）即完成。

二、不同性质皮肤精油的应用

表4-4　不同性质皮肤精油的应用

皮肤类型	适用精油	推荐配方
正常皮肤	苦橙、檀香木、薰衣草、迷迭香、柠檬、尤加利、天竺葵等精油。基础油有甜杏仁油、月见草油等	1. 薰衣草 1 滴＋佛手柑 1 滴＋茉莉 2 滴＋甜杏仁油 10ml 2. 洋甘菊 2 滴＋橙花油 2 滴＋玫瑰 1 滴＋甜杏仁油 10ml
油性皮肤	佛手柑、薄荷、尤加利、薰衣草、茶树、柠檬、迷迭香、天竺葵、檀香木、百里香、杉木、乳香、丝柏、快乐鼠尾草、罗勒等，基础油有霍霍芭油、甜杏仁油、月见草油、芝麻油、葡萄籽油等。	1. 薰衣草 1 滴＋茶树 1 滴＋薄荷 1 滴＋葡萄籽油 10ml 2. 薰衣草 2 滴＋茶树 3 滴＋柠檬 1 滴＋葡萄籽油 10ml
干性皮肤	薰衣草、檀香、橙花、玫瑰、天竺葵、迷迭香、洋甘菊等，基础油有霍霍芭油、鳄梨油、月见草油等	玫瑰精油 3 滴＋檀香精油 1 滴＋洋甘菊精油 2 滴＋甜杏仁油 10ml
混合性皮肤	伊兰、茉莉、薰衣草、天竺葵、洋甘菊、甜橙等，基础油有霍霍芭油、甜杏仁油等	1. 伊兰 2 滴＋天竺葵 3 滴＋霍霍芭油 10ml 2. 薰衣草 4 滴＋洋甘菊 4 滴＋甜橙 4 滴＋乳液 / 面霜 50ml
敏感性皮肤	薰衣草、檀香、橙花、玫瑰、洋甘菊、茉莉、快乐鼠尾草、百里香、花梨木等，基础油有葡萄籽油、霍霍芭油、甜杏仁油、月见草油等	玫瑰精油 1 滴＋薰衣草精油 1 滴＋洋甘菊精油 3 滴＋葡萄籽油 10ml
衰老性皮肤	玫瑰、檀香、伊兰、肉桂、乳香、茉莉、天竺葵等，基础油有橄榄油、霍霍芭油、甜杏仁油、鳄梨油、月见草油等。	1. 玫瑰精油 3 滴＋肉桂精油 2 滴＋茉莉精油 1 滴＋橄榄油 10ml 2. 乳香精油 2 滴＋肉桂精油 1 滴＋玫瑰精油 1 滴＋橄榄油 10ml
痤疮皮肤	薰衣草、茶树、佛手柑、肉桂、苏木、檀香木、橘子、杜松、丝柏、罗勒、快乐鼠尾草、百里香、广藿香、迷迭香、尤加利、柠檬等精油。基础油有霍霍芭油、甜杏仁油、月见草油、芝麻油等。	1. 肉桂精油 2 滴＋檀香精油 1 滴＋茶树精油 2 滴＋霍霍芭油 10ml 2. 伊兰精油 1 滴＋鼠尾草精油 2 滴＋薰衣草精油 2 滴＋霍霍芭油 10ml

皮肤类型	适用精油	推荐配方
色斑皮肤	玫瑰、甜橙、橙花、鼠尾草、佛手柑、柠檬、葡萄柚、茉莉、薰衣草等，基础油有小麦胚芽油、玫瑰果油、霍霍芭油、甜杏仁油、鳄梨油、月见草油等。	1. 柠檬精油3滴＋鼠尾草精油1滴＋玫瑰精油1滴＋小麦胚芽油10ml 2. 柠檬精油3滴＋鼠尾草精油1滴＋橙花精油1滴＋小麦胚芽油10ml
微血管病变皮肤	乳香、柠檬、苦橙、丝柏、玫瑰、罗马洋甘菊、天竺葵、乳香等，基础油有甜杏仁油。	1. 薰衣草2滴＋洋甘菊2滴＋茉莉1滴＋甜杏仁油10ml 2. 天竺葵2滴＋洋甘菊2滴＋丝柏3滴＋5ml甜杏仁油。
湿疹	薰衣草、百里香、天竺葵、佛手柑、德国洋甘菊、茶树、香蜂草、广藿香、没药，基础油有甜杏仁油、月见草油、澳洲坚果油	1. 德国洋甘菊3滴＋沉香醇2滴＋薰衣草5滴＋天竺葵6滴＋95芦荟胶50ml 2. 广藿香精油3滴＋没药精油2滴＋天竺葵精油2滴＋甜杏仁油15ml。
日光性皮炎	洋甘菊、天竺葵、薰衣草等，基础油有橄榄油、葡萄籽油等。	薰衣草精油10滴＋基底油橄榄油10ml

三、身体调护精油的应用

表4-5　身体调护精油的应用

调护类型	适用精油	推荐配方
缓解压力	快乐鼠尾草、薰衣草、橙花、佛手柑、安息香、玫瑰、马伊兰、檀香、香橙、罗马洋甘菊、葡萄柚、郁兰、罗勒、玫瑰草、马丁香、红柑、天竺葵、马郁兰、香蜂草、岩兰草、胡萝卜籽、百里香	1. 按摩：香橙4滴＋薰衣草4滴＋伊兰2滴＋甜杏仁油10ml＋葡萄籽油10ml 2. 泡澡：薰衣草3滴＋香橙2滴＋马郁兰3滴 3. 熏香：薰衣草4滴＋橙花2滴＋葡萄柚2滴
缓解疲劳	柠檬、快乐鼠尾草、薰衣草、迷迭香、橙花、伊兰	1. 按摩：快乐鼠尾草2滴＋薰衣草5滴＋伊兰3滴＋甜杏仁油10ml＋杏桃仁油10ml 2. 泡澡：快乐鼠尾草2滴＋伊兰2滴＋薰衣草4滴 3. 熏香：柠檬3滴＋橙花3滴＋迷迭香2滴　快乐鼠尾草2滴＋伊兰2滴＋薰衣草4滴
消除失眠	薰衣草、檀香、香橙、橙花、罗马洋甘菊、马郁兰	1. 熏香：薰衣草3滴＋檀香2滴＋香橙3滴 2. 涂抹脸：香橙1滴＋马郁兰1滴＋橙花3滴＋霍霍芭油10ml
缓解烦闷不安	薰衣草、薄荷、快乐鼠尾草、佛手柑、罗勒、肉桂、柠檬香茅、檀香	1. 按摩：佛手柑3滴＋快乐鼠尾草3滴＋薰衣草4滴＋甜杏仁油16ml＋小麦胚芽油4ml 2. 泡澡：甜橙3滴＋快乐鼠尾草2滴＋薰衣草3滴 3. 熏香：薄荷3滴＋罗勒2滴＋佛手柑3滴＋薰衣草3滴＋快乐鼠尾草3滴＋佛手柑2滴

续表

调护类型	适用精油	推荐配方
缓解焦躁	薰衣草、柠檬、檀香、天竺葵、花梨木、岩兰草	1. 熏香：薰衣草3滴＋檀香2滴＋天竺葵3滴 2. 空间喷雾：天竺葵10滴＋薰衣草10滴＋柠檬10滴＋纯水100ml 3. 泡澡：薰衣草3滴＋柠檬2滴＋天竺葵3滴 4. 按摩：薰衣草5滴＋檀香5滴＋小麦胚芽油4ml＋葡萄籽油16ml 5. 涂抹太阳穴：薰衣草2滴＋檀香1滴＋天竺葵2滴＋霍霍芭油10ml
缓解肌肉酸痛	欧薄荷、迷迭香、薰衣草、尤加利、花椒、香茅、甜杏仁油	葡萄籽油或甜杏仁油10ml＋尤加利2滴＋马郁兰2滴＋薰衣草或罗马甘菊1滴
减肥塑身	柠檬、葡萄柚、迷迭香、肉桂、杜松等	1. 肉桂4滴＋丝柏6滴＋葡萄柚10滴＋杜松10滴＋甜杏仁油30ml 2. 柠檬10滴＋葡萄柚10滴＋迷迭香10滴＋甜杏仁油30ml
健胸	迷迭香、玫瑰、百里香、天竺葵、茴香、柠檬、伊兰	1. 增大：玫瑰2滴＋茴香2滴＋天竺葵2滴＋甜杏仁油10ml 2. 紧实：玫瑰2滴＋天竺葵4滴＋甘菊2滴＋甜杏仁油10ml
促进血液循环	杜松子、佛手柑、薰衣草、柠檬、葡萄柚、澳洲胡桃油、葡萄籽油等	足浴：丝柏5滴＋生姜或茶树或尤加利3滴
改善消化系统	欧薄荷、茴香、姜、丁香、肉豆蔻、马乔莲、甜杏仁油、马郁兰、甜橙等	马郁兰3滴＋甜橙2滴＋甜杏仁油10ml

第五节　淋巴引流

淋巴引流又称淋巴排毒引流法，是按照身体淋巴循环的方向施以特殊手法，以促进淋巴循环，加速代谢废物排出，增进细胞活力的方法，通常配合精油进行操作。一般来说，淋巴引流手法不能和按摩术混为一谈，它必须顺着淋巴的流向慢慢推压，其要领是必须正确地找到淋巴管和淋巴结的位置、明确淋巴的流向。

一、淋巴循环的途径

淋巴来自于毛细血管渗出的组织液，在毛细淋巴管形成后流入淋巴管网，再汇合成淋巴管。按淋巴管所在部位，可分为深、浅淋巴管：浅淋巴管收集皮肤和皮下组织的淋巴；深淋巴管与深部血管伴行，收集肌肉、内脏等处的淋巴。全身淋巴管最后汇合成两条大干，即左侧的胸导管和右侧的右淋巴导管，胸导管由左颈淋巴干、左锁骨下淋巴干、左支气管纵膈淋巴干、左腰淋巴干、右腰淋巴干和肠区淋巴干汇成，收集左上半身和下半身的淋巴。右淋巴导管由右颈淋巴干、右锁骨下淋巴干和右支气管纵隔淋巴干汇成，收集右上半身的淋巴，两条大干分别进入左、右锁骨下静脉，加入血液循环。因此，淋巴系统是组织液向血液循环回流的一个重要辅助系统。淋巴液流动的方向随人体的部位不同，流动方向也不同,但最后都是向心流动。淋巴循环的一个重要特点是单向流动而不形成真正的循环。

　　在淋巴管的行程上有无数个大小不一的淋巴结,在人体的颈部、颌下、锁骨上窝、腋窝、腹股沟、腘窝、肘关节等处分布较多,也最易摸到(图4-1)。其中以位于颈部、腋窝及腹股沟的淋巴结数目最多。淋巴结的主要功能是过滤淋巴液,清除代谢废物和毒素,是淋巴引流时的枢纽站。

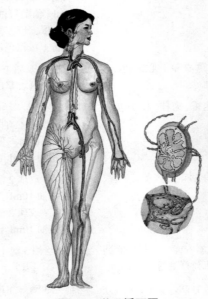

图 4-1　淋巴循环图

二、淋巴引流按摩的原理及作用

　　1. 原理　淋巴系统属于人体的净化系统,是身体重要的防御装置。在淋巴组织里流动的淋巴液可以携带供给细胞的养分,并将代谢废物带走,运输到淋巴结,淋巴结再将携带的毒素和废物过滤掉。这是一个单向的运输系统。

　　淋巴液以平均每分钟1～2ml 的流速运行,若淋巴管道被血液的残余物或毒素阻塞,循环速度就会减慢,清除废物的能力也会变弱,即使在没有疾病的状态下,人也会感到疲劳酸痛,甚至出现浮肿、皮肤黯沉、皱纹等,在外界压力影响下就更加明显。

　　淋巴液的循环动力来自:①淋巴管管壁的平滑肌收缩;②新生淋巴液的推动力;③呼吸肌与骨骼肌的压缩作用,这使得普遍缺乏运动的现代人更易出现上述症状。淋巴引流按摩则依据这些原理促进淋巴液的循环,帮助淋巴流向淋巴结,并结合精油的高渗透治疗效果,缓解并消除这些症状。

　　淋巴引流按摩主要是利用手的滑动帮助淋巴循环。淋巴流向淋巴结时,体内的毒素、废物就被淋巴液携带输送进入淋巴管(因其单向走行的特点,不宜使用打圈等可导致回流的手法),最终分区进入淋巴结过滤净化,如:脸部淋巴可排至耳前、耳后、颈、下颌下及锁骨淋巴结等;四肢、躯干部排至滑车、腋下、腘窝和腹股沟淋巴结。

　　2. 作用　淋巴引流按摩手法结合精油高渗透可加快淋巴循环、加速新陈代谢、排出体内代谢产物、提高身体抗病能力、调节身心,达到强身健体、延缓衰老的作用。

三、淋巴引流按摩的禁忌

1. 肝功能异常者忌做。

2. 癌症、高血压、心脏病、淋巴结发炎及肿大、感冒、发烧、身体有炎症及其他感染症状者忌做。

3. 静脉炎、湿疹、发炎部位忌做。

4. 对于淋巴结取掉的人群不适合。

5. 精神错乱，癫痫患者，需得到医生许可。

6. 女性在生理期、怀孕或哺乳期不适合。

7. 引流按摩时，美容师和客人不可佩戴任何金属首饰。

8. 引流按摩前后，美容师、客人各喝一杯花茶或者牛奶、纯净水，不要喝含化学成分的饮料。

9. 引流按摩前忌暴饮暴食，排毒后建议客人去小便。

10. 引流按摩前后 12 小时内不宜饮酒或服药；护理完 6 小时内不可冲凉、不宜马上化妆。

11. 热水浴后须休息 15～30 分钟，再做引流按摩。

12. 剧烈运动后、饥饿状态、极度疲劳或虚弱时不宜做。

四、淋巴引流的操作程序

1. 清洁　顾客先用温水沐浴清洁身体，或美容师为顾客清洁局部。

2. 准备工作　准备好用品、用具。

3. 调配精油　根据顾客的皮肤和身体状况调配。

4. 让顾客喝一杯花茶（或牛奶、纯净水），仰面躺下，充分暴露护理部位，其他部位则以毛巾盖好。

5. 进行淋巴引流按摩。

6. 结束工作　操作完毕，平躺 5～10 分钟后，扶顾客起身，递上一杯花茶（或牛奶、纯净水），嘱其当天多喝水。

五、淋巴引流按摩的技巧

（一）淋巴引流按摩前，必须熟知淋巴液的流向及淋巴结的位置。（图 4-2）

（二）操作要领

1. 顺着淋巴液的循环方向，将淋巴液推至淋巴结附近后，手放开，避免直接作用在淋巴结上；

2. 朝单一方向进行，不可反推回来；

3. 动作频率要慢（每次约 3 秒）并且一致，使其符合淋巴管的正常收缩频率；

4. 操作的力度要适中——皮肤内即有浅层淋巴管分布，与血液循环不同，它是依赖肢体牵动所产生的肌肉压力前进，引流手法是一种轻抚、有流动感的方式；手要紧贴皮肤，要有下沉的感觉，即向淋巴结方向有加压的动作。概括起来即"轻、柔、沉、慢、贴"。

（三）操作顺序为：面部、下肢背面、腰背部、下肢前部、上肢部、胸腹部，整套的淋巴引流按摩所需护理时间约为 1 小时，建议每 2 周做 1 次。

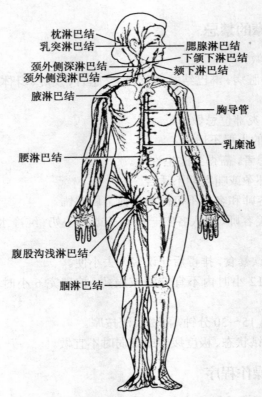

图 4-2　全身主要的淋巴结

六、全身淋巴引流按摩手法

（一）面部淋巴引流手法

1. 展油　顾客仰卧，美容工作者取精油倒入手心温热后，在面部展油。

2. 分推前额至太阳穴　美容工作者用双手拇指指腹自前额正中线推至两侧太阳穴。反复 5~8 次。（图 4-3）

3. 分抹面颊至耳前　双手食、中、无名指指腹自鼻侧经面拉抹至耳前。反复 5~8 次。（图 4-4）

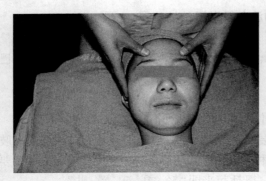

图 4-3　分推前额至太阳穴

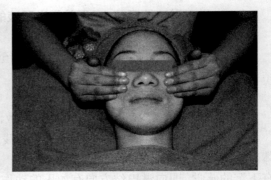

图 4-4　分抹面颊至耳前

4. 分抹下颌至耳前　双手食、中、无名指指腹自下颌提抹至耳前。反复 5~8 次。（图 4-5）

5．直推风池至缺盆　美容工作者用一手大鱼际直推风池至缺盆，反复5～8次。做完一侧，再做另一侧。（图4-6）

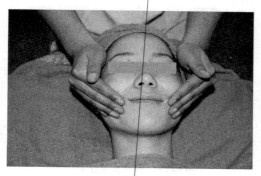

图4-5　分抹下颌至耳前

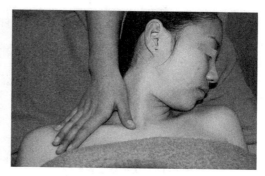

图4-6　直推风池至缺盆

（二）下肢背面淋巴引流手法

1．展油　顾客俯卧，美容工作者取精油，在下肢后侧，双手横位从足跟往臀部均匀涂抹。（图4-7）

2．直推小腿部　美容工作者单掌握小腿自足跟向上推至腘窝，双手交替，反复5～8次。（图4-8）

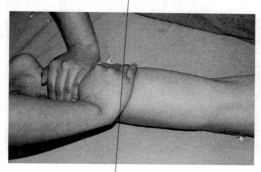

图4-7　展油

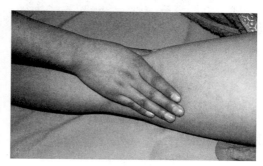

图4-8　直推小腿部

3．直推大腿部　美容工作者单掌握腿自腘窝向上推至承扶穴处，再由腘窝外侧向上推至环跳穴处，双手交替，反复5～8次。（图4-9）

4．双拇指上推　双手拇指相对从足跟向上推至臀部，反复5～8次。（图4-10）

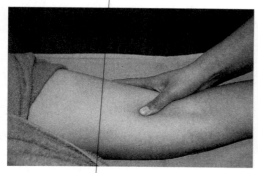

图4-9　直推大腿部

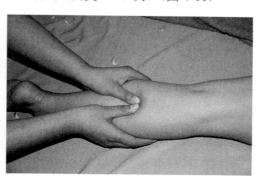

图4-10　双拇指上推

5．双手掌上推　两手掌抱腿自足跟向上推至大腿根部，反复5～8次。（图4-11）

6．五指交叉上推　双手五指交叉用掌心、掌根从小腿推至大腿根部，反复5-8次。（图4-12）

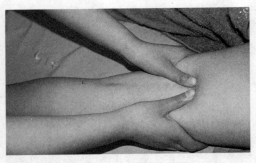
图4-11　双手掌上推

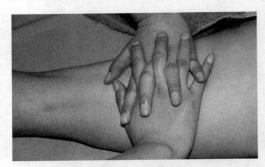
图4-12　五指交叉上推

（三）腰背部淋巴引流手法

1．展油　顾客俯卧，美容工作者取精油，双手从腰骶部推至颈椎，再从腰背两侧沿腋中线滑回腰骶部，2～3遍，在背腰部均匀涂抹。（图4-13）

2．分推背部　双手掌根自脊椎两侧由下而上分推腰背部，从尾骨到肩部，反复5～8次。（图4-14）

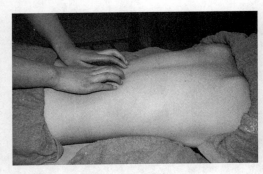
图4-13　展油

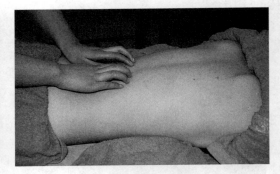
图4-14　分推背部

3．提抹背部　双手食、中、无名指指腹交替自12肋端向斜上方提抹至腋中线，反复5～8次，做完一侧再做另一侧。（图4-15）

4．横推腰部　双手掌自腰椎两侧交替横推至腋中线，反复5～8次。做完一侧再做另一侧。（图4-16）

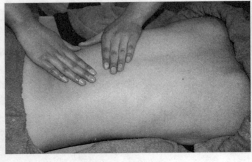
图4-15　提抹背部

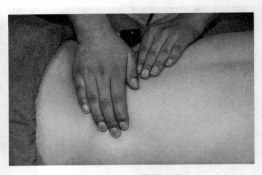
图4-16　横推腰部

5. 提抹臀部　用双手食、中、无名指指腹交替自臀横纹向斜上方提抹，反复5~8次，做完一侧再做另一侧。（图4-17）

6. 按抚动作　双手掌于脊柱两侧轻按抚背腰部1~2分钟。（图4-18）

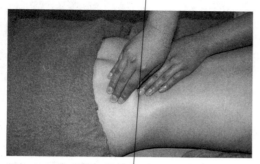

图4-17　提抹臀部

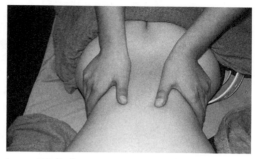

图4-18　按抚动作

知识链接

肝胆淋巴排毒手法

1. 简单开背

2. 背部按摩

（1）由上而下推督脉及膀胱经；

（2）掌根揉按膀胱经3~5次；

（3）用手腕滚背部3~5次；

（4）拿捏颈部；

（5）自下而上，顺时针揉按背部5~10次；点按肝俞、胆俞；

（6）揉拨并搓热膀胱经；

（7）用刮痧板刮拭膀胱经3~5次；

（8）双手掌交替自上而下排毒至腋下3~5次；

（9）双手空拳叩背部1分钟。

3. 腿部刮痧　先做左腿，再做右腿。

（1）双手拿捏腿部；

（2）由上而下推、搓腿部；

（3）拇指揉推肝经、胆经、肾经、膀胱经，以肝经、胆经为重点；

（4）掌根推肝经、胆经、肾经、膀胱经，以肝经、胆经为重点；

（5）自上而下刮肝经、胆经、肾经、膀胱经，以肝经、胆经为重点；

（四）下肢前侧淋巴引流手法

1. 展油　顾客仰卧，美容工作者站于一侧，取精油，双手横位从足背往腹股沟均匀涂抹。（图4-19）

2. 直推下肢前侧　一手扶住顾客足趾，另一手掌握脚自足背向上推至膝关节，然后自膝关节推至髂前上棘。（图4-20）

3. 直推下肢外侧　一手扶住顾客足趾，另一手全掌握脚自外踝向上推至大腿外侧，反复5~8次。（图4-21）

4. 推抹下肢内侧　双手自踝关节交替向上推抹至腹股沟，反复5~8次。（图4-22）

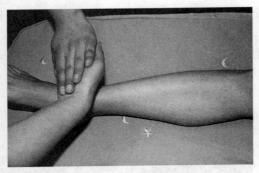

图 4-19　展油

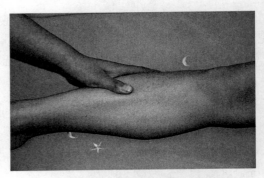

图 4-20　直推下肢前侧

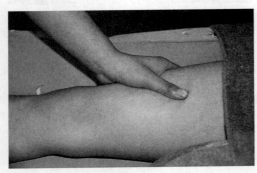

图 4-21　直推下肢外侧

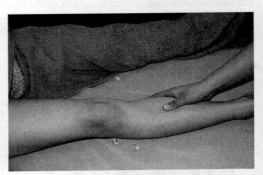

图 4-22　推抹下肢内侧

5. 提抚大腿外侧　双手交替自大腿外侧提抹至腹股沟，反复5～8次。（图4-23）

6. 抚摩下肢前侧　用双手竖位同时自踝关节按抚到膝关节，再自膝关节抚摩至大腿，反复5～8次。（图4-24）

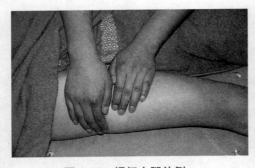

图 4-23　提抚大腿外侧

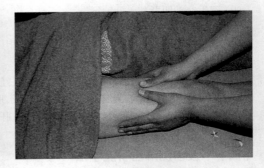

图 4-24　抚摩下肢前侧

7. 结束动作　以上操作，做完一侧下肢，再做另一侧。

（五）上肢部淋巴引流手法

1. 展油　顾客仰卧，美容工作者站于一侧，取精油，在上肢展油。（图4-25）

2. 直推上肢　美容工作者一手托住顾客手背，一手握顾客手臂，自腕关节向上推至肘关节，再由肘关节向上推至腋窝前。反复5～8次，推完外侧推内侧。（图4-26）

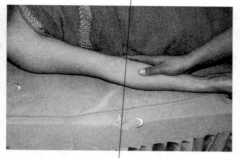

图 4-25 展油

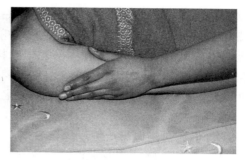

图 4-26 直推上肢

3. 拿揉上肢前侧 美容工作者一手握住顾客四指，一手自其腕部向上拿揉至肩部，反复5～8次。（图4-27）

4. 推抹肩内侧 美容工作者双手食、中、无名指指腹交叉自肩峰部位推抹至腋窝前。反复5～8次。做完一侧，再做另一侧。（图4-28）

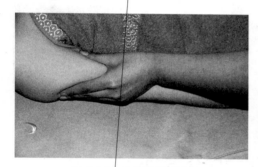

图 4-27 拿揉上肢前侧

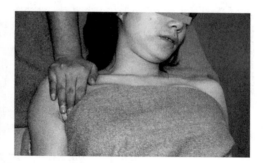

图 4-28 推抹肩内侧

（六）腹部淋巴引流手法

1. 分推上腹部 双手拇指同时自上脘穴处分推至天枢穴处，再由天枢穴合推至中极穴处，反复5～8次。（图4-29）

2. 轻摩腹部 以双手四指指腹顺时针交替打半圈轻摩腹部5～8次。（图4-30）

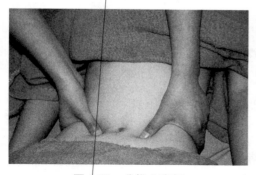

图 4-29 分推上腹部

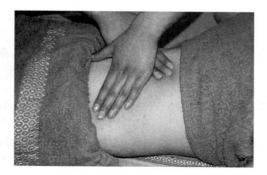

图 4-30 轻摩腹部

（七）胸部淋巴引流手法

1. 展油 顾客仰卧，美容工作者立于头后，取精油，双手竖位，于锁骨内侧端下方沿乳房内侧向下推至胸口,双手指分别向左向右绕两乳旋转90°抹至两乳外侧,向内上用力提托双乳,至两锁骨外端,5～8遍,在胸部均匀涂抹。(图4-31)

2. 推抹胸部至腋前 用双手食、中、无名指指腹自胸前正中线,自上而下推抹至腋窝前,反复5～8次,做完一侧做另一侧。(图4-32)

3. 推抹乳根至腋前 双手食、中、无名指指腹面交替自乳根穴处推抹至腋窝前,再由梁门穴处推抹至腋下,反复5～8次,做完一侧做另一侧。(图4-33)

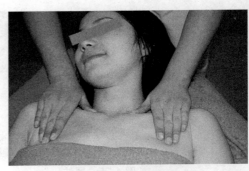

图4-31 展油

图4-32 推抹胸部至腋前

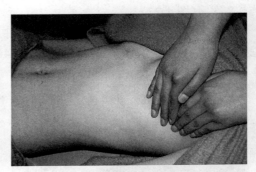

图4-33 推抹乳根至腋前

附1 精油主要化学成分与功效

表4-6 精油主要化学成分与功效

主要成分	代表精油	心灵属性	生理属性	禁忌
单萜烯	柑橘类如佛手柑(90%)、茶树(50%)、苦橙叶(60%)	消除焦虑,强化精神,增进活力	似可的松,止痛、抗风湿、杀菌、消毒、刺激血液循环、调整血压、帮助消化,调节体液分泌	过量或长期使用会刺激皮肤和黏膜
酯	快乐鼠尾草(60%～80%)、薰衣草(50%)、佛手柑(35%)	镇定,明朗冷静,唤醒感受	助眠,抗痉挛,强力消炎	无
苯基酯	茉莉、安息香、伊兰	抗沮丧,柔情似水,满足感官	护肤、护肝胆	无
单萜醇	玫瑰草(80%～95%)、玫瑰(60%)、天竺葵(60%)	温暖亲切,强化神经,振奋情绪	增强免疫功能、抗微生物,适于对抗慢性病	无
倍半萜酮双酮三酮	松红梅(25%)、穗甘松(10%～20%)、大西洋雪松(5%～10%)	缓解忧郁,增强感应能力	促进伤口痊愈和皮肤再生,化痰	无

续表

主要成分	代表精油	心灵属性	生理属性	禁忌
香豆素	佛手柑（36%）、零陵香豆（50%）	使人平静而愉悦，松弛紧绷的神经	镇定、强力抗痉挛，促进细胞再生，促进血液循环	具光敏性，其中佛手柑的光敏性最强，其次是柠檬、橘、葡萄柚
醛	山鸡椒（75%）、柠檬香茅（65%）	振奋精神，对心灵有较大的刺激作用	消炎、抗微生物、防腐、溶解结石、降压、滋补	无
芳香醛	香草、藏茴香	抗焦虑作用强	激励免疫功能，壮阳补肾，促进消化	无
氧化物（桉油醇）	蓝胶尤加利（70%）、香桃木（55%）、桉油醇迷迭香（50%）	消除恐惧，增进逻辑思维能力	化痰，促进循环，止痛，抗风湿	无
酚	丁香（75%～85%）、百里酚百里香、肉桂皮（80%）	使人乐观	增进免疫力、强力杀菌、止痛、升压	刺激皮肤和黏膜，过量或长期使用会刺激肝、肾
单萜酮	头状薰衣草（80%）、鼠尾草（35%～55%）、薄荷（20%）	舒缓神经，开阔心胸	促进皮肤与黏膜再生、伤口愈合，化痰	具有神经毒性。过量或长期使用会影响中枢神经
醚	龙艾（80%）、茴香（65%）	抗沮丧，平衡神经，治疗神经性失眠	抗痉挛，治疗胃肠痉挛	无
倍半萜烯	岩兰草（90%）、没药（90%）、大西洋雪杜（80%）	增强自信，提高安全感，保护神经	抗组胺、止痒、消炎、按抚皮肤	无
倍半萜醇	檀香（90%）、胡萝卜籽（40%～55%）、松红梅（5%）	振奋情绪，平衡压力	促进皮肤再生、平衡免疫功能、平衡内分泌	无
酸	香胶、树脂	减轻压力	消炎、抗痉挛	无

附2 卵巢保养

卵巢保养就是通过按摩等物理疗法使精油渗入体内，对卵巢进行保健和养护，延缓卵巢早衰和帮助治疗月经失调、痛经等妇科疾病的方法。是近些年在美容院流行的芳香美容项目之一，然而其科学性还备受争议，有待进一步研究。放到此处介绍，目的是让大家了解新事物，开拓思维，学会用自己的眼睛和头脑去鉴别判断美容业层出不穷、让人眼花缭乱的新项目。

一、卵巢与美容

（一）卵巢的功能

卵巢位于盆腔内，为成对的器官，呈扁卵圆形，是女性重要的生殖和内分泌器官，能分泌雌激素和孕激素，体现女性的生理特征。它的健康与否直接影响到女性的健康和美丽。随着年龄的增长，卵巢会产生萎缩现象，功能逐渐衰退，不仅影响到女性的健康，出现"卵巢早衰"等，还会引起皮肤松弛、色斑、缺乏弹性、光泽等皮肤衰老现象，给女性造成极大困扰。要延缓衰老、保持青春靓丽，就要提早、及时进行卵巢保养。

（二）月经周期

月经周期是由下丘脑、垂体和卵巢三者生殖激素之间的相互作用来调节的，卵巢功能异常会影响月经的形成，出现月经不调、闭经等症状，卵巢萎缩则会出现绝经，月经是卵巢功能正常与否的重要标志。月经异常往往与卵巢有关。

二、卵巢保养的原理

卵巢保养是通过穴位按摩，刺激卵巢的分泌和吸收功能；同时，促使具有疗效的植物精油迅速渗透，进入血液，刺激并增强脑垂体和卵巢的功能，并通过脑垂体促使卵巢分泌雌激素及孕激素，推迟更年期，延缓衰老，提高机体免疫功能，增强机体抗衰老能力，令女性保持或恢复生机活力，改善卵巢功能失调引起的各种皮肤问题，达到驻颜美容和内外美的和谐统一。卵巢保养所作用的脐腹部皮肤比较薄嫩，脐下没有皮下脂肪，神经、血管都比较丰富，因此有较强的吸收、传导能力，可快速改善内脏及组织的生理、病理活动。

三、卵巢保养的适应证

1. 卵巢发育不完全所致的痛经。
2. 黄褐斑、暗疮　通过卵巢保养，调节内分泌，使体内环境趋于稳定。
3. 浑身瘙痒，免疫力低下，脸色蜡黄，长期处于亚健康状态，这是需要及时调理内分泌系统的信号。
4. 身体发胖、乳房下垂等症状　卵巢功能降低的一个明显标志是雌激素水平的减少，继而带来身体迅速发胖、乳房下垂、腰腹部突出、臀部下垂、大腿变粗等。通过卵巢保养激发自身雌激素的分泌，使乳房增大，腰腹部出现优美轮廓。
5. 更年期症状　女性到了更年期后，月经停止就标志着身体走向衰老。通过卵巢保养激发分泌自身的雌激素，可使机体抗衰老能力增强。

 知识链接

卵巢早衰

卵巢早衰是指 40 岁以前、已建立规律月经周期的成年女性，由于卵巢功能衰退出现持续性闭经和性器官萎缩，常有促性腺激素（FSH、LH）水平的上升和雌激素水平的下降，临床伴有不同程度的潮热盗汗、阴道干涩、性欲下降等绝经前后症状，还可造成阴道黏膜破损，很容易引起病毒、细菌感染，诱发阴道炎或加重原有病情，给患者生活质量、心身健康等带来很大影响。

中医认为，卵巢早衰可由肾阴或肾阳不足，精元亏虚；或脾胃虚弱，生化乏源；或肝失涵养，疏泄失职，引起子宫失养所致。临床防治的关键是补肝肾、益精血、壮元阳、调脾胃，使气血充盈，卵巢得到滋养而功能改善。

西医认为卵巢早衰是一种自身免疫性疾病，可能是病毒感染引起机体对自身卵巢组织的免疫学卵巢炎。卵巢活检可见淋巴细胞浸润。有因手术、放疗影响卵巢血运而致者；也有因卵泡先天性过少或促性腺激素过度刺激加速卵泡闭锁所致。对卵巢早衰的治疗，目前主要是通过适当补充外源性雌、孕激素，来弥补卵巢功能的不足，以延缓病理进程。

四、卵巢保养的实施

（一）卵巢保养的精油

1. 常用的精油有：伊兰、玫瑰、檀香、迷迭香、丁香、天竺葵、乳香、生姜、鼠尾草、薰衣草、茉莉、广藿香等。基础油可选择月见草油、甜杏仁油、霍霍芭油等。此类精油可以促进荷尔蒙分泌，调节内分泌系统，促进血液循环、新陈代谢，放松肌肉，舒缓痉挛，镇定神经系统，同时对于精神紧张以及失眠也具有调节功效。

2. 卵巢保养精油的按摩配方举例

基础油：霍霍芭油 20ml（可加入 1/3 月见草油）。

单方精油：天竺葵6滴、快乐鼠尾草6滴、伊兰（或玫瑰、茉莉、广藿香）3～5滴。

（二）卵巢保养的一般程序

1. 卵巢保养按摩前的准备

（1）用品用具：面盆1个、小方巾1块、毛巾1条、大浴巾1条、祛角质凝露、精油、保鲜膜1张、脱脂棉球1个。

（2）铺盖中巾：用中巾盖在前胸，慢慢地从中巾下取出浴巾，直至露出整个腹部。

2. 顾客沐浴后进行深层清洁，滋润腹部肌肤，为精油吸收打下基础。

3. 在腹部涂上卵巢保养精油，并进行局部按摩20分钟左右，以加速局部血液循环，刺激卵巢功能。

4. 将浸透精油的棉球放在肚脐中部，用保鲜膜紧密覆盖整个小腹部，保持15分钟左右。

5. 取下保鲜膜和棉球，涂上含马荷兰、杜松等成分的紧肤弹性精油按摩，以恢复腹部肌肤的滋润、弹性和紧实度。

（三）卵巢保养手法

1. 开穴　双手同时用食、中、无名指指腹依次点揉气海、关元、中极、子宫穴，拇指点揉神阙、天枢穴，各穴位均保持30秒。（图4-34）

2. 展油　双掌均匀涂抹精油，手竖位放于上腹部，分向两侧沿肋下滑，在髂前上棘处回到下腹部，再上推到上腹，重复3次将精油涂抹均匀。（图4-35）

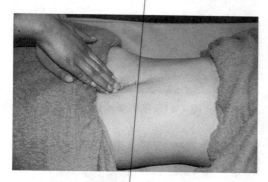

图4-34　开穴

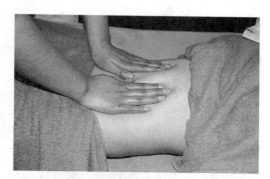

图4-35　展油

3. 推摩腹部　双手掌顺时针方向交替打圈推摩腹部5～8遍。（图4-36、图4-37）

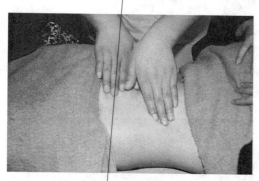

图4-36　推摩腹部（1）

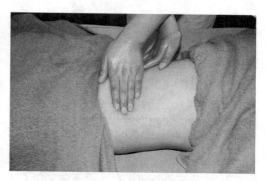

图4-37　推摩腹部（2）

4. 分推、提抹腰腹　双手重叠，四指先按压曲骨，再分推至天枢按压（图4-38、图4-39），然后双手掌同时滑向腰部两侧，并向下腹部提抹，再次按压天枢穴，反复5～8遍。（图4-40、图4-41）

5. 双掌摩腹　左手掌在脐边顺时针环摩腹部，右手从远侧腹部开始以脐为中心，顺时针推摩至近侧，抬起，如打太极之云手动作，反复5～8遍。（图4-42、图4-43）

6. 双手叠揉　双手四指重叠顺时针打圈，按揉两侧卵巢部位，反复5～8遍。（图4-44，图4-45）

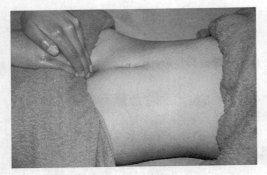

图 4-38　分推下腹（1）

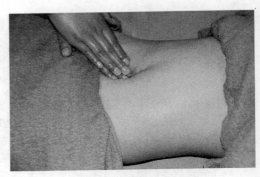

图 4-39　分推下腹（2）

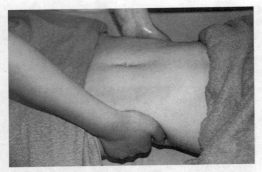

图 4-40　提抹腰腹（1）

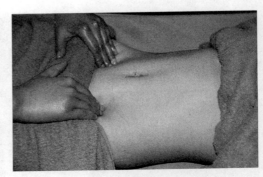

图 4-41　提抹腰腹（2）

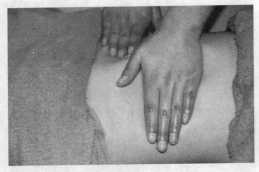

图 4-42　双掌摩腹（1）

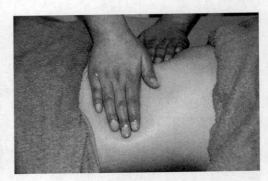

图 4-43　双掌摩腹（2）

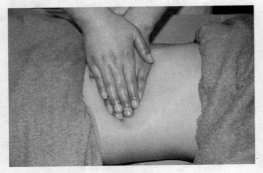

图 4-44　双手叠揉（1）

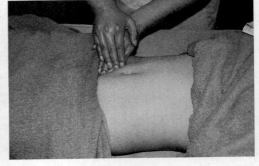

图 4-45　双手叠揉（2）

7. 热敷腹部 双手掌搓热,平放在腹部,每次30秒,反复5～8遍。(图4-46)

8. 按抚腹部,手法同展油。

五、卵巢保养的注意事项

1. 卵巢保养以每月2～3次为宜,月经期、怀孕期、哺乳期不宜进行保养。妇女停经后一年内养护仍然有效。

2. 卵巢保养手法按摩前半小时不进食,养护前后6小时内不可饮酒。按摩后静卧5～10分钟。

3. 有心脏病、血压异常、癫痫或严重妇科疾病者不宜进行卵巢护养。

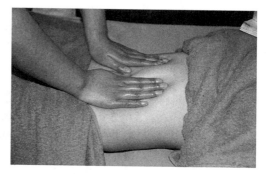

图4-46 热敷腹部

附3 肾 保 养

一、肾与美容

肾保养是继卵巢保养之后在美容院兴起的又一个备受争议的芳香美容项目。

(一)西医肾脏的生理功能

肾脏位于腹后壁脊柱两旁,左右各一,其基本功能是生成尿液,借以清除体内代谢产物及某些废物、毒素,调节水、电解质和酸碱平衡,分泌激素,以维持机体内环境的稳定,保证新陈代谢的正常进行。

(二)中医学中肾的功能

肾在五行中属水,为"阴中之阴";藏先天之精,主生殖,为生命之本源,故称"先天之本";肾中真阴真阳能资助、促进、协调全身各脏腑之阴阳,故又称为"五脏阴阳之本";肾藏精,主蛰,又称"封藏之本";主司全身水液代谢,为"水脏"。

肾与膀胱相表里,开窍于耳和二阴,在体合骨,在液为唾,在志为(惊)恐,其华在发。五脏六腑的精气皆源于肾,人体生理性衰老、生殖功能、二便排泄、听力、毛发、体型、骨骼、脑力记忆、阴阳寒热的平衡等均关系到肾,肾脏一旦亏损,则五脏六腑、气血阴阳都要受到影响,而致百病丛生。因而,许多养生家把养肾作为抗衰防老的重要措施。

二、肾保养的作用原理

肾为一身阴阳之本,与膀胱相表里,而膀胱经内侧线上分布着人体各重要脏器的腧穴。肾保养采用精油加独特按摩手法作用于人体背腰部,通过刺激穴位、疏经通络、调和气血、平衡脏腑阴阳;同时,专用精油的使用,也能够活化细胞,调节、促进内分泌平衡和肾脏血液循环,从而提高肾脏的生理功能,缓解机体紧张及压力,振奋精神,达到强身健体、排毒抗衰、改善肾虚、美容养颜的功效。

三、肾保养的适应证

1. 经常腰酸背痛、腰膝酸软、虚烦不眠、心悸健忘、潮热盗汗或畏寒肢冷、带下清稀、排尿不畅、夜尿频多、工作压力大,生活不规律者。

2. 体内毒素堆积过多,眼睑浮肿、黑眼圈,皮肤粗糙、无光泽的人群。

四、肾保养的手法

(一)肾保养的精油

1. 常用的精油有:杜松、茉莉、香茅、丁香、雪松、檀香、尤加利、快乐鼠尾草、洋甘菊、薰衣草、迷迭香、佛手柑、天竺葵等;基础油有:葡萄籽油、小麦胚芽油、甜杏仁油、霍霍芭油等。此类精油可调节内分泌,保持肾脏阴阳平衡,有助于排出身体多余的水分和毒素;提高机体免疫力,增强抵抗力,增加皮肤光泽度,保持青春容貌,有效延续衰老,缓解紧张状态及压力的作用。

2．肾保养精油的按摩配方举例

基础油：霍霍芭油 20ml（可加入 1/3 月见草油）。

单方精油：天竺葵 5 滴、快乐鼠尾草（或茉莉、佛手柑）5 滴、摩洛哥玫瑰 3 滴。

（二）肾保养养护流程

1．肾保养精油按摩前的准备

（1）用品用具：面盆 1 个、小方巾 1 块、大浴巾 1 条、祛角质凝露、精油、保鲜膜 1 张。

（2）铺盖浴巾：顾客俯卧位，将大浴巾盖住其臀部以下半身。

2．清洁　顾客沐浴后进行深层清洁，并滋润腰骶部肌肤。

3．用肾保养精油按摩腰骶部 20～30 分钟。

4．腰背部用保鲜膜包裹，并行远红外线照射 15 分钟。

5．取下保鲜膜，结束养护。

（三）肾保养手法

1．展油　取精油倒入手心，手竖位，双手掌自腰骶部向上推至 12 肋缘，然后分向腰两侧滑下，重复 3 次，抚摩整个背腰部，将精油涂抹均匀。（图 4-47）

2．双掌环摩腰骶部　双手掌顺时针方向交替打圈推摩腰骶，直到腰骶部发热。（图 4-48）

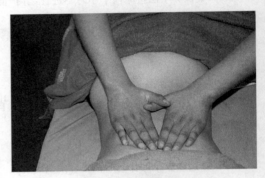

图 4-47　展油

3．横擦命门　双手掌横擦腰部至手下发热；然后双手掌搓热，平放在命门（图 4-49）。

4．轻揉肾俞穴　双手拇指顺时针方向轻揉两侧肾俞穴 1～2 分钟。（图 4-50）

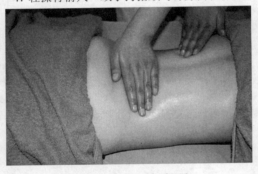

图 4-48　双掌环摩腰骶部

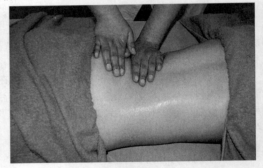

图 4-49　横擦命门

5．推髂嵴　双手四指扶于髂嵴，两拇指沿着骶棘两侧自下而上推出骶骨上缘，然后往两侧收回骶棘，反复 5～8 次。（图 4-51）

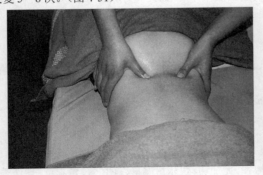

图 4-50　轻揉肾俞穴

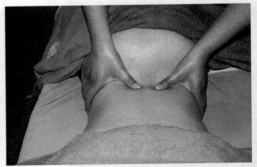

图 4-51　推髂嵴

6．推竖脊肌　双手拇指交替从骶部自下而上推同一侧腰部竖脊肌，直到发热，做完一侧做另一侧。（图 4-52）

7．压摩脊两侧　双手掌根交替自腰脊一侧向另一侧边缘压摩，反复 5～8 次，做完一侧做另一侧。（图 4-53）

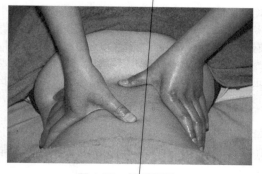

图 4-52　推竖脊肌

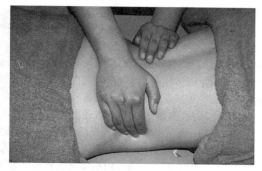

图 4-53　压摩脊两侧

8. 横擦、热敷腰部　双手掌快速摩擦腰骶部至发热；然后双手搓热迅速盖于腰部，反复 5～8 次。（图 4-54，图 4-55）

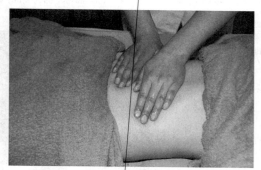

图 4-54　横擦腰骶部

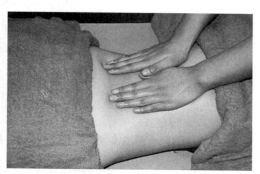

图 4-55　热敷腰部

9. 按抚腰背部，手法同展油。

五、肾保养的注意事项

1. 经期、孕期及高血压、心脏病、癫痫、癌症患者禁用。
2. 养护完后 24 小时不能沐浴。
3. 建议每天或隔天一次，10 次为一个疗程。
4. 养护完后当天不饮酒、不洗冷水澡、不饮冷饮，注意避风寒。

附 4　芳香耳烛疗法

一、芳香耳烛的形成

芳香耳烛又名香熏耳烛、耳烛排毒棒、排毒棒、香棒，芳香耳烛疗法俗称"颅内净化耳烛疗法"，是一种源于古印第安土著人部落的非常古老的疗法，其历史可以追溯到 2500 年前，古埃及人、玛雅人、藏族人都曾使用过。他们将空心的麦秆或芦苇秆插入耳孔，点燃麦秆的另一端，以此净化耳垢、颅内及心灵。在我国《古书验方新编东瀛》中也略有记载，它是古代的一种除耳垢的民间疗法。

自 20 世纪 90 年代起，耳烛疗法在加拿大的华人区和欧洲得到广泛流行，特别是在德国，在耳烛中加入芳香精油，将耳烛疗法与芳香疗法结合，形成香熏耳烛疗法。进入新世纪后，耳烛疗法在中国港台地区开始流行，并很快引入内地。

二、芳香耳烛疗法的原理

芳香耳烛是用天然艾草、植物精油、蜂蜡等原料制成的长约 17～25cm 的中空蜡烛，外层敷以棉布。耳烛的上端为可燃烧的烛芯，下端则是可排烟的小孔，放在耳朵上，烟缓缓注入耳道，受术者会感觉一股温热，并听到燃烧声。

芳香耳烛疗法将耳烛点燃后插入耳孔，耳烛在燃烧时形成真空，产生负压后，耳垢或其他有害物质如细菌、灰尘等被吸出耳道并逐步进入蜡管中的管腔，使鼻窦及鼻咽管、咽鼓管、泪道等管道畅通。又因耳与鼻腔及大脑相通，耳烛燃烧的热气可帮助精油快速渗透入耳内、颅内，使耳部淋巴组织循环加快，代谢废物及毒素得以迅速排出，同时具有特殊疗效的香熏精油迅速传至大脑，影响神经 - 内分泌系统，使身心放松，各系统功能更加活跃，迅速达到排毒养颜、消除疲劳、改善亚健康状态的功效。另外，耳烛燃烧时产生的热气还可软化耳垢，有助于耳垢的清理。

芳香耳烛疗法不但使人感到舒适，同时对平衡眩晕、调节内分泌、改善耳鸣、偏头痛和鼻窦炎等有明显效果。并且可增强听力、记忆力和注意力，使头脑清晰、思维敏锐，有助于排毒减压、稳定情绪、改善睡眠。除此之外，它对高血压、过敏、胃病患者也有辅助效果。

三、芳香耳烛疗法的实施

1. 用品用具　耳烛一对、清水一杯、打火机、棉棒、复方按摩精油、复方杀菌精油、棉球、剪刀、面膜、护肤霜、洁面巾、面盆、音乐 CD。

2. 操作步骤

（1）播放轻松的音乐；让顾客喝一杯花茶，简要说明整个过程中的感觉，使顾客安心。

（2）清洁面部及肩颈皮肤。

（3）均匀涂抹精油于面部及肩颈皮肤。

（4）顾客侧卧，使耳道保持垂直状态。

（5）用棉棒蘸取杀菌精油清洁耳郭及外耳道，按摩耳穴，松弛神经。

（6）点燃耳烛，底部冒出烟后将其垂直放入客人耳内。

（7）一只手固定耳烛，另一只手沿淋巴循环方向按摩面部、肩颈部皮肤。双手交替进行。按摩时注意耳烛管与脸颊保持垂直状。（图 4-56）

（8）每支耳烛可燃烧约 10～15 分钟，燃烧接近警戒线时取出耳烛，把它放入已备水中熄灭。用棉棒清除耳内之残留物质，以确保耳内清洁。取棉球将耳部塞紧。

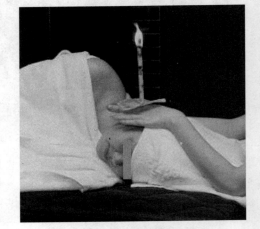

图 4-56　手持耳烛按摩法

（9）让顾客侧过另一边身体，再做对侧的耳烛按摩，过程相同。

（10）清洁皮肤，敷面膜，约 15～20 分钟后，卸膜，涂擦护肤品。

（11）疗程结束后，请顾客喝杯花茶，以助排毒。

耳烛疗法全程时间约为 45 分钟，保健者每周一次，治疗者每 3 天一次，情况改善良好后，可变为每周一次，或两周一次。

四、芳香耳烛疗法的注意事项

1. 芳香耳烛疗法须在避风、安静的环境中进行。

2. 操作时小心烧伤。

3. 操作后受术者要休息 20 分钟左右，才能达到最大功效。

4. 耳烛插入耳朵内会产生压力差，为避免不适，操作时应将另一只耳朵用棉花球塞紧。两侧都做完后应用棉花球将两个耳朵塞紧，并保持 30 分钟左右。

5. 耳烛接近警戒线时，需将耳烛移离顾客耳部，并将燃烧的一头蘸水熄灭，不可吹灭。

6. 幼儿、孕妇、甲状腺功能亢进、严重高血压、高热及急性炎症患者禁止使用。

7. 耳部炎症、耳膜穿孔、耳部肿瘤、鼓膜破损、耳出血、听觉障碍等患者，或佩戴助听器及对蜡质成分过敏者均不适宜接受耳烛操作。

8. 做完耳烛 24 小时内，不要游泳或将头放进水里冲泡，应用小棉球放置耳朵内进行 2～3 小时的保暖。

附5 经络排毒疗法

随着国民经济和科学技术的日益发展，人们对健康的追求愈加执着，对美的观念和理解也愈加成熟。整体调理、自内养外的中医美容养生已经成为美容市场上的一朵奇葩。作为其特色之一的经络美容也在近些年愈加风靡市场。经络排毒疗法就是经络美容中的一个项目。

一、经络美容的原理

经络是人体内气血运行的通道，联系脏腑、沟通内外、营养全身，将脏腑、经络、肢节连成统一的整体。皮肤是经络之气散布和输注的地方，也是十二经脉功能活动反应于体表的部位。经络学说将体表划分为"十二皮部"。十二皮部是经络系统在体表的分布，居于人体最外层，又与经络气血相通，是机体卫外的屏障，起着保卫机体、抗御病邪和反映病证的作用。经络排毒疗法沿人体特定的经络穴位走向，运用特殊技法，刺激全身或局部经络穴位，使血脉循行畅通，从而达到活血化瘀、舒通经络、调整阴阳平衡的效果；同时，芳香精油的有效成分在按摩的热效应下可迅速渗入肌肤，被组织细胞吸收利用，加速代谢而起到排毒养颜、舒缓皱纹、活血除疮、行气消斑等美肤保健效果。

二、经络排毒疗法的适应证

1. 腰酸背痛、肢体麻木胀痛、容易疲劳、睡眠欠佳、精神压力大、免疫力差等亚健康状态者。
2. 中医辨证属脏腑气血不和、经络不通、阴阳失调等机体失和状态者。
3. 肤色黯淡、痤疮、斑、皮肤松弛、肥胖等美容问题。

三、经络排毒疗法的实施

（一）经络排毒精油

1. 常用的精油有：迷迭香、天竺葵、丁香、广藿香、茴香、姜、杜松、雪松、尤加利、黑胡椒、檀香、快乐鼠尾草、马郁兰、橙花、肉豆蔻、柠檬、玫瑰、花梨木、乳香、没药等。此类精油可提高代谢、促进血液循环，有助于排出身体多余的水分和毒素；提高机体免疫力，增强抵抗力，增加皮肤光泽度；缓解紧张与压力状态等。

2. 足阳明胃经排毒精油的按摩配方举例

基础油：甜杏仁油20ml。

单方精油：豆蔻（或生姜、甜茴香）2滴、广藿香6滴、黑胡椒2滴。

（二）经络排毒疗法养护流程

1. 按摩前的准备

（1）用品用具：大浴巾1条、需要使用的单方精油或调配好的复方精油。

（2）铺盖浴巾：请顾客喝一杯花茶，然后先俯卧位，将大浴巾盖住其背臀部，美容被盖住其下半身。

2. 按照背部—下肢（俯卧位时推膀胱经和肾经；仰卧位时推肝经、胆经、脾经和胃经）—腹部—胸部—上肢（手三阴、手三阳）和颈部的顺序，依次推十二经络。约2小时左右。

3. 用大浴巾盖住顾客全身，让其平躺5~10分钟后，再喝一杯花茶，结束养护。

（三）经络排毒手法

以下为顾客俯卧位时的手法

1. 全身放松

（1）"米"字按压，揉腰部：双手掌分别在顾客的左肩和右臀部、右肩和左臀部、大椎穴和腰骶部做反向按压（图4-57，图4-58，图4-59），叠掌揉腰部。

图4-57 "米"字按压（1）

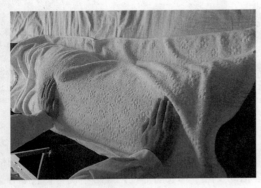

图 4-58　"米"字按压（2）

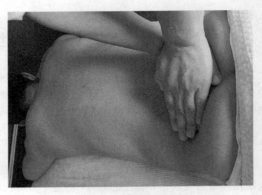

图 4-59　叠掌揉腰部

（2）揉、压腿部：双手掌依次自下而上，同时揉、压腿部。（图 4-60）
（3）擦热脚心：双手掌同时擦热顾客脚底。（图 4-61）

图 4-60　揉腿、压腿

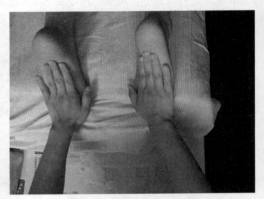

图 4-61　擦热脚心

2. 肩背部
（1）展油：按摩油滴于双手掌心，相对抹匀，自肩部依次排比向下，展开至腰骶部→包臀→双手掌交叉（至左右侧面）拉回至肩部→包肩→沿斜方肌拉至风池（点按风池）。（图 4-62，图 4-63）

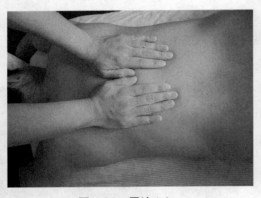

图 4-62　展油（1）

图 4-63　展油（2）

（2）开穴：点哑门、风池、风府穴，推膀胱经内侧线至腰骶部，包臀，双手拇指重叠点命门。
（3）按抚背部：四指推肩部斜方肌→叠掌推督脉至腰部（命门）→按揉腰部→包骨盆 3 次→点环跳穴→双手掌交替推左腰侧至正中脊柱，拨拉左侧斜方肌；换右侧。（图 4-64，图 4-65，图 4-66，图 4-67）

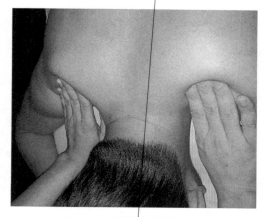

图 4-64　四指推肩部斜方肌

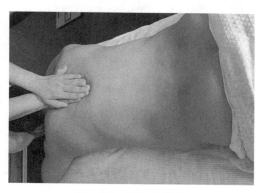

图 4-65　叠掌推督脉

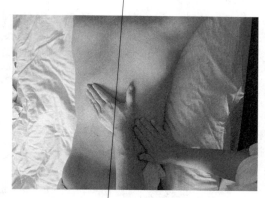

图 4-66　交替推腰侧

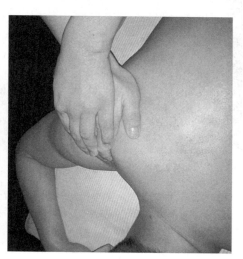

图 4-67　拔拉斜方肌

（4）肩颈部：①空拳滑斜方肌——半握拳，用双手近端指关节推、拉斜方肌（图4-68，图4-69）；②推肩胛部——双手拇指交替推肩胛骨缝（先短推，再长推），然后双手叠掌包肩，排至腋下（图4-70，图4-71），先左侧后右侧；③"一"字、"八"字分推——双手四指自然放在肩部斜方肌下方，先拇指自脊柱向两边横向分推，然后同时向斜下方拉抹（图4-72，图4-73）；④按抚肩部——双手掌向内打圈，掌根推按肩部（图4-74）。

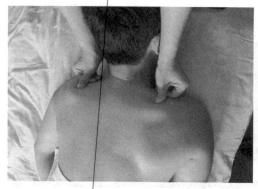

图 4-68　空拳滑斜方肌（1）

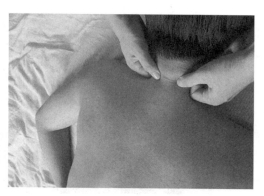

图 4-69　空拳滑斜方肌（2）

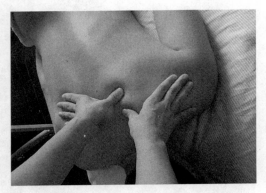

图 4-70　推肩胛部（短推）

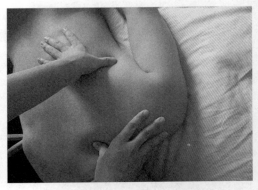

图 4-71　推肩胛部（长推）

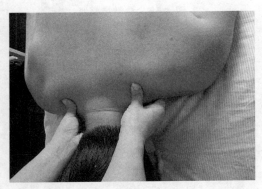

图 4-72　"一"字分推

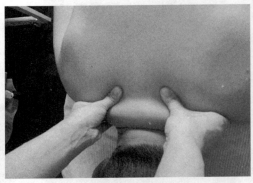

图 4-73　"八"字分推

（5）推膀胱经内侧线：①单推——双手拇指交替自上而下推，先左后右（图 4-75）；②双推——双手拇指同时推两条内侧线（图 4-76）。

3. 下肢　推足太阳膀胱经和足少阴肾经。手法：踝关节以下，点按该经各穴位，踝关节以上，按经络循行路线，依次擦热、双手掌交替长推、拇指交替长推、拇指交替短推（以肾经为例，见图 4-77、图 4-78、图 4-79，图 4-80），再双手掌交替长推。

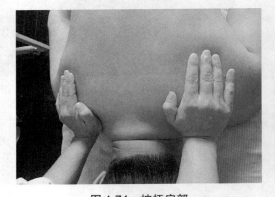

图 4-74　按抚肩部

图 4-75　单推

图 4-76　双推

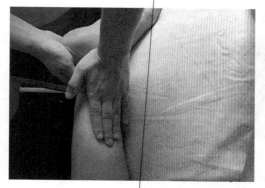

图 4-77　擦热

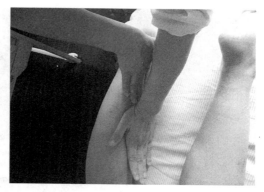

图 4-78　掌长推

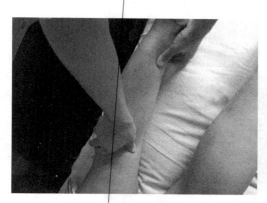

图 4-79　拇指长推

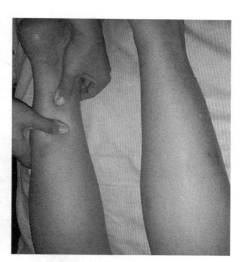

图 4-80　拇指短推

以下为顾客仰卧位时的手法

4. 四肢

（1）下肢：推足厥阴肝经、足少阳胆经、足阳明胃经和足太阴脾经，操作手法同俯卧位。

（2）上肢：推手太阴肺经、手阳明大肠经、手厥阴心包经、手少阳三焦经、手少阴心经和手太阳小肠经。

手法：腕关节以下，点按该经各穴位，并沿经络循行路线推至腕关节；腕关节以上，按经络循行路线，用拇指和其余四指按以下操作同时做表里经：擦热、交替长推、交替短推，再交替长推。（以手太阴肺经和手阳明大肠经为例，见图 4-81，图 4-82，图 4-83，图 4-84）

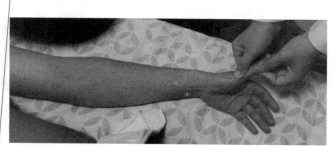

图 4-81　推至腕关节

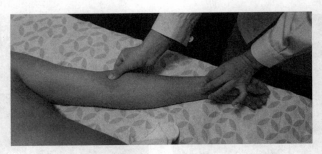

图 4-82 交替长推

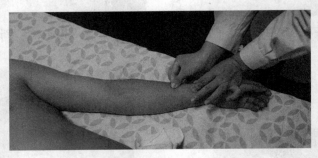

图 4-83 交替短推（1）

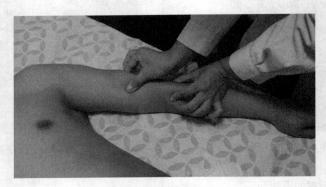

图 4-84 交替短推（2）

5. 腹部

（1）展油：双掌均匀涂抹精油，顺时针方向交替打圈，将精油涂抹均匀。（图 4-85）

（2）提拉腰腹侧：双手掌同时滑向腰部一侧，并向腹部正中提拉，先左后右。（图 4-86）

（3）扶脾运胃：左手横位自中间向左侧推脾区、右手竖位自上而下按摩胃脘部。（图 4-87）

（4）脐周按抚：四指交叠，以指腹沿结肠循行方向揉脐周，最后用掌根自脐部向下排至耻骨联合。（图 4-88，图 4-89）

6. 胸部

（1）展油：同胸部淋巴引流手法展油。

（2）滑"8"字：双手食、中、无名指指腹交叠自胸前正中线向下，沿左侧乳根推摩至左侧腋窝前，再回到胸前正中线，换做另一侧。

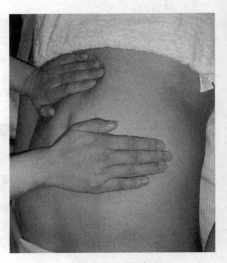

图 4-85 展油

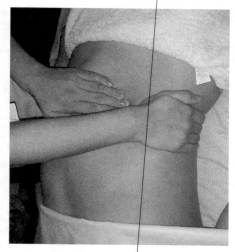

图 4-86　提拉腰腹侧

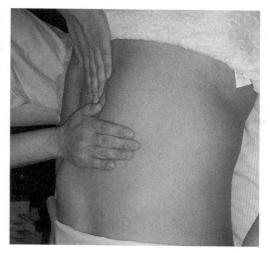

图 4-87　扶脾运胃

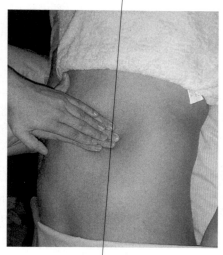

图 4-88　脐周按抚（1）

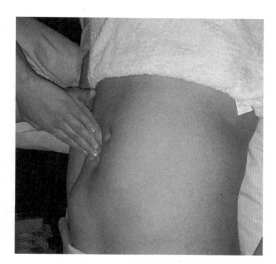

图 4-89　脐周按抚（2）

　　（3）推乳腺：将单侧乳房以乳头为中心划分为 12 点，然后双手掌托住一侧乳房，拇指交替分别沿各点放射状推向乳晕，做完一侧再做另一侧。

　　（4）塑形：双手掌交替推拉提托乳房。

四、经络养护的注意事项

　　1. 必须熟练掌握各经络的循行路线和重点穴位的准确位置。

　　2. 经络美容的操作方法不一而足。该套手法推十二经都是沿向心方向，只在四肢操作；躯干按照各部分的特殊手法操作。

　　3. 实际运用时，应先根据顾客体质进行辨证分析，有针对性地选择某一条（或几条）经络，再根据需要采用顺经或逆经，即根据顾客的实际情况进行调理。

　　4. 推经络时，力度应透达筋骨，出现"穴感"，才能起到应有的作用。

　　5. 肩背、腹部、胸部等的操作既考虑经络循行，又要采纳美容按摩保健舒适的特点，手法要求舒缓、沉稳、均匀、渗透。

6. 该套手法全做时，一般两个美容师同时为一个顾客进行操作，因此，要求理论和操作都必须非常娴熟，手法到位，和任何人配合都要默契。

7. 往往根据不同的经络和身体状况，选择、调配不同的精油或直接采用十二经络美容套盒。

（李春雨）

复习思考题

1. 为什么淋巴引流按摩又叫淋巴排毒按摩？该项目和经络排毒疗法在原理和技能操作上有何异同？

2. 通过本章的学习，我们知道不少芳香精油和中药的芳香药物有着共同的来源和相似的功效，如乳香、没药、广藿香等，对于这类精油，有人认为可以按照中医理论当做中药使用，这种观点合理吗？为什么？

第五章 美体塑身技术

第一节 健 胸

学习要点

　　形体美围度的正确测量方法；体型分析的正确方法；专业美胸养护程序、点穴丰胸操作及按摩手法；减肥塑身护理操作程序、点穴减肥及基本按摩手法。

　　丰满的胸部、高耸的乳峰是体现女性曲线美的重要方面。女性隆起的胸部与胸大肌、胸小肌和乳房的发育有关，其中乳房在胸部曲线上起着举足轻重的作用。青春期的少女，12岁后乳头萌生，胸部耸出，15～16岁后，乳房逐渐发育成熟；成年女性，发育良好、未哺乳的乳房多呈半球形或圆锥形。由于个体的差异性，乳房的发育时间、形态、大小也不尽相同。

　　乳房位于胸前部，在胸大肌及其筋膜的表面，位于第2～6肋间，内缘为胸骨旁线，外缘为腋前线。其结构包括皮肤、腺体、输乳管、脂肪组织、韧带、乳头、乳晕等；乳头位于锁骨中线第4肋间隙，两侧对称；乳晕直径约为2.5～4cm，一般呈棕红色，少数为玫瑰红色或粉红色，生育后呈棕褐色；乳房主要通过韧带（乳房悬韧带、乳房下皱襞韧带）固定其位置，维持其坚挺的状态，一旦皮肤和胸肌老化、衰退，乳房就会变形下垂；乳房外上象限的乳腺小叶最多，此处患病的几率也最高。

　　专业的健胸养护有利于促进胸部血液循环，胸肌发达，增强皮肤弹性，丰满乳房，从而防止乳房松弛、下垂、早衰。

一、乳房的类型和健美标准

（一）乳房的类型

　　乳房是构成女性形体美的重要标志。乳房的形态按乳房前突的长度与乳房基底面半径之比可分为以下四种类型：

　　1. 圆锥形乳房　其形如漏斗状，尖端细长突出。乳房前突的长度大于乳房基底部半径。多见于黑种人。

　　2. 半球形乳房　其形圆润丰满、线条优美，为理想的乳房。乳房前突的长度等于乳房基底部半径。多见于白种人。

　　3. 圆盘形乳房　其形较平坦，如翻扣的圆盘。乳房前突的长度小于乳房基底部半径。多见于黄种人。

　　4. 下垂形乳房　其形下垂，乳轴明显向下。乳房前突的长度大于乳房基底部半径。多见于巨乳症、部分哺乳后女性及中年妇女等。

（二）乳房的健美标准

男子乳房无生理功能，仅是男性胸部的一个体表标志，乳头较小，若出现乳腺发育则属病理现象，并影响胸部整体美观。

女性乳房的健美标准是：左右对称、丰满柔韧、富有弹性、大小适中、肤质光滑细腻；乳头大小适中、突出无内陷、外观略呈桑葚状，乳房基底部直径约为 10～20cm。

二、乳房的美容自测

1. 视诊 脱去上衣，面对镜子，依次采取双手自然下垂、双手叉腰、双手上举三种姿势观察两侧乳房是否对称，弧形轮廓有无改变，乳房、乳头、乳晕皮肤有无脱皮或糜烂，乳头是否内陷等。

2. 触诊 立位或坐位检查：将左手举起置于头后，用右手检查左侧乳房。将食指、中指、无名指三个手指并拢，从乳房上方 12 点开始，用手指指腹按顺时钟方向紧贴皮肤作循环按摩检查，检查完一圈回到 12 点，下移 2cm 做第二圈、第三圈检查，检查整个乳房直至乳头。检查时指腹不能离开皮肤，用力要均匀，力度以手指能触及肋骨为宜。检查完左侧乳房后，将右手举起置于头后，用左手检查右侧乳房，检查方法同上。检查完乳房后，用食指、中指和拇指轻轻挤压乳头，观察是否有溢液。

卧位检查：因坐位或立位时乳房下垂，特别是体型较胖的女性，容易漏检乳房的下半部。检查左乳时在右肩垫只小枕头或折叠后的毛巾，检查右乳时在左肩垫只小枕头或折叠后的毛巾，使整个乳房平坦于胸壁，检查的方法同坐位或立位。

检查的最佳时间：月经正常的妇女，月经来潮后第 9～11 天是乳腺检查的最佳时间，此时雌激素对乳腺的影响最小，乳腺的生理变化处于低潮，乳腺组织相对较薄，容易发现病变。

 知识链接

不同激素对乳腺发育的影响

乳腺的生理变化，不仅受垂体前叶激素、肾上腺激素和性激素的制约，还受许多激素的影响，它们相互平衡不失调，才能保证乳腺的正常变化和功能。①雌激素：能促进乳管上皮增生、输乳管周围及腺叶的结缔组织发育。在青春期，能使乳腺导管系统增生，使脂肪沉着、乳房变大；②孕酮：又称黄体酮，能促进乳腺小叶及腺泡的发育；③泌乳素：能促进乳腺生长发育，引起并维持泌乳；④催产素：具有刺激子宫及乳腺的双重作用，使乳腺产生泌乳。

此外，促性腺激素、生长素、甲状腺素、促肾上腺皮质激素等对乳腺也都有间接作用。这些激素紊乱，都可能导致乳腺疾病的发生。

三、常见健胸方法及日常养护

（一）日常养护

1. 胸肌锻炼 多做扩胸运动或双手拉弹力器，锻炼胸部肌肉、增加胸部新陈代谢、血液循环，促进乳腺生长，使乳房变得更坚挺。

2. 保持规律的起居 熬夜、生活不规律会影响机体新陈代谢与血液循环，导致雌激素紊乱，从而导致乳房早衰。不要俯卧睡觉，避免乳房受压。

3. 保持姿态美　养成良好的站、坐姿，要保持挺胸抬头。不要含胸，含胸易压迫胸部组织导致乳房下垂。

4. 佩戴合适的乳罩　穿过紧的乳罩易影响乳房部的血液循环及腋下淋巴结的排毒功能，对乳房健康不利。

5. 青春期加强合理营养　需多摄入热量高、蛋白质、脂肪含量高的食品。同时也需加强维生素的摄入。

6. 冷热水交替沐浴　以冷热水交替的方式对乳房进行冲洗并同时按摩，可刺激乳房血液循环，有效避免肌肤松弛。注意水温不宜太高，否则可能会使乳房的结缔组织老化、肌肤失去弹性。

 知识链接

穿戴乳罩的正确方法

1. 穿上肩带，身体前倾约 45°，用手分别将背部、腋下的松散脂肪拨入罩杯中，将乳罩由下往上托住乳房，再扣好背后的拉扣。

2. 挺直上半身，调整乳罩，使乳头的位置在罩杯的顶点。

3. 调整肩带长度，使两侧肩带均匀受力，调整背部使整体平衡舒适。

注意：选择乳罩的型号要与乳房大小相适应，不能太紧；制作乳罩的材料，不要太硬，要柔软、有一定的承托力和透气性。夜间睡觉时应把乳罩取下，使乳房和胸、背部肌肉放松，改善局部血液循环。

（二）外科整形术

通过美容整形外科手术，使胸部看上去丰满圆润而富有弹性。

（三）美容院综合健胸养护

主要是通过运用健胸药物配合人工按摩点穴，以及健胸仪器达到胸部健美的效果。

1. 健胸养护程序　洁肤乳清洁胸部→开穴疏通经络→远红外美肤灯照射 5～10 分钟→按摩乳房→仪器养护→上膜定型→涂健胸膏。

2. 点穴丰胸　中医认为乳房的发育与五脏六腑之气血津液的滋润濡养有关，其中以肾、脾胃、肝对乳房的生理、病理影响最大：肾主藏精，为"先天之本"，足少阴肾经"其支者，从肺出，络心，注胸中"，为乳房的发育提供物质基础；脾胃主生化气血，为"仓廪之官"，足阳明胃经"其直者，从缺盆下乳内廉，下夹脐，入气街中"，故乳房属足阳明胃经；肝主疏泄、主藏血，足厥阴肝经"上贯膈，布胁肋"，绕乳头而行，故乳头属于足厥阴肝经；冲脉为"十二经脉之海"，挟脐上行，散布于胸中；任脉为"阴脉之海"，多次与手足三阴经及阴维脉交会，总任一身之阴经。由此可见，乳房的发育与足少阴肾经、足太阴脾经、足阳明胃经、足厥阴肝经及冲任二脉均有紧密的联系。点穴丰胸重在调节肝、脾胃、肾、冲任脉等经络的气血。

双手中指指腹依次点按璇玑、华盖、紫宫、玉堂、膻中、中庭、中脘、缺盆、气户、库房、屋翳、膺窗、乳根、天溪、期门、肝俞、脾俞、胃俞、肾俞（俞穴是脏腑之气输注于背腰部的腧穴，点按俞穴可调节相应脏腑的功能）等穴位，刺激乳房周围自主神经的兴奋性，调节人体内分泌状态，维持"肾精 - 天癸 - 卵巢"轴的阴阳平衡；改善肝、肾、脾、胃的功能，提高乳房组织对自身激素的敏感性，激发乳腺腺泡和细胞的生长发育，增加乳腺结缔组织和脂肪组织的积累，安全有效地达到乳房生理性丰满的效果；同时还能不同程度地治疗和预防乳腺

增生等疾病。适合于生殖系统正常的先天性乳房发育不良、幼小、哺乳后乳腺萎缩下垂者。需要注意的是，点穴丰胸是一个长期的过程，会受到饮食、心情等因素的影响，想要达到预期效果，还需进行全身心的调理。（表5-1）

表5-1　健胸常用穴位表

穴位名	归经	定位	主治
中脘	任脉	前正中线上，脐上4寸	胃脘痛，呕吐，呃逆，吞酸，腹胀，泄泻，黄疸，失眠等
中庭	任脉	前正中线上，平第5肋间隙	胸胁胀满，心痛，呕吐，噎膈等
膻中	任脉	前正中线上，平第4肋间隙	咳嗽，气喘，胸痛，胸闷，心痛，心悸，噎膈，呃逆，乳汁少，乳痈，乳癖等
玉堂	任脉	前正中线上，平第3肋间隙	咳嗽，气喘，胸痛，乳痈等
紫宫	任脉	前正中线上，平第2肋间隙	咳嗽，气喘，胸痛等
华盖	任脉	前正中线上，平第一肋间隙	咳嗽，气喘，胸痛等
璇玑	任脉	前正中线上，胸骨上窝中央下1寸	咳嗽，气喘，胸痛，咽喉肿痛等
缺盆	足阳明胃经	前正中线旁开4寸，锁骨上窝中央	咳嗽，气喘，咽喉肿痛，缺盆中痛，瘰疬等
气户	足阳明胃经	前正中线旁开4寸，锁骨下缘	咳嗽，气喘，呃逆，胸胁支满，胸痛等
库房	足阳明胃经	前正中线旁开4寸，平第一肋间隙	咳嗽，气喘，咳唾脓血，胸胁胀痛等
屋翳	足阳明胃经	前正中线旁开4寸，平第二肋间隙	咳嗽，气喘，咳唾脓血，胸胁胀痛，乳癖，乳痈等
膺窗	足阳明胃经	前正中线旁开4寸，平第三肋间隙	咳嗽，气喘，胸胁胀痛，乳痈等
乳根	足阳明胃经	乳头直下，平第五肋间隙	咳嗽，气喘，呃逆，胸痛，乳痈，乳汁少等
天溪	足太阴脾经	前正中线旁开6寸，平第四肋间隙	胸胁疼痛，乳痈，乳汁少，咳嗽等
期门	足厥阴肝经	乳头直下，平第六肋间隙	胸胁痛，腹胀，胸满，呕吐、反酸、呃逆，泄泻，乳痈等
肝俞	足太阳膀胱经	第9胸椎棘突下，旁开1.5寸	背痛，黄疸，胁痛，目赤，目眩，夜盲，吐血，癫狂痫等
脾俞	足太阳膀胱经	第11胸椎棘突下，旁开1.5寸	背痛，胃痛，腹痛，腹胀，黄疸，水肿等
胃俞	足太阳膀胱经	第12胸椎棘突下，旁开1.5寸	胁肋痛，胃脘痛，呕吐，腹胀等
肾俞	足太阳膀胱经	第2腰椎棘突下，旁开1.5寸	腰痛，水肿，小便不利，月经不调，遗精，阳痿，头晕，耳鸣等

3. 健胸按摩手法

（1）环摩乳房：施术者站于顾客头侧，双手四指并拢，全掌用力，从膻中穴开始向下、向外环绕乳房抚摩至双乳外侧，再向上、向内用力拉抹双乳，双手拉至颈侧锁骨处。反复按摩数圈。

（2）摩"8"字圈：五指并拢，双手掌重叠于两乳间做"8"字按摩。

（3）小鱼际推抹乳房：从一侧胸部开始，双手小鱼际交替从下、外侧将乳房向中央推，反复操作数次后再做另一侧。

（4）轮指与虎口推乳房：施术者站于顾客右侧，双手四指在乳房外侧交替向上、向内轮指。操作数次后换手位，双手四指并拢，与拇指分开呈V形，手掌尽力向手背弯屈，以双手拇指外侧和大鱼际部位着力，同时从胸部的外、下缘将乳房向中央推。反复操作数次后再做另一侧。

（5）拉抹乳房：双手交替将胸侧乳房向乳中拉抹。

（6）分推膀胱经：顾客取坐位，施术者站于顾客身后，双手拇指从腰骶部沿足太阳膀胱经内侧线向上推，同时点按肾俞、胃俞、脾俞、肝俞。再分别沿肩胛骨下缘推至乳缘处，双手呈 V 形由下向上用力推托双侧乳房。

（7）分推背部脂肪：双手掌分别置于脊柱两侧，指尖向两侧，同时用力将背部脂肪推向前胸部。

（8）提拉乳房：双手五指打开，交替由下向上提拉一侧乳房直到锁骨处，反复操作数次后再做另一侧。

4. 健胸养护注意事项

（1）清洗胸部后，要测量胸围，并记录；养护结束后，仍需测量胸围，再次记录。

（2）健胸按摩操作时，注意不要触及乳头。

（3）健胸期间，建议顾客每天沐浴后涂抹健胸产品，并揉按 5 分钟左右。

（4）为取得更好的健胸效果，顾客健胸期间一定坚持 1～2 天做一次专业健胸养护。

（5）注意健胸养护疗程最好在丰胸的最佳时间（月经周期的第 11、12、13 天，第 18～24 天为次佳时间）内进行，才能达到最好效果。

第二节　减　　肥

肥胖是人体脂肪含量过多或分布异常造成的一种异常体态。肥胖不仅使体态臃肿，影响形体美，而且易并发心血管疾病和内分泌代谢紊乱等，影响人体健康，目前已经成为世界范围内严重威胁人们健康的公共卫生问题，如何防治肥胖已经成为国内外医学界亟待解决的重大课题。

随着生活水平的提高，肥胖有逐年上升的趋势，年龄也有逐渐偏小现象；同时由于人们对美的追求与渴望，减肥已成为家喻户晓的话题。

一、肥胖的含义、分类及危害

（一）含义

肥胖是指机体能量的摄入高于消耗，造成体内脂肪堆积过多，导致体态臃肿、体重明显超出正常人的一般平均量（有学者认为超过标准体重 20% 以上），并影响人体正常生理、生化和代谢的异常变化。

 知识链接

皮下脂肪

即有机化合物（脂肪酸和甘油），30 岁左右的女性，体内脂肪量约占体重的 22%，超过 30%～35% 即为肥胖。

脂肪易积存的部位，男性一般为头颈、背脊和腹部；女性一般为乳房、腹部、大腿和臀部。

皮下脂肪的测定有专门的测量仪器，可以通过 X 光线摄影、超声波、水下称重和脂肪细胞数量计算等测量方法测定。

（二）分类

肥胖按病因及发病机制分为单纯性肥胖和继发性肥胖。

1. 单纯性肥胖 是肥胖中最常见的一种类型，约占肥胖人群的95%以上。多由营养过剩和遗传因素引起，而无内分泌失调及代谢障碍等疾病。这类肥胖患者全身脂肪分布比较均匀。单纯性肥胖又分为体质性肥胖和获得性肥胖两种。

（1）体质性肥胖：一般从出生后半岁左右起即开始出现肥胖。有肥胖家族史，由于遗传和营养过剩导致机体脂肪细胞增多造成。所以，儿童期特别是10岁内，保持正常体重很关键。

（2）获得性肥胖：一般从20岁左右起即开始出现肥胖。是由于营养过度，或体力消耗减少，使摄入的热量大大超过身体生长和活动的需要，多余的热量转化为脂肪贮藏，促进脂肪细胞肥大、增生，大量堆积而造成。

2. 继发性肥胖 是由内分泌失调或代谢障碍引起的一类疾病，约占肥胖人群的5%左右。患者临床表现以原发性疾病的症状为主，肥胖只是其中的一种临床症状表现。

（三）危害

1. 肥胖者因体态臃肿导致日常生活不便、且影响人体形体美观，甚至引起身心障碍，如精神压力大、心理有自卑感等。

2. 肥胖者因体重增加，可引起腰痛、关节痛；易出现乏力、气促、体力下降；怕热、多汗、皮肤皱褶处易发生皮炎、擦伤；并容易合并化脓性或真菌感染；因行动不便还容易遭受各种外伤、扭伤及骨折等。

3. 肥胖者因体内脂肪组织增多，基础代谢率加大，心输出量增加，易引起心肌肥厚和动脉粥样硬化，继而诱发高血压、冠心病、脑血管疾病，甚至猝死。

4. 肥胖者易患内分泌代谢性疾病。如糖代谢异常可引起糖尿病，脂肪代谢异常可引起高脂血症，核酸代谢异常可引起高尿酸血症等。

5. 肥胖者易患肝胆疾病。如摄入能量过剩，脂肪酸向肝脏运输过多，肝细胞不能全部消化，肝细胞内脂肪浸润，导致脂肪肝，严重者可发展为肝硬化。体内肝功能紊乱，脂类代谢失调，使胆固醇过多而诱发胆结石。

6. 肥胖者还可以并发睡眠呼吸暂停综合征；增加恶性肿瘤的发病率，如肥胖男性结肠癌、直肠癌和前列腺癌的发病率较正常人高，肥胖妇女子宫内膜癌发病率比正常妇女高2～3倍；并可引起性功能衰退，男子阳痿，女子月经过少、闭经和不孕症等。

二、肥胖的形成原因

（一）中医对肥胖形成原因的认识

1. 饮食不节，痰湿阻滞 患者平时过食肥甘厚味，导致脾失健运，水湿内停，聚湿生痰，痰浊膏脂内聚继而引起肥胖。

2. 胃热腑实，燥热内结 胃火盛则腐熟功能亢进，消谷善饥，多饮多食，食积不化，气血有余而化为膏脂导致肥胖。

3. 情志失调，肝失疏泄 肝气郁滞，失于疏泄，气机不畅，脾胃运化功能减弱，痰湿膏脂不化而发为肥胖。

4. 脾肾阳虚，水湿内盛 脾阳虚则运化水湿失司，肾阳虚则不能化气行水，皆致痰湿膏脂内停，发为肥胖。

（二）西医对肥胖形成原因的认识

热量摄入多于热量消耗使脂肪合成增加是肥胖的物质基础。

1. 遗传因素 单纯性肥胖的发病有一定的遗传倾向，双亲中一方为肥胖，其子女肥胖率大约为 50%；双亲中双方均为肥胖，其子女肥胖率约为 70%～80%。遗传的倾向主要表现在脂肪的数目、体积、分布部位和骨骼的状态上。

2. 神经精神因素 已知人类与多种动物的下丘脑中存在着两对与摄食行为有关的神经核。一对为腹内侧核（VMH），又称饱中枢；另一对为腹外侧核（LHA），又称饥中枢。饱中枢兴奋时，机体有饱感而拒食，破坏时则食欲大增；饥中枢兴奋时，机体食欲旺盛，破坏时则厌食拒食。二者相互调节，相互制约，在生理条件下处于动态平衡状态，使食欲调节在正常范围，继而使人体体重处于正常范围内。肥胖多由腹内侧核破坏，则腹外侧核功能相对亢进而贪食引起的。另外，食欲与精神因素的影响亦有关。当精神过度紧张而交感神经兴奋或肾上腺素能神经受刺激时（尤其是 α 受体占优势），食欲处于抑制状态；当迷走神经兴奋而胰岛素分泌增多时，食欲处于亢进状态。

3. 高胰岛素血症 胰岛素有显著的促进脂肪蓄积作用。肥胖常与高胰岛素血症并存，但一般认为是高胰岛素血症引起肥胖，高胰岛素血症性肥胖者的胰岛素释放量约为正常人的 3 倍。

4. 褐色脂肪组织异常 褐色脂肪组织是近几年来才被发现的一种脂肪组织，作为产热组织直接参与体内热量的总调节，将体内多余热量向体外散发，使机体能量代谢趋于平衡。肥胖者由于褐色脂肪组织量少或功能障碍，使产热功能障碍而导致肥胖。

5. 饮食 与摄入过多而运动不足有关。一般认为高脂肪、高热量、高蛋白质饮食，动物内脏摄入过多，爱吃零食、甜食，睡前吃东西，经常大量饮酒，均有利于肥胖的发生。

6. 其他 肥胖的发生还与生活、工作环境，不同季节，所处年龄阶段及性别等有一定关系。

三、肥胖的计算方法

（一）标准体重计算法

通常有以下三种计算方法：

1. 成人男性标准体重（kg）=［身高（cm）−100］×0.9

   成人女性标准体重（kg）=［身高（cm）−100］×0.85

   儿童标准体重（kg）=8+ 年龄 ×2

2. 男性标准体重（kg）= 身高（cm）−105

   女性标准体重（kg）= 身高（cm）−100

3. 北方人标准体重（kg）=［身高（cm）−150］×0.6+50

   南方人标准体重（kg）=［身高（cm）−150］×0.6+48

评估标准：实测体重在标准体重 ±10% 以内，为正常体重；体重超过标准体重的 10% 而小于 20% 者，为超重；超出标准体重的 20% 而小于 30%，为轻度肥胖；超出标准体重的 30% 而小于 50%，为中度肥胖；超过标准体重 50% 以上为重度肥胖。

（二）体重指数（BMI）计算法

BMI 是 body mass index 的缩写，是判断人体发育和胖瘦程度的国际指标。

$$体重指数（BMI）= 体重（kg）/ 身高的平方（m^2）$$

世界卫生组织（WHO）肥胖评估标准：体重指数的正常范围为 18.5～24.9，超重为 25.0～29.9，Ⅰ度肥胖为 30.0～34.9，Ⅱ度肥胖为 35.0～39.9，Ⅲ度肥胖为≥40.0。

亚太地区肥胖评估标准：体重指数的正常范围为 18.5～22.9，超重为 23.0～24.9，Ⅰ度肥胖为 25.0～29.9，Ⅱ度肥胖为≥30.0。

（三）腰围及腰臀比（WHR）计算法

男性腰围大于 90cm，女性腰围大于 80cm，或 WHR 男性大于 0.9，女性大于 0.8 可确定为中心性肥胖。

四、减肥的目的、步骤及原则

（一）减肥的目的

1. 从医学的角度分析 减肥不仅能减轻体重，恢复形体美，而且能预防、减少各种并发症的发生及因肥胖给患者带来的身心不良影响；改善体质，提高生活质量。

2. 从营养学的角度分析 有利于调整不合理的饮食结构，促使人体合理、全面地摄入、吸收各种营养物质，提高机体的健康状况。

3. 从行为科学的角度分析 促进改正不良的饮食习惯，纠正错误的饮食观念，保持正确的饮食行为。

4. 从社会学的角度分析 减肥可以减少物质资源的浪费，减少社会和家庭以及个人经济中的一些不必要开支，提高人们的健康水准。

5. 从美学的角度分析 通过减肥使身体各部分匀称，肌肉和脂肪量适中，胸部和臀部曲线起伏适度，线条优美流畅，体态轻盈。

（二）专业减肥的步骤

1. 目测诊断与分析 观察顾客身体的比例，依次从上至下观察、记录各部位外部形态、肌肉发育程度、脂肪堆积等情况。目测顺序为：肩部、手臂、背部、腰部、腹部、臀部、腿部。

2. 手工测量 测量身高、体重、三围和体脂的含量。

3. 徒手按摩分析 通过手工按摩进一步分析顾客的皮肤弹性、肌肉结实度、脂肪堆积等情况。

4. 根据顾客的身材、体质状况制定减肥方案并付诸于实施。

（三）国际减肥原则

不节食、不厌食、不腹泻、不反弹。

五、常见的减肥方法

（一）运动减肥

运动减肥是通过一定量的运动使脂肪组织中储存的三酰甘油分解，分解产生的脂肪酸作为能量来源被肌肉组织所消耗，从而达到促进脂肪代谢、减少脂肪、控制肥胖的目的。

1. 因人而异，适量运动 减肥者运动前一定要进行身体检查，如果患有严重的冠心病、高血压、肝炎及肾炎等疾病，要先予以治疗，用合理的药物将疾病控制好后，再选择步行、太极拳等和缓适宜的项目。老人、成人、儿童、孕妇等应根据自身体质状况选择适宜的运动项目。

2. 循序渐进、持之以恒 肥胖者由于平时缺乏必要的运动，心肺功能和骨关节的灵活性相对较差，运动强度应从低强度向中、高强度逐渐过渡；持续时间应逐渐加长；运动次数由少增多。如开始可以先选择运动量不太大的项目，如慢跑、快速走路、慢骑自行车、打乒乓球、游泳、跳绳、扭秧歌等，待锻炼一段时间，体质增强、身体适应后，再选择运动量大的项目，如长跑、体操、武术、篮球、羽毛球、快骑自行车、爬山等。另外注意运动要持之以恒，否则达不到减肥效果。

3. 耐力训练、有氧运动　运动的方式有很多，大致可分为无氧运动与有氧运动。有氧运动是以训练耐力、消耗体内脂肪，增强和改善心肺功能，预防骨质疏松，调节心理与精神状态为主要目的，是人体在氧气充分供应的情况下进行的体育锻炼。有氧运动时葡萄糖代谢后生成水和二氧化碳，可以通过呼吸排出体外，对人体无害。而无氧运动能量来自无氧酵解，在酵解过程中会产生大量丙酮酸、乳酸等中间代谢产物，这些酸性产物不能通过呼吸排出体外而堆积在细胞和血液中，让人感到疲乏无力、肌肉酸痛，严重时会出现呼吸、心跳加快和心律失常甚至出现酸中毒。所以有氧运动是减肥的一种较好运动方式。常见的有氧运动项目有：慢跑、快速走路、爬山、游泳、骑自行车、跳绳、跳健身舞、打乒乓球等。

（二）饮食减肥

1. 饮食减肥原则

（1）减少膳食中总热量的摄入，以低脂肪、低糖、高蛋白质、高膳食纤维食物为主。

（2）三餐定时定量，晚餐少吃，少吃零食。

（3）细嚼慢咽，控制进食速度。

（4）合理选择烹调方式，如多用蒸、煮、凉拌等，减少煎、炸方式。

2. 常用减肥食品　肥胖者应选择适合自己的减肥食品。

（1）蔬菜、水果类：蔬菜、水果热能很低，且含膳食纤维素和水分高，可促进肠道蠕动，体积大可增加饱胀感，是较好的减肥食物。如黄瓜、冬瓜、苦瓜、丝瓜、绿豆芽、黄豆芽等含水分较多，食后产热少，不易形成脂肪堆积。且黄瓜含丙醇二酸可抑制糖类转化为脂肪，减少人体脂肪堆积。冬瓜有利尿功效，有助于排出体内的水分。木耳、蘑菇、韭菜、芹菜等含大量膳食纤维，有助于产生饱胀感，也能促进肠道蠕动，减少吸收。白萝卜、山楂能消积化滞、促进脂肪分解。

（2）谷类：玉米、魔芋等。魔芋含葡甘露聚糖，是一种特殊的、优良可溶性膳食纤维，是比较理想的减肥食物。

（3）水产品类：虾、海参、章鱼、海蜇等，蛋白质含量高，而脂肪含量低。

（4）其他：荷叶、玉米须、食醋、大蒜、甲壳素等。食醋中含有挥发性物质、氨基酸和有机酸等，这些物质可以刺激人体的大脑中枢，使消化器官分泌大量利于食物消化、吸收的消化液，从而改善人体的消化功能。食醋中的氨基酸还可以消耗体内脂肪，促进糖、蛋白质的代谢，起到减肥作用。大葱中的有机硫除了发出辛辣的刺激味外，还能刺激人体某些激素的分泌，这些激素能促进脂肪的分解。

 知识链接

减肥食品

　　是指符合以下条件的食品：一是基本不改变日常膳食；二是不引起腹泻；三是无副作用；四是减肥速度；五是可改善机体的代谢功能，满足营养需求，停止减肥后不反弹。

（三）药物减肥

按照减肥药物作用于人体的不同机理，一般可分为以下几类。

1. 抑制食欲的药物 主要通过兴奋下丘脑腹内侧的饱食中枢，控制下丘脑外侧区的摄食中枢，使人产生厌食反应、食欲下降、食物摄入减少，从而达到减肥的目的。这类药物主要有苯丙胺及其衍生物、吲哚类及其衍生物、芬氟拉明、氟西汀等。但这类药物在使用时会因中枢神经兴奋造成不良反应，可表现为失眠、易激动、头晕、头痛、心慌、血压升高、成瘾性、恶心、呕吐、腹泻等症状。芬氟拉明有较好的抑制食欲作用，但因长期服用可能造成心脏瓣膜损伤甚至引起死亡而被一些国家明令禁用（如美国）。我国亦于 2009 年停止使用该药。

2. 加速代谢、减少吸收的药物 通过促进胃肠蠕动，加速排泄，抑制胃肠内食物分解，减少能量与营养物质吸收，降低机体总热量摄入，从而达到减肥的目的。这类药物主要有利尿剂、脂肪酶抑制剂、葡萄糖苷酶抑制剂等药物。如奥利斯他可以抑制脂肪酶，而脂肪酶具有将脂肪分子分解成较小的可吸收成分的作用，奥利斯他通过抑制该酶，减少脂肪吸收而达到减肥的作用。该药胃肠道反应明显。利尿剂如呋塞米通过利尿排钠，强行排出人体正常体液，扰乱肠道吸收功能，减少营养物质吸收，达到减肥效果。由于被排出的多是水分，而不是脂肪，故虽能暂时降低体重，但易反弹，并且容易造成机体脱水。另外注意，中药番泻叶（有专家指出，在医学临床上"泻剂"不属于减肥药物）因可以减少食物停留在胃肠道的时间及被吸收的几率，临床上常常被误用或滥用作减肥药物，如服用不当，也会带来相当严重的后果。轻者引起腹痛、恶心、呕吐、便秘加重等，重者甚至诱发上消化道出血、女性月经失调等。

3. 增加脂肪分解、能量消耗的药物 此类药物能增加能量消耗，促进脂肪分解代谢。如胰岛素样生长因子、生长激素、甲状腺激素、麻黄碱等。

减肥药物大多有一定的副作用，故需在医生的指导下，根据肥胖者的具体病情对症用药。

（四）经络、穴位减肥

通过穴位按摩，刺激经络、疏通气血、调整脏腑功能、增强新陈代谢，达到减肥瘦身的作用。

1. 点穴手法操作要求 施术者多以拇指指尖或指腹或肘尖，着力于穴位上进行点压。沉肩垂肘，肘关节伸直或微屈，用力要稳，固定不移，力量由轻到重，切忌用爆发力，不可猛然向下点压。在穴位按摩时受术者应有酸、胀、麻的感觉。

2. 常用局部减肥穴位 肩部常用的减肥穴位有大椎、风池、风府、巨骨、肩井、肩髎、肩髃等，其他部位见表 5-2，表 5-3，表 5-4，表 5-5。

表 5-2 腹部减肥常用穴位表

穴位名	归经	定位	主治
建里	任脉	前正中线上，脐上 3 寸	胃脘疼痛，呕吐，食欲不振，腹胀，水肿等
水分	任脉	前正中线上，脐上 1 寸	水肿，小便不利，腹痛，腹胀，肠鸣，泄泻等
天枢	足阳明胃经	脐中旁开 2 寸	便秘，腹胀，腹泻，脐周痛，月经不调，痛经等
大横	足太阴脾经	脐中旁开 4 寸	泄泻，便秘，腹痛等
气海	任脉	前正中线上，脐下 1.5 寸	腹痛，泄泻，便秘，遗尿，癃闭，小便不利，遗精，阳痿，月经不调，痛经，闭经，崩漏，带下，产后恶露不止，脏气虚惫，形体羸瘦等

续表

穴位名	归经	定位	主治
关元	任脉	前正中线上,脐下3寸	中风脱证,虚劳羸瘦,腹痛,泄泻,痢疾,脱肛,遗尿,癃闭,遗精,阳痿,月经不调,痛经,闭经等
归来	足阳明胃经	脐下4寸,前正中线旁开2寸	月经不调,痛经,经闭,疝气等
水道	足阳明胃经	脐下3寸,前正中线旁开2寸	小腹胀满,小便不利,痛经,不孕,疝气等

表5-3 腰、背部减肥常用穴位表

穴位名	归经	定位	主治
肝俞	足太阳膀胱经	第9胸椎棘突下,旁开1.5寸	背痛,黄疸,胁痛,目赤,目眩,夜盲,吐血,癫狂痫等
胆俞	足太阳膀胱经	第10胸椎棘突下,旁开1.5寸	黄疸,胸胁痛,肺痨,潮热等
脾俞	足太阳膀胱经	第11胸椎棘突下,旁开1.5寸	背痛,胃痛,腹痛,腹胀,黄疸,水肿等
胃俞	足太阳膀胱经	第12胸椎棘突下,旁开1.5寸	胁肋痛,胃脘痛,呕吐,腹胀等
三焦俞	足太阳膀胱经	第1腰椎棘突下,旁开1.5寸	水肿,小便不利,腰背强痛,呕吐,腹胀,泄泻等
肾俞	足太阳膀胱经	第2腰椎棘突下,旁开1.5寸	腰痛,水肿,小便不利,月经不调,遗精,阳痿,头晕,耳鸣等
气海俞	足太阳膀胱经	第3腰椎棘突下,旁开1.5寸	腰痛,痛经,肠鸣腹胀等
大肠俞	足太阳膀胱经	第4腰椎棘突下,旁开1.5寸	腰痛,便秘,腹胀,肠鸣,泄泻等
关元俞	足太阳膀胱经	第5腰椎棘突下,旁开1.5寸	腰痛,腹胀,泄泻,小便不利,遗尿等
膀胱俞	足太阳膀胱经	第2骶椎棘突下,旁开1.5寸	腰脊强痛,便秘,泄泻,小便不利,遗尿等

表5-4 臀部减肥常用穴位表

穴位名	归经	定位	主治
巨髎	足少阳胆经	髂前上棘与股骨大转子高点连线的中点	腰痛,瘫痪,下肢痿痹,疝气等
环跳	足少阳胆经	股骨大转子高点与骶管裂孔连线的外1/3与内2/3交界处	下肢痿痹,腰痛,半身不遂等

表5-5 腿部减肥常用穴位表

穴位名	归经	定位	主治
承扶	足太阳膀胱经	臀横纹中点	腰、骶、臀、股部疼痛,痔疾等
殷门	足太阳膀胱经	承扶穴与委中穴连线上,承扶穴下6寸	腰腿痛,下肢痿痹等
委中	足太阳膀胱经	腘横纹中央	腰痛,下肢痿痹,腹痛,半身不遂,小便不利等
伏兔	足阳明胃经	髂前上棘与髌骨外缘连线上,髌骨外上缘上6寸	腰痛膝冷,下肢麻痹,脚气,疝气等
血海	足太阴脾经	髌骨内上缘上2寸	股内侧痛,月经不调,痛经,经闭,崩漏,瘾疹,丹毒等
梁丘	足阳明胃经	髂前上棘与髌骨外缘连线上,髌骨外上缘上2寸	膝肿痛,下肢不遂,胃痛,乳痈,血尿等

穴位名	归经	定位	主治
髀关	足阳明胃经	髂前上棘与髌骨外缘连线上,平臀沟处	腰痛膝冷,痿痹,腰痛等
足三里	足阳明胃经	犊鼻穴下3寸,胫骨前缘外一横指处	胃痛,呕吐,噎膈,腹胀,泄泻,痢疾,便秘,下肢痹痛,水肿,癫狂,心悸,气短,虚劳羸瘦等
丰隆	足阳明胃经	外踝高点上8寸,条口穴外开1寸	下肢痿痹,水肿,头痛、眩晕,呕吐,腹胀,便秘,癫狂,咳嗽痰多等
承山	足太阳膀胱经	腓肠肌两肌腹之间凹陷的顶端	腰腿拘急、疼痛,痔疾,便秘,疝气等
阴陵泉	足太阴脾经	胫骨内侧髁下缘凹陷处	腹胀,腹泻,水肿,黄疸,小便不利,膝痛等
三阴交	足太阴脾经	内踝高点上3寸,胫骨内侧面后缘	下肢痿痹,腹胀肠鸣,腹泻,月经不调,带下,遗精,阳痿,遗尿,疝气,失眠,高血压等

3. 循经点穴操作方法　循经点穴主要点按的是足阳明胃经、足太阴脾经、足太阳膀胱经、手少阳三焦经上的穴位。具有健脾益胃、调畅气机、通调水道、促进机体代谢、增加排泄等作用。

(1)足阳明胃经:循经依次点按梁门、天枢、水道、归来、髀关、伏兔、足三里、丰隆。

(2)足太阴脾经:循经依次点按太白、商丘、三阴交、阴陵泉、血海、大横。

(3)足太阳膀胱经:循经依次点按肝俞、脾俞、胃俞、三焦俞、肾俞、大肠俞、膀胱俞。

(4)手少阳三焦经:循经依次点按肩髎、支沟。

在循经点穴全身减肥的同时,可根据肥胖部位配合局部点穴。

(五)消耗脂肪、热能减肥法

肥胖的实质是机体脂肪组织增多或相对增多,主要表现在脂肪细胞数量或脂肪细胞大小的变化。消耗脂肪、热能减肥法则是通过各种方法升高体温,促进新陈代谢,增加散热,加强脂肪、热能消耗,使脂肪细胞体积萎缩、变小,从而达到减肥、健美的目的。

1. 石蜡减肥法　操作分两次进行。第一次将液状石蜡(温度约42℃)涂抹于肥胖者全身。待石蜡全部硬化后,第二次涂石蜡(温度约50℃)。涂抹完毕,用厚塑胶纸将涂蜡部位包严,用红外线热疗灯照射全身30分钟左右。机体在封闭状态下保持一定温度大量出汗、消耗体内积累的脂肪与热能。根据顾客身体状况可隔天做一次或3～7天做一次。心脏病、高血压、糖尿病患者不宜使用此法。

2. 热泥敷身减肥法　肥胖者卧位或坐于热泥中,每次治疗约20～30分钟,隔天或3～5天做一次。

3. 酵素盐液束身减肥法　先用保鲜膜紧包减肥部位,再将酵素减肥片置于保鲜膜上,并用橡皮筋束带固定好,然后接通电源,开启定时开关与加热开关。若皮肤出现红肿等过敏现象,可冷敷处理。

4. 热能水晶垫减肥法　触按水晶垫热源,水晶垫则在极短时间内温度上升至40～60℃,根据顾客耐受力调整好温度,将水晶垫置于减肥部位即可,操作简单、安全。此法常用于腹部、大腿部的减肥。注意控制好温度,不要烫伤皮肤。

5. 热蜡袋减肥法　先将热蜡袋接通220伏电源软化蜡袋,蜡袋表面温度控制在60℃左右。再切断电源，将软化的蜡袋内液体均匀铺平，放于减肥部位即可。

6.　桑拿浴与热水浴减肥法　先用温水冲洗皮肤，再进入桑拿浴室，温度在 40～50℃ 之间，时间不要过长，以不超过 10 分钟为宜。等机体适应后再根据顾客耐受情况进行高温蒸气浴。注意不宜直接近距离大量吸入热蒸气，以免烫伤呼吸道；起身动作要缓慢、平稳，不可过猛；洗浴前后饮用适量淡盐水，以补充体内消耗的水分与盐分；不宜空腹洗浴，以避免发生低血糖性昏厥。高血压、冠心病、癫痫等肥胖患者不宜使用此法减肥。

（六）睡眠减肥

有研究表明：导致肥胖的原因较多，其中与体内生长激素分泌不足有关。生长激素是腺垂体分泌的能促进机体生长的一种激素，能促进骨及软骨的生长，可通过抑制糖的消耗，加速脂肪分解，使能量来源由糖代谢转向脂肪代谢而达到减肥作用。生长激素的分泌以晚上分泌最多，在 23：00～2：00 分泌量最旺盛，尤其是入睡 90 分钟左右分泌最多。所以，保持适量、均衡的睡眠有助于减肥。

（七）针灸减肥

1.　毫针疗法　应根据顾客临床表现辨证选择相应的穴位进行毫针针刺治疗。穴位区常规消毒后，根据针刺部位选择合适的毫针及进针方式进行针刺，每次留针 20～30 分钟，隔日或每日 1 次，10 次一个疗程，疗程间隔为 3～5 天，需治疗 2～4 个疗程以上。（表 5-6）

表5-6　整体减肥辨证施治表

证型	穴位选择	针刺手法
脾虚湿阻证	脾俞、足三里、阴陵泉、三阴交、中脘、丰隆、水分、气海	补法
胃热腑实证	合谷、曲池、足三里、天枢、内庭、上巨虚	泻法
肝郁气滞证	太冲、期门、三阴交、血海、肝俞	泻法
脾肾阳虚证	肾俞、脾俞、胃俞、水分、中脘、关元、阴陵泉	补法

在整体减肥的同时，还要针对局部肥胖部位进行针刺治疗，加肥胖局部的腧穴或阿是穴（表 5-7）。

表5-7　局部减肥穴位加减表

肥胖部位	穴位选择	针刺手法
腹部	加天枢、气海、大横、水分、归来	较大幅度提插捻转泻法
臀部	加环跳	轻插重提泻法
上肢	加曲池、合谷	较大幅度提插捻转泻法
大腿	加阿是穴	较大幅度提插捻转泻法
小腿	加承山、三阴交、阴陵泉、阳陵泉	较大幅度提插捻转泻法
腰背部	加大肠俞	泻法

2.　穴位埋线疗法　是将羊肠线埋入相关穴位，利用羊肠线对穴位的持续刺激作用，一方面通过抑制食欲及消化吸收减少能量的摄入，另一方面增加能量消耗，促进体内脂肪分解，从而达到减肥疗效的一种治疗方法。

主穴取：天枢、关元、足三里、丰隆、三阴交等。配穴：脾虚湿阻证加中脘、水分；胃热腑实证加曲池；肝郁气滞证加气海、肝俞；脾肾阳虚证加脾俞、肾俞、中脘。常规消毒，在无菌操作下，埋线针穿线后用注线法将羊肠线注入穴位。15 天 1 次，3 次为一个疗程。埋线后

24 小时不沾水。注意一定要严格执行无菌操作，以防止感染。

（八）仪器减肥

是使用电子仪器达到减肥作用的一种物理疗法。通常是利用适度的输出电流，刺激肌肉收缩，加速血液和淋巴循行，促进细胞代谢，消耗多余脂肪。美容业常见的减肥仪有：电离子分解渗透治疗仪、抽脂按摩仪、微电脑减肥仪、高震按摩仪、酵素推脂减肥仪、光谱减肥仪等。

（九）吸脂减肥

是利用器械通过皮肤小切口伸入皮下脂肪层，将脂肪碎块吸出以达到减肥目的方法。适用于单纯性肥胖所致的局部肥胖且皮肤弹性好者，抽吸脂肪后局部皮肤能较好地回缩。

六、减肥按摩手法

（一）不同部位的减肥按摩手法

1. 瘦脸手法

（1）拉抹三线：五指并拢，左手掌从下颏拉抹到左耳前听会穴，右手四指指腹紧接着从下颏拉抹至听会穴；左手掌从地仓拉抹到听宫穴，右手四指指腹紧接着从地仓拉抹至听宫穴；左手掌从鼻梁左侧拉抹至太阳穴，右手四指指腹紧接着从鼻梁左侧拉抹至太阳穴。各线分别拉抹数次。左侧操作完后再操作右侧。（图 5-1）

（2）抚摩额纹：中指、无名指指腹由额中向上、向外画圈按摩至太阳穴。（图 5-2）

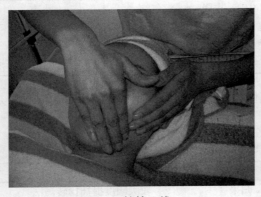

图 5-1　拉抹三线

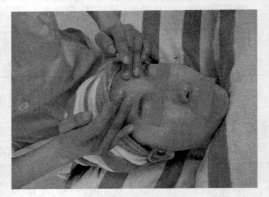

图 5-2　抚摩额纹

（3）轻拍面颊：食、中、无名、小指四指并拢，以手掌轻拍面颊。（图 5-3）

2. 肩部手法

（1）提拿颈侧、点揉风池穴：顾客取俯卧位，施术者站于顾客左侧。左手扶着顾客头部，右手拇指指腹与食、中、无名指的指腹相对同时用力，自风池穴向下提捏颈椎两侧至大椎穴两侧。在风池穴处点揉。如此反复操作数次。（图 5-4）

（2）提拿双肩、上臂：双手置于颈部两侧，拇指在肩后，其余四指在肩前，用虎口卡住肩胛提肌，双手同时用力，自颈部两侧沿双肩到肘部提捏肌肉。再依原线路返回复位，如此反复操作数次。（图 5-5）

（3）掌揉肩部：双手掌重叠从内向外用力作顺时针按揉肩部肌肉。如此反复操作数次。（图 5-6）

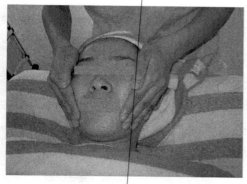

图 5-3 轻拍面颊

图 5-4 提拿颈部

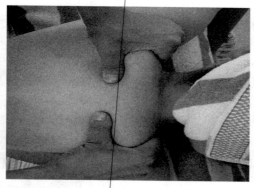

图 5-5 提拿双肩、上臂

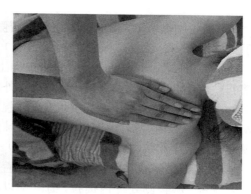

图 5-6 掌揉肩部

（4）叩拍双肩、双臂：双手微握拳，拇指屈于掌心，以四指近端指间关节及大小鱼际着力，抖腕以爆发力交替叩击肩臂肌肉。如此反复操作数次。（图 5-7）

（5）抚摩肩背：双手五指并拢，掌心向下、指尖向头侧着力于肩背部，双手掌同时用力向外、向下沿肩胛骨外缘摩大圈后再用力上推复位。如此反复操作数次。（图 5-8）

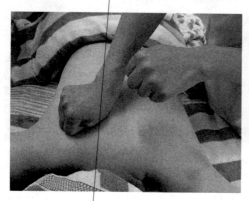

图 5-7 叩拍双肩、双臂

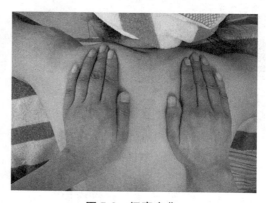

图 5-8 抚摩肩背

3. 腹部手法

（1）圈摩脐周：顾客仰卧位，施术者站于顾客右侧，四指并拢，在脐周旁开 3cm，左手掌着力于腹部作顺时针打圈，右手顺势按抚。反复操作数次。（图 5-9、图 5-10）

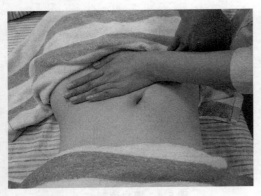

图 5-9　圈摩脐周（1）

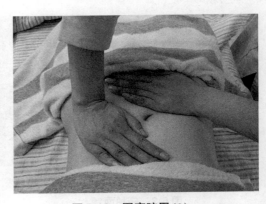

图 5-10　圈摩脐周（2）

　　（2）提拉腰侧：双掌根交替着力提拉腰侧，反手提拉另一侧。反复操作数次。（图 5-11）

　　（3）掌推腹部：双手五指并拢，指尖向上，全掌着力由小腹推到剑突下，双手同时向外旋转 90°，再分别沿左右肋下缘滑到腰侧，抖腕用爆发力将腰部肌肉上提并抖动，再顺势拉抹回小腹处。反复操作数次。（图 5-12、图 5-13）

　　（4）提推腹脂：双手五指并拢，一手掌着力于一侧腰部，从腰侧处往内提拉，另一手以手背同时从另一腰侧向内推挤。两手交错后互换手位。反复操作数次。（图 5-14）

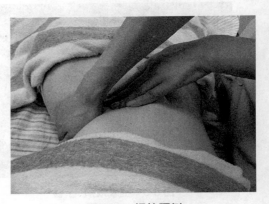

图 5-11　提拉腰侧

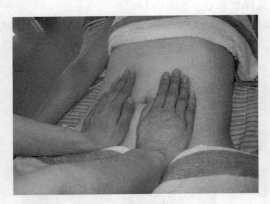

图 5-12　掌推腹部（1）

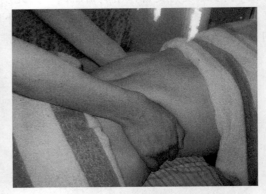

图 5-13　掌推腹部（2）

　　（5）啄捏腹部：双手五指微弯屈，掌心向下，五指指端垂直于腹部，同时以腕力快速啄捏腹部肌肉。如此反复操作数次。（图 5-15）

　　（6）推抹腹部：双手拇指由小腹推到剑突下，再分别沿左右肋下缘滑到两侧，手掌伸至腰下，再以食、中、无名三指指腹分别拉抹至腹股沟。如此反复操作数次。（图 5-16、图 5-17）

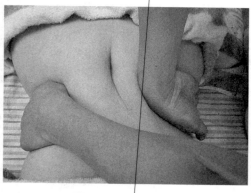

图5-14　提推腹部

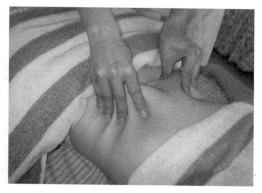

图5-15　啄捏腹部

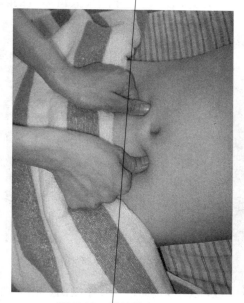

图5-16　推抹腹部（1）

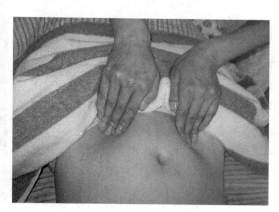

图5-17　推抹腹部（2）

4. 腰背部手法

（1）掌推腰背：取俯卧位，施术者站立于头侧，双手以掌推法自大椎穴两侧沿足太阳膀胱经（脊柱旁开1.5寸）推至腰骶部，再从腰背两侧拉回。如此反复操作数次。（图5-18）

（2）指推腰背：双手微握拳，拇指交叉夹紧于对侧掌心。以远端指间关节背侧向下用力推，接着以近端指间关节拉回。沿足太阳膀胱经（脊柱旁开1.5寸）推至腰骶部。（图5-19）

（3）按揉腰背：左手叠压在右手上，双掌重叠从上向下做顺时针按揉背部及腰部，直至皮肤发热为止。（图5-20）

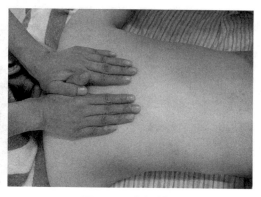

图5-18　掌推腰背

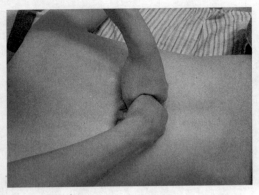

图 5-19　指推腰背

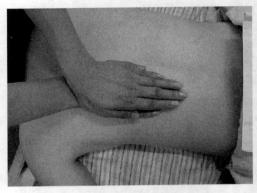

图 5-20　按揉腰背

（4）推搓背部：施术者站立于顾客左侧，双手虎口打开，以双手的拇指、大鱼际、四指近端指间关节横向交替推搓背部。（图 5-21）

（5）抓捏腰背：五指交替抓捏腰背部肌肉。（图 5-22）

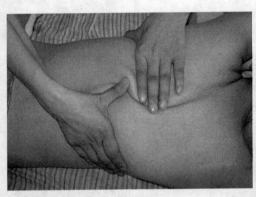

图 5-21　推搓背部

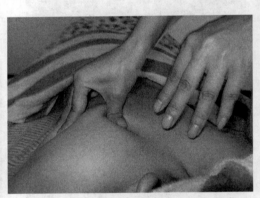

图 5-22　抓捏腰背

（6）叩击背部：五指并拢，两掌心相对但不接触，以小鱼际及小指外侧面叩击背部。（图 5-23）

（7）揉按膀胱经：施术者站立于顾客头侧，以双手拇指同时沿足太阳膀胱经第 1、2 侧线自上而下揉按至腰骶部。五指并拢从腰背两侧拉回。反复操作数次。（图 5-24）

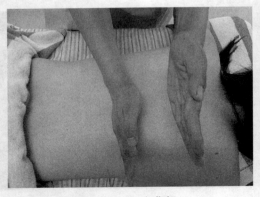

图 5-23　叩击背部

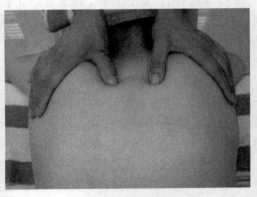

图 5-24　揉按膀胱经

5. 臀部手法

（1）揉按臀肌：顾客取俯卧位，施术者站立于顾客左侧，双手掌根紧贴皮肤揉按臀部肌肉，力度先轻后重，逐步加力。反复操作数次。

（2）环摩推托臀部：掌心向下，双手五指并拢平伸，指尖向头侧，全掌并排着力于尾骨两侧。沿臀大肌外侧作弧状拉抹至臀股沟中部，双手虎口打开，以双手大小鱼际快速向上推托臀肌。双手再向上推复位，如此反复操作数次。

（3）推压臀部：双手四指并拢，拇指与食指呈"V"字形，手尽量向手背方向绷直，以食指和拇指的内侧肌肉着力、前后交错向上推压臀肌。先操作一侧再操作另一侧，反复数次。

（4）拳叩臀部：双手握虚拳，以小鱼际外侧面快速交替叩击臀部。

6. 腿部手法

（1）掌推腿部：顾客取俯卧位，双下肢伸直。推左侧腿部时施术者站于顾客左侧，推右侧时则站于右侧。双手五指并拢平伸，横位一上一下同时置于腿部，由脚腕处向上推至臀横纹处，再以掌根为轴，手指向上旋转90°，指尖向上，手变为竖位，由两侧拉抹回脚腕处，上强下弱。反复操作数次。（图5-25）

（2）擦推腿部：肘关节微屈（约120°），以小指掌指关节背侧着力于腿部，并以此为轴，腕关节作伸屈运动，施擦法于腿部肌肉。（图5-26）

图 5-25 掌推腿部

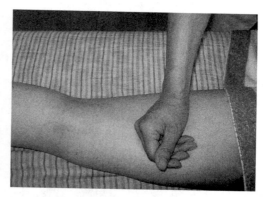
图 5-26 擦推腿部

（3）推压腿部：横压双手横位，掌根置于腿中部，指尖向腿两侧，分别用力向腿两侧推压。（图5-27）

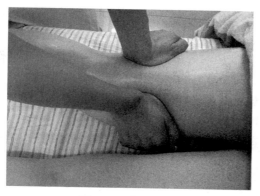
图 5-27 推压腿部

（4）拉抹腿部：双手掌交替将腿部肌肉拉向中线，重复数次后，双手重叠置于中线，再用力向下按压。（图5-28、图5-29）

（5）揉搓腿部：双手虎口打开，横握腿部，一手虎口张开全掌着力向前推，同时另一手虎口张开向回拉，双手交替反复揉搓。如此重复操作数次。（图5-30）

（6）掌叩腿部：双手指微屈，掌心向下，空掌以腕关节的屈伸交替叩击腿部。（图5-31）

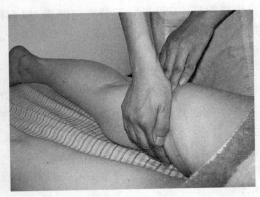

图 5-28　拉抹腿部（1）

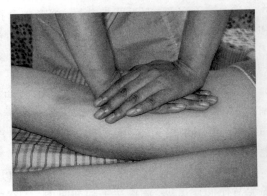

图 5-29　拉抹腿部（2）

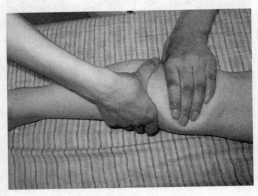

图 5-30　揉搓腿部

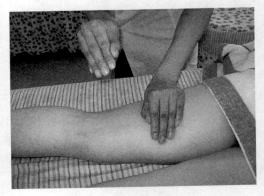

图 5-31　掌叩腿部

（二）注意事项

1. 按摩力度应根据顾客体质、耐受力及操作部位的不同情况而灵活调整，力度适当，达及深层。速度快慢适中，动作衔接变换要自然。

2. 有高血压、心脏病、糖尿病等疾病患者，局部有严重皮肤损伤及皮肤病患者，皆不适宜做减肥按摩。

3. 女性生理期间避免做减肥项目。

4. 饥饿状态下不宜按摩。

5. 施术者操作时注意力要集中，经络和腧穴定位要准确；双手要保持清洁和温暖，勿戴戒指，指甲要经常修剪。

（王　艳）

复习思考题

1. 专业健胸护理的程序及注意事项有哪些？
2. 点穴丰胸的中医理论是什么？
3. 肥胖的判定方法及常见的减肥方法有哪些？

第六章 常用美容仪器

随着社会经济的快速发展，科学技术的突飞猛进，美容仪器已成为美容市场上的一枝奇葩。人们利用电子、光学、化工、低温、运动、力学等先进的科技手段，开辟了崭新的美容领域。

美容仪器是美容养护和美容修复中不可缺少的辅助工具，只有依据不同皮肤性质及状况，选用适宜的仪器，才能达到预期效果。下面就介绍一些常用的美容仪器。

第一节 皮肤检测美容仪

皮肤检测美容仪经历了四代的更替，技术日渐成熟。第一代：普通的放大镜，需要由外部环境光做光源，因此环境的光线不足对检测的影响很大。第二代：光学仪器结合了电子技术，它由光学部件组成镜头，由电子元件完成信号采集/转换、甚至临时储存的功能，然后通过显示仪器显示出来。此时也出现了很多便携式测试仪系列，不需要连接电视或电脑，功能单一，使用方便，例如：SMH 水分计、SCALAR 电子数字皮肤水分计、CK 的油分测试仪等，它们使用液晶显示屏，功能单一，数字显示精确直观，从出现至今都深受欢迎。第三代：智能皮肤测试仪，涵盖了小型数字化的测试仪，USB 接口的便携式智能测试仪，台式专用电脑皮肤测试仪 etude 综合咨询指导系统，NAUplus 智能化测试分析系统。无需专业培训，电脑自动诊察分析；可以储存客户档案、测试资料，并打印诊察报告；采用与计算机连接，无需外接电源，可配合手提电脑在各种环境下应用；可以自动推荐产品，并可做公司形象、产品宣传；开放式分析系统让使用者不断完善升级自己的系统。第四代：在第三代的基础上发展而来，计算机的微型化也使得皮肤测试进入智能移动的时代，使外出之人可以方便的掌握皮肤的状态，但由于技术较新，现阶段的价格仍然昂贵，相信随着科技的进一步发展，会使其应用越来越广泛，并将会与 3G 移动技术相结合。

一、美容放大镜

美容放大镜有手持式、落地式、台灯式三种（图6-1）。

（一）作用

1. 提供放大及不刺眼的照明光线，以便重复进行肉眼观察，详细检视皮肤的微小瑕疵。

2. 增加皮肤治疗的专业性，借助美容放大镜，可有效地清除面部黑头、白头粉刺等。

图6-1 台灯式美容放大镜

（二）操作方法

1. 清洁面部，待皮肤紧绷感消失后，请被测试者闭眼，再用清洁纱布块盖住双眼，以免双眼被放大镜折射的光线刺伤。

2. 将放大镜对准被测试者皮肤，操作者俯身近距离观察皮肤纹理、毛孔等情况。

（三）结果判断（表6-1）

表6-1 美容放大镜下不同皮肤的特点

皮肤类型		镜下特点
干性皮肤	干性缺水性皮肤	①肤色一般较白皙；②皮肤干燥松弛，缺乏弹性，不润滑，无光泽；③表皮纹路较细，毛孔小，皮肤毛细血管和皱纹均较明显；④常有粉状皮屑自行脱落
	干性缺油性皮肤	①皮肤干燥，但与干性缺水性皮肤比较，略有滋润感；②皮肤缺乏弹性并松弛，缺乏光泽；③表皮纹路细致，毛孔细小不明显，有皱纹，皮肤粗糙；④常见微小皮屑
	中性皮肤	①面色红润而富有弹性，皮肤滋润光滑，既不干燥，也不油腻；②皮肤细嫩，无松弛老化迹象；③表皮部位纹理清晰，肌理不粗不细，毛孔较细，无粗糙及黏滑感；④未出现粉刺
	油性皮肤	①皮肤油腻光亮，颜色粗黄；②毛孔明显，皮肤纹理较粗，但不易发现皱纹；③皮脂分泌过多堵塞毛孔，形成白头粉刺；④皮脂被空气氧化可形成黑头，若被感染，则可形成痤疮，甚至脓疱疮
	混合性皮肤	在面部T区（额、鼻、口周、下颌）呈油性皮肤特点，其余部分呈干性皮肤特点
	敏感性皮肤	①皮肤毛孔紧闭细腻，表面干燥缺水；②皮肤薄，粗糙，有皮屑；③顾客自觉红肿发痒，多能看到丘疹，毛细血管表浅，可见不均匀潮红

（四）注意事项

1. 观察前，顾客必须彻底清洁面部皮肤。

2. 顾客的皮肤可能会受到季节、环境、气候以及本人的休息、健康状况等诸多因素的影响，观察时应以当时的皮肤状态为基准。

二、美容透视灯

（一）工作原理

美容透视灯又称滤过紫外线灯，是由美国物理学家罗伯特·威廉姆斯·伍德（Robert Williarms Wood）发明的，也有人称之为吴氏灯或伍德灯（图6-2）。它是由普通紫外线通过含镍的玻璃滤光器制成，由于不同的物质在它的深紫色光线照射下，会发出不同颜色的光，由此判断皮肤情况。

（二）作用

1. 紫外线灯射出的光线能够穿透皮肤，帮助美容工作者仔细检查顾客皮肤的表面及深层组织情况，判定皮肤类型。

2. 根据观察结果，便于制定和采取适宜的养护方案及措施。

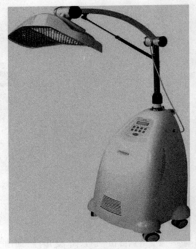

图6-2　伍德灯

（三）操作方法

1. 清洁皮肤后，用清洁棉片盖住顾客眼睛。

2. 关闭观察室窗帘及灯源，打开透视灯开关，使灯源距离顾客面部约15～20cm，开始观察。

3. 根据观察所得资料进行分析判断（表6-2，表6-3）。

表6-2　美容透视灯下皮肤色泽情况

皮肤状况	美容透视灯下显示
正常皮肤	蓝白色荧光
皮肤角质层及坏死细胞	白色斑点
厚角质层	白色荧光
水分充足的皮肤	很亮的荧光
较薄的、水分不足的皮肤	紫色荧光
缺乏水分的皮肤	淡紫色
皮肤上的深色斑点	棕色
痤疮及油性部位	橙色、黄色或粉红色

表6-3　黄褐斑在肉眼观察和美容透视灯下的色泽对比

黄褐斑	肉眼观察	美容透视灯下观察
表皮型	灰褐色	色泽加深
真皮型	蓝灰色	不加深
混合型	深褐色	斑点加深

（四）注意事项

1. 检测前，皮肤应洗净，不可涂任何药物或护肤品。

2. 美容透视灯应在暗室内使用。

3. 透视灯使用时间不能过长，以免仪器过热，缩短使用寿命。

4. 透视灯不能直接接触皮肤及眼睛，更不能直视透视灯光源。

三、皮肤检测仪

（一）工作原理

皮肤检测仪主要用于检测皮肤的性质，以便为皮肤病的治疗或美容护肤提供依据。皮肤测试仪由紫外线光管和放大镜两个部分组成（图6-3）。它是基于不同物质对光的吸收、反射的差异原理以及紫光的特点工作，即：不同性质的皮肤在吸收紫光后，会反映出各不相同的颜色，此时再用放大镜加以扩放，就能清晰鉴别出皮肤的不同性质。

（二）作用

通过观察皮肤的颜色，可测试皮肤的性质，并根据其性质制定相应的治疗和护肤计划。

（三）操作方法

1. 清洁皮肤后，请被测试者闭上双眼，再用湿棉片覆盖被测试者的眼部。

2. 美容工作者坐在被测试者对面，手持皮肤检测仪，灯管朝向被测试者，水平面置于被测试者面部，检测仪与面部间距为15～20cm，打开紫光进行观察，测试时间不超过2分钟。

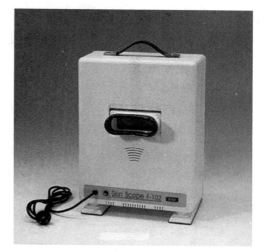

图6-3 皮肤检测仪

3. 仔细观察皮肤颜色特征，以便区别皮肤类型，检测完毕及时关闭开关，移开湿棉片后，再请被测试者睁开眼睛。

4. 根据颜色进行结果判断（表6-4）。

表6-4 皮肤检测判断标准

颜色	结果
青白色	健康中性皮肤
青黄色	油性皮肤
青紫色	干性皮肤
深紫色	超干性皮肤
橙黄色	粉刺皮脂部位
淡黄色	粉刺化脓部位
褐色、暗褐色	色素沉着
紫色	敏感性皮肤
悬浮的白色	表面角质老化
亮点	灰尘或化妆品的痕迹

（四）注意事项

1. 测试前必须请被测试者闭上双眼，并用湿棉片覆盖其眼部，以防视觉疲劳。

2. 测试时间最多不能超过2分钟，避免出现色斑。

3．面部有色斑者不宜使用检测仪，以免促使原有色斑加重。

4．严格掌握检测仪与被测者面部之间的距离，不能少于15cm，以免引起光敏性皮炎。

（五）皮肤检测仪的日常养护

1．使用时注意轻拿轻放，以免紫光管被损坏。

2．不要使用刺激的清洁剂或有机溶剂清洁仪器。

3．避免测试镜头接触油、蒸气和灰尘。

4．不能直接用水清洗，每天用干布擦拭仪器，放置于常温通风处，防止受潮。

四、皮肤、毛发显微成像检测仪

（一）工作原理

该仪器是利用光纤显微技术，采用新式的冷光设计，再放大足够的倍数，通过彩色银幕，直接观察局部皮肤基底层的细微情况，微观放大，及时成像，顾客可以亲眼目睹自身皮肤与毛发的受损情况，因此，它又被喻为皮肤的"CT"（图6-4）。

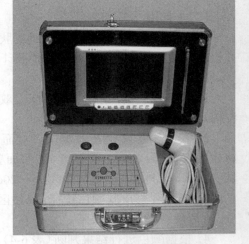

（二）作用

同皮肤检测仪。

（三）操作方法

1．接通电源，调整好镜头，用酒精棉球仔细消毒镜头。

2．将镜头接近顾客受检部位，轻轻接触皮肤，显示屏即出现高清晰图像。

3．如需留存资料，可启动彩色影像印制机，使之印成相片。

图6-4　皮肤、毛发显微成像检测仪

（四）注意事项

1．检测时皮肤应保持干燥，以免损伤镜头。

2．受检部位皮肤不得涂抹任何化妆品。

3．该仪器是光纤显微成像的精密检测仪，价格昂贵，需认真操作，轻拿轻放，避免碰撞使仪器受损。

五、专业皮肤检测分析系统

（一）工作原理

随着科学技术水平的提高，相继出现一系列高科技美容检测设备。专业皮肤检测分析系统就是利用专用皮肤电子数字水分计、皮脂测试仪、PH检测仪、色素测试仪、弹性分析仪及电子显微镜表面成像系统等，通过直接接触皮肤，或将图像及相关参数输入电脑进行分析，准确而量化地诊断出皮肤的水分含量、油脂含量、皮脂膜的酸碱值、皮肤的色素含量、弹性强弱程度及皱纹、粗糙度等皮肤的综合状况，帮助美容工作者及时发现顾客皮肤的各种问题，从而选择正确的处理方法。

（二）作用

1．检测皮肤油分水分　了解皮肤表面水分和皮脂分泌的状况，正确判断顾客皮肤的类型，判断皮脂腺是否分泌正常。

2．检测皮肤酸碱度　人体表面的皮脂膜，属于弱酸性。通过该测试仪所提供皮肤 pH 值的资料和数据，可以帮助选择适合皮肤 pH 值的护肤品，制定合适的护肤疗程。

3．检测皮肤黑色素及血红素　可准确测出这两种色素的含量，有助于美容工作者观察肤色、色斑及色素沉着的形成和变化，以便评定养护效果，进而找到有效的养护方法。

4．测试皮肤水分流失情况　可以定量检测皮肤表面水分流失情况，以便确定保湿化妆品的效果，使皮肤处于最佳状态。

5．检测皮肤弹性状况　该皮肤测试仪可正确分析顾客皮肤的弹性情况，也可间接检测出各种增强皮肤弹性的方法是否有效。

6．检测皮肤衰老状况　该皮肤检测仪可以通过分析皮肤表面的图像，提供皮肤皱纹、粗糙度等参数，从而分析皮肤衰老状况，为延缓衰老的美容护肤品及肌肤养护方法的功效评定提供科学依据。

（三）操作方法

1．先在测试点上作一标记。

2．将双面胶圈粘在探头上，掀去覆盖物。

3．将平面测试探头垂直压在皮肤上，选择测试模式。注意探头与皮肤的接触应适当，不能在皮肤上压得过紧，否则皮肤压入探头时可能擦伤透镜或在透镜上擦上油脂。压得过紧也会影响皮肤血液循环，从而导致测量结果出现误差。如果需要在皮肤上多毛的部位进行测试，则需剃掉测试区域的毛发，防止玻璃镜头被毛发或其附着物擦伤。

4．测试完毕后会直接出现数据或有一个结果曲线出现在相应的显示器上，利用相关软件即可分析该曲线。

5．在探头使用完毕后及时盖上原来的保护盖。

（四）注意事项

1．测试前，避免使用酸性或碱性的洁肤用品，以免影响测试结果。

2．电极探头只能用来检测未受伤的皮肤。

3．测量常在相同的室内条件下进行，即温度和湿度要保持恒定，只有这样才能对测试结果作比较。较为理想的室内温度为 20℃左右，湿度为 40%～60%。

4．测试者需要经过约 10 分钟的自我调节，以便让活动后的血压恢复到正常水平，强烈的情绪会引起出汗。过高的血压或出汗都会给测量结果带来误差。

（五）仪器保养

1．探头不能受震动或碰撞，以防其内的玻璃透镜被损坏。

2．使用探头要十分小心，探头内部要保持清洁，任何物品与玻璃透镜的接触都将导致它的损坏，探头内部不干净将引起测量结果的不准确。

 **知识链接**

皮肤 CT 测试仪怎样检测皮肤问题

皮肤 CT 测试仪由白光、紫外光和横截面偏振光三次三个角度高清成像，从不同侧面为肌肤的医学分析提供依据。其中，白光成像肌肤表面可见斑点、毛孔及细纹；紫外光暴露紫外色斑和面部感染度问题；偏振光通过对血红蛋白的成像展示，分析肌肤的血管情况、肤色均匀度。

第二节　皮肤清洁美容仪

一、喷雾仪

喷雾仪又称离子喷雾仪，分为热蒸气和冷气雾两种喷雾，可为多功能一体机，也可为单项功能机。两者均可带臭氧灯，产生臭氧。

（一）工作原理

热蒸气喷雾仪由蒸汽发生器包括烧杯和电热元件，工作时烧杯内盛自来水，电热元件经电解加热，使杯内水温逐渐升高，直至沸腾后产生蒸气，从蒸气导管的喷口喷出。

冷汽喷雾仪是经过特殊设计的超声波震荡，产生出冷喷雾。如果带有水质软化过滤器的功能，则可将正常饮用水中的钙、镁等离子分离出，对皮肤的刺激减小。

"奥桑"是英文"ozone"的译音。含义是臭氧（O_3）。在喷口附近装有臭氧灯，其产生的高压电弧或高频电场将空气中的氧气（O_2）激活成臭氧（O_3），臭氧极不稳定，可分解产生氧气（O_2）和负离子氧（O^-，也称游离态氧）。负离子氧更不稳定、活性更大，能对微生物的核酸、原浆蛋白酶产生化学变化致其死亡，从而起到杀菌消炎的作用。此外，负离子氧还极易复合成氧气，具有较强穿透能力，当其进入皮肤血管时，可增加血液的含氧量。水蒸气作为载体载着负离子氧喷射到面部，就可以发挥杀菌消毒的作用。

普通蒸气在臭氧灯作用下会产生具有杀菌消炎作用的蒸气，这就是奥桑喷雾（图6-5）。

图6-5　奥桑喷雾仪

（二）作用

热蒸汽喷雾仪的作用

1. 清洁皮肤　扩张毛孔，便于清除毛孔内的污垢。

2. 软化角质　蒸气使皮肤表皮软化，便于清除皮肤的老化角质细胞。

3. 补充水分　增加皮肤通透性，补充细胞中水分。

4. 促进血液循环　可使面部皮肤温度升高，血液循环加速。

热蒸汽喷雾仪一般用于皮肤清洁过程中，主要用于油性皮肤、暗疮皮肤、中性皮肤的清洁。

冷汽喷雾仪的作用

1. 收缩毛孔　收细毛孔，使皮肤光滑细嫩。

2. 镇静皮肤细胞　降低皮肤温度，镇静皮肤细胞，抑制过敏反应，抑制黑色素细胞合成黑色素小体。

3. 补充水分　增加皮肤通透性，补充细胞中水分。

4. 促进血液循环　冷刺激改进了局部血管舒缩反应，促进血液循环，加速细胞新陈代谢。

冷汽喷雾仪一般用于做面膜或冷敷过程中,适合任何皮肤,尤其适用于色斑、松弛、过敏性皮肤和毛细血管扩张的皮肤。

　　臭氧的作用

　　1. 增加血液中含氧量　O⁻穿透力强,可使血液中的含氧量增加,有利于营养皮肤。

　　2. 杀菌消炎,增强皮肤免疫功能　当含有臭氧的蒸气喷射于皮肤时,可杀死微生物,控制破损皮肤的炎症,加速伤口愈合,对暗疮皮肤有良好的养护效果。

　　（三）操作方法

　　1. 烧杯中注入蒸馏水或自来水(水量不可超过上限水位指标或低于下限水位指标)。

　　2. 若需做药喷,可将电木盖揭起,拉开过滤塑料杯,将药物放入杯内再盖紧,推回蒸气室内。

　　3. 接通电源,打开红色开关,热喷要预热5～6分钟后即有雾状气体产生,冷喷打开开关就有气雾,如需杀菌消毒,则按下紫外灯开关,使之产生奥桑蒸气。

　　4. 根据需要调节喷雾时间(表6-5),通常情况下热喷喷雾为10分钟左右,冷喷喷雾为20分钟左右。

　　5. 为防止水滴入眼内,眼部应盖上湿润的消毒棉片,待蒸气均匀喷出后再将仪器移至面部,调好喷口与面部的距离,其间距根据皮肤性质而定(表6-5),一般为30cm左右,施行喷雾养护。

　　6. 使用完毕后关闭开关,切断电源。

表6-5　不同类型皮肤的热喷蒸面时间和距离

皮肤类型	普通喷雾（分钟）	奥桑喷雾（分钟）	距离（cm）
油性皮肤	10	3～5	20～30
干性皮肤	5～8	2～3	30～35
中性皮肤	8	3	25～30

　　（四）注意事项

　　1. 加水时应按标准不能高于烧杯的红色标线或烧杯的4/5,以免产生喷水现象造成烫伤事故,最低水位要高于电热元件,防止电热元件被烧坏。

　　2. 喷雾仪的气体应从顾客额头上方向颈部方向喷射,避免雾体直射鼻孔,令人呼吸不畅而产生气闷的感觉,用冷喷时鼻孔用薄棉片盖住,以防感冒,并应调好喷口与面部的距离。

　　3. 依据皮肤性质掌握好喷雾时间,喷雾时间不能太长(热喷最多不超过15分钟),以免皮肤出现脱水现象。

　　4. 对于敏感皮肤、色斑皮肤、微细血管破裂的皮肤,不宜使用奥桑蒸气,以免引起过敏或加重色斑。患有精神病、心脏病、呼吸系统疾病和静脉曲张的患者也不宜使用奥桑蒸气,以防出现意外或加重病情。

　　（五）仪器的日常保养

　　1. 奥桑喷雾仪的喷口如果出现喷水现象,可能是水中有杂质将喷口堵塞,使蒸气不能顺畅排出所致。处理的方法是:

　　(1)更换烧杯内的水,再用纱布擦洗喷口。

　　(2)将电热器浸泡于6:4的白醋与水中,24小时后用手刷轻轻刷洗即可。

（3）直接用软质金属线蘸清水轻轻刷洗。

2．当蒸气四散而不集中时，可能是烧杯口上的橡胶软垫老化所致，此时应更换老化的杯口垫圈，并在使用时将杯子旋紧。

3．烧杯内应注入蒸馏水，以避免钙、镁等矿物质沉积形成水垢，每周还应清洗烧杯两次，从而延长喷雾仪的使用寿命。

4．连续使用需加水时，应先关闭开关，再加水。

5．用毕及时关闭开关，切断电源，用干布擦拭机体。

二、真空吸喷仪

（一）工作原理

真空吸喷仪是由真空吸管装置和喷雾装置及其附件组成的多功能美容机（图6-6），可以用来清除皮肤的污垢和毛孔皮脂，还可以滋润皮肤，调节皮肤的酸碱度。

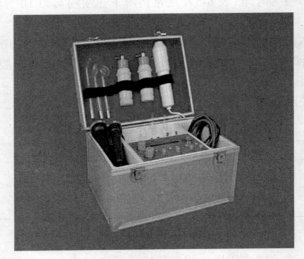

图6-6　真空吸喷仪

真空吸喷仪是由真空泵和电磁阀构成。工作时机器产生一连串脉冲，脉冲经二级放大后，由集电极接电磁阀输出。当处于正脉冲时有电极输出，使电磁阀移动，气流随即通过；当处于负脉冲时没有电极输出，电磁阀复位，气流截止，由此而产生真空吸喷作用。电磁阀的吸动周期由周期电位器控制，气流大小由电磁阀的动作力度旋钮进行机械调节，操作时可根据具体情况进行调整。

（二）作用

1．真空吸附的养护作用

（1）通过吸管的吸啜作用，清除毛孔深层中的污垢和堵塞毛孔的皮脂，使皮肤毛孔通畅。

（2）能促进血液和淋巴循环，将血液引向表层，有利于表层细胞吸收营养。

（3）可提供深入渗透性的按摩方式，刺激纤维组织，增加皮肤弹性，减少皱纹。

2．喷雾装置的养护作用

可根据皮肤护理的需要，分别装入调肤水、去离子水、杀菌消炎药水等，对面部皮肤均匀喷雾,起到调肤、补水、杀菌消炎等作用。

(三)操作方法

1. 真空吸啜

(1)用75%酒精消毒所选用的真空吸管后,将其套在塑料管上,与仪器相连。

(2)打开电源开关,操作者右手拿住吸管,中指按在吸管壁的小孔上,以控制吸管的密封程度,使吸管产生吸啜能力。

(3)操作者左手调节吸力强度控制旋钮,可在手背上测试吸啜强弱,标准是既能收到吸啜效果,又不损伤皮肤。

(4)将吸管移至顾客面部,根据不同性质的皮肤,选择不同的吸啜强度和方式开始吸啜。

1)连续吸啜:拇指和食指指腹捏住玻璃吸管,将管口对着皮肤,中指闭住吸管透气孔,随吸管连续移动到边缘时再放松透气。此法吸啜力较强,适用于油脂较多,皮肤较厚的部位。

2)间断吸啜:捏玻璃吸管的方法同前,区别在于此时中指在玻璃吸管的透气孔上应频繁、有节奏的点按,形成间断吸啜效果,注意持吸管的手移动要快,吸放频率也要快而有节奏,此法吸啜力较弱,适用于面积较大、肤质细嫩、松弛、皮肤较薄的部位。

3)强力吸啜:始终不放松闭住透气孔的中指,管口对着油脂多的部位一吸一拔。此法吸啜力极强,适用于油脂特别多的部位,如鼻尖、鼻翼有黑头粉刺的部位。

(5)吸啜结束,应先将吸管移离皮肤后,再将吸力强度调节钮旋转至零。

(6)关上电源开关,取下吸管,清洗后用75%酒精消毒备用。

2. 冷喷

(1)将适量的液态护肤品(如爽肤水)倒入塑料喷瓶内。

(2)将喷瓶套进塑料管,并与仪器相连。

(3)打开电源,操作者用中指和拇指捏住瓶身,食指按住喷瓶透气孔,使喷瓶内产生负压,液态护肤品随即呈雾状喷出。

(4)美容工作者手持喷瓶从顾客额头向面部喷洒,以防鼻孔进水。

(四)注意事项

1. 真空吸啜注意事项

(1)注意控制吸啜力的强度和频率,对油性、较厚皮肤及T区部位皮肤应加强吸啜的频率和强度,对较薄皮肤则反之,以免过强吸力损伤皮肤,出现皮下瘀血。

(2)吸管移动速度要快,不能在同一部位长时间吸啜。

(3)玻璃吸管要保持清洁,使用前后必须用75%酒精消毒。

(4)眼周皮肤较薄,不能做真空吸啜,酒渣鼻等有炎症的皮肤也不宜使用,以免加重感染。

(5)顾客不可频繁使用真空吸啜,以免皮肤毛孔扩大。

2. 冷喷注意事项

(1)喷瓶应保持通畅。

(2)喷雾瓶内不可使用浓度过高的液体。

(3)注意控制喷雾量的大小。

(4)做冷喷时应由额头处向下颌方向喷,防止喷雾进入顾客鼻孔。

（五）仪器的日常保养

1．各种配件轻拿轻放，使用完毕将其理顺，物归原处。

2．玻璃吸管、塑料软管用后均要及时消毒。

3．仪器应用干布擦拭，置于干燥通风处。

　知识链接

其他的皮肤清洁仪器

1．电动磨刷扫：由插头、电源开关、转动方向调节钮、转速调节钮等组成，并配置有各种型号的毛刷。作用：深入清洁皮肤表面，除去皮肤表面不易洗去的污垢、皮脂、汗液和化妆品，转动可促进皮肤血液循环，起到一定的按摩效果，可除去部分皮肤表面的老化角质，使皮肤光滑、柔软。

2．深层铲皮美容仪：通过超声波高频振动，将毛孔深层的污垢及油脂导出，起到深层清洁的作用。

3．超微小气泡皮肤清洁仪：属深度清洁设备，深层清洁皮肤的同时也能完成对治疗部位的营养供给。治疗原理：通过形成真空回路，将超细微小气泡和营养液充分结合，通过特殊设计的螺旋形吸头直接作用于皮肤，且能够保持超微小气泡长时间接触皮肤，促进剥离作用。超微小气泡与吸附作用相结合，在安全没有疼痛的状态下，深层洁面、祛除老化角质细胞、祛除皮脂、彻底清除毛囊漏斗部的各种杂质、螨虫及油脂残留物，同时使毛囊漏斗部充满营养物质，为皮肤提供持久的营养，使皮肤湿润、细腻、有光泽。

第三节　皮肤修复美容仪

在全套面部皮肤养护中，仅仅依靠美容工作者的徒手操作是远远不够的，因此需要经常使用各种功能的美容仪器，以弥补徒手操作之不足。

一、超声波美容仪

物体在进行机械性振动时，空气中产生疏密的弹性波，其中，振动频率为 20～20 000Hz 的机械振动波，到达耳内能引起正常人的听觉，形成声音，我们称之为声波。超过 20 000Hz 的机械振动波，不能引起正常人的听觉，被称为超声波。

（一）工作原理

超声波是由高频振荡发生器和超声波发射器组成的仪器（图 6-7），其发射的波是一种疏密交替、可向周围介质传播的波形，声波比一般声波能量更强大，此即为超声波。超声波具有频率高、方向性好、穿透力强、张力大等特点。当其传播到物质中，会产生剧烈的强迫振动，并产生定向力和热能。超声波作用于人体皮肤时便会加强皮肤的血液循环，促进新陈代谢，改善皮肤的渗透性，同时促进药物或各种营养及活性物质经皮肤或黏膜透入，从而达到养护皮肤的美容目的，简称声透法。超声波美容仪输出的超声波一般有连续波和脉冲波两种波。连续波，即超声射束不间断地发射，其波形声波均匀，热效应明显。脉冲波，超声射束有规律地间断发射，每个脉冲持

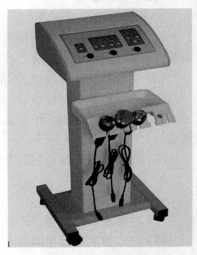

图 6-7　超声波美容仪

续时间很短，可以减少超声波产生的热效应。超声波主要有以下作用：

1. 机械作用　超声波具有比一般声波强大的能量，频率越高，振动速度就越快，提供的动能也就越大。当超声波作用于人体时，可引起组织中的细胞随之波动，组织得到微细而迅速的按摩，从而增强细胞膜的通透性，加强细胞新陈代谢，并提高组织的再生能力，从而使皮肤富有光泽和弹性。它还可使坚硬的结缔组织延长、变软，使细胞内部结构发生改变，引起细胞功能的变化。

2. 化学作用　超声波的化学作用主要表现为聚合反应和解聚反应。其聚合反应是将许多相同或相似的小分子合成一个较大分子的过程，小剂量超声波作用于机体时，能促进损伤组织的再生能力；解聚反应是使大分子黏度下降，分子量降低，超声波作用时，药物溶解黏度可暂时下降，利于药物透入和吸收，增强药物疗效。

3. 温热作用　超声波传入皮肤后，引起组织细胞间的摩擦而产生热能，同时声能被吸收的部分也转化为热能，促进血液与淋巴循环，加强新陈代谢，使细胞吞噬功能也增强，从而提高机体防御能力，促进炎症吸收。

（二）作用

1. 减轻或消除皮肤色素沉着　一方面超声波美容仪的声波冲击能破坏色素细胞内膜，干扰色素细胞的繁殖；另一方面，利用其化学解聚作用帮助祛斑精华素渗透于肌肤，从而化解色素，使色斑变浅变小。常用于化学性皮肤剥脱术后、磨削术后、激光术后、外伤、冷冻、炎症及痤疮愈后遗留的皮肤色素沉着、黄褐斑和晒斑等。

2. 消除眼袋和黑眼圈　超声波加上机械按摩产生的能量，可加速血液和淋巴循环，促使皮下脂肪溶解，增加皮下吸收，或使积聚过多的水分和脂肪消散，眼袋也随之减轻或消失；并且还通过加快静脉血液循环，使血液流通正常，达到消褪黑眼圈的目的。

3. 防皱除皱，活血祛瘀　超声波本身具有机械按摩作用，可调节皮下细胞膜的通透性，使药物抗皱霜迅速渗透入皮肤内；并可促进血液循环，增强新陈代谢，使皮肤缺水缺氧的情况得到改善，细小皱纹日渐消失，延缓衰老。机械按摩还可起到活血化瘀的作用，促使组织更快吸收，使瘀斑消褪。

4. 软化血栓，消除"红脸"　超声波的机械作用按摩扭曲变形的血管，再配合使用活血化瘀药膏，从而软化血栓、扩张血管、促进血液回流，矫正变形的毛细血管，使之恢复正常，从而达到消除"红脸"的作用。

5. 治疗炎性硬结痤疮及其愈后瘢痕　超声波加痤疮消炎膏，再配合适当的按摩（可以先轻轻按摩痤疮表面，待皮肤适应后再稍加压力），促进局部血液和淋巴液的循环；并利用药物导入，使炎性痤疮的充血现象得到改善，皮下硬结逐渐软化，同时也避免了硬结的形成。

6. 改善皮肤质地，促进药物或护肤品吸收。

（三）操作方法

一般采用直接接触辐射法，即超声头与治疗部位的皮肤直接接触，然后超声头在治疗部位作均匀缓慢的直线往返式移动（"之"字形），或作均匀缓慢的圆圈式移动（螺旋形），移动速度以 0.5～2cm/s 为宜。

1. 连接电源线与仪器，并根据治疗面积的大小选择合适的超声头（一般面积小的部位或皮肤有凹凸、狭窄处选择 1cm 超声头，面积大且平坦的部位选择 2cm 超声头），插入输出端，接通电源。

2. 将仪器工作旋钮调至预热位置，时间为 3～5 分钟。

3. 清洁顾客面部皮肤、蒸气喷面清除黑头粉刺等。

4. 选择适量的药膏或精华素、油剂、水剂或霜膏等，均匀地涂擦在面部和超声头上，以超声头操作时能灵活转动为准。

5. 根据顾客的肤质、年龄和个人感受情况调节超声波的强度，一般皮肤较薄的部位声波强度调为 $0.5～0.75W/cm^2$，皮肤较厚的部位声波强度调为 $0.75～1.25W/cm^2$。

6. 设定好治疗时间，一般为每次 5～10 分钟。将工作按钮由预热调至工作位"连续"或"脉冲"，即开始工作。

7. 美容工作者手持超声头，力度均匀地呈"之"字形或螺旋形缓慢移动。

8. 操作完毕，超声头离开皮肤，及时关掉电源。药物、精华素让其在皮肤上保留 5～8 分钟，使其充分渗透。

9. 取下超声头进行清洗、消毒，擦干后保存，以防交叉感染。

（四）注意事项

1. 超声波美容以前先要清洁面部，并涂上足够的面霜或药物后再使用，以防皮肤受损。使用的药物最好有一定黏度，黏度较好的介质可将超声头与皮肤较好地耦合起来，防止出现空隙，造成声能反射现象而不利于声能吸收。

2. 全脸治疗时间不超过 15 分钟，时间加长不会增加效果；每日或隔日治疗 1 次，或每周 2 次，10 天为一个疗程，两个疗程之间的间隔为 1～2 周。

3. 如果局部面积小，可用小探头，但声波输出要减至 $0.5～0.75W/cm^2$，时间为 8～10 分钟。如果顾客皮肤敏感，则最初强度要低，力度要轻，逐渐调整声波强度，并询问患者有没有灼热感和刺痛感（正常皮肤和敏感皮肤有温热感已足够）。超声头热度不代表声波输出功率，调的太高容易灼伤面部皮肤。

4. 严禁将工作时的超声头置于顾客眼部，以免伤害眼球。

（五）仪器的日常保养

1. 禁止仪器打开后，超声波声头长时间（30 分钟以上）不进行美容操作，以免超声头因过热而损坏。仪器连续使用时间也不可过长，若需连续使用，应按下暂停键，休息片刻。

2. 使用仪器时，也不能长时间使用最大输出功率，否则，容易损坏探头，如需大剂量输出功率时，应缩短设置时间，或两种工作方式交替使用。

3. 超声头用后应及时消毒、擦干，保持洁净干燥，仪器及配件置于干燥环境中，避免与酸碱物质接触。

4. 超声头轻拿轻放，用后及时归还原处。

二、高频电疗仪

高频电即频率为 100 000Hz 以上的电流，高频电对人体的作用有热效应和非热效应。热效应随高频电应用的振荡频率、电压、电流强度和治疗方式的不同，可起到组织修复和组织破坏两种作用；非热效应主要起到组织修复作用，使人体在感觉不到热的情况下出现白细胞吞噬能力增强、细胞生长加速、急性炎症受抑制等现象。

（一）工作原理

高频电疗仪由高频振荡电路板和半导体器件、电容电阻构成（图 6-8），安全的低电压通过振荡电路产生高频振荡电流，具有多种功能，能激发惰性气体发光，不同的光对组织产生不同的作用：当玻璃电极内充有氦气时，可产生紫色光线，当玻璃电极内充有氖气时，可产生橘红色光线；这种放电现象和光线可使人体局部的末梢血管交替出现收缩与扩张，从而改善血液循环；紫光还可使空气中的氧气电离产生臭氧，起到消炎杀菌的作用。高频振荡电流还能对组织进行烧灼、干燥、凝固、炭化、气化等。

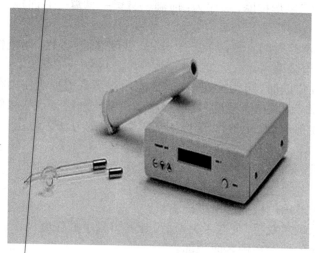

图6-8　高频电疗仪

（二）作用

组织修复的疗法　高频电疗仪的直流电疗法电流作用于皮肤表层；间接电疗法电流作用于皮肤表层以下。具体作用如下（表6-6）：

表6-6　高频电疗仪直接和间接电疗法的作用

直流电疗法	间接电疗法
1. 杀菌消毒，治疗痤疮，促进痤疮痊愈	1. 提高皮肤吸收药物、营养物质和抵抗细菌的能力
2. 电流传导使电极振动，对皮肤有轻微的按摩、镇静作用	2. 增进腺体的活动，使按摩达到更佳的效果
3. 促进血液及淋巴循环，提高细胞的再生能力，防止皱纹产生	3. 促进皮肤血液循环，经常使用可增加皮肤弹性
4. 减少皮脂分泌，促进新陈代谢	4. 帮助皮肤排泄和吸收

组织破坏的疗法　有四种治疗方法：电灼法、电干燥法、电凝固法、电切法，主要用于祛除皮肤表面的各种表浅较小的色素痣、赘生物、各种疣以及手术过程中切开、止血等。肥厚性瘢痕、瘢痕疙瘩体质或装有心脏起搏器者禁用。

（三）操作方法

1. 直接电疗法　常用于对痤疮处理之后的消毒杀菌。

（1）将电极棒插头插入电极插座中。

（2）根据所养护的皮肤面积及部位选择相应的电极：

大面积（如面颊、前额、颈部）——蘑菇形玻璃电极

中面积（如下颌）——勺形玻璃电极

小面积（如鼻窝）——棒形玻璃电极

（3）用 75%酒精消毒电极后，插在电极棒上。

（4）美容工作者打开电源开关，调节振动频率旋钮，在顾客可以承受的范围内电流由弱开始逐渐增强。美容工作者也可以在自己的手上感觉仪器强度。

（5）将玻璃电极紧贴顾客皮肤，不留空隙，否则容易产生电火花而刺激皮肤，自上而下地呈"螺旋式"或"之"字形按摩，顺序为：前额—鼻梁—鼻翼—右面颊—下颌—左面颊—鼻翼—鼻梁—额头。

（6）干性皮肤，治疗时间宜短，约 2～5 分钟，强度宜低；油性、暗疮性皮肤时间稍长，约8 分钟左右，强度可稍微偏高。

（7）处理暗疮性皮肤时，可用火花电疗法：先用湿消毒棉片遮住顾客眼部，美容工作者手持电极棒按下开关，调整电流强度，将电极稍微离开皮肤进行点状接触或轻拍皮肤，即可产生火花，点击炎症部位，这是治疗暗疮皮肤非常有效的方法。注意一个部位一次不超过10 秒。

（8）治疗结束后，将振动频率归零，关上电源开关，取下玻璃电极。

2．间接电疗法

（1）将消毒后的玻璃电极插进电极棒旋紧。

（2）用滑石粉涂顾客双手，使双手爽滑后，让其一只手握住电极。

（3）将按摩膏均匀地涂在顾客面颈部。

（4）美容工作者一只手紧贴顾客面部皮肤，另一只手打开电源开关。

（5）调节振动频率旋钮，在顾客可以接受的范围内逐渐增加电流。

（6）美容工作者缓慢而柔和地按摩顾客的面部皮肤，时间约为 10 分钟。按摩手法一般采用按抚法，以达到皮肤表面兴奋而深度松弛的效果。

（7）按摩停止后，美容工作者一只手紧贴顾客面部皮肤，另一只手将振动频率调至零，关上电源，撤离电极。

3．组织破坏的疗法

（1）麻醉　较小不麻醉，较大局部麻醉。

（2）开启主机预热，脚踏开关置于脚下备用，根据治疗区域选治疗电极。

（3）在Ⅰ档处调长短火，较小表浅皮损选短火档，较深皮损选长火档，之后通过调档来调节能量。

（4）将治疗电极接近皮损处，距离约 1～2mm，踩下脚踏开关，即产生电离子火花，瞬间可将病变组织凝固、炭化或气化，随即松开脚踏开关，电火花消失。

（四）注意事项

1．打开电源前，应向顾客解释操作过程中的情况，以免电极中发出的声音及紫光惊吓顾客。

2．应用直接电疗法时，面部皮肤要清洁、干爽，不能使用化妆品，以保证玻璃电极能顺利平稳地滑动。

3．间接式电疗法操作时，美容工作者至少有一只手停留在顾客面部，以免电流中断，影响效果。

4．应在玻璃电极紧贴顾客皮肤后方可打开电源，关闭电源时亦如此，然后再撤离电极。

5．应用此仪器做皮肤养护时，顾客应将金属饰物全部摘去，体内有金属植入者不宜使用此仪器。

6. 怀孕、酒渣鼻、敏感性皮肤、色斑性皮肤及患有严重皮肤病者禁用此法进行皮肤养护。

7. 仪器附件使用前后必须用 75% 酒精消毒,防止交叉感染。

8. 应用组织破坏法时,要严格掌握适应证与禁忌证,创面结痂要保持局部干燥,任其自然脱落,脱落后要防晒、防色素沉着,可配合生长因子促进局部修复。

（五）仪器的日常保养

1. 接通电源后工作显示灯不亮,无工作信号,处理方法是:

（1）检查仪器背后保险丝是否烧断,若烧断换上同样型号的保险丝即可。

（2）可能是电极棒的连接软线断裂,使电源被切断,应将线头重新焊接。

（3）查看电极棒内高压线包是否损坏,是否被击穿,是否出现局部短路现象,如有这些情况应由专业人员重新绕制或更换高压线包。

2. 接通电源后工作显示灯显示,但玻璃电极内无放电现象,可能是:

（1）玻璃电极的玻璃与电极顶端金属帽有裂纹,电极内不能形成真空,没有通电现象,应重新更换。

（2）电极把手内的铜片上有粘连物或生锈,都会影响电极的通电现象。应经常清理受潮生锈造成的污垢,排除污垢即可恢复其功能。

3. 经常检查电极管的密闭性,使用时轻拿轻放,并注意消毒。

4. 仪器用干布擦拭,并放置在干燥通风处保存,切勿用水浸湿。

三、丰胸美容仪

（一）工作原理

通过利用多种物理因子的协同刺激作用,能有效地刺激皮下组织,直至胸部肌肉群,从而修复乳房周围皮肤的弹性纤维;使血液循环加速,反射性刺激脑垂体性腺激素的分泌,激发乳房中脂肪细胞的堆积和胀大,促进乳房增大;同时由于胸部肌肉群得到充分按摩,支撑乳房的胸肌和韧带的强度与张力得到锻炼,从而矫正松弛下垂、低平的乳房,使乳房变得坚挺和富有弹性,恢复健美。

丰胸仪适用于因各种原因导致失去坚挺和结实的正常乳房（重而下垂）和发育不良的低平乳房（小而低平）。常用的丰胸仪有自动韵律按摩丰胸机和电脑丰胸仪（图6-9）。

（二）作用

1. 增加乳房结缔组织,改善发育不良的乳房状态。

2. 使血液循环加速,性腺激素分泌增多。

3. 刺激胸肌纤维细胞活动,锻炼支撑乳房的胸肌和韧带,使乳房坚挺圆润而富有弹性。

4. 促进乳房海绵体蓬松,使乳房下垂得到改善。

（三）操作方法

1. 自动韵律按摩丰胸

（1）量胸围作记录。

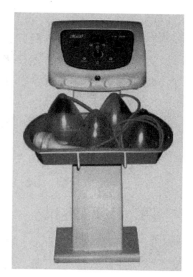

图 6-9　丰胸仪

（2）用洗面奶清洁胸部。

（3）热毛巾热敷双侧乳房或红外线灯局部照射 10 分钟，使毛孔扩张，血液循环加速。

（4）均匀涂擦健胸膏，以柔力按摩双侧乳房 10 分钟。

（5）用 75% 酒精棉消毒丰胸杯罩后，罩在两乳上，打开电源，产生负压，通过间歇负压吸引乳房，罩杯边缘无缝隙。

（6）调整吸力，从最小开始调整频率和幅度，至受术者接受为止。

（7）丰胸在 10～15 分钟内完成，吸引时间太长会造成皮下出血。

（8）关闭开关，移开杯罩，清洗胸部，涂抹营养霜。

（9）量胸围作记录，并与健胸前记录相对比。

丰胸养护应坚持连续进行，每日一次，10 次为一个疗程。一般年轻人乳房发育不良者见效快，中老年人或哺乳后乳房下垂者见效较慢。

2.电脑丰胸　　处方 N 是健胸、增大乳房；处方 K 是健胸、结实乳房。其操作方法如下：

（1）用温和清洁乳液清洁乳房，每侧胸部喷雾 5 分钟，并涂上丰胸膏，附以手法按摩或用毛巾等物热敷，打开毛孔，软化皮脂并促进血液循环。

（2）将电极（共三组）分别插入主极、副极插孔内，黑红电极插入两个专用乳罩电极插孔内（一红一黑），余下另一对电极不用。

（3）将丰胸膏涂在丰胸仪的两个杯罩黑色部位，根据乳房大小将杯罩调节好后紧贴胸部，然后用文胸或绷带固定，确保接触紧密，不留空隙。如两侧乳房大小不均，可治疗单侧。

（4）打开电源开关，选择处方 N 或 K。

（5）调整按摩强度调节键至顾客有明显感觉为止，治疗时间也可随时调整。

（6）治疗结束，电脑自动复位，中间可手动复位，更换处方。

（7）20 天为一个疗程，每日 1 次，每次 15 分钟左右。

（四）注意事项

1.吸力强度的调整要由弱渐强，皮肤细嫩、松弛者吸力稍弱一些，皮肤弹性好的人，吸力可适当强一些。

2.丰胸时每次应用时间最长不能超过 15 分钟，需要继续使用者，要间隔 10 分钟。

3.有皮肤病或皮肤溃疡者禁止做丰胸仪养护。

4.摘除双侧卵巢或全部生殖系统器官的人没有必要做丰胸养护。

5.做过填充术丰胸的人禁止做丰胸仪养护。

6.女性怀孕期、哺乳期禁止做丰胸养护。

（五）仪器的日常保养

1.丰胸杯罩每次使用后用 75% 酒精棉擦拭消毒，以免交叉感染。

2.仪器轻拿轻放，用后以干布擦拭，置于干燥通风处。

四、射频美容仪

射频（radio frequency，RF）美容技术是一种非手术、准医学的全新美容方法，可以拉紧皮下深层组织和收紧皮肤，达到使下垂或松弛的面部重新提升的效果。

RF、e 光与 IPL

RF，即射频电流，是一种高频交流变化电磁波的简称，表示可以辐射到空间的电磁频率（300kHz～30GHz），美容业主要利用其射频能量进行祛皱、美白等。

IPL（intense pulsed light），即强脉冲光，是一种很柔和、有良好光热作用的光源。基于光的选择性吸收和强热量原理，照射皮肤后会产生生物刺激作用和光热解作用，而被用于治疗痤疮、老年斑、色斑，改善皮肤等。

e 光的核心技术主要是：射频＋光能＋表皮冷却，是射频能量与强光优势互补、结合进行治疗的技术，在光能强度较低的情况下强化靶组织对射频能的吸收，极大地消除了光能过强的热作用可能引起的副作用和顾客的不适。广泛用于祛斑、脱毛、祛除红血丝、除痣等。

（一）工作原理

RF 射频美容仪利用每秒 600 万次的高速射频技术作用于皮肤，皮肤内的电荷粒子在同样的频率上会变换方向，随着射频高速运动后产生热能，真皮层胶原蛋白在 60～70℃的温度时，会立即收缩，让松弛的肌肤马上得到向上拉提、紧实的拉皮效果，促使皮肤快速恢复到年轻健康的状态；同时，皮肤组织在吸收大量热能后，使真皮层的厚度和密度增加，皱纹得以抚平，达到消除皱纹，收紧皮肤，延缓皮肤衰老的美容效果。（图 6-10）

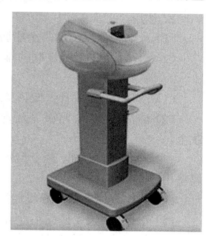

图 6-10　立式 RF 射频美容仪

（二）作用

1．收紧皮肤，提升面部。

2．改善肌肤的新陈代谢，光嫩皮肤。

3．祛除皱纹，修复妊娠纹。

（三）操作方法

1．用适合顾客皮肤的洗面奶初步清洁皮肤。

2．接通电源，开机预热。

3．在顾客治疗部位涂上一层冷凝胶。

4．连接 RF 射频探头和紧肤电流棒，设置工作时间，一般为 20～40 分钟。

5．美容工作者分别用 RF 射频探头和紧肤电流棒在面部皮肤上轻轻滑动，操作手法由内向外，由下向上，与皱纹方向垂直、与肌肉走形相一致，重点集中在眼角、嘴角的表情纹和其他有皱纹的部位，每个部位养护时间约为 15 分钟。

6．养护完毕，清洗凝胶，涂抹营养霜。

（四）注意事项

1．安装心脏起搏器、有金属植入、怀孕、发热、晚期病证、出血性疾病、治疗区有严重皮肤病者，以及有注射皮下填充物者禁止使用。

2．通常情况下，RF 射频美容养护需要 20～40 分钟。如果顾客对疼痛或者热度敏感，可以在治疗部位涂抹一层具有镇静或者缓解疼痛的冷却凝胶或喷雾。

3．少数顾客在养护后皮肤有微红现象，不必处理，可在几小时后自行恢复正常。

4．加强皮肤保湿和防晒养护。

5．一周内勿用热水洗脸（不超过体温的水即可），勿泡温泉及桑拿浴。

6. 做过手术拉皮、光子换肤或者祛斑类美容，须 2～3 个月以后才可使用 RF 射频仪器治疗；局部做吸脂手术者须 1 个月后方可进行治疗；皮肤正在过敏、痤疮等都需要好转后再进行治疗。

五、美体塑身减肥仪

美体塑身减肥仪常用的技术是：电子分解、电子机械运动、射频、超声波、制冷设备等，产生的效应是机械运动、局部加热、局部负压、局部脂肪组织损伤等，使局部组织代谢增强，促进局部血液及淋巴循环，刺激局部皮肤纤维结缔组织增生重组，脂肪细胞热溶解或冷损伤等，达到局部皮肤弹性增强，脂肪体积或数目减少而塑形纤体的效果。

常见的美体塑身减肥仪有以下几种：电离子分解渗透治疗仪、电子肌肉收缩治疗仪、抽脂按摩仪和高震按摩仪，爆脂机，冰动力减肥仪等。

（一）电离子分解渗透治疗仪

1. 工作原理　主要是利用输出的适度电流，分解多余的脂肪，尤其是积聚于大腿、腹部、臀部等部位的脂肪，还可增加皮肤的通透性，清洁皮肤，帮助皮肤排泄废物等。

2. 作用

（1）分解积聚局部的多余脂肪。

（2）清洁皮肤，增强皮肤的排泄功能。

3. 操作方法

（1）治疗前，受术者先做热身运动，或先对治疗局部进行 5～10 分钟的人工按摩。

（2）清洁皮肤后，将减肥药膏涂于薄纱布，置于负极之金属垫下，贴于被治疗部位的皮肤上。

（3）再取一层纱布，蘸上温水，放在另一正极之金属垫下，贴于皮肤上，并将正、负极金属垫用束带固定。

（4）两块金属垫都用导线连接到治疗仪上，然后开机，由弱到强调节电流强度。

（5）治疗过程中，接受治疗者在金属垫覆盖的部位会有温热感，若无不适，可不予处理。

（6）初次治疗，开机时间以 10 分钟左右为宜，逐渐增至 20～25 分钟，每周 2～3 次。

4. 注意事项

（1）所用药物应有正、负极的明显标注，不可混用，治疗者应掌握所用药物的性能。

（2）烫伤、晒伤、皮肤破损、敏感性皮肤禁用此仪器；经期、皮肤血液循环失调、对热力敏感者也禁止使用。

（二）电子肌肉收缩治疗仪

1. 工作原理　电子肌肉收缩治疗仪有节奏调节和强度调节两种控制装置：节奏调节可控制肌肉收缩时间的长短；而强度调节则可控制电流的强弱。机身带有 8 条不同颜色的电流输出带，每条带子连有两块导电的胶垫，因而又叫十六片减肥治疗仪，如果连有 20 个金属垫片，则称之为二十片电子减肥治疗仪。电子肌肉收缩治疗仪就是通过电流刺激肌肉收缩，使血液及淋巴循环也随着肌肉的活动而加快，从而促进细胞功能活动，排泄多余的脂肪和废物。该治疗方式可用于全身个别肌肉组织或多组肌肉组织。

2. 作用

（1）通过电流刺激肌肉收缩，消耗体内过剩的热能，防止过多的脂肪囤积，达到减肥目的。

（2）刺激局部组织，加速血液及淋巴循环，增强肌细胞功能活动，排泄废物。

3．操作方法

（1）在电疗前，先用水蘸湿胶垫，以使电流分布均匀。

（2）根据治疗需要，将蘸水胶垫按于不同的肌肉组织上。胶垫通常采用全身分布法，让身体的两边同时接受同样的治疗，具体有长型和斜型等不同放置方法：

1）臂、臀、腹及腿部，一般采用对称分布的方法放置。

2）背部肌肤，一般采用多组橡皮筋带将胶垫分组系紧。

3）若胸部肌肤松弛，可将胶垫置于乳房之下及乳房之上端。

（3）打开电源，调节每一组胶垫的电流频率及强度，亦可个别操作。

（4）治疗结束，关闭电源，取下胶垫，及时用消毒药水及清洁剂洗净。

4．注意事项

（1）应根据肌肉组织的活动原理，正确放置胶垫的位置，切忌将两组相连的肌肉做相反方向的收缩活动。

（2）电流应由弱逐渐加强，让顾客有一个逐步适应的过程，避免电流突然过强，使人产生强烈的刺激。

（3）孕妇、患有心脏病、高血压的顾客以及体内有金属支架者禁止使用。

（4）操作完毕后应将输出带理顺挂好，勿折叠扭曲受压。

（5）胶垫注意清洁消毒，防止交叉感染。

（6）仪器用干布擦拭后，放置于干燥环境中。

（三）抽脂按摩仪

1．工作原理　抽脂按摩仪的原理是将抽空负压的胶杯由胶管连接至抽脂机上，把负压胶杯放置于脂肪积聚处，利用胶杯在身体淋巴系统活动，刺激血液及淋巴循环，强壮肌肉纤维，增强新陈代谢，从而达到消散脂肪的目的。

2．作用

（1）刺激血液及淋巴循环，增强新陈代谢，消散脂肪。

（2）帮助排泄皮肤的废弃物。

3．操作方法

（1）接受治疗者先做桑拿浴或热身运动，使全身肌肉纤维温暖而松弛，提高抽脂效果。

（2）在顾客拟抽脂部位的皮肤上涂抹一层按摩油。

（3）选择型号合适的抽脂按摩杯连接在抽脂机上。

（4）接通电源，打开开关，调整强度。胶杯内壁及杯口处均匀涂上按摩膏之后，扣于需治疗部位的皮肤上。

（5）将胶杯向最近的淋巴做有节奏的缓缓移动按摩，按摩部位可作轻微重复，以便减少不适及敏感。

（6）一个部位治疗结束后，操作者可将手指伸入杯内，破坏负压，再将杯移至另一部位，继续上述治疗。

（7）各部位治疗时间不超过 30 分钟，每周 2 次为宜。

4．注意事项

（1）操作时胶杯与肌肤不宜吸得过紧，以免引起毛细血管破裂。

（2）肌肤、脂肪抽起的程度不可过高，一般不超过胶杯高度的 1/5，否则皮脂抽空作用使皮肤过分隆起,会引起瘀肿或不适。

(3)治疗结束后,胶杯应清洁消毒处理。

（四）高震按摩仪

1.工作原理　高震按摩仪可在做圆形按摩的同时上下震动,既可运动肌肉,保持肌肉强健,又可促进血液循环,分解脂肪;还能使接受治疗者感觉舒适,松弛紧张的肌肉,缓解肌肉疲劳和疼痛,从而替代人手按摩,减轻人工按摩的负担。

高震按摩仪配有不同形状、质地的按摩头,以适应不同按摩用途、按摩部位的需要。

2.作用

(1)分解脂肪,达到减肥目的。

(2)促进血液循环,增强细胞新陈代谢,改善肤质。

(3)运动肌肉,解除疲劳。

(4)松弛肌肉,减轻肌肉疼痛。

3.操作方法

(1)在按摩之前,顾客应先进行热身运动,以使全身肌肉松弛、温暖。

(2)将按摩油或爽身粉涂于欲按摩部位,方便按摩头的滑动。

(3)选择光滑、柔软的按摩头,置于仪器导管的另一端。

(4)接通电源,打开开关,一手持按摩头做长形缓慢推拉动作,另一手辅助推动肌肉配合按摩头的移动。

(5)根据需要更换按摩头后,继续做移动式按摩。

1)腿部按摩:腿部按摩可先用曲型按摩头或擦头按摩头做表层按摩,然后用圆粒按摩头做深入震按,震按应与人手按摩交替进行。

2)腹部按摩:用擦头或大圆头做圆形按摩,可改善消化系统失调状态及肤质粗糙。

3)背及上臂按摩:可选用圆粒按摩头在有脂肪堆积的部位做较深层的按摩。背部按摩还可选用擦头或圆头按摩头,并采用滑动式的手法。但要避免在脊背上按摩,以免引起不适。

4)臀部按摩:按摩时可选用擦头或圆头按摩头,开始时可做短时间的推进按摩,然后加重力度。

4.注意事项

(1)孕妇、女性经期及患有肿瘤、静脉曲张者禁止使用。

(2)臀部按摩时应注意避免刺激两股之间。因为此处有大神经通过,过分刺激会造成神经发炎、疼痛或下肢暂时性的肌肉失调。

六、激光医学美容仪

（一）工作原理

1.激光器的构成　激光器是指受激光辐射放大而形成的光发生器(图6-11),它包括:

(1)工作物质:可以是固体如铬离子熔于氧化铝晶体(固体红宝石)、液体如若丹明染料、或气体如二氧化碳,这些物质能使粒子反转,简称反转系统。

(2)激励源(泵浦源):可以是用于固体激光的光泵浦,进行强光激励,如氙灯;或用于激励气体的放电源,泵浦源能使工作物质引起粒子数布尔反转,或在半导体注入电流等,简称激励系统。

（3）共振腔：在工作物质的两端加上两块互相平行的反光镜，其中一块为全反射镜，另一块就是半反射镜，在两个反射镜之间，就形成了光学共振腔。

（4）传导系统

2. 激光器工作原理　激光器的工作方式就是由泵浦源（激励系统）给激光材料（工作物质）输入能量，工作物质受激辐射后产生光束，在光学共振腔中反射。从一定的泵功率开始，由激活的激光材料产生自激的无阻力的固有振荡，形成谱线很近的一系列的膜。在两个反射镜之间，形成光波柱，其中有一个半透明的反射镜，激光就是从这个半透明的反射镜中输出相关的、高能量的激光束。

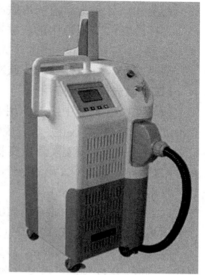

图 6-11　激光美容仪

利用激光束和人体组织接触并被吸收后，大量的光转化为强烈的热能，这种热能使组织细胞干燥脱水，导致病变部位脱落、坏死，从而达到美容目的。

3. 激光的物理特性

1）单色性　是指激光发射的光为单一波长或一个窄带波长的光。

2）相干性　是指激光发射的光在行进时方向、时间、空间都保持一致，即光束聚焦很强，不易发散，可以被聚焦成类似波长本身一样窄的光斑大小。

3）平行性　是指激光发射的光在长距离发射时可保持平行特性，不发生弥散或弥散极少，没有明显的能量损失。

4）高能量　由于激光波长单一，相干性好，所以激光几乎能聚焦成一点，并具有非常高的能量。

4. 激光治疗基础知识

1）皮肤的吸光基团：水、血红蛋白、黑色素、文身色素。当激光照射皮肤时，这些色素基团就吸收光，光能转化为热能。

2）激光选择性光热作用：选择性加热皮肤靶组织（吸光基团）。激光束照射靶组织并被吸收后，大量的光转化为强烈的热能，这种热能使组织细胞变性坏死，导致病变部位吸收、脱落，从而达到美容目的。加热温度必须保持大部分皮肤温度低于 $60\sim70℃$，否则胶原变性明显，可能形成瘢痕。

3）穿透深度与波长相关：在 $280\sim1300nm$ 范围，波长越长穿透越深；低于 280nm，被蛋白质、尿酸和 DNA 吸收，穿透浅；高于 1300nm，被水吸收，穿透力减弱。

4）热弛豫时间　加热组织通过弥散减少一半热量所需的时间

5）调控激光——组织效应的参数：

波　　长　　特定的，单一波长或倍频。

能量密度　　单位面积上照射的能量的数量，可调节。

能量强度　　单位面积上传输的功率，可调节。

光斑直径　　直径越小，穿透越浅；直径越大，穿透越深。可调节。

脉冲宽度　　激光照射时间，可调节。

6）皮肤冷却

冷却介质　　气体、液体、固体。

前冷却　　　治疗前的皮肤冷却：冷喷、冷敷、冰敷、冷凝胶，以保护皮肤。

平行冷却　　治疗中的皮肤冷却：冷凝胶、激光冷却系统、冷却蓝宝石。在皮肤上使用冷却蓝宝石，可以安全传送非常大的能量密度。

后冷却　　　治疗后的皮肤冷却：冷喷、冷敷、冰敷，以减少疼痛和红斑。

（二）激光的临床应用

激光在医学美容中主要应用于：剥脱性皮肤重建即激光换肤术、血管病变治疗、色素病变治疗和文身祛除、脱毛、非剥脱性嫩肤、局灶性光热作用等。

1. 剥脱性皮肤重建（激光换肤术）

治疗病变：光老化、瘢痕、汗管瘤、表皮痣、脂溢性角化等浅表性病变。

常用激光：

远红外波段短脉冲的 CO_2（10 600nm）

铒掺钇铝石榴石（Er：YAG）（2940nm）

原理：波长为 10 600nm、2940nm 均可被水强烈吸收，使高温瞬间气化导致热损伤，表皮受损剥脱，真皮胶原纤维受热收缩和重塑。

常见并发症：出血、瘢痕、色素沉着。

2. 血管病变治疗

治疗最佳波长：靠近 542nm 及 577nm 的波长，此为血红蛋白吸收峰值。

作用：毛细血管扩张、血管瘤、鲜红斑痣等血管病变。

原理：氧合血红蛋白吸收光导致热损伤凝固，阻断血流及小血管热损伤闭合。

常用激光：

1）钕：钇铝石榴石（Nd：YAG）（585～600nm）

2）585nm 闪光灯泵浦脉冲染料激光　　是目前血管病变的标准治疗。

副作用：紫癜。

3）铜蒸气或溴化亚铜激光　　　578nm

副作用：水肿，痂皮形成。

4）磷酸肽钾盐激光　　　532nm

副作用：痂皮形成，水肿。

3. 色素病变治疗和文身祛除

黑色素可吸收紫外线到近红外线波长的光，故可用于治疗黑素的激光选择面很广，治疗波长的选择部分是避免其他色素基团吸收峰值，最佳脉宽是 70～250ns，因此，Q 开关激光非常适合针对黑素小体治疗，当达到黑素颗粒破碎的能量阈值后，色素细胞即死亡。

常用激光：

1）Q 开关红宝石激光（694nm）：脉宽为 20～40ns 时，可治疗除红、黄亮色调的绝大多数颜色，炎症后色素沉着和黄褐斑对激光反应差。

2）Q 开关紫翠玉激光（755nm）。

3）Q 开关 Nd：YAG 激光（1064nm）：治疗真皮黑素细胞增多症，如太田痣，对红、黄色有效，对绿色无效。

部分文身在激光治疗后会出现过敏反应，出现瘙痒、皮疹等。

4. 脱毛

永久性脱毛：破坏外毛根鞘隆突部的毛囊干细胞和（或）毛囊基底部的真皮乳头，这些非色素靶目标远离有色毛干的黑素细胞团，为了损伤非色素靶目标，热量需由含色素部位向周围弥散，因而要用高能量，长脉宽的激光。

常用激光：

1）半导体激光（810nm）：目前脱毛效果最好，应用最广。少数治疗后出现色素沉着，一般3～6个月消褪。

2）紫翠绿宝石激光（755nm） 不良反应为散在的结痂和毛囊炎，部分患者用其治疗皮肤色素沉着。

对较粗壮而较黑的毛发效果好于较细和浅色的毛发，对金色和白色毛发均无效。

激光对生长期毛发有效，对退行期、静止期的毛发无明显效果，只有等这些毛发转入生长期后激光才起作用，故激光脱毛需要多次治疗效果才明显。

并发症：损伤表皮。

5. 非剥脱性嫩肤

作用于真皮的轻微热效应，刺激真皮创伤愈合反应，消褪皮肤不规则色素沉着，非剥脱性的嫩肤效果是逐渐显现的。

6. 局灶性光热作用

激光照射形成微小的热损伤灶，刺激表皮和真皮更新，即局灶性换肤。

（三）操作方法

1. 氦氖激光器

（1）顾客取合适体位，暴露患部加以清洁。

（2）根据病情和激光功率调整适当的距离，启动开关，调节光斑大小，使光斑垂直照射病变部位。

（3）每日或隔日一次，每次10～20分钟，10次为一个疗程。

2. CO_2 激光

（1）治疗前局部常规消毒后，用利多卡因或普鲁卡因作局部浸润麻醉。

（2）打开开关，调整 CO_2 激光光束，使其对准患处照射，一边照射，一边用湿棉球擦掉表面炭化物，表浅病变一次即可治愈。若病变较深，可用75%酒精棉球擦掉硬痂，再次照射，直到深部病变组织凝固坏死。

3. Q开关激光

（1）治疗前，常规消毒，先用激光脉冲测试顾客对治疗的承受能力，以便确定是否需要麻醉。

（2）患者取合适体位，根据年龄、皮损部位、病变颜色及个体反应等调节波长和能量密度。

（3）治疗后局部涂抗生素软膏。

4. 氩离子激光

（1）治疗部位常规消毒后施行局部麻醉。

（2）将激光输出孔对准病变部位，距离2～4cm，以平均每平方厘米治疗区400～900脉冲，对准病灶进行均匀扫描，每次照射区以4～6cm² 为宜。

（3）照射后6个月内避免日晒，防止色素沉着。

（四）禁忌证

1．相对禁忌证　曾做过化学剥脱、物理磨削、其他换肤术、皮肤放疗、吸烟、糖尿病、增生性瘢痕史、色素异常、不稳定个体等，激光治疗操作时要慎重。

2．绝对禁忌证　自身免疫性疾病、瘢痕体质、光敏性、孕妇、治疗区炎症、最近一年内使用维 A 酸药物、不愿意术后 6 个月内进行防晒及接受磨削术风险等。

（五）注意事项

1．眼保护　近红外 Q 开关皮肤科激光对眼睛伤害最大，即使只有 1% 的光束遇到反光金属、眼镜或塑料表面反射入眼镜，也可迅速且不知不觉地致盲，故患者、医生及相关人员都应防护，需遵循以下防护措施：了解所使用的激光波长，眼镜或眼罩提供的保护值在 4 或以上，正确使用激光和眼罩等。

2．火灾防护　CO_2 激光和 Er 激光在皮肤磨削时引起火灾的可能性最大，最常见的原因是在未治疗患者时，没有将激光置于"待机"状态，在疏忽下触发了激光开关。

3．激光术后皮肤护理

1）保持创面清洁、干燥，避免水或化妆品污染创面。

2）保护痂皮，让其自然脱落，使用细胞生长因子。

3）防晒，防色素沉着。

4）重复治疗间隔时间根据治疗项目一般为 1～3 个月。

5）注意防感染、瘢痕、紫癜等并发症。

七、光子美容治疗仪

光子美容治疗仪即强脉冲光（intense pulsed light，简称 IPL），属于普通光而不是激光，但同样遵循激光的治疗理论基础，即选择性光热作用原理。

（一）工作原理

光子产生原理：是以一种强度很高的光源（如氙灯等），经过聚焦和初步滤光后形成一束连续波长为 400～1200nm 的强光，然后在其治疗头放置一种特制的滤光片，将无治疗作用的光或低于某个波长的光滤掉，最后发出的是特定波段的光，该波段的光适合于某些皮肤美容性病变的治疗。使用的滤光片主要有 480nm、515nm、530nm、550nm、640nm、695nm、755nm 等。常见的功能有祛斑、嫩肤、脱毛、祛红血丝等，治疗效果较好的是嫩肤、祛表皮斑和脱毛等。（图 6-12）

（二）作用

1．通过分解皮下色素而淡化雀斑、黄褐斑、日晒斑以及痤疮印。

2．闭合面部扩张的毛细血管，使皮肤发红以及毛孔粗大、细小皱纹、黑眼圈、晦黯皮肤和酒渣鼻引起的红鼻头等情况得到改善。

3．破坏毛干和毛囊，阻碍和终止毛发的生长，且不损害周围正常的皮肤组织，从而除去多余的毛发。

（三）操作方法

1．开机预热，观察顾客皮肤状态，根据其皮肤问

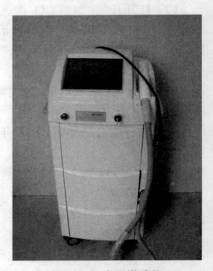

图 6-12　光子嫩肤仪

题,确定治疗方案。

2. 应用专用洗面奶洁面,彻底清除面部的污垢和死皮,提高治疗效果;同时为肌肤设置一层保护膜,避免强光的刺激。

3. 打开控制面板,根据治疗需求及顾客耐受度,设置脉宽、脉冲数等各项参数,并将它们调节到最佳组合状态。

4. 让顾客戴上光子嫩肤专用护目镜,防止眼睛遭受强光刺激。

5. 用专业工具将冷凝胶敷于需治疗部位的肌肤上,以防止强光灼伤皮肤,减轻顾客疼痛,同时也起到光导入的作用。

6. 操作者自己也戴上光子美容的专用眼镜。

7. 将冷凝胶涂于仪器的光头上,从面部耳旁皮肤开始用光点击治疗,确定治疗能量,并均匀地向周围扩散。因为耳旁皮肤比其他部位更敏感,如出现过敏反应,可及时调整,根据不同部位调节治疗能量。治疗光头和皮肤耦合良好。

8. 在治疗过程中可进行平行冷却,结束后冷敷,清洁肌肤。

9. 最后涂抹无刺激的眼霜、润肤霜和防晒霜。一方面皮肤可以充分吸收营养,达到理想的效果,另一方面也避免皮肤因日光照射引起过敏反应。

(四)注意事项

1. 治疗前应询问过敏史,避免服用引起过敏和抗凝的药物。

2. 治疗期间尽量不化妆,即使上妆,也尽量不用粉底,应用性质温和的护肤品。如果在治疗区出现裂口或结痂,应立即停止化妆并到医院就诊。

3. 配合内服一些维生素C、维生素E制剂,帮助色素减退。

4. 一个月内建议顾客外出时做好防晒工作,每天使用无刺激性的防晒品。

5. 夜间用冷水柔和地清洗皮肤,使用无刺激性的保湿护肤品。

八、红蓝光治疗仪

(一)工作原理

红蓝光治疗仪是运用了光动力疗法的原理,光动力反应的基本机制:生物组织中的内源性或外源性光敏性物质受到相应波长光(可见光、近红外线光或紫外线光)照射时,吸收光子能量,由基态变成激发态,产生大量活性氧,其中最主要的是单线态氧,活性氧能与多种生物大分子相互作用,产生细胞毒性作用,导致细胞受损甚至死亡,从而产生治疗作用。

蓝光治疗仪的治疗机理是:痤疮丙酸杆菌可产生卟啉,它主要吸收415nm波长的可见光,蓝光的波长正好在这一波段,照射后产生了光动力学反应,导致痤疮杆菌死亡,减缓或治愈痤疮。

红光治疗仪对卟啉的光动力效应弱,但能更深地穿透组织。在红光的照射下,巨噬细胞会释放一系列细胞因子,刺激纤维母细胞增殖和生长因子合成,细胞的新陈代谢加强,促使细胞新生,同时也增加了白细胞的吞噬作用,提高了机体免疫功能,因而使炎症愈合、组织修复更快。

光动力治疗仪除了红蓝光头,还有黄光头、绿光头等。

(二)各光的临床应用:

1. 红光:波长为635nm的红光具有纯度高、光源强、能量密度均匀的特点,在皮肤护理、保健治疗中效果显著,被称为生物活性光。红光能让细胞的活性提高,促进细胞的新陈

代谢，使皮肤大量分泌胶原蛋白与纤维组织来自身填充。同时，加速血液循环，增加肌肤弹性，改善皮肤萎黄、暗哑的状况，从而达到抗衰老、抗氧化、修复的功效，有着传统护肤无法达到的效果。

主要功效：美白淡斑、嫩肤祛皱、修复受损皮肤、抚平细小皱纹、缩小毛孔、增生胶原蛋白。

2. 蓝光：波长为 415nm 的蓝光具有快速抑制炎症的功效，在痤疮的形成过程中主要是丙酸杆菌在起作用所致，而蓝光可以在对皮肤组织毫无损伤的情况下，高效的破坏这种细菌，最大限度减少痤疮的形成，并且在很短时间内使炎症期的痤疮明显减少直至愈合。

3. 紫光：是红光和绿光的双频光，其结合了两种光的功效，尤其在治疗痤疮和祛痤疮印痕方面，有着特别好的效果和修复作用。

4. 黄光：波长为 590nm 的黄光，对于敏感性皮肤及处于过敏期的皮肤有良好的缓解和治疗作用。

5. 绿光：波长为 560nm。自然而柔和的光色，有中和、安定神经的功效，可改善焦虑或抑郁状态，调节皮肤腺体功能，有效疏通淋巴及去除水肿，改善油性皮肤、暗疮等。

（三）操作方法

1. 彻底清洁皮肤，消毒，清理痤疮，粉刺。

2. 根据治疗要求，选择治疗光头，置于顾客治疗部位上方，光板距离皮肤表面 1～4cm，每次照射 20 分钟，每周 2 次，光照间隔至少 48 小时，8 次为一个疗程。

3. 痤疮皮肤以红、蓝光交替治疗为主，炎性皮损较明显者先予以蓝光照射，炎症后期或炎症不明显者给予红光照射。

（四）注意事项

1. 禁忌证：卟啉症患者、孕妇、光过敏等。

2. 照射局部可出现轻微疼痛，照射后可出现持续数小时的头痛。

3. 照光部位光照后可能出现 24 小时的红斑、发红、干燥。

（贾小丽）

复习思考题

1. 喷雾仪使用的注意事项有哪些？

2. 超声波美容仪、射频美容仪、激光美容仪、光子美容治疗仪、红蓝光治疗仪的作用机理、作用、注意事项有哪些？

3. 激光及光子术后注意事项有哪些？

第七章 其他美容技术

 学习要点

打耳孔、皮肤磨削、化学剥脱技术；打耳孔、皮肤磨削、化学剥脱技术的注意事项；注射填充材料种类及原理。

第一节 打耳孔技术

耳饰是女性传统的装饰物之一，不仅可以增添女性妩媚的气质，同时还能起到修饰脸型的作用，当前许多时尚男士也戴耳饰来体现个性。绝大多数耳饰佩戴需穿耳孔。一般有耳钉枪穿耳孔法、针刺法、电穿耳孔法和激光穿耳孔法等，其中，耳钉枪穿耳孔法是目前应用最为广泛的方法。

一、打耳孔的定位方法

假设将耳垂处定为一个圆，在圆中作十字垂直交叉线，其形成的圆心交点为穿一个耳孔的定位。若要穿 2～3 个耳孔，则再通过圆心 A 点作一条外斜的与垂直线为 45° 夹角的圆的直径线，并将其等分为三份，即 B 点、C 点（图 7-1）。

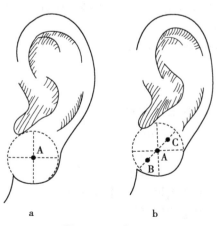

a   b

图 7-1 耳孔定位

 知识链接

打耳孔时为什么需要定位

人的耳郭主要由软骨组成,皮肤薄,皮下脂肪少,血管细小而表浅,血液循环比耳垂慢得多,故抵抗力低,细菌病毒容易入侵;受到外伤后易感染、扩散,致使局部溃烂,继而发生软骨膜炎、软骨坏死等,可造成永久性耳朵变形萎缩,所以打耳孔时应严格遵循无菌操作,且不能随便在耳郭的任意位置打。

耳垂为耳郭的最下部,皮肤薄而细嫩,含脂肪和结缔组织,无软骨,故易穿刺。由于形态和大小个体差异较大,所以穿孔定位因人而异,原则上不要太靠近耳垂的下边缘和后边缘,以免耳饰的牵拉容易引起耳垂裂开。

二、打耳孔的操作方法

(一)针刺法穿耳孔

是传统的穿耳孔方法。

1. 准备工作

(1)准备一个 50ml 的一次性注射针头,一支记号笔。

(2)将客人的耳钉浸泡在 75% 的酒精内备用。

(3)将美容工作者的双手和客人两耳垂分别用 75% 酒精彻底消毒。

2. 操作程序

(1)用消毒好的记号笔进行定位,注意左右两侧对称。

(2)美容工作者右手持针头,左手轻轻捻揉耳垂,力度逐步加大至客人耳垂有麻木感,大约 3～5 分钟。

(3)左手将耳垂稍向下外拉紧,右手持针与耳垂平面垂直,迅速穿过耳垂。

(4)取出针头,将耳钉戴上。

(5)在耳钉孔前后两侧分别涂消炎药膏。

(二)耳钉枪打耳孔

此法由于速度很快,一般没有明显的不可忍受的疼痛。

1. 准备工作

(1)校对、调整耳钉枪准确度。

(2)消毒两耳垂。

(3)定位。

(4)消毒耳钉、耳钉孔及美容工作者双手。

(5)用镊子将耳钉安装在耳钉枪孔内。

2. 操作程序

(1)将耳钉对准定位点,耳钉与耳垂平面要保持垂直。

(2)右手持稳耳枪,食指扣动扳机,将耳钉射入耳垂。

(3)在耳钉孔前后两侧分别涂消炎药膏。

三、打耳孔的注意事项及术后养护

1. 操作时应严格消毒。

2．左右耳孔定位需对称，且一定要请顾客确认。

3．射耳钉时，耳钉应与耳垂垂直。

4．用耳钉枪射耳钉时，持枪要稳。扣动扳机时，只动食指，手腕不可晃动。

5．穿耳孔后1周内应用酒精擦拭耳垂，并用消炎药膏及时清理分泌物，不可着水，防止发炎。

6．每天旋转耳钉2～3次，以免耳钉与耳粘连。

7．2周后可换戴纯金、银耳饰，2个月后可佩戴一般耳环。半年内不可摘除耳饰，否则耳孔会自然长合。

烫睫毛

自然上翘的睫毛，看上去会有加长的感觉，并使眼睛显得大而迷人。下面简要介绍美容院使用最多的冷烫法的步骤与方法。

1．清洁眼部皮肤，涂护眼液。

2．依据顾客睫毛长短选择适当型号的卷芯，将卷杠顺上眼缘的自然弧度弯成一定形状，然后涂上胶水紧贴于睫毛根部。

3．在卷杠挨着睫毛的一面涂一薄层胶水，待半干时用牙签将睫毛从根部一根根呈放射状整齐地卷贴于卷杠上。

4．用两片干棉片滴上护眼液盖在下眼睑处。

5．将冷烫精均匀涂于粘好的睫毛上，在睫毛应翘起的部位多涂一点，用浸过护眼液的湿棉片盖住眼部，然后盖上保鲜膜，再加盖热的湿毛巾，等待15～20分钟。

6．用棉签蘸清洁液将冷烫膏擦净。

7．在睫毛上均匀涂抹定型水，盖上湿棉片，并覆盖保鲜膜，等待15～20分钟。

8．用棉签蘸清洁液将定型液卸去，然后湿润眼睫毛与卷芯粘合处，轻轻将卷芯推下。

9．梳理眼睫毛，涂上睫毛膏。

植睫毛

植睫毛有种植睫毛和嫁植睫毛两种，种植睫毛一般是通过手术移植毛囊，令睫毛可自然地再生、增长，更显浓密；嫁植睫毛是将假睫毛用嫁接的手法，一根一根地粘在原来的睫毛上，一段时间内具有使睫毛增长、浓密的效果。美容院的植睫毛项目，其实就是嫁植睫毛。下面简要介绍嫁植睫毛的步骤与方法。

1．对用具及美容工作者双手进行消毒。

2．清洁顾客睫毛及眼部皮肤。

3．放置保鲜膜或湿棉片于下眼睑处，以保护下睑睫毛不被睫毛胶粘上。

4．根据顾客具体情况选择型号适宜的假睫毛。

5．将专用胶水涂抹于假睫毛根部，将之粘紧于顾客的睫毛上方到距顾客睫毛根部约1mm处，再用眉钳将真假睫毛夹紧，使之衔接自然。

6．用同样方法分别将假睫毛一束一束或一根一根地粘贴于顾客的睫毛根上，直到完成为止。一般情况下每两束（根）假睫毛的间距在1～2mm。

第二节　注射填充技术

注射填充技术是将注射填充材料注射到人体软组织内,用于矫正人体外形缺陷及畸形的方法。近年来,运用于临床的注射填充材料不断发展,常用种类有:颗粒脂肪、胶原纤维蛋白、羟基磷灰石、聚丙烯酰胺、真皮微粒及琼脂葡聚糖颗粒等。理想的注射填充材料应具备以下条件:组织相容性好;不致敏、不致癌、不致畸;与组织具有一定的结合能力;不导致免疫及组织相关性疾病;非微生物生存基质;不引起炎症及异物反应;具有适当的流动性,置入宿主体内后易于成形、塑形及固定,效果持久或永久;易于消毒、贮藏。该技术主要用于填充软组织缺陷、矫正凹陷畸形、改善组织轮廓,如面部软组织缺陷、皮肤静态性皱纹、鼻尖过低、鞍鼻等。可根据凹陷畸形的具体情况选择适宜的手术方式。

 知识链接

玻尿酸

玻尿酸(hyaluronic acid,简称 HA)又称透明质酸或糖醛酸,是一种黏多糖,它是人体组织中自然存在而不可缺的一种"透明质酸钠盐",对组织结构整体的保养和细胞的输送都具有很重要的功能。在人体中,玻尿酸大量存在于结缔组织及真皮层中,是一种透明的胶状物质,其中吸满了水分,是皮肤的保湿因子,保湿效果是胶原蛋白的 16 倍。

目前美容整形界中应用玻尿酸作为皮下注射的材料,因为它本来就存在于皮肤中,有很强的保湿效果,注入人体后几乎不会有过敏反应。注射使用的玻尿酸经过纯化,注入后会与人体原有的玻尿酸融合,皮肤膨胀,皱纹变平隆起,安全性极高。玻尿酸的最大长处是持续的时间较长,却不永久(半年～一年即可被吸收)。它可根据求美者的选择,既能维持原来的矫正效果,也可以修复,其再次注入时间和周期可以随意调整。

玻尿酸的适应证为皱纹,如额纹、眉间纹、鱼尾纹、鼻唇沟、泪沟,也可用于丰下颏、丰前额、丰唇、丰耳垂及隆鼻、填充凹陷等。

一、自体脂肪颗粒注射移植术

自体脂肪颗粒注射移植术已广泛应用于各种软组织缺损的修复,如眉间皱纹、鱼尾纹、鼻唇沟皱纹及隆胸等。移植物为自体组织,无排斥反应,且移植创伤小,供区、受区都不会留下明显瘢痕。

(一)原理　通过从受术者脂肪组织较丰厚的部位吸取脂肪,经净化处理为脂肪颗粒后,再注射到需要充填的有缺陷的受区,是一种既可以改变、完善受区形态,同时还可以达到瘦身、雕塑完美身材曲线的手术方法。

(二)操作方法

1. 脂肪抽吸:①受术者取平卧位,用甲紫标出皮肤供区吸脂范围及受区凹陷范围,供区多选择大腿内侧或腹壁;②常规皮肤消毒后,在供区先用 0.5% 利多卡因在切口处作局部浸润麻醉后,切开约 2mm 的切口,用小剪刀分离切口周围组织,再用 16～20 号钝圆头带侧孔的长针将肿胀麻醉液(生理盐水 500ml 加 2% 利多卡因 15～20ml,加 0.1% 盐酸肾上腺素 0.5mg)均匀注入皮下脂肪层内,至皮肤略发硬为止;③用 20ml 注射器接 16 号针头,插入供

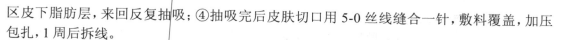

区皮下脂肪层，来回反复抽吸；④抽吸完后皮肤切口用 5-0 丝线缝合一针，敷料覆盖，加压包扎，1 周后拆线。

2. 脂肪净化：将所吸出的淡红黄色含有脂肪颗粒、液化脂肪、组织间液和麻醉液的混悬液倒置，使脂肪颗粒与其他液体分离。弃除上层液体，将所得的脂肪颗粒用庆大霉素、生理盐水反复冲洗过滤后，装入注射器内备用。

3. 脂肪注射：①在受区隐蔽处选择切口，作局部浸润麻醉后切开约 1～2mm 的切口；②将装有颗粒脂肪的注射器接 16 号针头刺入受区皮下，由远而近、边注射边退针，均匀地将颗粒脂肪注入凹陷区皮下，可多层多点及呈放射状注射，使凹陷部位填充满，注射量一般要超过需要量的 50% 左右；③拔针后可在受区均匀按揉，使注入的脂肪在皮下均匀扩散。一般不需缝合，如有颗粒脂肪溢出可在针孔处缝合一针。

（三）注意事项

1. 脂肪抽吸、注射要严格执行无菌操作，以免感染导致手术失败。术后应用抗生素 5～7 天。

2. 抽吸脂肪在皮下层进行，针刺入不宜过深。操作要熟练，尽量减少移植脂肪细胞的损伤。

3. 在可能的情况下，注射量应尽量超过需要量的 35%～50%。但面部软组织填充时，一次注入脂肪量不宜过多。

4. 必要时可用 9 号小针头将需填充的部位做皮下分离，便于脂肪准确注入凹陷区，也有利于脂肪细胞成活。

5. 根据注射部位不同，术后给予受区适当压力和塑形。供区术后加压包扎到位，穿弹力紧身裤，以免留下抽脂区空腔，帮助收紧皮肤，抬高患肢，避免血肿。

6. 如果效果欠佳，重复注射治疗的间隔时间为 4～6 周。

二、胶原纤维蛋白注射术

医用美容胶原注射剂用于临床主要有两种：一种是高度纯化的牛胶原，另一种是高度纯化的人胶原。国内常用的医用美容胶原注射剂是由高度纯化的人胶原蛋白制成。1ml 制剂中含胶原 35～65mg，另含有 0.3% 利多卡因和磷酸盐缓冲液。其为骨状胶原，呈乳白色膏状，需在 4～10℃冷藏保存。

（一）原理　胶原纤维蛋白注射进入皮肤后，脱水收缩排列成近似于体内自然状态的胶原纤维，数周后，体内成纤维细胞、毛细血管、脂肪细胞向胶原注射物移行，并合成受术者自身的胶原蛋白，最后形成自身的结缔组织以充填缺损的皮肤组织。

（二）操作方法

1. 皮肤试验：受术者在接受胶原注射前应先在前臂屈侧做皮肤试验。一般在 72 小时开始观察结果，观察时间为 4 周。阳性表现为注射部位出现红斑、硬结、压痛、肿胀及瘙痒，可伴有恶心、呕吐、关节疼痛及肌肉疼痛等全身症状。皮试阳性者，不宜接受胶原注射。

2. 手术步骤

（1）将冷藏的胶原注射剂放置室温复温 1 小时。

（2）受术者取平卧位或头部有依靠的半卧位，常规消毒皮肤。

（3）施术者左手绷紧皮肤，右手持注射器，针头斜面朝上，与皮肤呈 15° 缓慢顺皱纹沟

方向，刺入皱纹末端或皮肤缺损区内，针头应进入真皮乳头层内。

（4）边退边注，均匀注入胶原至皮肤逐渐变白、隆起为宜，凹陷性皮肤缺损可行放射性注射，若皮肤颜色未变白，说明进针过深，则应抽回针头，重新进针。

（5）注射量一般要比原凹陷高出 1.5～2 倍体积。

（6）注射后轻轻按揉局部，使胶原均匀分布到皱纹及凹陷区。

（三）注意事项

1．对胶原蛋白过敏者；有风湿性疾病、自身免疫性疾病及结缔组织疾病患者；妊娠、经期妇女、婴幼儿等禁止行该注射术。

2．注射区内有炎症，需等炎症控制后才能注射。

3．一般注射一次后，间隔 2～4 周再注射一次。根据皱纹及凹陷的深浅，平均注射 2～3 次可达到预期效果。眼眶区不宜注射胶原。

4．术后向受术者交代，注射后 1 周内不宜做面膜；忌食海鲜、忌饮酒，勿搔抓。

三、羟基磷灰石注射术

羟基磷灰石是人体骨组织的主要成分，在化学构成上只含磷和钙，不含其他掺杂物或杂质，具有良好的生物机械性、极高的致密度、较好的抗压强度等特点。多用于矫正鼻尖过低、鞍鼻等。

（一）原理　羟基磷灰石注入需填充的凹陷区后，可随意成形，可塑性极强，且与骨组织直接形成骨性融合，不被组织吸收与溶解，起到塑形、矫正凹陷畸形的良好作用。

（二）操作方法

1．手术设计

（1）确定黄金点：经左右眉头到左右目内眦分别作垂线，取两垂线的中点作一连线，连线与鼻正中线的交点即为黄金点。

（2）确定进针点：鼻尖正中或稍下方。

（3）将黄金点及进针点之间的连线平均分成 3 段，以便估计注射量。结合受术者脸型、鼻型及受术者的个人要求标出鼻梁各段的宽度。

2．手术步骤

（1）常规消毒皮肤：2% 利多卡因 2ml 加肾上腺素 0.05ml 做局部麻醉。自进针点进针后，紧贴鼻中隔软骨上缘及鼻骨面，边进针边注入麻药上行至黄金点。

（2）用 5ml 一次性注射器配 20 号注射针头，抽取适量羟基磷灰石混悬液备用。取同一型号针头自进针点进针，顺麻醉药注射途径上行至黄金点。一手持注射器边注射边退针，另一手拇、食指捏夹于鼻梁宽度线外侧缘，以免注入材料超出鼻梁宽度而弥散至线外。

（3）注射完毕，退出针头，用 5-0 丝线缝合针眼，局部涂抗生素软膏，预防上行感染。

（4）施术者将隆起的鼻梁用手指提捏塑形，避免鼻梁出现凹凸不平，呈串珠状表现。

（三）注意事项

1．注射时针头容易被堵，可用不锈钢针芯及时疏通。

2．术后避免局部被撞击或受压。术后 1 个月内最好不戴眼镜。

3．术后 10 天内鼻梁变形，应请施术者再予以塑形。

4．注意休息，应用抗生素预防感染。

第三节　皮肤磨削技术

皮肤磨削技术也称擦皮术或外科皮肤整平术。该技术由最早的手持砂纸或砂轮进行磨削，发展到使用专门的电机安装砂刺轮或钢刺轮磨头进行磨削，较大提高了手术速度和质量，用于治疗痤疮及烧伤等疾病愈后遗留的浅瘢痕，雀斑、文身、汗管瘤、皮脂腺瘤等疾病，已成为治疗某些损容性、毁容性疾病的重要美容手术之一。

一、原理

对病变处的表皮和真皮浅层进行磨削，磨削后残存的毛囊、皮脂腺、汗腺等皮肤附属器则迅速形成新的表皮，愈后伤口几乎不留或极少留有瘢痕，达到祛除病变而美容的目的。

二、操作方法

（一）磨削方式

1. 推磨（平磨）　施术时，将磨头的尾部抬高 $5°\sim10°$，使磨头的工作面均匀地接触皮肤，轻轻加压，来回磨削使病变组织磨平，主要适用于面颊和额部等平坦部位的病变。

2. 斜磨　将磨头的尾部抬高 $40°\sim50°$ 进行磨削，主要适用于浅而窄的条状瘢痕，如鼻唇沟处瘢痕。

3. 点磨　将磨头的顶部垂直于病变处进行磨削，主要适用于点状的凹陷性瘢痕及鼻唇沟深度的条状区域部位。

4. 圈磨　将磨头作螺旋式进行磨削，适用于疏散分布的盘状瘢痕。

（二）手术步骤　在磨削机上根据需要安装不同的砂刺轮、钢刺轮或砂轮棒。

1. 磨削　局部消毒后，0.5% 利多卡因局部浸润麻醉，局麻后磨削时，将速度调至 $5000\sim10\,000r/min$，用左手食指和拇指固定绷紧皮肤进行磨削。根据病变的部位、形态、大小、范围选择平磨、斜磨、点磨、圈磨等方式。磨削雀斑、陈旧性扁平疣及植皮后色素沉着时，以磨掉病变为止，这些病变多位于表皮层，磨削没有明显渗血。磨削凹陷性瘢痕时，以磨削凹陷性边缘为主，磨削到点状均匀性渗血为止。过浅效果不好，过深达真皮深层会遗留瘢痕。术中，高速旋转磨头有可能伤及眼睛、嘴角等处，应当注意保护。全面磨削一般应从鼻部开始，先磨颏部，两侧面颊，再小心地磨削眼周，最后额部。待全部磨削完毕，用生理盐水纱布擦拭干净，发现个别地方还未磨到，可补磨。

2. 清创包扎　磨削完毕，先用生理盐水清洗创面，并用纱布轻轻擦干，检查无明显渗血后，在磨削的创面上覆盖一层油纱，并在油纱上滴庆大霉素以预防感染，在油纱上覆盖 $8\sim12$ 层无菌纱布。因磨削术后48小时内渗血明显，故敷料要稍厚些。

三、注意事项

1. 禁忌　瘢痕体质、炎症性皮肤病、较大较深瘢痕（失去皮肤附属器）、出血倾向者、乙型肝炎患者等皆不宜行该手术。

2. 把握磨削的深度　太浅治疗效果不明显，太深则易产生新的瘢痕，一般磨削至真皮浅层，以点状出血即可。此外，面颊部因有丰厚的皮下组织可稍微磨深一些，眼睑及口周部位皮肤薄，皮下为眼轮匝肌和口轮匝肌，皮下组织少，应磨薄一些。女性面部皮肤相对薄一

些，应磨浅一些。

3. 把握磨削的面积　一般痤疮等瘢痕应在有损害的部位磨削，没有病变的部位不必磨。对于雀斑及陈旧性扁平疣等浅而面积大的病变区，应尽可能将整个面部进行磨削，以避免磨削后磨削区与非磨削区颜色不一致。

4. 磨削凹陷性瘢痕主要是磨瘢痕的周围，而不是中心凹陷部位。同时注意要先松解，用小尖刀将凹陷性瘢痕横竖划几刀，使瘢痕松解，向上弹起再磨削。

5. 一般范围很小的病变可仅做病变部位的磨削，但对于比较大的病变，在术中应不断向术野区喷洒少量的生理盐水，因为磨削摩擦产生的热量容易造成烫伤，且磨削时容易产生碎皮片，喷生理盐水可起到降温、清晰视野的作用。

6. 全面磨削后包扎敷料时，应在受术者的眼、鼻孔、口处的敷料上开口，并加以适当固定；进食、进水时，要特别注意保持口周围敷料的清洁和干燥，以防感染。

7. 油纱层一般要到 10 天左右才可用生理盐水浸湿后小心揭去，决不可强行揭去油纱层，因为此时新生上皮还特别脆弱，与深层的真皮结合不紧密，强行揭去油纱，极易将上皮撕脱，造成创面出血，遗留瘢痕。

8. 为防止术后色素沉着，应避免日光直射，注意防晒。

第四节　化学剥脱技术

化学剥脱技术又称为化学削皮术、皮肤化学提紧术、化学外科等，是使用腐蚀性药物腐蚀病损皮肤的表皮与真皮浅层，使之脱落后，长出新的表皮而达到治疗和美容目的的一种方法。主要用于雀斑、雀斑样痣、咖啡斑、炎症后色素沉着、面部细小皱纹、浅表瘢痕等色素性、光老化类损容性疾病。

一、原理

常用的主要药物有：苯酚、三氯醋酸、五妙水仙膏、果酸等。腐蚀性药物作用于皮损及老化皮肤的表面，发生角蛋白凝固变性、细胞坏死、表皮脱落，再通过残存的皮肤附属器新生表皮，达到祛除色素性损害、治疗某些皮肤病、改进肤质、令肌肤光滑有弹性的美容目的。

二、操作方法

肥皂水清洁局部皮肤，必要时可再用 75% 乙醇或乙醚作皮肤脱脂，以利于剥脱剂渗入病变皮肤发挥功效。用无菌透明胶膜保护非剥脱区，盖眼罩。根据皮损情况选择不同种类、不同浓度的化学剥脱剂，用竹签或棉签蘸取药液均匀地涂擦于皮损处，至皮肤变为霜白色或受术者自觉不适为止，用干棉签吸去多余的药液。经 1 小时后局部变成褐色、红肿，第 2 天结痂，1～2 周后痂皮逐渐脱落，新生表皮长出，原有皮损消除。

三、注意事项

1. 严格掌握适应证　瘢痕体质者、活动性单纯疱疹者、苯酚等剥脱剂过敏者、皮肤恶性肿瘤者皆不宜施用。酚制剂可经皮肤吸收，对心、肝、肾产生严重影响，故有心、肝、肾疾病者禁用。

2. 涂擦药液要均匀，防止重叠涂药和药液积留，造成过度灼伤。面部施术要注意保护好眼睛，如不慎将药液溅入眼内，应立即用生理盐水冲洗干净，并滴眼药水进行保护。

3．术后创面应保持清洁和干燥。不需包扎、涂搽其他药物及用水清洗。痂皮任其自然脱落，不可过早强行撕脱，以免造成感染，产生瘢痕。

4．术后注意尽量避免日光直射和冷热刺激。避免服用光敏药物。

知识链接

冷冻技术

1．原理　制冷剂快速作用于皮肤病损处，导致局部组织破坏、细胞死亡，从而达到祛除病损的目的。

目前常用的制冷剂是液氮，其沸点最低（−196℃），具有术前无需麻醉、消毒；术中无出血、使用安全；且无色、无味、无毒、不易燃爆、价格低廉等特点，是较理想的制冷剂。

2．操作方法　有接触法、喷洒法、倾注法、冻切法四种。

3．注意事项

（1）根据不同的病损情况选择合适的冷冻方法。

（2）创面结痂后不可强行撕脱痂皮，应让其自行脱落，注意防晒以防色素沉着。

（3）掌握好冷冻剂量、冻融时间和冻融次数。

（4）冷冻后局部若出现较大的水疱或血疱，可用无菌注射器抽出疱液及加压包扎。

（5）瘢痕体质的患者应避免使用冷冻治疗。

（6）贮存液氮的贮液罐盖不可拧得过紧，以免液氮汽化顶住罐盖或致高压爆破。

（赵　丽）

复习思考题

1．打耳孔的定位标准是什么？

2．临床注射填充材料常用的种类有哪些？

3．注射填充技术、皮肤磨削技术、化学剥脱技术的应用及护理是什么？

附1　面　　诊

一、面诊的原理

现代面诊法是在中医学理论指导下，结合生物全息论，透过面部反射区判断脏腑疾病与健康状况的诊法。中医认为，"十二经脉，三百六十五络，其血气皆上于面而走空窍"，可见人体内在的脏腑功能和气血状况在面部都有相应表现。面部是阳气集中之处，经气汇聚之所，气血分布丰富；且面部皮肤薄嫩，体内五脏六腑的气血盛衰皆易从面部色泽变化显现出来。面部分属与经络及五脏六腑有一定的对应关系，通过面部反射区的变化可以了解人体的健康状态，对人体脏腑经络病变做定性和定位诊断。

二、面诊的方法

（一）面诊脏腑定位（表7-1）

表7-1　面诊脏腑定位

脏腑	面部反射区
肺	在两眉间
心	在两内眦角之间的鼻根部

脏腑	面部反射区
肝	在鼻梁中段
脾	在鼻头
肾	在通过听宫穴作水平线与目外眦垂线相交近耳侧下方的部位
胆	在鼻梁中段的外侧部位
胃	在鼻翼
小肠	在颧骨下方偏内侧部位
大肠	在颧骨下方偏外侧部位
膀胱	在人中两侧的鼻根部位
生殖系统	在人中及嘴唇四周部位

（二）面部色诊

是根据五色对应五脏的配属关系理论，通过观察面部不同部位的色泽变化来推断相应脏腑的病变、判断机体气血盛衰、推测疾病的轻重与预后。健康人面部皮肤的色泽称为常色，人体在疾病状态下面部出现的色泽称为病色。中医理论将面部颜色分为青、赤、黄、白、黑五种病色，分别提示不同脏腑和不同性质的疾病。

（三）常见的面部异常情况及其诊断方法

检查面部时，一方面注意观察病变在面部发生的部位；另一方面观察有无骨的形状、肌肉紧张度、弹性、收缩力的变化，皮肤颜色的改变以及肿胀、皱纹、结痂、缺陷、疼痛等异常变化，结合上述两方面即可判断体内脏器是否有疾病。

1. 脸上长痣、瘊子　表示所在部位脏器先天功能不足，如上眼皮有痣，多提示易患头晕。

2. 脸上长斑　表示所在部位患有慢性消耗性疾病或脏器功能失调。

3. 面部出现小疙瘩、充血、肿胀　表明所在部位的相应脏器遭受病菌感染，侵入血液。

4. 脸上长青春痘　表示所在部位脏器现阶段正处于炎症病变期。全脸长青春痘，提示精神压力过大，机体内分泌失调。

5. 黑眼眶　与疲劳过度、房劳过度或睡眠不足等有关，常提示肾脏、卵巢或膀胱有病变。

6. 巩膜黄染　表明肝脏有疾患。

附2　手　　诊

一、掌纹的基本知识

（一）掌部的皮肤特征

掌部皮肤除具有一般皮肤的生理作用，还具有以下特殊特征，使得人们可以通过观察掌纹的生成与变化来了解机体内脏的变化。

1. 手掌部皮肤角质层较厚，皮下有较厚的脂肪垫，分布较多汗腺而无汗毛，易于观察掌纹。

2. 掌部血液循环丰富，使得大量的人体生物电信息及非生物电信息反映于掌中，掌部细胞的分解代谢受到影响，掌纹也随之发生变化。

3. 手掌部末梢神经丰富。手指末节皮肤的乳头层内，含有丰富的感觉神经末梢及感受器，感觉非常灵敏，丰富的末梢神经活动也导致皮肤纹理发生变化。

（二）掌纹的"深"、"浅"、"消"、"长"

1. 深　指掌纹线较深。一般情况下纹线的深度常以感情线、智慧线、生命线的深度为参照标准，每条线的始端深于尾端。如出现的纹线比上述线深就称为沉。纹线的深浅变化常提示体内疾病的发生或疾病预后情况。要区别对待纹线的深浅变化，每一条纹线的深浅变化预示着不同的病情变化，如生命线末端变深预示机体生命力强，而智慧线过深示头痛。沉只表示纹线的动态，不可片面以沉来诊断吉凶。

2. 浅　指掌纹线较浅。一般的浅纹多提示病情较轻、处于疾病初期。如久病者，纹由沉转浅表示疾病好转。浅纹若向消失方向发展则提示疾病好转、治愈；若向沉方向发展则提示病情加重。

3. 消　指纹的消失。消常是病情好转或痊愈的征兆。

4. 长　指纹线变长或新生纹。线一旦生成，是不会消失的，主要是发生长短深浅的变化。而纹随着机体健康状况的变化可以新生、深浅变化及消失。

（三）手掌上的交感神经区、副交感神经区

1. 交感神经区　指被生命线包围的区域。交感神经兴奋型的人此区域大而丰满、颜色鲜红。表现为以下特征：面色红润，秃头者多，喜食肉类，喜冷水浴，冲动好斗，睡眠好，喜欢运动，四肢肌肉发达，自然伸手时四指以中指为中心向拇指方向倾斜，易患高血压、脑出血、糖尿病等疾病。

2. 副交感神经区　指从生命线起端向感情线起端连接的一条弧形线内，到食、中、无名、小指四指根部的区域，副交感神经兴奋型的人此区域隆起、扩大。表现为以下特征：面色苍白，头发粗、易脱落、易白，喜食蔬菜，喜热水浴，欲望不高易满足，运动量少，躯体比四肢发达，自然伸手时四指以中指为中心向小指方向倾斜，易患哮喘、消化道溃疡、结核病、癌症、神经衰弱等疾病。

（四）影响掌纹生成变化的因素

1. 与胚胎发育有关　掌纹在胚胎 3 个月时形成，与胎儿的营养供给、血液循环、供氧条件等有关。在子宫内，胎儿的手保持握拳姿势，这种握姿引起的压力进一步使掌纹变深变长。但如某些疾病因素导致胎儿供氧和能量不足，胎儿手指不能有力握紧呈松弛伸掌状，则掌纹线短或畸形。

2. 出生后手长期的捏、握动作造成纹线的生成和变化。

3. 人体健康状况的变化引起掌纹的变化，如炎症引起的内脏局部水肿时，手掌上就会形成"井"字状纹。又如肝功能发生异常时，手上可以出现金星线、土星线、肝病线等。

（五）掌纹与机体系统的关系

1. 与手部神经系统的关系　手部的神经控制手指活动的肌肉，使手指进行弯曲和伸直运动，并把手的感觉传导给脑。手与脑之间有着精密的协调功能，手的活动如双手紧握、手捂在胸口等动作都直接表达了脑的思维反应。手指末节皮肤的乳头层内，有丰富的感觉神经末梢及感受器，敏感度较高，可以灵敏识别物体的形状、冷热、软硬度、干湿度及光滑度，这些丰富的手部神经活动对掌纹的生成变化有较大关系。

2. 与手部血液循环的关系　手部血液循环正常与否直接影响到手掌纹理的生成与变化。如血液循环正常，皮肤得到血液的充分濡养，掌纹就会显示出协调均匀的色泽；如血液循环受阻不畅，皮肤则失于濡养，掌纹就会萎缩、塌陷。

3. 与藏象经络的关系　手部经络循行丰富。手太阴肺经、手少阴心经、手厥阴心包经、手阳明大肠经、手太阳小肠经、手少阳三焦经等经络均循行到手部，脏腑气血阴阳的变化均可通过经络反映到手部，引起掌纹的变化。有大量的手穴实验和研究表明，手部集中着大量的人体信息，通过观察掌纹的变化可以判断机体的健康状况。

4. 掌纹颜色和微循环的关系　微循环正常与否会影响到掌纹颜色的改变。通过观察手掌部纹色的表现可以及早地发现潜伏病灶。如微循环中二氧化碳浓度高时，纹色就会因缺氧变得紫黯，由此可以进一步推断可能是肺系疾患或心脑血管疾病，有助于疾病诊断与治疗。

二、手掌区域划定

（一）天然八带法的手掌分区

主要是沿手掌褶纹自然区域划定，是基本符合心理活动一般规律的一种分区方法（表7-2）。

表7-2　天然八带的手掌分区

八带	手掌分区
情感带	感情线以上直至食指、中指、无名指、小指四指指根的区域
理智带	感情线和智慧线之间的狭长区域
体质带	位于掌根部正中间
功能带	虎口处的区域，即生命线起始部分与虎口之间的区域
精力带	大鱼际肌区域

续表

八带	手掌分区
温情带	生命线和玉柱线之间的区域
原欲带	玉柱线和小鱼际肌区之间的区域
想象带	小鱼际肌区域

（二）脏腑对应区的划分

1. 心在手掌上位置

（1）心一区：位于中指、无名指掌指褶纹与感情线之间的区域。

（2）心二区：劳宫穴处约中指尖大小的区域。

（3）心三区：位于拇指掌指褶纹的中点与腕横纹的中点连线靠近生命线，除去虎口的大鱼际区域。

2. 肾在手掌上的位置　位于生命线尾部，通过拇指掌指褶纹的中点，顺皮纹走向与生命线交点处的约小指指甲大小区域。

3. 脾在手掌上的位置

（1）脾一区：在感情线和智慧线之间，无名指下紧靠感情线下的约无名指指甲大小的区域。

（2）脾二区：位于生命线上，通过拇指掌指褶纹内侧端点作平行线，与生命线交点的下方，约小指指甲大小的区域。

4. 肺在手掌上的位置

（1）肺一区：位于心一区的区域内。

（2）肺二区：位于拇指掌指褶纹的中点与腕横纹的中点连线桡侧的大鱼际区域。

5. 手掌上肝的位置　通过拇指掌指褶纹内侧端点作平行线，平行线以上和智慧线、生命线所包含的区域。

6. 胃在手掌上的位置

（1）胃一区：通过拇指掌指褶纹内侧端点作平行线，该线以上与生命线所包含的虎口区域。

（2）胃二区：位于食指和中指下的智慧线上，约小指指甲大小的区域。

7. 十二指肠在手掌上的位置　位于无名指与小指指间下的智慧线上。

8. 大肠和小肠在手掌上的位置　位于小指下的智慧线尾端，约无名指指甲大小的区域。

9. 胆囊在手掌上的位置

（1）胆一区：位于食指掌指褶纹与智慧线之间的区域。

（2）胆二区：位于无名指下的智慧线上，约无名指指甲大小的区域。

（3）胆三区：通过食指与中指间作垂线，与生命线相交的区域。

10. 胰腺区在手掌上的位置　通过拇指掌指褶纹内侧端点作平行线，与生命线相交，以此交点为圆心，画约为无名指指甲大小的区域。

11. 眼在手掌上的位置　位于无名指下的感情线上，形似眼睛的较小椭圆形区域。

12. 耳在手掌上的位置　位于感情线的起端。

13. 鼻、咽、支气管在手掌上的位置　位于中指下的感情线尾端的一段区域。顺掌线走向依次为支气管、咽、鼻。

14. 脑在手掌上的位置

（1）脑一区：位于中指与无名指间下的智慧线上，约中指指甲大小的圆形区域。

（2）脑二区：位于拇指掌指褶纹处，与颈椎区的位置基本相同。

（3）脑三区：位于靠近食指掌指褶纹的指节。

15. 颈椎在手掌上的位置　位于拇指掌指褶纹处。

16. 腰椎在手掌上的位置　位于无名指与小指指间下，感情线的下缘。

17. 下肢关节在手掌上的位置　位于坎位，腕横纹中部上 0.5cm 处。

18. 乳腺在手掌上的位置　位于无名指下的感情线、智慧线之间的区域。

19. 子宫和卵巢在手掌上的位置　位于生命线尾端，前列腺一区下方，中间是子宫区，两侧是卵巢区。

20. 膀胱、前列腺在手掌上的位置

（1）膀胱一区：位于小指掌指褶纹与感情线之间的区域。

（2）膀胱二区：位于生命线尾部。

（3）前列腺一区：位于生命线尾部，膀胱二区稍下处。

（4）前列腺二区：与膀胱一区相重叠的区域。

三、手指形态与健康

中医认为，五指能反映机体五脏六腑的盛衰及身体健康状况。手指的形态改变与疾病有着密切的联系，通过观察手指的变化来判断疾病是掌纹诊病的内容之一。

（一）拇指与健康

拇指与先天头脑发育有关，体现人的先天智慧与意志力。一般以长而健壮为佳，代表其人头脑清晰、意志坚定。如拇指过于粗壮，多示脾气暴躁；而拇指过于薄弱，则示柔弱胆怯，如再兼见弯曲现象，多示其人易出现神经衰弱、头痛失眠、纳差等症状。拇指第一、第二节如圆净无纹多示其人智慧高明、心情开朗，如散乱多纹，指节纹散乱不清，多示其易患头部疾病。拇指肿胀呈鼓槌状，则容易患先天性心脏病、慢性肺气肿、肺源性心脏病等疾患。

（二）食指与健康

食指主要体现肝脏功能强弱。一般以指节直而柔软、富于弹性、圆秀健壮为佳。指节的长度，以第一节、第二节、第三节依次稍有递减。食指与中指密合而无漏缝。食指苍白瘦弱多提示肝脏功能较差，易患消化系统疾病，人体易出现劳累、萎靡不振。食指偏曲、指间漏缝、纹理散乱者，亦提示消化系统功能不佳。

（三）中指与健康

中指主要反映心脏、循环系统的健康状况。一般以圆长健壮、指形直而不偏曲为佳。中指苍白细弱，则提示心功能较差，造血功能欠佳。中指偏曲，指间漏缝，提示循环系统功能较差，肠道功能不足。中指的3个指节不对称，第二节特别长，一般表示钙质的代谢功能较差，易患骨骼、牙齿方面疾患。

（四）无名指与健康

无名指主要反映机体全身的健康状况，多与肾脏和生殖系统功能的强弱有关。一般以圆秀健壮、直而不偏曲、指节柔润有力为佳。无名指过长者容易因生活无规律而影响身体健康状况；过短者，多提示元气虚、精力不足。无名指过于瘦弱、苍白多提示肾脏及生殖系统功能差。无名指的第一指节与性功能的强弱有关。过于粗壮者，易患内分泌失调；过于瘦弱者，生殖功能较弱。第二指节与机体筋骨强弱有关。指节苍白、过长、瘦弱、指节纹散乱者，皆提示钙质的吸收功能较差，筋骨脆弱。

（五）小指与健康

小指主要反映机体消化系统功能的状况。一般以指节长短相称、直而不偏曲为佳。若见苍白、短小、瘦弱，过度弯曲皆提示消化功能障碍，易患胃肠道疾病。

四、掌线形态的功能判定

（一）手掌常见的异常纹（图7-2）

1．"十"字纹　由两条纹线垂直或交叉组合成"十"字或形似"十"字符号的纹。提示脏腑功能障碍，炎症性病变，病情较轻或处于疾病早期，预后好。出现于不同的部位，代表不同脏腑的疾病。

2．"井"字纹　由四条短的褶纹组合成形似"井"字符号的纹，提示慢性炎症疾患，炎症时间较长，变化慢。

3．"△"三角纹　由三条短的褶纹组合成形似"△"形符号的纹，提示机体易出现气滞血瘀证。如该纹出现在感情线尾端，多提示易发生心脑血管疾病；如出现在智慧线尾端，多提示易发冠心病。

4．"米"字纹　由三、四条短纹组合成"米"字或形似"米"字符号的纹，提示严重的气滞血瘀证，有异物压迫如结石、囊肿等。

5．"□"四边纹　四条短纹组合成"长方形"或"正方形"符号

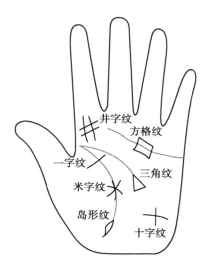

图7-2　手掌常见的异常纹

的纹，多为外伤或手术后的掌纹表现。

6. "☆"五角星纹　由多条褶纹交叉组合成"☆"状符号的纹，此种纹较少见，多提示有脑血管意外或癫狂发病倾向。

7. 岛形纹　指由褶纹组合成如岛状的纹，提示相关脏器功能障碍，或为炎症性肿块或为肿瘤恶变。该纹出现在主线上多为凶兆。

8. "○"圆环纹　褶纹组合成如圆环状的纹，在环心中有较多杂纹，该纹出现与受严重外伤有关。

（二）掌部诊断健康的线（图7-3）

1. 感情线　起于手掌尺侧，从小指掌指褶纹下1.5～2cm处，以反弓形延伸到食指与中指指间下方。

2. 智慧线　起于虎口正中1/2处，以抛物线状延伸至无名指、小指下。

3. 生命线　起于虎口正中1/2处，与智慧线同源，以弧形、抛物状向下延伸至腕横纹，弧度不超过中指中线。

4. 健康线　起于大小鱼际交接处，斜行向小指方向（以不接触感情线、智慧线为原则）。

5. 玉柱线（事业线）　起于地丘，向上通过掌心，直达中指下方。

6. 障碍线　横切各主线或辅线的不正常纹线。

7. 太阳线（成功线）　位于无名指下的竖线，是玉柱线的副线。

8. 放纵线　位于小鱼际区，腕横纹上1～2cm的短横线。

9. 金星线　起于食指与中指指间，止于无名指与小指指间的弧线。

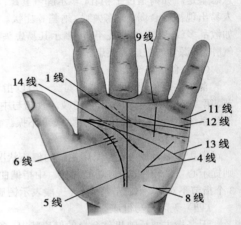

图7-3　掌部诊断健康的线

10. 土星线　中指掌指褶纹下的弧形半圆。

11. 性线　小指掌指褶纹与感情线中间的横线。

12. 肝病线（酒线）　起于小指掌指褶纹与感情线中间，向无名指下延伸的横线。

13. 悉尼线　是智慧线的变异线，智慧线末端一直延伸到手掌尺侧。

14. 通贯掌（猿猴纹）　感情线消失，智慧线变异为直达手掌尺侧的深粗横线

（三）掌线形态功能判定

1. 感情线　掌线深长、明晰、颜色红润、杂纹少，表示机体呼吸系统、消化系统功能强。掌线在无名指下出现断裂，表示肝功能较差。掌线出现岛形状纹，如在起端，纹较大，多表示听神经有病变；如在无名指下部，纹较小，多表示视神经异常；如在尾端，纹较小，多表示有咽炎或鼻炎。掌线在无名指至中指区域，如有过多杂乱分支，多表示有慢性支气管炎；如出现四边状纹则多提示肺部有钙化点。掌线过长直达食指的掌指褶纹处，多提示患有胃肠自主神经功能紊乱症。

2. 智慧线　掌线微粗、明晰不断、颜色红润，主要提示心、脑、神经系统功能强。掌线出现明显"十"字纹，多提示有心律不齐。出现明显"米"字纹，多提示有血管性头痛。如在劳宫穴周围出现四边状纹，多提示有脑震荡病史或外伤手术史。掌线末端出现"☆"五角星纹，多提示易患脑血管意外。掌线断裂或有分支，多患有心脏方面疾患。

3. 生命线　掌纹微粗、明晰不断、颜色红润，多表示机体生命力强。掌线出现"米"字纹，如在肾区提示肾结石；在尾端提示易患心绞痛。掌线尾端出现岛形纹，则提示女性患有子宫肌瘤，男性患前列腺炎或增生。掌线过短，表示机体抵抗力差，易患病。掌线包围的区域过大超过中线，则提示血压偏高。掌线起点偏高，表示身体基本健康，如患病则易患肝胆疾病；起点偏低则提示脾胃虚弱，消化吸收功能差。

4. 健康线　有健康线的代表身体不健康；而没有健康线则表示身体健康。一般掌上以无此线为好。出现深长的健康线多提示肝功能较差；健康线长过感情线，提示患呼吸系统疾病；长过生命线则提示患免疫系统疾患，病情危重。

5. 玉柱线　掌线以细而浅、笔直而上、明晰不断、颜色红润为好。掌线过长达及中指下，多提示心肺功能减退，中晚年易患心脑血管方面的疾病。掌线起端出现岛形状纹，多表示消化功能差；末端有较多干

扰线,则表示易出现胸闷、气短等呼吸系统疾病。

6. 障碍线　主要反映近期身体的健康状况。手掌上如果突然出现大量的障碍线,表示近期过度疲劳、生活无规律等。如障碍线同时切过感情线、智慧线、生命线,提示患有慢性消耗性疾病。

7. 太阳线　主要与血压的高低有关。掌线穿过感情线,多表示易出现高血压;未穿过感情线,则表示血压易偏低。

8. 放纵线　放纵线的出现主要与长期熬夜、生活无规律、嗜烟酒、长期服用安眠药、麻醉品有关,如出现有 3 条该掌线则提示易患糖尿病。

9. 金星线　出现该掌线多表示为过敏体质。

10. 土星线　该掌线的出现多提示心情不舒,精神压力大,可能还与近视眼的家族遗传有关。

11. 性线　健康的人一般出现两三条该掌线。以深平、明晰不断、颜色浅红为好,如无该掌线则提示生殖功能低下,易致不孕;末端有较多分支则提示泌尿系感染。

12. 肝病线　该掌线的出现常提示机体肝脏解毒功能下降。

13. 悉尼线　该掌线的出现多见于肝癌、血液病、牛皮癣等患者,与免疫性疾病、肿瘤有关。如左手出现则提示为肿瘤高危人群。

14. 通贯掌　有此线的人,其体质特征、智力发育等身体状况皆具有较强的遗传倾向。

附3　背　　诊

人体背腰部分布的经脉是督脉和足太阳膀胱经,依据全息理论,背部有人体五脏六腑的反射区。背诊是目前市场上应用比较广泛的一种诊断方法,通过目测、指压等方法,根据穴位、反射区出现的肤色变化、结节、瘀点等现象,判断对应脏腑的问题,对身体调理起到一定的指导作用。

一、背诊常用的检查方法

背诊的检查方法主要有目测法、触压法等。

（一）目测法

目测法就是用眼睛观察背部皮肤的颜色、毛孔、平整度等情况变化的方法。背部肤色不均匀经常提示肝脏排毒功能下降;出现瘀点提示局部气血瘀滞;毛孔粗大提示体质偏于虚寒,湿气较重;局部隆起多为实,下陷多为虚等。

（二）触压法

触压法就是以指腹在皮肤上缓慢滑动,检查皮肤的敏感区或反应点的方法。一般的检查顺序是由上至下,由中间至两边。背部结节最为常见,多为条索状或扁圆状,常提示局部经络阻滞;局部酸痛为经络阻滞不同的现象;局部麻木多为经络失养、气血虚弱的表现。

二、背部诊断方法

目前常用的背部诊断的方法有背俞穴诊法、背部分区诊断法。

（一）背俞穴诊法

1. 背俞穴分布（见图7-4）

（1）肺俞:在背部,当第三胸椎棘突下,旁开1.5寸。

（2）心俞:在背部,当第五胸椎棘突下,旁开1.5寸。

（3）肝俞:在背部,当第九胸椎棘突下,旁开1.5寸。

（4）胆俞:在背部,当第十胸椎棘突下,旁开1.5寸。

（5）脾俞:在背部,当第十一胸椎棘突下,旁开1.5寸。

（6）胃俞:在背部,当第十二胸椎棘突下,旁开1.5寸。

（7）三焦俞:在腰部,当第一腰椎棘突下,旁开1.5寸。

（8）肾俞:在腰部,当第二腰椎棘突下,旁开1.5寸。

（9）大肠俞：在腰部，当第四腰椎棘突下，旁开 1.5 寸。

（10）小肠俞：在骶部，当骶正中嵴旁 1.5 寸，平第一骶后孔。

（11）膀胱俞：在骶部，当骶正中嵴旁 1.5 寸，平第二骶后孔。

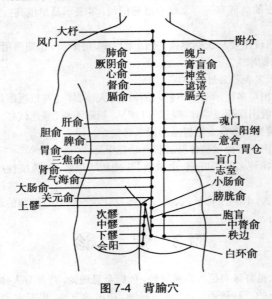

图 7-4　背腧穴

2. 背俞穴的诊断

（1）肺俞

1）局部皮肤隆起的为胸中有热，可伴有气短、咳嗽等症状，一般在膻中穴也有反应，可结合观察。

2）有条索状结节并伴有压痛者，是痰饮咳嗽的症状。

3）背部长痘为肺风粉刺，多为体质燥热，肺阴虚的表现。

（2）心俞

1）若有棱状结节并伴有明显压痛，多为上肢内侧疼痛、红肿或有心悸怔忡、心慌等症状。

2）局部皮肤凹陷且压痛敏感者，常有心胸烦乱，恍惚健忘、纳呆等心神失养的症状。

（3）肝俞

1）局部皮肤隆起伴有压痛敏感者，多有失眠表现。

2）有条索状结节兼有明显压痛者，常见头晕、失眠、心烦的症状。

3）出现棱状结节，并伴有明显压痛者，有胁肋胀痛、脘闷、腹胀、黄疸、纳呆等症状，或有下肢内侧红肿的病变。

（4）胆俞

1）发现棱状结节且有压痛敏感者，多有黄疸表现。

2）凡有条索状结节并伴压痛者，多有下肢外侧疼痛现象；若同时在命门穴伴有气泡样反应者，多有下肢麻木现象。

（5）脾俞

1）局部皮肤凹陷，或按之绵软，以脾虚为主，多见面色萎黄、纳呆、便溏等症状。

2）有条索状结节，并有压痛者，患者常有头晕、失眠、乏力、健忘、烦躁、食欲不振、便溏、浮肿等症状。

3）若出现棱状结节伴有显著压痛者，多见下肢内侧红肿、行走困难或大趾运动不利的表现。

（6）胃俞

1）有条索状结节并伴有疼痛者，常有胃痛和食欲不振等表现。

2）有棱状结节和明显压痛者，多有呕吐、胃痛、腹胀或髋关节外侧有红肿现象。

（7）三焦俞

1）局部皮肤隆起，有条索状结节并伴压痛者，多有腰痛、带下、月经不调、小便混浊等症状。

2）有棱状结节并伴有压痛者，一般有耳鸣、头痛、腹胀满闷、吐逆的表现。

（8）肾俞

1）有条索状结节伴有压痛者，一般提示肾阳虚，有阳痿、头晕、腰膝酸痛的表现。

2）局部皮肤隆起，有如卵圆形结节并伴有压痛者，提示肾阴虚内热，有耳鸣、头胀的表现。

（9）大肠俞

1）有较硬的卵圆形结节，且压痛敏感者，有大便干结的表现。

2）有棱状结节并压痛者，大多有头痛、牙痛、腹痛、泄泻等表现。

（10）小肠俞

1）有卵圆形结节质地较硬，并压痛明显者，多有头晕、后头疼痛、后项拘挛的表现。

2）出现气泡样转动感，多有子宫下垂的症状。

（11）膀胱俞

1）有柔软的椭圆形结节，多有遗尿表现。

2）有棱状结节并有压痛者，一般有小便频数、腰痛、小腹胀痛、白带等表现。

3）有细条索状结节并伴有压痛者，多有下肢麻木或痹痛的表现。

（二）背部分区诊断法

1．背部分区

从颈下二寸开始，以手掌大小为一个反射区，向下依次为肺区、心区、肝区、脾区、肾区、生殖区，共为六个反射区。

2．背部分区诊断

（1）肺区诊断

拇指推肺区内膀胱经，出现发红现象，为肺火旺盛，有鼻咽喉干燥不适，便秘宿便、面部毛孔粗大的表现；推膀胱经发白，表明肺气虚弱，有咳嗽气喘、易感冒的表现；背部长痘多为肺风粉刺，为肺经风热的表现。

（2）心区诊断

拇指推心区内膀胱经，出现发红现象，为心火旺盛，有心烦意乱、大便干结、口腔溃疡等表现。

（3）肝区诊断

肝区肤色不均发青，为肝胆排毒功能下降；肝区凸出为肝功能下降。

（4）脾区诊断

脾区肤色发黄为脾胃不和；皮肤松弛，虚胖者多为脾气不足。

（5）肾区诊断

肾区凹陷，腰部颜色发黑，多为肾阴不足，有头晕耳鸣、腰膝酸软、月经量少或闭经的表现。

（6）生殖区诊断

生殖区凸起：为气滞血瘀，有月经量少，经血色黯、血块，痛经的表现；

生殖区凹陷：为阳虚，有面部易生黑斑，月经量多提前或退后等宫寒表现。

（王　艳）

下　篇

第八章　美容化妆技术

 学习要点

施妆的基本方法；矫正化妆的操作方法；不同类型妆容的画法。

随着社会经济的不断发展，人们生活水平的不断提高，社会交往的日益频繁，美容化妆作为一种时尚已经成为人们生活中不可或缺的一部分，人们对自己外表的综合形象越来越注重，外表形象不但反映出个人的气质、修养、品味，更代表了地位和身份。用化妆来表达个性，突出个人特质风韵，已成为现代人们共识的审美理念。

要学好这门技术，必须牢固掌握化妆专业基础知识及技巧，针对个体特点，采用适宜的化妆方法，并与发型、服饰等进行和谐搭配，做到形美、神美、质美的合一，才是一个完整的造型形象，才会令化妆美容更具魅力、更多姿多彩。

第一节　美容化妆的基本知识

一、美容化妆的概念和特点

（一）美容化妆的概念

美容化妆的概念有广义和狭义之分。

狭义的美容化妆是指以人体医学科学为基础，以人类社会审美心理为标准，运用现代美容化妆技术及产品，针对个体特点和需要，进行面部肌肤养护、修饰，以达到扬长避短、增加魅力为目的的系统理论和技术。

广义的美容化妆是指在身体健康和心理健全的基础上，借助某些物理方法和化妆产品，运用化妆技术来美化自己和掩盖面部某些缺陷，装扮整个人体，使其成为健康而靓丽的人。这里的化妆不仅指颜面，甚至还要改变人的整体形象及气质，提高文化修养的美容化妆。

平时我们所说的化妆是指人们在日常社交活动中，利用化妆用品和用具，以专业化的手段对面部五官及其他部位进行修饰、描画，以达到扬长避短、美化容颜、增强自信和尊重他人的目的。

美容化妆不仅仅是个体活动，同时也具有广泛的社会性，每一个历史时期的社会经济发展状况，社会风俗习惯，以及人们的道德、伦理、文化素质、生活水平，都会对化妆产生很大的影响。而真正推动美容化妆发展的动力是人们心目中对美的追求与渴望。纵观美容化妆的起源与发展，正是人们内心对美的追求所产生的巨大能量推动了美容化妆不断发展。运用天然成分的化妆品和自然的化妆技法也是当今美容化妆的重要特征；而基础化妆、矫正化妆、风格化妆则是美容化妆的三个境界。

运用美容化妆的手段来美化容貌与仪表，树立自信，令生活充满活力，是人类现代文明的具体表现，也是美容化妆渐趋成熟的标志。

（二）美容化妆的特点

现实生活中的美容化妆是指生活美容化妆，主要以唯美化妆为主，不同于电影、电视、舞台化妆，它服务于生活，因此更接近于生活，要求在真实、细致的基础上加以修饰，不可大幅度改变自己的容貌，其主要有以下几个特点：

1. 因人而异　人的容貌是天生的，每个人都有各自的特点，不可用同一标准模式进行美容化妆，这是不可取的。

2. 因地而异　根据不同的生活或工作环境及身份特点来进行美容化妆，不可千篇一律；同样的化妆在不同的场合和照明条件下的效果是极不相同的，有时甚至还会产生相反的效果。

3. 因时而异　由于不同时代人的精神面貌和社会风格不同，不同季节、不同时间所适宜的妆型也不尽相同，化妆的形式因此千变万化。

二、美容化妆的作用和原则

（一）美容化妆的作用

1. 美化容颜　美容化妆的直接目的就是美化自己的容颜，使优点更加突出、起到增添神采的作用。

2. 健美护肤　化妆不仅可以使人容颜美丽，还能起到保护皮肤的作用。

3. 增强自信　化妆在增添美丽的同时，既尊重了他人也增添了自信，精心得体的装扮会为社会交往和社会生活增添更多愉悦的气氛。

4. 矫正缺陷　用化妆手段弥补或矫正面部缺陷是化妆的主要作用之一，通过后天的修饰使自己更具魅力。

（二）美容化妆的原则

1. 扬长避短　是指突出最美的部分令其更加动人，同时巧妙地弥补或掩盖不足的部分。

2. 自然真实　化妆要自然真实，不留痕迹，无论何种化妆，切忌厚厚涂抹，化妆师可通过化妆技巧和手段，采用合理的化妆品来表现出人的自然个性和气质美。

3. 突出个性　化妆要因人、因时、因地制宜，切忌千篇一律。化妆师应根据对象特点，设计妆型，强调个性特点，勿要单纯模仿。

4. 整体配合　美容化妆强调整体观，协调美。一方面，妆型的设计应考虑发型、服饰的配合，使之具有整体美感；另一方面，还应对化妆对象、气质、性格、职业、年龄等特征加以规划，取得和谐统一的效果。

化好妆的四大要素

1. 正确　正确指的是化妆的部位与色彩搭配及表达目的一定要正确,要遵循化妆的基本原则。

2. 准确　准确强调的是化妆技巧,落笔要娴熟,能够将化妆理论性的原则在个体身上得到准确的表现。

3. 精致　精致需要长期培养和打磨。化成精致的妆面需要做的是反复练习和坚持不懈。

4. 和谐　和谐是化妆的最高境界。主要包含三个层面:①妆面的和谐;②妆面与整体形象的和谐;③妆面与外环境的和谐。

三、美容化妆的种类

化妆根据其展示的不同空间可分为两大类:即生活化妆和表演化妆。生活化妆以弥补缺陷,美化容貌,展示个性为特征;表演化妆以表演和展示为主要目的(表8-1)。

表8-1　美容化妆的种类

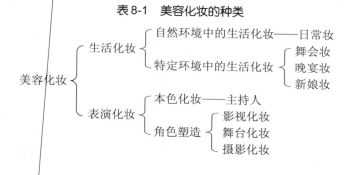

四、美容化妆的用品用具

用于美容化妆的化妆品又称为彩妆用品。彩妆类化妆品具有美化面部容貌、调整皮肤色调、修整面部轮廓及五官比例、掩盖面部缺陷的重要作用。正确认识并选择化妆品,是化妆师必须具备的技能。

(一)化妆用品(图8-1、图8-2)

1. **卸妆液(油)、洗面奶、洁面巾**　用于化妆前的卸妆洁面。卸妆油以含矿物油成分为主,对皮肤有一定的刺激性,用于油彩妆的卸妆;卸妆液性质温和,清洁效果好,对皮肤的刺激小,用于眼部和唇部的卸妆。如果用卸妆液(油)来卸妆,必须用洗面奶将卸妆液(油)清洗干净;洁面巾具有三合一功效,即卸妆、洁面、护肤一次完成。

2. **化妆水**　化妆前使用化妆水,可补充皮肤表皮水分,滋润皮肤,收敛毛孔,保持妆面持久。柔软性化妆水有软化表皮之功效,用于较粗硬的皮肤。收敛性化妆水具有收缩毛孔的功效,用于油性皮肤。润肤化妆水具有保湿的功效,用于中性和干性皮肤。营养性化妆水具有补充皮肤养分和水分的功效,用于干性和衰老性皮肤。

3. **乳液、营养霜**　两种都在化妆前使用,既能保护皮肤,又能给皮肤补充水分及营养。乳液一般适用于淡妆、夏季化妆和油性皮肤使用。营养霜适用于春、秋、冬季,化浓妆及干性皮肤和衰老性皮肤使用。

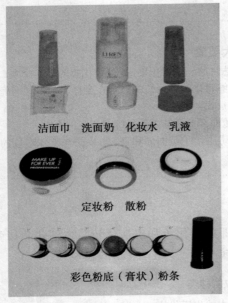

洁面巾　洗面奶　化妆水　乳液

定妆粉　散粉

彩色粉底（膏状）粉条

图8-1　常用专业化妆品（1）

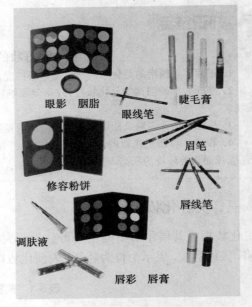

眼影　胭脂

睫毛膏

眼线笔

眉笔

修容粉饼

唇线笔

调肤液

唇彩　唇膏

图8-2　常用专业化妆品（2）

4. 粉底　用于遮盖瑕疵、调整肤色、改善肤质、增强面部立体感。粉底的种类很多，有液态、固态、膏态、粉态和水态。

（1）粉条：为外观呈管状的膏状粉底，油脂含量较大，遮盖力很强，质地较厚，可赋予皮肤光泽和弹性。适用于干性、衰老性皮肤和影视妆、浓妆。

（2）粉底霜：含油脂大，遮盖力较强，适用于中、干性、衰老性皮肤和秋、冬季化妆，浓妆。

（3）粉底液：乳液状，含水分较多，遮盖力一般，使用效果自然真实，适用于夏季和化淡妆。

（4）粉饼：含水、油适量，遮盖力强，可干湿两用，干用可做亚光散粉定妆，湿用可做粉底修饰皮肤，适用于油性皮肤、补妆和日妆快速上妆定妆。

（5）遮瑕膏：遮瑕膏是一种特殊的粉底，成分与膏状粉底相似，其质地较膏状粉底更干些，遮盖力最强，主要用于一般粉底掩饰不住的瑕疵。遮瑕疵可根据情况放在底色前后使用均可。

5. 调肤液　又称修正液，用于调整皮肤的颜色，用在化妆打底之前，涂在脸上宜薄，否则会出现发青发紫的效果。

（1）紫色：用于调整偏黄、灰黯的肤色。

（2）绿色：用于调整偏红及脸颊有红血丝的皮肤。

（3）粉红色：用于调整苍白肌肤，塑造健康红润的效果。

（4）蓝色：用于表现白皙的肌肤。

（5）橙色：用于表现古铜色肌肤。

（6）土黄色：用于遮盖黑眼圈。

6. 蜜粉　又称定妆粉、散粉，为颗粒细致的粉末，具有吸收水分、油分的作用，且能调和粉底光亮度，防止脱妆，使皮肤爽滑且更为自然，可用于各种妆型的定妆。蜜粉还有遮盖脸上瑕疵的功效，令妆容看上去更为柔和，呈现朦胧的美态。

7. 高光色　是比基础底色浅的粉底，打在脸部需要扩大、凸起的部位，如眉骨、T 字形区、下巴等处，不同的脸型涂抹高光的位置也有不同。

8. 阴影色　是比基本底色深的粉底，打在脸部需要缩小、凹陷的部位，如腮部、下颌角等。阴影的晕染应柔和自然，看不出明显界线，不同的脸型抹阴影的部位也不一样。

9. 眼影　眼影是加强眼部立体效果、修饰眼型以衬托眼部神采的化妆品，其色彩丰富，品种多样。常用的眼影分为眼影粉和眼影膏两种。

（1）眼影粉：眼影粉为粉块状，分为珠光眼影和亚光眼影，含珠光的深白色眼影粉也可作为面部提亮色。眼影粉在定妆后使用，珠光眼影可起到特殊的装饰作用，通常用于局部点缀；亚光眼影较合适东方人显浮肿的眼睛。

（2）眼影膏：眼影膏的外观和包装与唇膏相似，是现在比较流行的眼用化妆品。它的色彩不如眼影粉丰富，但涂后给人以光泽、滋润的感觉。

使用方法：在涂完粉底后，定妆前直接用手涂于眼部。

10. 眼线液、眼线粉（膏）、眼线笔　眼线饰品是进行描画睫毛时用的化妆品，用于调整和修饰眼型，增强眼部的神采。

（1）眼线液：眼线液为半流动状液体，配有细小的毛刷。用眼线液描画睫毛线的特点是上色效果好，但操作难度较大。一般适用于晚妆、浓妆。

（2）眼线粉（膏）：眼线粉（膏）为块状，其最大的特点是晕染层次感强，上色效果好，不易脱妆。适用于各种妆型。

（3）眼线笔：眼线笔外形像铅笔，芯质柔软。特点是易于描画，效果自然。一般适用于生活淡妆。

11. 睫毛膏　用于修饰睫毛的化妆品，可使睫毛浓密，增加眼部神采与魅力。睫毛膏的色彩丰富，可分为无色睫毛膏、彩色睫毛膏、加长睫毛膏等多种。

12. 眉笔、眉粉　描画眉毛的工具，用于调整修饰眉形，增强面部神采。

（1）眉笔：铅笔状，芯质较眼线笔硬，颜色有黑色、棕色和灰色。浓妆多用黑色，棕色适合淡妆和皮肤较白的人，灰色适用于年龄较大的人。

（2）眉粉：眉粉是用眉粉刷蘸眉粉均匀的涂在眉毛上，比用眉笔画的要自然些。

13. 腮红　腮红是用来修饰面颊的化妆品。它可矫正脸型，突出面部轮廓，统一面部色调，使皮肤更加健康红润，常用的腮红有粉状和膏状两种，美容化妆常用粉状腮红。

（1）粉状腮红：腮红外观呈块状，含油量少，色泽鲜艳，使用方便，适用面广。定妆之后，涂于颧骨附近。

（2）膏状腮红：膏状腮红外观与膏状粉底相似，能充分体现面颊的自然光泽，特别适合干性、衰老皮肤和透明妆使用。

14. 唇膏　唇膏是所有彩妆化妆品中颜色最丰富的一种。它用于强调部分色彩及立体感，具有改善唇色，调整、滋润及营养唇部的作用。唇膏按其形状划分，有棒状和软膏状两种，唇膏同时也包括唇彩。

（1）棒状、软膏状唇膏：一般放在盒中，最大的特点是可以随意进行颜色的调配，是专业化妆师的首选。

（2）唇彩：使用唇彩可以凸出唇部的滋润感。唇彩质地细腻，光泽柔和，颜色自然，使用后会使唇部显得润泽，一般与唇膏配合使用。

15. 唇线笔　唇线笔外形似铅笔，芯质较软，用于描画唇部的轮廓线，可修饰唇形、增强唇部的立体感。选择唇线笔的颜色时应注意与唇膏属于同一色系，且略深于唇膏色，以便使唇线与唇色协调。

16. 修容粉饼　用于面部轮廓的修饰、矫正，分为提亮色和阴影色，用于面部不同部位，使面部更具有立体感，是一种粉质双色粉饼。

（二）化妆用具（图 8-3）

常言道："工欲善其事，必先利其器。"好的化妆工具与彩妆类化妆品是完成人物化妆造型的基础条件。下面分别介绍各种化妆用具的用途、性能及特点。

1. 涂粉底和定妆的用具

（1）粉底海绵：又称化妆海绵，有三角形、圆形、方形等多种形状，根据个人喜好选择。化妆海绵是打底时用的，用时应先将海绵用水喷湿，使其呈微潮的状态后，蘸粉底在皮肤上均匀涂抹。

（2）粉扑：用于扑按蜜粉定妆和化妆时套在小拇指上隔离妆面，化妆时应准备两个粉扑，相互配合使用。

（3）掸粉刷（1# 大粉刷）：掸粉刷用来扫去脸上多余的浮粉，是化妆刷中最大的一种毛刷，其质地柔软，不刺激皮肤。此外，还有一种刷头呈扇形的粉刷，用于下眼睑、嘴角等细小部位。这种粉刷是 8# 扇形刷。

（4）亮粉刷（5# 眼影刷）：亮粉刷是在额头、鼻梁、下颏等部位涂抹亮色化妆粉或眼部亮色眼影粉时使用的刷子，应选用宽度在 1cm 以上的眼影刷。

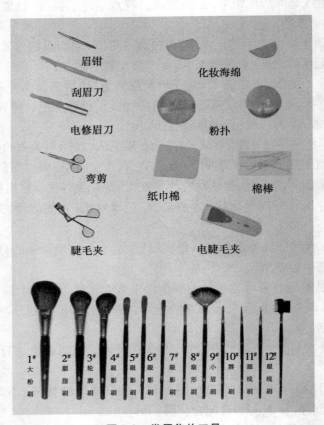

图 8-3　常用化妆工具

2. 修饰眼睛的用品及用具

（1）眼影刷（4#、6#、7#眼影刷）：眼影刷有两种类型，一种为毛质眼影刷，另一种为海绵棒状眼影刷。它们都是眼部修饰用具，不同之处在于海绵棒要比眼影刷晕染的力度大、上色多。对毛质眼影刷质量要求较高，应具有良好的弹性。眼影刷要专色专用，最好备有几支大小各异的眼影刷。

（2）眼线刷（11#眼线刷）：用来描画睫毛线的化妆用具，眼线刷是化妆套刷中最细小的毛刷。

（3）美目贴：美目贴是矫正眼型的化妆用品，是带有黏性的透明胶纸，通过粘贴，可以改变双眼睑的宽度，也可矫正下垂松弛的上眼睑。

（4）假睫毛：假睫毛可以增加睫毛的浓密与长度，为眼部增添神采。假睫毛一般有完整型和零散型两种。完整型是指呈一条完整睫毛形状的假睫毛，化妆时用专用胶水将其固定在睫毛根处，适用于浓妆。零散型是指两根或几根组成的假睫毛束，是利用专用胶水将假睫毛固定在真睫毛上，并与真睫毛融为一体，适合局部睫毛残缺的修补，也适合淡妆中睫毛的修饰。

（5）睫毛夹：睫毛夹是用来卷曲睫毛的用具。睫毛夹夹缝的圆弧形与眼睑的外形相吻合，使睫毛被压挤后向上卷翘。睫毛夹松紧要适度，过紧则会使睫毛不自然。选用时应检查橡皮垫和夹口是否紧密。

3. 修饰眉毛的用具

（1）眉扫刷（9#眉刷）：用于整理和描画眉毛的用具，刷头呈斜面状，毛质比眼影刷略硬。通常用眉刷蘸眉粉在眉毛上轻扫，以加深眉色；也可在画好的眉毛上轻扫，使眉色均匀自然。

（2）眉梳和眉刷（12#睫毛梳）：眉梳是梳理眉毛和睫毛的小梳子，梳齿细密，有时也被称为睫毛梳。一般在修眉前梳理眉毛，以便于修剪，另外，还可以将涂睫毛膏时粘在一起的睫毛梳通。梳时从睫毛根部沿睫毛弯曲的弧度向上梳。在化妆工具中眉梳和眉刷常常被制作成一体。眉刷外型同牙刷，毛质粗硬，也可用于整理眉毛。

（3）修眉镊：用于拔除杂乱的眉毛，将眉毛修成理想的眉型，美容常用的修眉镊通常选用圆头的。注意使用修眉镊修眉时，一定要顺着毛发生长方向进行拔眉毛。

（4）修眉剪：用于修剪眉毛及睫毛的用具，修眉剪较细小，头尖并微上翘。

（5）修眉刀：用于修整眉型及发际处多余的毛发。

4. 修饰面色的用具

（1）轮廓刷（3#轮廓刷）：用于修整面部外轮廓，可以选择刷毛较长且触感轻柔、顶端呈椭圆形的粉刷。

（2）腮红刷（2#腮红刷）：用于涂腮红的用具。腮红刷是用富有弹性、大而柔软、用动物毛制成的前端呈圆弧状的刷子。

5. 画唇的用具　唇刷（10#唇刷）。唇刷最好选择顶端刷毛较平的刷子。这种形状的刷子有一定的宽度，刷毛较硬但有一定的弹性，既可以用来描画唇线，又可以用来抹全唇。

6. 常用化妆材料　常用的化妆材料有纸巾、棉棒、棉片等。

（1）纸巾：用于净手、擦笔、吸汗及吸去面部多余的油脂、卸妆等。纸巾应选择质地柔软、吸附性强的面巾纸。

（2）棉棒：棉棒是化妆时擦净细小部位最理想的用具。如涂眼影、睫毛液时，常常会因不小心或技术不熟练而弄脏妆面，用棉棒进行擦拭，效果良好。

知识链接

色彩的形成

　　色彩的形成取决于三个方面：一是有一定光源的照射；二是物体本身所反射的色光；三是环境与空间对物体色彩的折射。色彩既离不开光，也离不开具体的物体。当光波射到物体上，一部分色光被吸收，一部分色光被反射。全吸收的便呈黑色，全反射的则呈白色，对所有的色光都等量地部分吸收、部分反射的即是灰色。而其他各种彩色物体，则是对不同的光选择吸收和反射的结果。例如我们穿的红衣服，是由于它吸收了光波中的橙、黄、绿、青、紫，而反射出的红光。

第二节　施妆的基本方法

一、化妆前的准备

（一）认识五官位置的美学标准

　　化妆前首先要了解受妆者的面部五官的比例结构与位置及面型。自古以来，椭圆脸型和比例匀称的五官一直被公认是最理想的"美人"标准。椭圆脸型的长度和宽度是由五官的比例结构所决定的，五官的比例一般以美学家根据脸部的黄金比例规定的"三庭五眼"为标准。只要人的五官在此比例范围之内，不管长相如何，在视觉上都会产生一种愉悦的感觉，同时，面部这种比例关系也是化妆师矫正化妆的基本依据。因此，"三庭五眼"（图8-4）是对脸型精辟的概括，对面部化妆有重要的参考价值。

　　所谓"三庭"是指脸的长度，"上庭"即由前额发迹至眉间的距离，即额头的长度；"中庭"为眉间至鼻底的距离，即鼻的长度；"下庭"为鼻底至颏底的距离，它们各占脸部长度的1/3。所谓"五眼"是指脸的宽度。以眼睛长度为标准，把面部的宽度分为5个等份。两眼的内眼角之间的距离应有一只眼睛的长度，两眼的外眼角延伸到两侧发迹线的距离又是一只眼睛的宽度。

　　眉毛是由眉头、眉腰、眉峰、眉梢四部分组成（图8-5）。眉的标准位置：眉头在鼻翼与内眼角连线的延长线上；眉梢在鼻翼

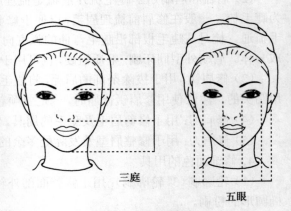

图8-4　三庭五眼

与外眼角连线的延长线上；眉峰在眉头至眉梢的2/3处；眉梢的高度为眉头下缘至眉梢的水平连线，且略高于眉头（图8-6）。

　　鼻部是由鼻根、鼻梁、鼻尖、鼻翼、鼻中隔、鼻孔组成（图8-7）。标准鼻的长度为脸长的1/3，鼻根在两眉之间，鼻翼两侧在眼角向下的垂直线上，鼻的宽度是脸宽的1/5。

　　嘴唇由上唇、下唇，唇峰、嘴角、唇谷、口裂组成（图8-8）。上唇薄，下唇厚，下唇中心厚度是上唇中心厚度的两倍；嘴唇轮廓清晰，嘴角微翘，整个唇型富有立体感。嘴唇的标准位置在瞳孔平视时瞳孔内侧的垂直线上。

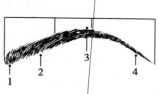

图 8-5　眉毛
1. 眉头　2. 眉腰　3. 眉峰　4. 眉梢

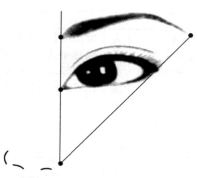

图 8-6　眉的标准位置

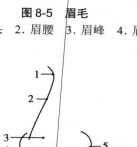

图 8-7　鼻部的组成
1. 鼻根　2. 鼻梁　3. 鼻头　4. 鼻翼
5. 鼻孔　6. 鼻中隔

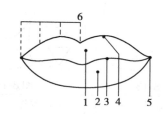

图 8-8　唇部的组成
1. 上唇　2. 下唇　3. 口裂　4. 唇峰
5. 嘴角　6. 唇谷

（二）准确判断受妆者的脸型

生活中每一张脸都有各自的特征，所谓千人千貌，即使是孪生兄弟也有细微的区别。化妆前必须了解受妆者属于何种脸型，有何特征或缺陷，以便于运用各种化妆用品去塑造一张完美的脸型。常见的脸型有七种：椭圆脸型、圆脸型、长脸型、方脸型、三角形脸型、倒三角脸型、菱形脸型。椭圆脸型和倒三角脸型为标准脸型。化妆时对不同脸型，要采取不同的方法尽量修饰成椭圆形脸和倒三角形脸。

知识链接

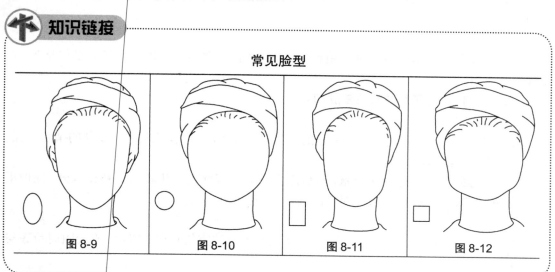

常见脸型

| 图 8-9 | 图 8-10 | 图 8-11 | 图 8-12 |

俗称"鹅蛋脸",被认为是最漂亮的脸型,也最能体现东方女性的古典柔美与含蓄。按美学比例,标准椭圆形脸的宽与长之比正好是黄金分割0.618。	脸部轮廓线接近于圆形,以鼻梁为圆心,长宽基本相等,圆润丰满,额骨比眉骨和下颌线宽。	脸部的长度明显长于宽度,眉骨、颧骨和下颌骨的宽度基本一致。	脸部轮廓线接近于方形,眉骨、颧骨和下颌骨的宽度基本相同。
图 8-13	图 8-14	图 8-15	
下颌骨明显宽于眉骨、颧骨,脸部轮廓线接近于正三角形。	前额与颧骨比下颌线宽,下颌呈 V 字形,脸部轮廓线接近于倒三角形。	颧骨宽于眉和下颌骨,额头两边窄、下颌消瘦,脸部轮廓线接近于菱形。	

二、施妆的程序和方法

施妆的程序和方法是化妆的重点、要点,是化妆技巧不可缺少的重要部分,为立体矫正化妆和各种妆型的化妆打下坚实的基础。

（一）观察与沟通

施妆前先要观察顾客皮肤状态、脸型五官特点,并了解顾客想要的主题风格等是化好妆的前提。

（二）陈设

正式化妆前根据本次将要进行施妆的主题,选择需要的化妆用品用具并摆放整齐,方便施妆时取用。

（三）妆前洁肤、了解并解决皮肤问题

1. 妆前洁肤

洁净的皮肤是化好妆的基础。清洁的皮肤使妆面牢固自然,化妆品与皮肤的亲和力强。洁肤包括卸妆和洁面两部分。

化妆前必须拍上合适的化妆水,然后涂上合适的润肤霜。化妆水可补充水分,保护皮肤;润肤霜可滋润皮肤,隔离妆面对皮肤的侵害,还可隔离灰尘。

2. 皮肤问题

（1）干燥:在面部涂抹大量水质乳液,水质会迅速被空气和皮肤吸收,不会阻碍粉底与皮肤的融合。

（2）油光:说明之前洁面不彻底,应重新使用去油洁面乳彻底清洗脸部,或用化妆海绵喷水擦脸。

（3）粉刺：粉刺问题只能用粉底解决局部发红发紫问题。凹凸问题化妆范畴内无法解决，不过如果是拍照片的话，可以在后期处理照片时解决。

（4）斑：可在粉底后、定妆前进行处理，因为如果在粉底前遮盖会在打粉底时被再次擦开。

（5）眼袋（黑眼圈）：水袋冰敷或用隔夜的茶包冰镇后敷，可以收到良好效果。

（6）过敏：使用隔离霜或更换其他品牌的粉底，因为有可能是产品内某种成分导致过敏。

（7）毛孔粗大、肤色不均匀：涂抹粉底时需加倍细致，尽量弥补。

（8）汗毛重：面部汗毛过重会导致化妆后显得妆面非常厚重且脏，最好在打粉底前彻底刮净。

（9）高原红：在粉底后进行处理，用质地厚的粉底进行遮盖。

（10）皱纹：选择比较薄的粉底，因为皱纹处都是两层皮肤，分泌油脂比其他部位多一倍，油脂堆积会弄花粉底。

（11）古老的文眉：首先在粗重的眉形上将眉毛修成理想形状，然后用遮盖霜将多余部分和较黑重的眉头盖住。

（四）修眉

根据脸型和妆型，除去多余的眉毛，修出基本的眉型。修眉时要根据所使用的用具不同采用不同的方法。常见的修眉方法有三种：拔眉法、剃眉法和修剪法。

1．拔眉法　用眉镊将散眉及多余的眉毛连根拔除。优点是修过的地方很干净，眉毛再生速度慢，眉型保持时间长；不足是拔眉时有轻微的疼痛感。

注意事项：①操作时，先用毛巾热敷眉部片刻，使毛孔扩张，软化皮肤，减少拔眉时的疼痛感；②要用一手食指和中指紧绷眉部皮肤，另一手拿眉镊夹住眉毛的根部，顺着眉毛的生长方向，一根根拔除；③长期用此方法修眉，会损伤眉毛的生长系统，使眉毛生长缓慢，逐渐变得稀疏。

2．剃眉法　用修眉刀将不理想的眉毛剃掉，以便重新描画眉型。优点是修眉速度快，无疼痛感，简单易学；不足是眉毛剃掉后很快又会长出来，而且重新长出的眉毛显得粗硬。修眉前最好在眉毛处涂少量乳液滋润皮肤，否则可能会刮掉皮屑。

注意事项：①让修眉刀与皮肤成45°，在皮肤上轻轻滑动剔除多余的眉毛；②操作时要特别小心，握刀的手一定要稳，以免割伤皮肤。

3．修剪法　用眉剪对杂乱多余的眉毛或过长的眉毛进行修剪，使眉型显得整齐。

（五）夹睫毛

夹睫毛需在涂抹粉底前进行，以防金属质地的睫毛夹在操作过程中，刮花打好的粉底。用睫毛夹将上睫毛卷曲上翘，增强眼部的立体感。

（1）操作方法

1）受妆者眼睛成45°向下看，将睫毛夹夹到睫毛根部，使睫毛夹与眼睑的弧线相吻合，夹紧睫毛5秒左右松开，不移动夹子的位置做1～2次，使弧度固定。

2）用睫毛夹夹在睫毛的中部，顺着睫毛翘的趋势，夹5秒左右后松开。

3）最后用睫毛夹夹在睫毛的梢部再夹1次，时间2～3秒，形成自然的弧度。

（2）注意事项：①夹睫毛时，睫毛要干净，如有灰尘或残留的睫毛液会造成睫毛的损伤与折断；②睫毛被夹后要坚持 5 秒左右才能成"形"，若卷翘度不理想可反复夹卷；③夹睫毛时动作要轻。

（六）滋润唇部

打粉底之前应先用唇油滋润唇部，以防在打粉底的过程中不慎将粉底弄到嘴唇上，会导致嘴唇起皮，影响唇妆效果。

（七）美目贴

如果顾客眼型及妆型需要粘贴美目贴，必须在打粉底之前进行操作。因为粉底是水油混合物质，会影响美目贴的粘贴效果。

（八）打粉底

涂抹粉底是化妆的基础，应根据皮肤的性质、妆型的需要选择适当质感的粉底为基础底色。用化妆海绵蘸取少量粉底由内向外，全脸均匀地拍压。

注意事项：①粉底涂抹要匀，厚薄适中，并应稍加按压，使粉底服帖，切忌来回涂抹；②如果肤色不好，可适当调整粉底颜色进行修饰，切忌用加厚粉底层数达到修饰效果，以防脸和脖子出现边界线；③瑕疵处可用遮瑕笔遮盖；④耳朵、发际线、眼周、鼻唇沟处也要进行粉底修饰，并均匀晕开、做好过渡；⑤正确使用高光色和阴影色强调面部立体感。

（九）定妆

固定粉底，防止脱妆，减少皮肤上的油光。定妆粉种类有透明散粉、肤色散粉、深色散粉，一般选择适合肤色的散粉。用一个粉扑均匀蘸取散粉（粉量以粉扑向下，粉不落地为宜）与另一个粉扑相互揉擦，使蜜粉在粉扑上分布均匀，再用粉扑轻轻按压全脸。鼻翼、眼窝、下眼睑、嘴角、颏窝等易被忽略的地方，也要注意扑上粉。扑完后，用粉刷扫除多余的粉。

在画眼影前，用扇形粉刷蘸取定妆粉涂于下眼睑处，待眼部化妆完成后，再用该粉刷将下眼睑的浮粉以及掉落的眼影粉一起扫去，可防止掉落的眼影弄脏妆容。

（十）画眼影

强调眼部的凹凸结构，增加眼部结构的立体和神韵。眼影色要注意与整个妆色、肤色、服饰和色调和谐统一。

常用的画眼影方法有横向排列法、纵向排列法和结构晕染法。

1. 横向排列法　在上眼睑处，用两种或两种以上的眼影色彩由内眼角向外眼角横向排列搭配晕染，可充分发挥眼睛的动感，使眼睛生动有神而具立体感，是化妆师常用的眼影化妆方法。常用的横向排列法有 1/2 排列晕染法、三色晕染法、1/3 晕染法。

（1）1/2 排列晕染法：也称左右晕染法，将上眼睑分为左，右两部分进行横向晕染。即整个上眼睑分为左 1 区（内眼角）、右 2 区（外眼角）。选用较浅的眼影色，从 1 区内眼角落笔向 2 区晕染，选用较深的眼影色，从 2 区外眼角处落笔向 1 区内眼角进行晕染，然后在眶上缘部位提亮。此种眼影排列方式色彩对比夸张，适用于修饰性较强的妆面。

（2）三色晕染法：是将上眼睑横向分为三个区域进行晕染，色彩过渡柔和自然。即将上睑分为三个区：1 区（上眼睑中部）、2 区（内眼角）、3 区（外眼角）。①用亮光色在 1 区由眼球高点落笔，进行晕染，后用眼影色在 2 区内眼角处落笔，逐渐向 1 区进行晕染；②用眼影色在 3 区外眼角处落笔，逐渐向 1 区进行晕染；③在眶上缘部位提亮。此种眼影晕染法能充分体现眼部的立体感和眼部神态，适用于修饰性较强的妆型及东方人眼型较长者。

（3）1/3 晕染法：是由上眼睑横向分为两个区域进行晕染，将上眼睑分为三等份，由内眼角至外眼角的 2/3 为 1 区，外眼角的 1/3 为 2 区。选用较浅的眼影色，由内眼角入笔晕染至 2/3，选用较深的眼影色，由外眼角入笔晕染至 1/3，在眶上缘部位提亮。此种眼影染法可使用对比色或邻近色，也可根据个人的需要随意变化，适用于各种妆型及眼型（肿眼泡除外）。

横向排列法中 1/2 排列晕染法与 1/3 排列晕染法的视觉效果，前者视觉冲击感强于后者。在施用颜色时，常采用内浅外深，即 1 区施用浅色眼影，2 区施用深色眼影；或内深外浅，即 1 区施用深色眼影，2 区施用浅色眼影的色彩组合模式，从而形成不同的眼妆效果。

2. 纵向排列法　纵向排列法是较为传统的晕染方法，是用单色或多色眼影进行由深至浅或由浅至深的晕染方式。纵向排列法有上浅下深晕染法和上深下浅的晕染法。

（1）上浅下深晕染法：上浅下深晕染法是用眼影色沿睫毛根向上平行进行由深至浅的晕染方式。即从外眼角落笔，沿睫毛根部向内眼角晕染，再向上平行进行由深至浅地晕染至恰当的位置，眶上缘部位提亮。此种晕染方式色彩过渡柔和自然，使人感觉眼睛明亮，有神。适用于各种妆型和眼型，尤其是单眼睑及眼睑浮肿者。

（2）上深下浅晕染法：上深下浅晕染法也称"假双技法"，即对于单眼睑或形状不够理想的双眼睑，在上眼睑处画出一个双眼睑的效果。即根据眼型条件，在上眼睑画出假双眼睑的线条，在双眼睑内用高光色进行晕染，在双眼睑以上进行上深下浅的晕染（方法同下深上浅晕染法）。在眶上缘部位进行提亮。在画假双眼睑时，假双眼睑线条位置的高低要以假双眼睑的宽窄而定。若双眼睑想宽些，线条的位置便要高，反之就低一些。此法适用单眼睑中的眼睑脂肪单薄，睑裂与眉毛之间距离较远的眼型。

3. 结构晕染法　结构晕染法是一种突出眼部立体结构的晕染方式。即在上眼睑沟处根据眼睛结构画出一条弧线，强调眼睑沟的位置，从外眼角处沿这条弧线向眼部中央晕染，颜色逐渐变浅，在弧线的下方和上缘提亮。结构晕染法修饰性强，常用于舞台表演、化妆比赛及特别强调眼部风采的化妆手法。

在眼部化妆中，各种晕染方法不是独立存在的，他们的侧重点不同，但有相互融合，无论采用哪种晕染方法，都要符合眼部的结构特征。

（十一）画眼线

专业术语称画睫毛线，强调眼睛的轮廓，弥补眼型的不足。眼睫毛线的描画要紧贴睫毛根处进行。由于眼睫毛的自然生长规律为上睫毛粗而长，下睫毛短而疏，靠近内眼角的睫毛稀短，靠近外眼角的睫毛浓密，所以描画时应遵循上宽下窄、上长下短、上实下虚、内细外粗等眼睫毛线画法原则。眼睫毛线要求整齐干净。

1. 画上睫毛线时，让受妆者眼睛往下看，美容工作者用一只手在上眼睑处往上轻推，充分暴露出上睫毛的根部，然后紧贴睫毛根部的外侧从内眼角往外眼角描画至梢部微微上翘。

2. 画下睫毛线时，让受妆者眼睛往上看，在睫毛根部的内侧由外眼角往内眼角描画，一般描画外 1/2 即可。也可根据造型的需要选用其他颜色和描画范围。

（十二）画眉毛

根据喜好、自身眉毛的生长条件及妆型特点设计合适的眉型。眉型与眼型、脸型、妆型协调，左右对称，眉色要由深至浅过渡柔和，有立体感。

1. 画眉的操作方法

（1）用眉刷蘸眉粉，从眉峰处开始，逆着眉毛的生长方向横向前刷至眉头处，改成竖刷。

（2）从眉头处开始，顺着眉毛的生长方向后横刷至眉尾，勾勒出眉形。

（3）用眉笔，按照眉毛生长机理一根根填补缺失的眉毛。

2. 注意事项

（1）画眉持笔时，要做到"紧拿轻画"。

（2）要一根根进行描画，从而体现眉毛的空隙感。

（3）描画眉毛时，注意眉毛深浅变化规律，体现眉毛的质感，眉毛应略浅于发色。

（4）眉笔要削成扁平的"鸭嘴状"。

3. 常见的眉型（表8-2，图8-16，图8-17，图8-18，图8-19）

表8-2 常见的眉型

眉型 （变竖式）	图示	特点	画法
标准眉 （2/3 眉）	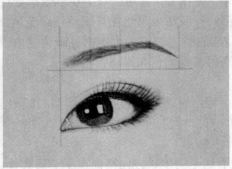 图 8-16	把整个眉长分为三等分，眉峰点在 2/3 处，眉头与眉梢在同一水平线	先勾画下线，空出眉头至眉腰 1/3 暂不画，用眉头至眉腰的 1/3 起点与眉峰相连形成上扬的弧线。再从眉峰描画至眉梢，形成下降弧线。然后勾画上线，在构成的眉框中填色或顺着眉毛的生长方向一根一根描画，最后把眉头与眉腰1/3 相连描画眉头
1/2 眉	图 8-17	把整个眉长分为二等分，眉峰在 1/2 处	眉峰要高，眉梢抬高，形成的上扬线有力，可把脸拉长
3/4 眉	图 8-18	把整个眉长分为四等分，眉峰在 3/4 处	眉梢往上飞一点，眉峰靠近眉梢，离心性强，可以显得额头、脸盘宽

续表

眉型 （变竖式）	图示	特点	画法
水平眉 （一字眉）	 图 8-19	眉头、眉峰、眉梢近似水平	眉峰点压低，可产生把脸缩短的效果；如果碰到额头窄、脸又比较宽的人，眉梢可往上飞一点

4. 眉型的选择 眉型的多样化使眉毛富于变化和表现力。眉型的选择对眉毛的美化非常重要，在选择眉型时注意以下几点：

（1）根据眉毛的自然生长条件来确定眉型：①较粗较浓的眉毛造型的余地大，通过修眉可以形成多种眉型；②较细较浅的眉毛在造型时有一定的局限性，只有根据自身条件进行修饰，否则会给人失真、生硬的感觉；③眉毛是由眉骨支撑的，眉毛生长的弯曲度由眉骨的弧度所决定，在设计眉型时，要考虑眉骨的弧度，不宜调整弧度太大，否则显得不协调，不仅不能增加美感，反而会影响容貌的整体效果。

（2）根据脸型的特点选择眉型：眉毛是面部可以随意改变形状的部位，因而对脸型有一定的矫正作用。如长脸型宜配水平眉，使脸型有缩短的效果，忌高挑、上扬或 1/2 眉；圆脸型宜选择 1/2 眉，使眉型呈上扬趋势，将眉头压低，眉梢挑起，这样的眉型使脸显长，忌水平眉。

（3）根据个人喜好选择眉型：在上述条件允许的情况下，可以根据自己的喜好选择眉型，以充分表现自己的性格和内在气质。

（十三）画鼻影

目的是增加面部的立体感，一般的妆面无需鼻影，特殊强调或矫正缺陷时进行鼻部化妆。涂抹鼻影时，从鼻根外侧开始向下涂，颜色逐渐变浅，至鼻尖处消失，鼻梁正面涂亮色。

画鼻侧影时要注意两侧的对称性，与亮色及面部皮肤的衔接要自然，与眼影的色彩要协调，并注意要确定好位置再画，忌多次涂抹，弄脏妆面。

（十四）腮红

腮红的标准位置在颧骨上，笑时面颊隆起的部位。一般情况下，腮红向上不可超过外眼角的水平线，向下不得低于嘴角的水平线，向内不能超过眼睛的 1/2 垂直线。在具体化妆时，要根据每个人的脸型而定。晕染胭脂时要注意一次不要蘸色太多，否则会使胭脂过深或成块，显得呆板、生硬、不自然。胭脂色的选择要根据眼影的色彩和整个妆面的色调来确定。

1. 腮红的晕染方法

（1）用 2# 胭脂刷的侧面蘸取同色系中较深的腮红色，从颧弓下陷处开始，由发际向内轮廓进行晕染。

（2）取同色系中较浅的腮红色，在颧骨上与（1）步骤衔接，由发际线向内轮廓进行晕染。

2．注意事项

（1）腮红晕染要体现面部的结构及立体效果。在外轮廓颧弓下陷处用色最重，到内轮廓时逐渐减低并消失。

（2）蘸取及晕染腮红时，应用刷子侧面。

（3）腮红晕染要自然柔和，腮红不要与肤色之间存在明显的边缘线。

（十五）画唇线、涂唇膏

1．画唇线的步骤与方法

（1）设计唇型：根据受妆者自身条件，设计理想唇型。唇型要饱满圆润，轮廓清晰。

（2）确定各点：在上唇确定唇峰的位置，在下唇确定与唇峰相应的两点。

（3）勾画唇线：连接确定好的各点，勾画唇线。勾画唇线的方法有两种：一种由嘴角处开始，向唇中勾画；另一种由唇中向嘴角勾画。

（4）涂口红：涂口红的方向与勾画唇线的方向一致。

（5）用纸巾将唇膏油分吸出，重复步骤（3）（4），直到颜色满意为止，这样也有利于唇膏颜色持久。

（6）涂高光色：在下唇中央用亮色口红或唇彩进行提亮。

2．注意事项

（1）唇线颜色要与口红色调一致，并略深于口红色。

（2）唇线线条要流畅，左右对称。

（3）口红色彩变化规律为上唇深于下唇，唇角深于唇的中部。

（4）口红色要饱满，充分体现唇部的立体感。总之，口红的颜色与妆色、眼影色和服饰应相适应。

3．常见唇型及表现风格（表8-3）

表8-3　常见唇型的表现风格

常见唇型	表现风格特点
标准唇型（1/3 唇）	唇峰位于唇中至唇角的 1/3 处，为标准唇型，给人以亲切、自然的印象
丰满唇型（1/2 唇）	唇峰位于唇中至唇角的 1/2 处，此种唇型轮廓匀称，唇峰的高度和下唇相应位置厚度相同，给人较丰满的感觉
性感唇型（2/3 唇）	唇峰位于唇中至唇角的 2/3 处，此种唇型有圆润、饱满和优美的微笑感，给人以热情的印象
敏锐唇型	唇峰凸出，略带尖锐倾向。唇角处稍向上提，给人以热情的印象
可爱唇型	上唇呈心形，下唇较丰满，给人以娇小、甜美、可爱的印象

（十六）涂睫毛膏、粘假睫毛

涂睫毛膏、粘假睫毛是修饰睫毛的方法，以增加睫毛的浓密感和妆型效果。

1．涂睫毛膏

（1）操作方法

1）涂上睫毛时，眼睛向下看，睫毛刷由睫毛根部向下向外转动；然后，眼睛平视，睫毛刷由睫毛根部向上内转动。

2）涂下睫毛时，眼睛向上看，先用睫毛刷的刷头竖着一根一根涂抹；后横着自睫毛根部由内向外转动睫毛刷。

（2）注意事项：①涂刷睫毛时动作要稳，以免涂到皮肤上；②刷上睫毛时，应横拿睫毛刷；③刷下睫毛时，睫毛刷先竖起来与睫毛生长方向保持一致，左右拨动睫毛，然后再横拿睫毛刷，顺着睫毛涂抹。同时可用面巾纸衬垫于睫毛下，以免睫毛液溅落到皮肤上。

2.粘假睫毛　有些人的睫毛过短，从而使眼部缺乏表现力。在影楼拍照、晚宴、舞会等特定的场合下，需要通过粘贴假睫毛使眼睛更加美丽动人。

（1）操作方法

1）修剪假睫毛：假睫毛选好后，在粘贴前要根据化妆对象的睫毛宽度、长度和密度进行修剪，使之呈参差状，内眼角稀疏较短，外眼角浓密且较长。

2）涂睫毛胶：将粘贴假睫毛的专用胶水涂在修好的假睫毛根部。

3）制造弧度：将涂过胶水的假睫毛从两端向中部弯曲，使其弧度与眼球的表面弧度相等，以便于粘贴。

4）粘贴睫毛：待假睫毛上的胶水稍干后，用镊子夹住假睫毛，让受妆者眼睛向下看，将其紧贴在受妆者睫毛根部的皮肤上，由中间至两侧轻轻按压贴实。

5）涂抹睫毛膏：假睫毛粘牢后，再用睫毛夹将真假睫毛一起夹弯，然后涂抹睫毛膏。

（2）注意事项：①由于眼睛活动频繁，内外眼角处的假睫毛容易翘起，因此，内外眼角处的睫毛要粘牢；②假睫毛的修剪要自然，粘贴要牢固，真假睫毛的上翘弧度要一致。

（十七）修妆

整个化妆完成后，观察妆型、妆色，晕染界线是否明显，有无漏妆，是否协调对称，若有不适之处，合理补妆。最后，还应注意颈部与面部的衔接，在颈部可选用比脸部基础底色深一度颜色的粉底，用化妆海绵均匀涂抹，再用散粉定妆。

（雷双媛）

第三节　立体矫正化妆

矫正化妆是采用化妆技术和技巧，利用色彩、色度的变化给对方造成"错觉"，来达到美化容貌、修正不足的一种化妆手法。矫正化妆是建立在"明暗"视觉错觉的基础上。这是一条基本的艺术原则，即：暗的物体看起来比较小，而且远一点；光亮的物体看起来比较大，而且显得近一点。同样大小的两个圆，黑色的圆似乎小一点，白色的圆大一点，这就是视觉错觉。

一、脸型与矫正

亚洲人与欧洲人的脸型相比，亚洲人的脸型相对平坦，立体感差，因而亚洲人更应注重立体打底的手法。人的脸型、五官各不相同，利用阴影色、高光色、深浅不一的粉底，运用化妆技巧，在脸部进行雕塑修饰，通过立体打底手法展现一张立体的、生动的标准脸型。

图8-20　双圆图

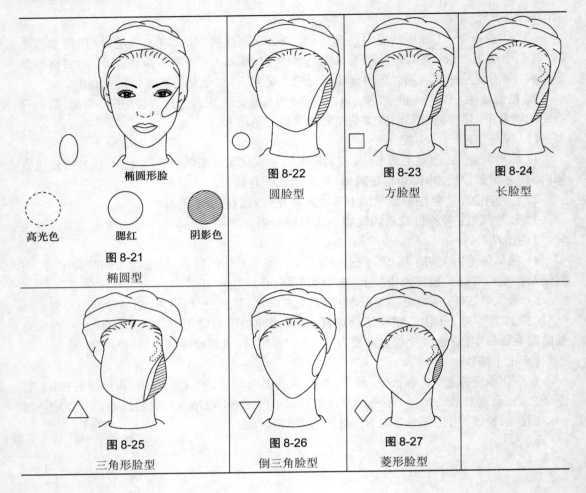

椭圆形脸

高光色　　　腮红　　　阴影色

图 8-21
椭圆型

图 8-22
圆脸型

图 8-23
方脸型

图 8-24
长脸型

图 8-25
三角形脸型

图 8-26
倒三角脸型

图 8-27
菱形脸型

二、眉型与矫正

眉毛距眼部最近，对眼睛有直接的修饰作用，俗话说"眉目传情"，可见眉毛在脸部占有重要的位置。眉毛的形状可以决定和表达一个人的情感和内在的气质，也可平衡脸部，改变脸型。以下是对几种不理想眉型的矫正方法（表 8-4）。

表8-4　常见眉型的矫正技巧

眉型	图示	特点	矫正方法
向心眉	图 8-28	两条眉毛均向鼻根靠拢，两眉头超过内眼角位置较多。其间距过近，小于一只眼睛的长度；面部五官过于紧凑、有紧张感，有的两条眉毛连在一起成为连心眉	以内眼角为界，先将眉头处多余的眉毛进行修整。可用眉钳钳去过浓的眉头，保持眉头淡，眉腰浓一点。但切忌不要人工痕迹过重，否则会产生呆板、不自然的感觉。再将其眉峰略向后移，描画时可适当延长眉毛的长度

眉型	图示	特点	矫正方法
离心眉	 图 8-29	两条眉毛距离较远，偏靠外侧，其间距大于一只眼睛的长度。面部温和、舒展而略显幼稚	主要利用描画的方法，将眉头移至内眼角上方。描画时用眉笔在内眼角正上方稍内侧按眉毛长势一根一根描画出"人工"眉头，使人工修饰的眉头与眉体本身衔接自然，同时眉峰可略向内移
上斜眉（吊眉）	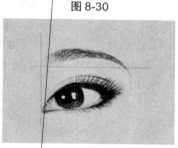 图 8-30	眉头压低，眉梢过于上斜。给人严厉、精明的感觉，有时还会略显刁钻感	首先应采取修眉的方法，可适当除去眉头下方和眉梢上方的眉毛，调节眉型尽量水平。其次，利用描画的方法，重点在眉头上方和眉梢下方进行线条的描画，但要在原眉型的基础上进行，不可牵强
下挂眉（垂眉、八字眉）	图 8-31	眉头略高，眉梢略向下压。给人一种表情忧郁、无精打采的感觉	将原有眉型的眉头上方和眉梢下方多余的眉毛除去，使眉毛趋向于水平。再利用描画的方法，着重在眉头下方和眉梢上方进行描画，即压低眉头，抬高眉梢，使眉毛趋于上扬，也可在画眉后利用透明睫毛膏略向上刷

知识链接

眉型与脸型的矫正化妆

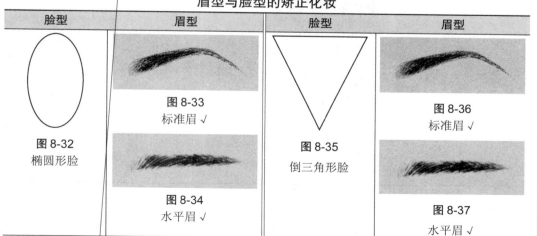

脸型	眉型	脸型	眉型
图 8-32 椭圆形脸	图 8-33 标准眉 √ 图 8-34 水平眉 √	图 8-35 倒三角形脸	图 8-36 标准眉 √ 图 8-37 水平眉 √

续表

脸型	眉型	脸型	眉型
图 8-38 圆形脸	图 8-39 上升眉 √ 图 8-40 水平眉 ×	图 8-47 三角形脸	图 8-48 3/4 眉 √ 图 8-49 下垂眉 ×
图 8-41 方形脸	图 8-42 上升眉 √ 图 8-43 水平眉 ×	图 8-50 长方形脸	图 8-51 水平眉 √ 图 8-52 上升眉 ×
图 8-44 菱形脸	图 8-45 3/4 眉 √ 图 8-46 下垂眉 ×		

三、眼睛与矫正

眼睛被视为心灵的窗口，传递内心的情感。针对眼睛的修饰，可根据眼睛的位置与形状，运用眼影色彩的明暗变化和睫毛线条的粗细、虚实，配合不同脸型进行综合性的矫正。（表8-5）

表8-5　眼睛与矫正

常见眼型	眼型矫正	眼影画法	睫毛线 / 眼线画法
小眼睛单眼睑 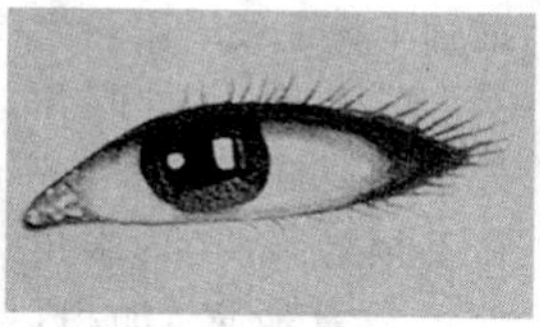 图 8-53	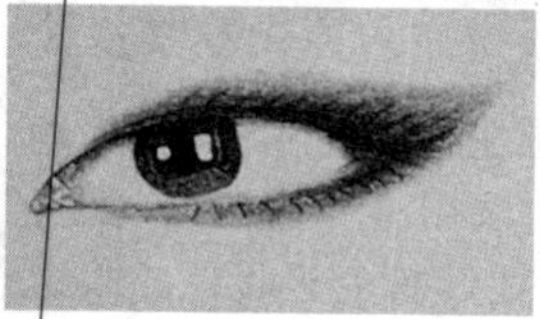 图 8-54 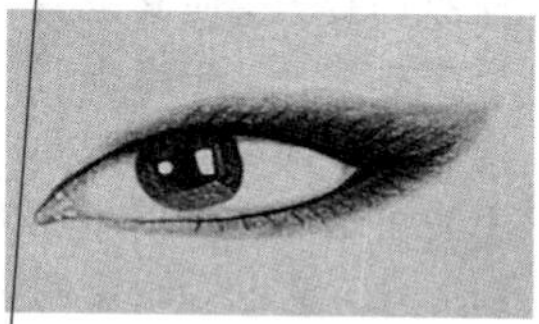 图 8-55	眼影的描画以棕色、灰色等颜色为宜，靠近上眼睑睫毛根部颜色较深，越向上晕染颜色越浅。眶上缘处可施用亮色眼影粉，达到突出眼睛的立体效果	是修正的重点。上睫毛线应由内眼角至外眼角处，由细渐粗，尾部可适当加长。下睫毛线由外眼角至内眼角，逐渐变细，但上下睫毛线不闭合
大眼睛双眼睑	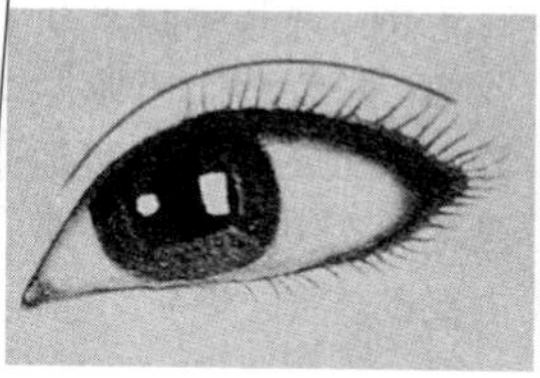 图 8-56	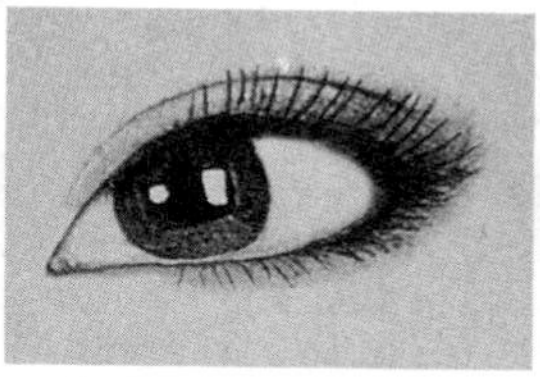 图 8-57 眼影的描画宜浅柔	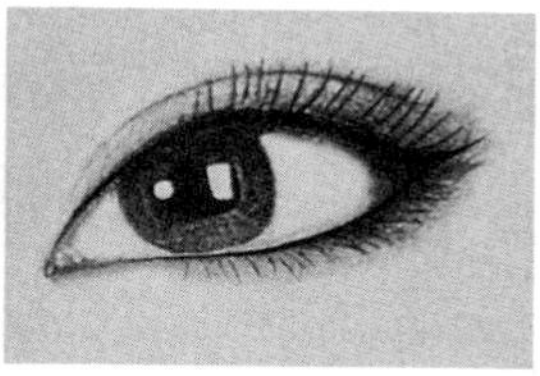 图 8-58 眼线宜浅宜细
下垂眼	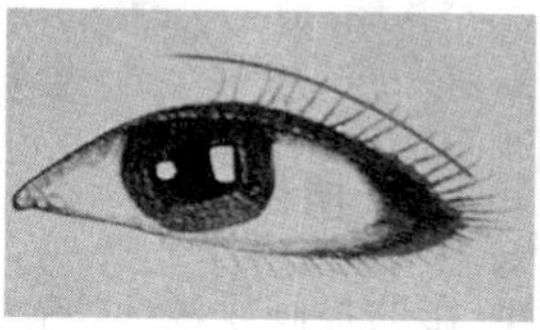 图 8-59	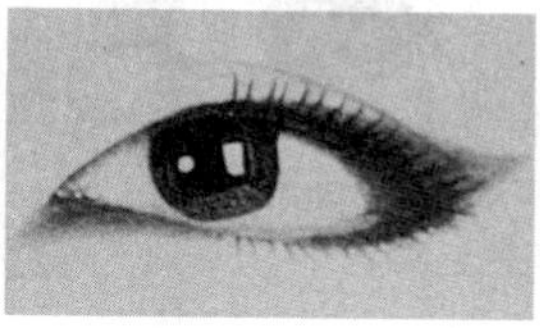 图 8-60 外眼角上方可选温和颜色的眼影粉进行重点晕染，晕染方向应向上，提升外眼角的眼影色彩要突出。内眼角处眼影色暗且位置低小。内眼角上方的眼影晕染面积不宜过大，可选用冷色。下眼影则不宜强调外眼角，可在内眼角下部略加棕色。此外，还可以在描画眼影前，用美目贴调整眼型	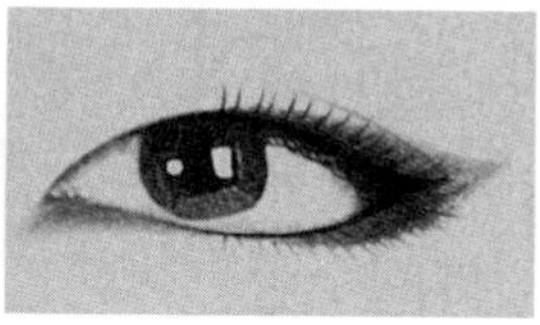 图 8-61 描画上睫毛线应根据外眼角下斜的程度适当提升落笔位置，前细后粗并在尾部加粗及上扬，向内延伸不用一直画至内眼角。描画下睫毛线要前粗后细，用美目贴调整眼型

续表

常见眼型	眼型矫正	眼影画法	睫毛线／眼线画法
上斜眼	图 8-62	图 8-63	图 8-64

在上眼睑内眼角的上端选用温和的颜色，如橙色、粉色等暖色的眼影粉进行晕染，晕染面积应纵向提升，使其位置产生扩张感，适当提升内眼角的高度。外眼角上方可选用偏冷的颜色如绿色、紫色等眼影粉进行晕染，晕染面积不宜扩散，使其部位产生收缩、降低感。下眼睑外眼角处的眼影色可适当向外晕染，削弱眼睛上扬的感觉

描画上睫毛线时不可上扬，要拉平，即外眼角处落笔要低，甚至可齐睫毛根描画，至内眼角处可适量加宽、加粗，尽量避免使用纯黑色的眼线笔。下睫毛线是矫正上斜眼的重点，眼睛平视时黑眼球外侧的部位睫毛线要粗，由外眼角处靠外的部分起笔横向进行描画，至眼睛中部逐渐变细，上睫毛线的颜色略深于下睫毛线

| 凹陷眼 | 图 8-65 | 图 8-66 | 图 8-67 |

眼影的描画以浅色、亮色为宜，晕染面积不宜过大。
在凹陷的眼睑处涂淡红色眼影或浅色珠光眼影，由于暖色和亮色具有扩张感。会使凹下的部位显得丰满。但注意不要将这种浅亮色眼影涂在眶上缘，而应该减弱这个部位的明亮度，使眼窝和眼眶的明暗反差消失，而产生丰润感觉

眼线不宜过深过粗

续表

常见眼型	眼型矫正	眼影画法	睫毛线/眼线画法
肿眼皮	 图 8-68	图 8-69 眼影之前先在眼部作基础打底，即在上眼睑处涂较深于肤色的粉底，在下眼睑处涂提亮色，做基础调整。眼影重点在上眼睑沟处用偏深的结构色表现，晕染面积不宜过大，越接近眉毛处颜色越浅；还应在鼻梁、眉弓、眶外缘处涂用亮色的眼影粉使其突出，相比之下就衬得上眼睑不再那么肿胀厚重了。另外一种方法是：在上眼睑根部落笔晕色，越向上越柔和，可选用棕色，此法也可以起矫正作用，较易掌握	 图 8-70 上睫毛线描画尽量平直，尾部可略上扬；下睫毛尾部着重描画，但不宜过粗，画至眼中部可自然淡出

四、鼻型与矫正

鼻子位于面部中央，凸出、醒目，同样决定着人容貌的美观。鼻部化妆称之鼻侧影，主要是用阴影色和提亮色进行修饰。（表 8-6）

表 8-6 鼻型与矫正

常见鼻型	矫正	矫正方法
鼻子过长	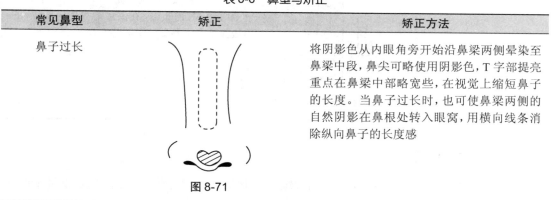 图 8-71	将阴影色从内眼角旁开始沿鼻梁两侧晕染至鼻梁中段，鼻尖可略使用阴影色，T 字部提亮重点在鼻梁中部略宽些，在视觉上缩短鼻子的长度。当鼻子过长时，也可使鼻梁两侧的自然阴影在鼻根处转入眼窝，用横向线条消除纵向鼻子的长度感

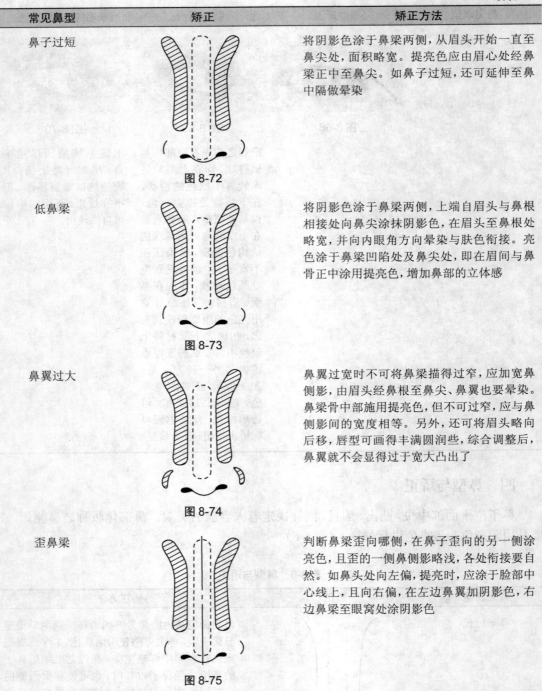

常见鼻型	矫正	矫正方法
鼻子过短		将阴影色涂于鼻梁两侧，从眉头开始一直至鼻尖处，面积略宽。提亮色应由眉心处经鼻梁正中至鼻尖。如鼻子过短，还可延伸至鼻中隔做晕染
	图 8-72	
低鼻梁		将阴影色涂于鼻梁两侧，上端自眉头与鼻根相接处向鼻尖涂抹阴影色，在眉头至鼻根处略宽，并向内眼角方向晕染与肤色衔接。亮色涂于鼻梁凹陷处及鼻尖处，即在眉间与鼻骨正中涂用提亮色，增加鼻部的立体感
	图 8-73	
鼻翼过大		鼻翼过宽时不可将鼻梁描得过窄，应加宽鼻侧影，由眉头经鼻根至鼻尖、鼻翼也要晕染。鼻梁骨中部施用提亮色，但不可过窄，应与鼻侧影间的宽度相等。另外，还可将眉头略向后移，唇型可画得丰满圆润些，综合调整后，鼻翼就不会显得过于宽大凸出了
	图 8-74	
歪鼻梁		判断鼻梁歪向哪侧，在鼻子歪向的另一侧涂亮色，且歪的一侧鼻侧影略浅，各处衔接要自然。如鼻头处向左偏，提亮时，应涂于脸部中心线上，且向右偏，在左边鼻翼加阴影色，右边鼻梁至眼窝处涂阴影色
	图 8-75	

五、唇型与矫正

　　从美学角度来讲，唇部的美化仅次于眼睛，嘴唇能更直接地传达感情，也是女性最吸引人的地方。（表 8-7）

表8-7 唇型与矫正

常见唇型	矫正方法	矫正图示
上下唇过薄 图 8-76	用唇线笔将原唇型微向外扩充,沿唇红线外缘描画,加厚上、下唇。但不可扩充过大,否则会显得不真实和不自然。唇部色彩宜选用偏暖的淡色,如粉色、浅橘色等,要强调颜色的饱和度	图 8-77
图 8-78 上下唇过厚	在原唇型的边缘涂些粉底色进行适当的遮盖,后用唇线笔将唇型微向里收进行描画,可控制在2mm左右的宽度。唇线应描画得圆润流畅,上唇唇线描画成方形,下唇则描画成船形。唇部色彩宜选择中性色,内轮廓略深于外轮廓,可起到缩小唇的效果	图 8-79
图 8-80 上唇薄	选用较深于口红颜色的唇线笔,在原唇型外缘进行描画,上唇的唇线可描画得圆润些,选用颜色略深的口红沿唇线边缘向里晕染,应注意与唇线的衔接,唇中部可用淡色珠光口红或唇彩,使嘴唇丰润	图 8-81
图 8-82 下唇薄	选用较深于口红颜色的唇线笔,在原唇型外缘进行描画,下唇唇线宜描画为船形。选用颜色略深的口红沿唇线边缘向里晕染,应注意与唇线的衔接,唇中部可用淡色珠光口红或唇彩,使嘴唇丰润	图 8-83
图 8-84 唇角下垂	注意从打底着手,打完基本底后,原上唇的唇峰、唇谷基本不变,画唇线时,上唇的唇角可略上翘,下唇的宽度应超过上唇,以便提升嘴角,少用亮色唇膏	图 8-85
图 8-86 唇型弯度过大	用唇线笔修饰唇型,减少弯度,然后涂唇膏或唇彩	图 8-87
图 8-88 唇过小	用唇线笔将原唇型微向外扩充,沿唇红线外缘描画,但不可扩充过大,否则会显得不真实和不自然。唇部色彩宜选用偏暖的淡色,如粉色、浅橘色等,要强调颜色的饱和度	图 8-89
图 8-90 唇型不对称	用唇线笔矫正不对称处,然后涂唇膏或唇彩	图 8-91

常见脸型的眉、眼、唇修饰训练效果图(图 8-92、图 8-93、图 8-94、图 8-95、图 8-96、图 8-97、图 8-98、图 8-99)。

图 8-92　长脸型的眉眼唇训练

图 8-93　三角形脸型的眉眼唇训练

图 8-94　倒三角脸型的眉眼唇训练

图 8-95　方脸型的眉眼唇训练

图 8-96　菱形脸型的眉眼唇训练

图 8-97　瘦长脸型的眉眼唇训练

图 8-98　椭圆脸型的眉眼唇训练

图 8-99　心形脸型的眉眼唇训练

第四节　不同妆型的化妆

一、日妆

日妆也称淡妆，日妆用于人们的日常生活和工作中，表现在日光和日光灯下，它可以对面容进行轻微的修饰与润色。

（一）日妆的特点

日妆的特点要体现妆色的清淡、典雅、协调自然。化妆手法要求精致，不留痕迹，妆型效果自然生动。

（二）日妆造型的技法要点

1. 肤色的修饰　根据皮肤的性质和颜色来选择粉底，要选择接近本人天然肤色的色系，使肤色显得自然真实。肤质好的人宜选用粉底液，有瑕疵皮肤可选粉底液和粉底霜，以 3∶1 或 2∶1 调配使用。使用无色透明的蜜粉为皮肤定妆，可减少皮肤过多的油光和防止脱妆。

2. 眼睛的修饰　眼影的用色与晕染方法要根据眼型的条件来选择。眼影的晕染面积要小，不宜夸张，多采用单色晕染法，表现自然可信的眼部结构。睫毛线根据眼型描画，线条流畅自然，注意虚实结合。睫毛浓密、眼型条件好的可不画睫毛线，只需强调睫毛的漂亮曲线和浓密度。适当使用睫毛膏，增加眼部神韵。

3. 眉型的修饰　修好眉型，眉色多选用棕黑色或灰黑色。眉毛描画要自然，虚实结合，先用眉刷蘸上眉粉刷顺眉毛，再用眉笔做进一步修整。

4. 腮红的修饰　腮红颜色要浅淡柔和，体现似有似无的感觉。如果肤色健康，着装素雅则可免去这一环节。

5. 唇红的修饰　唇色应与整体妆色协调一致，最好选择接近天然唇色的口红或唇彩颜色，描画时尽量保持唇的自然轮廓。

6. 发型与服饰　日妆搭配的发型、服饰与人物的气质、职业、环境等方面相协调，整体造型要简洁大方，有现代气息。

（三）注意事项

1. 化妆的底色要薄，强调肤色的自然光泽。

2. 用色简洁，化妆色彩与色彩之间的对比要弱。

3.色彩的晕染与线条的描画要柔和。

4.在生活淡妆中,一般无须刻意修饰鼻子,顺其自然就好。

5."看出漂亮,没看出妆"才是日妆的最高境界。

二、晚妆

晚妆也称浓妆、晚宴妆。在灯光环境下,适用于气氛热烈、隆重的晚会、宴会等社交场所,服装华丽鲜艳,一般要求穿着礼服或正规的服装。因此,晚宴化妆不同于日常化妆,用色比日妆大胆丰富,其造型空间也比日妆、新娘妆要大,是一个能够让化妆师充分展示化妆技艺的妆型。

(一)实用性晚宴妆的特点

实用性晚宴妆的特点是妆色艳丽,色彩对比强烈,搭配丰富协调,五官描画可适当夸张,强调面部五官轮廓的凹凸结构,充分展现女性的高雅、妩媚与个性魅力。晚宴妆要求妆色、服饰、发型协调一致。

(二)正式社交场合晚宴的化妆

通常指一些商务类活动,气氛隆重的庆典晚会,在许多方面沿袭了传统的礼仪,要求出席这种场合的女性形象端庄、典雅、大方,言行举止符合礼仪规范,因此妆色不可过于艳丽夸张,妆型要细腻,用色要简单,要充分展现东方女性的独特魅力。

(三)晚妆造型的技法要点

1.肤色的修饰　选用深浅不同的膏质粉底来强调面部的立体结构,并突出细腻光滑的肤质;可选择遮盖力较强的 2# 粉底在色斑部位先涂一遍,然后再用 2# 粉底作基础底色均匀涂在全脸。在鼻梁、眉骨、眼睑处用 1# 高光色提亮,脸部外轮廓鼻侧影用 4# 阴影色晕染。将裸露在礼服外的皮肤抹上粉底,使整体肤色一致,粉底涂抹要均匀,洁净的底色会使妆面显得洁净;用蜜粉定妆,并用掸粉刷掸去多余的浮粉,使肤色自然。注意由于晚妆所处的场合灯光较强,粉底色宜深些、红润些,从而避免在强光下皮肤显得苍白无色。

2.眼睛的修饰

(1)粘贴美目贴:一种是透明的美目贴(针对内双),另一种是演员专用的深丝纱,剪成与眼睛长度差不多的细月牙状,依眼型粘贴。

(2)眼影:眼影是晚妆的重点,用色冷暖皆可,视肤色、服装及眼型条件而定,用色淡雅,不宜过于繁杂,否则会显得凌乱而失高雅。眼影晕染自然、突现眼部立体结构,描画纤细整齐的黑色睫毛线,用黑色或蓝色睫毛膏涂抹睫毛,还可根据需要粘贴假睫毛,并用眼线液补画一遍睫毛线,使真假睫毛浑然一体,眼部化妆真实可信。

 知识链接

烟熏妆

烟熏妆,又称熊猫妆。烟熏妆突破了眼线和眼影泾渭分明的老规矩,没有僵硬的边界线,在眼窝处漫成一片,常以黑灰色为主色调,看起来像炭火熏烤过的痕迹,所以被称作烟熏妆。

用色彩使眼周部位呈现如雾一样烟气迷离的结构效果,它强调色彩的自然融合以及由颜色深浅不同而形成的层次感,强烈的色彩表现力、突出的结构效果和张扬的视觉冲击力,使之成为 T 形台、各种时尚场合、个性人物摄影常用的彩妆设计手法。

烟熏眼技法要求：彩妆的重点向来是眼、唇择一，既然烟熏妆的重点是着重在眼睛，唇部及腮红就忌讳大红大紫。唇部可使用淡淡的珠光质感或是几近裸妆的唇色带过；腮红则是着重在修容，颜色过重反倒会显得不协调。

3.眉毛的修饰　眉毛形状依脸型和眼型而定，可用棕黑色、黑灰的眉笔或眼影粉描画，但线条要清晰，眉色要自然，不宜太黑，用色虚实、过渡自然，整个眉型具有立体的虚实感。

4.面颊的修饰　根据妆面的要求选用腮红，色彩可浓重艳丽些，刷在颧骨四周或根据脸型需要加以矫正。但不宜过浓，晕染面积不宜过大，要深浅适中，过渡自然，要与肤色自然衔接。

5.口唇的修饰　唇色宜艳丽，要与服装色、眼影色相协调，唇型描画轮廓清晰。为了保持唇膏牢固持久，涂唇膏后用纸巾吸去多余的油分，施一层薄粉，再涂一遍唇膏即可。

6.发型与服饰　发型与服饰需与妆面整体效果协调统一，整体造型要体现女性独有的个性魅力。

三、新娘妆

婚礼是人们极为珍视的仪式，婚礼上的新娘妆是女性一生中最难以忘怀的装扮，也是女性一生中着装最美的时刻。新娘是婚礼中的焦点，其装扮要与地区环境、风俗习惯、季节气候等协调一致，塑造一个完美的新娘形象必须是化妆、发型、服饰、仪态的相互配合与衬托。

（一）新娘妆的特点

妆面洁净、自然、柔和且牢固持久；妆色以暖色为主，随着人们观念的更新，柔和的冷色也逐渐被用于新娘的化妆中；新娘妆的浓度界定于浓淡之间；妆型喜庆、端庄大方、高贵典雅、纯洁甜美，其化妆、发型、服饰搭配和谐完美，并要注意与新郎的装扮协调。

（二）新娘妆的表现方法

每位新娘都希望自己是世界上最美的新娘，婚纱造型要着重体现新娘清新与典雅、美丽与纯洁的魅力。

1.肤色的修饰　新娘的肤色强调健康、自然、细腻、洁净，在涂粉底前要用调肤液调和肤色，一般用紫色调肤液可使肤色亮丽些；再用遮瑕膏遮掩瑕疵；宜选用遮盖力强、质感细腻的液、膏状粉底。尽量选择略比肤色白的粉底液或用液加霜调配后使用，粉底不宜太厚，应表现新娘嫩白、洁净的肤色。由于婚纱的款式多以裸露肩、背部居多，所以一定要注意将裸露在外的皮肤全部均匀地涂抹，使整体肤色协调一致。注意新娘的粉底以清透为主。

2.眼睛的修饰　眼部的化妆要自然柔和，妆色冷暖皆可，取决于妆型、肤色、气质及眼型条件。涂眼影时要有层次，可向外晕染开以增加化妆色彩的魅力。注重睫毛的修饰，选用黑色的眼线笔勾画睫毛线，注意线条的虚实度。睫毛线要轻而细，不要过分，在上眼梢处微微上翘，增加眼部妩媚感。粘贴假睫毛，并涂睫毛膏使眼睛清澈、柔和，眼部轮廓更清楚。注意假睫毛不可过长，以免失真。

3.眉毛的修饰　眉毛的形状主要取决于眼型和脸型，若条件合适可将眉梢与眼角稍微翘起，脸部会显得开朗、明快。眉毛以灰黑或棕黑色为主，眉色要自然、柔和。

4．面颊的修饰　腮红要浅淡柔和，制造出白里透红的肤色效果，若皮肤过于苍白，可在涂抹粉底前先用腮红膏抹于颧骨处，增添皮肤的血色。

5．口唇的修饰　唇红选用柔和的浅红色系，唇型轮廓要清晰，可适当修改唇型，但不要过度夸张，唇色要牢固持久。

6．发型与服饰　新娘的发型以盘发为主并用配饰点缀。根据季节、喜好与新娘脸型、体型和气质选择相适应的婚纱，可以将新娘的美丽发挥得淋漓尽致。

另外，配饰即新娘佩戴的头花，给人以娇艳、生命活力健康美的感觉，如皇冠、亮钻、鲜花、绢花、珍珠等。

四、梦幻妆

梦幻妆又称人体艺术彩绘，以人体为载体，运用色彩、线条及特殊的化妆品在人体上以大胆夸张的手法表达一种如梦如幻的理想境界，是一种特殊场合的化妆艺术，起源于古印第安人的文身术。20 世纪末，梦幻化妆在欧美兴起，广泛出现于港台的化妆比赛、舞台化妆和广告设计之中。

（一）梦幻妆的特点

梦幻化妆是一种综合艺术和创意的结晶，不仅需要有丰实的文化和化妆技术，还应具备绘画、雕塑、色彩、美容、美发等专业知识，但最重要的是构思与创意，创意是梦幻化妆的灵魂。梦幻化妆的创意形式多种多样，如生态环保、未来科幻、返璞归真等。好的梦幻作品应该是积极向上，展示美好人生，光明的未来及真、善、美，让人从中得到有益的启发，得到艺术和美的享受。

（二）梦幻妆的化妆技法要点

1．妆面设计　是梦幻妆的基础。梦幻妆要求妆型夸张，图形必须具有一定的创意，能够展示美好形象，配色丰富而不杂乱，妆色干净，突出个性特点。

2．打底色　底色分为油质和水粉质，脸部多用油质粉底，身体部分大多用水溶性粉底，便于卸妆。选色要根据皮肤和图案的颜色而定，用透明散粉定妆，可减少油光感。

3．描绘图案　根据设计好的图案，用笔在皮肤上描绘轮廓，再按需要的色彩填满，成为一幅栩栩如生的作品。

4．装饰物和道具　是梦幻妆中不可缺少的饰品，围绕主题，选用适宜的道具和饰物，也可以自己动手制作。道具的应用既要体现造型意识，又要考虑模特的承受能力及表演效果。配饰的质感与色彩要同妆色和道具相协调，而且宜少不宜多。

5．卸妆　梦幻妆所用的化妆品对皮肤的刺激相对较大，所以应及时卸妆。

附 1　整体形象设计

整体形象设计就是根据个人的自身条件，将其内在美与外在美完美结合，全方位地对其进行发型、化妆、服饰的完整设计，体现人体美的完整性、协调性。

一、TPO 原则

TPO 是三个英语单词的缩写，分别代表时间（time）、地点（place）和场合（occasion）。TPO 原则是国际上共同遵循的服饰及化妆时运用的基本原则。时间、地点、场合不同，整体形象设计也不同。灵活地运用

TPO原则，能使人的外在形象在不同的场合、时间给人们留下深刻美好的印象，反之会造成穿着打扮与场合、礼仪不相协调的尴尬。

二、服装

（一）服装、脸型、身材

整体形象设计中，脸是核心部分。衣领是与脸型最靠近的部位，合理的选择衣领，对脸型可起到直接调整的作用，从而达到整体修饰作用。服装对身体的修饰也很重要。如：身材匀称修长的女性，可以选择任何款式的服装；身材偏瘦过高的女性，不宜选择过短的上装、竖条图案的面料，否则会显得人更高，可以选择宽肩和肥大的上衣、长裙，这样能使体态显得丰满一些；身材短小的女性宜选择较高腰的上衣，柔软、小图案的衣领，不宜选择横条图案、厚布料及宽腰带；身材偏胖的女性，不宜穿紧身的服装和连衣裙，宜选择深色、竖线条的服装，可以给人略瘦的感觉。

1. 服装的衣领与脸型（表8-8）

表8-8 服装的衣领与脸型

脸型	适合	不适合
圆脸型	V字、方形衣领	圆、一字领
方脸型	V字、大圆衣领	方、一字领
三角脸型	V字、大圆衣领	方、一字领
菱形脸型	方、小圆、一字领	V字、大圆领
倒三角脸型	方、小圆、一字领	V字、大圆领
长脸型	小圆、一字领	V字、大圆、方领

2. 身材与着装

（1）椭圆形

1）特点：丰满的上身，腹部、腰、大腿、臀部凸出。

2）适合的服装：穿长到臀部的宽松的上衣，腰部不突出的上衣，裤子、裙子宜穿高腰的。

3）不适合的服装：避免笨重或质地较厚的外套，避免厚重或醒目的腰带，避免穿紧身的衣物或任何将注意力引向腹部或臀部的样式。避免水平线条和图案。忌穿低腰的。

（2）沙漏形

1）特点：上身丰满，腰部纤细，臀部较宽，背部较宽，大腿丰满。

2）适合的服装：柔软的宽下摆裙，上宽下窄的束腰长裤，直腿裤，长过臀部的柔软面料外套。

3）不适合的服装：避免直统上衣，厚重的套头衫。避免穿紧身衣物或任何胸部有装饰品的衣物，以清爽为主。避免宽厚的腰迹线。避免外翻口袋或横线条及胸部，以及臀部有图案的衣物。

（3）矩形

1）特点：有棱角，缺乏曲线，没有明显的腰部，轮廓几乎是直上直下，腰和臀部尺寸相差小。

2）适合的服装：裁剪式或斜裁式下摆的逐渐扩大的裙子，摆褶裙最好。高腰或垂腰的裙子、裤子、衣服，尽量是高腰的、有形的、轮廓分明的上衣（布料较挺的上衣）。

3）不适合的服装：避免过细、过宽、颜色对比的腰带，水平线条和水平图案。避免柔软、宽松、长统式、方形的上衣。

（4）三角形

1）特点：胸部比臀部窄，腰部以下变宽，肩部比臀部窄。

2）适合的服装：上身有装饰品的款式（如垫肩、外翻口袋、加宽上衣、宽领的、收腰的、直线条上衣）。衣服长度盖过腰（短于臀部）。秋衣适合两件套外衣。

3）不适合的服装：无肩缝衣服、直统上衣，避免臀部、腰部图案的衣服。避免长至臀部的紧身上衣，忌

穿低腰的裤子。

（5）瘦形

1）特点：肩、腰、臀部窄，缺少曲线感，不适合露太多。

2）适合的服装：有花边的、丰满的浅色上衣、裙子、裤子（例如：有褶皱、外翻口袋、多层裙），适合有纹理的衣服（例：天鹅绒、毛织）。

3）避免图案过大的（牛仔上衣让人有种压抑感），避免紧身衣物和裙子，避免穿竖线条的服饰，避免穿透明无肩或宽领的衣物。

（6）倒三角形

1）特点：肩部较宽，胸部可能丰满，腰部、臀部都偏窄，腿部纤细。

2）适合的服装：无肩缝衣服，带褶皱的裙子，样式简单的上衣。

3）避免肩部有饰品的上衣，避免上身有外翻口袋、有装饰品、有水平线条的上衣，避免过长的衣袖，忌穿大毛领。

3. 款式风格（表 8-9）

表 8-9　不同风格类型的着装

风格类型	特点	适合面料	服饰	鞋包饰品	发型	忌
高贵典雅型	端庄、高贵、成熟、优雅，精致而大气。清高、傲气、有女人味	柔软的、细致的、飘逸的面料。适合花卉、蝴蝶图案	连衣裙	高跟鞋，软皮皮包，少而精、高档的钻石链	卷发、盘发	可爱的、朴素的装扮
前卫戏剧型	五官夸张，立体、靓感十足，轮廓线条分明，身材呈直线型，给人比较粗犷外向的感觉	软硬兼可。适合大花、抽象、华丽的图案	上班时穿时尚的职业装，可反搭配图案醒目的丝巾、饰品，休闲时穿宽大时髦、富有个性、张扬的衣服	方头、尖头鞋；方方正正的公文包；夸张、醒目的独特饰品	华丽的卷发、长直发、短发	可爱、朴素、中庸的打扮
自然运动型	五官呈直线，神态轻松、随意、不做作；身材呈直线，有运动感，给人亲切、随意、朴实、潇洒的感觉	牛仔、灯芯绒、麻布。适合各种花格子、几何图案、民族类图案、可爱型动物图案。不适合大花，可以小碎花	上班可穿直线裁剪的套装，休闲时可穿运动服，简单大方的裙子	适合布鞋、旅游鞋，不适合有装饰品的鞋；随意自然的布包、草包、民族类包；造型朴实、质地自然的民族饰品	线条流畅，飘逸的长直发、短发	华丽、可爱、夸张的打扮
传统典雅型	端庄、保守、成熟、身材成直线型，给人严谨、传统、端庄、高贵、精致、都市女性的感觉	有挺拔感、高档的、精致的面料。适合方格条纹、排列整齐的小圆点。忌穿牛仔	做工精致的职业套装为主（黑、白、灰、米色）	方圆头鞋；方方正正比较硬的包，不适合布包；以高级饰品为主（珍珠、黄白金、玉）少而精	盘发、简捷的短发、长发、不宜大波浪	华丽的、可爱的、流行的、夸张的打扮

风格类型	特点	适合面料	服饰	鞋包饰品	发型	忌
性感尤物型	脸型轮廓圆润、五官曲线感强、女人味十足、眼神迷人又妩媚，身材圆润丰满呈曲线，给人华丽、迷人、成熟、有女人味的感觉	柔软的、有光泽感的华丽面料。适合女人味浓的花卉图案，梦幻般的波浪图案	上班时采用柔和面料，在款式的细节上突出浪漫的氛围；穿下垂感好的宽松裤子、裙装，尽量回避过于性感的装扮。休闲时可穿华美、曲线剪裁为主的服装。不宜穿褶皱的裙子、灯笼裙，宜简单的上窄下宽的"A"字摆裙	尖稍圆的高跟鞋；柔软的皮包，包上要有华丽的图案；饰品稍偏华丽	卷发、盘发	直线型的、可爱型的打扮
罗曼蒂克型	优雅、温柔、淑女，给人以小女人味的感觉	柔和的面料。适合小花朵、小蝴蝶图案	上班时套装可带小花边、镶有小花胸针。休闲时穿小花朵、小褶皱的衣服	圆头鞋；华丽的皮包；有光泽的饰品	卷发	直线的、臃肿的打扮
楚楚可人型	面部轮廓圆润、五官可爱小巧、身材骨架小，给人以可爱、甜美、天真、年轻、有曲线的感觉	细灯芯绒、小花、碎花布、平绒的面料。适合纤细可爱的小花朵、小圆点、小动物的图案	上班时套装的曲线剪裁可为小圆领短款，可带有蝴蝶结、蕾丝花边。休闲时穿可爱圆润的灯笼裙	圆头鞋；柔软、小巧、可爱型的皮包；饰品要带有小花	清纯的直线、马尾辫子、小卷发	成熟、夸张、随意、臃肿的打扮

（二）服装、化妆、肤色

1. 当身穿鲜艳的服装时，脸部妆色宜偏浓艳。
2. 当身穿淡雅的服装时，脸部妆色宜淡雅、自然。
3. 当身穿暖色系的服装时，脸部用暖色系化妆。
4. 当身穿冷色系的服装时，脸部可采用冷色系化妆。
5. 肤色偏红的女性，不宜选择纯色红、绿、蓝、紫颜色的服装。
6. 肤色苍白的女性，不宜穿雪白的服装，以免使皮肤显得苍白。
7. 肤色偏黑的女性，不宜穿纯白、大红、大绿、大紫颜色的服装。

三、不同环境的着装

1. 职业装　职业装是上班时的着装。不同的工作着装不同，一般多为制服、套装，色彩多属于中性色或基本色，大多选用深蓝色、灰色、黑色等较高档面料，剪裁合体，款式优雅、简洁。

2. 社交装　社交装一般出现在公共场合，如参加晚会、朋友聚会、观看表演时的着装等。在不同的场合，服装也不同。如：晚会以长裙为主（吊带裙或无带裙），丝、沙面料能突出女性身材美的特点。参加婚礼则以旗袍为主，喜庆、传统、雍容华贵、真丝锦缎面料的服装，配上珍珠首饰，更有东方特色。

3. 休闲装　休闲装是指业余时间参加休闲活动的着装，如郊游、逛街、健身时的着装等。休闲活动时最好穿宽松、透气好的服装，如牛仔装、针织服、休闲衣裤。服装色彩要鲜亮，造型要简洁，面料以纯棉、麻、涤棉等为主。休闲装可以使人充分放松。

四、发型

（一）发型与脸型

发型在整体形象设计中能起到很大的调整作用，可以弥补脸型的不足，还可以展示个人的气质和风度。

圆形脸的发型矫正方法：丰隆额部，刘海吹高，脸颊用部分头发遮盖。

方形脸的发型矫正方法：丰隆额部，吹高刘海增加脸的长度，用头发遮盖两腮，使脸呈圆形。

三角形脸发型的矫正方法：丰隆额部，缩小腮部，可用头发遮盖。

倒三角形脸的发型矫正方法：两腮部分头发蓬松，增加动感。

菱形脸的发型矫正方法：丰隆额部，缩小颧骨部分，可用头发遮盖颧骨。

长方形脸的发型矫正方法：用刘海遮盖上额，缩短脸的长度，两腮用发遮盖。

（二）发型与身材

发型与身材的合理设计可以起到互相协调、弥补的作用，使身材矮小的人增加高度，使身材高大的人显得苗条一些。

身材高大偏胖、高大威武、男人气质的身材特点，宜选简单大方的发型：直发、中长碎发或大波浪。

身材娇小偏瘦较弱、小巧玲珑的身材特点，宜选秀气、精致的发型：盘发、短发、高梳刘海，不宜披肩发和蓬松的大波浪。

身材高偏瘦单薄、头部显小的身材特点，宜选蓬松、饱满的发型：长直发、碎发、大波浪等，不宜盘发或短发。

身材矮偏胖健康、脖子显短的身材特点，宜选短发，露出脖子，不宜直发、长波浪等。

附2　色彩诊断

色彩诊断是指根据每个人与生俱来的人体色——肤色、发色、瞳孔色、唇色等客观存在的皮肤色彩属性特征，进行科学的分析和归类，研究各色彩群对其的适用程度，划分出与其相协调的色彩范围，科学地寻找人体色与服饰化妆色彩之间的对应关系，从而为每一个人找到一个一生可以受用的服饰化妆色彩的搭配方案。

一、色彩诊断的基本步骤

（一）准备阶段

1. 目测被诊断者的服饰用色情况；

2. 用白布将被诊断者上半身挡住；

3. 为被诊断者卸妆；

4. 整理被诊断者的头发。

（二）色布诊断阶段

1. 交替色布观察皮肤因冷暖色彩而产生的变化；

2. 交替色布观察皮肤因冷暖色彩而产生的变化，初步诊断出被诊断者的冷暖倾向；

3. 诊断出被诊断者的轻重倾向，得出结论。

（三）验证阶段

1. 涂上适合的标准口红；

2. 用丝巾和色布做造型验证结论。

（四）调整阶段

1. 根据被诊断者的其他因素适当调整；

2. 总结并给出被诊断者的用色规律。（表8-10）

表8-10　色彩运用正确与错误的不同效果

正确的色彩	错误的色彩
面部显得光洁清秀	面部显得苍白疲乏，憔悴
淡化面部的线条和黑眼圈	加重口鼻周围的阴影及黑眼圈

续表

正确的色彩	错误的色彩
面部显得健康,有光泽	加深面部的斑点
色彩适中,协调	色彩过于强烈或黯淡
面部亮丽、色彩处于从属地位	色彩太强,使面部无色

二、皮肤、头发、眼睛颜色的四季型特征

"四季色彩理论"的重要内容就是把生活中的常用色按照基调的不同,进行冷暖划分和明度、纯度划分,进而形成四大组和谐关系的色彩群。由于每一组色群的颜色刚好与大自然四季的色彩特征相吻合,因此,就把这四组色群分别命名为"春""秋"(暖色系)和"夏""冬"(冷色系)。(表8-11)

表8-11　皮肤、头发、眼睛颜色的四季型特征及搭配法则

	冬季型	夏季型	春季型	秋季型
皮肤	青白色或略黯的橄榄色;带青色的黄褐色	粉白,乳白色皮肤,带蓝色调的褐色皮肤,小麦色皮肤	浅象牙色、暖米色、细腻而又透明感	瓷器般的象牙色皮肤,深桔色、黯驼色或黄橙色
头发	乌黑发亮,黑褐色、银灰、深酒红	轻柔的黑色、灰黑色,柔和的棕色或深棕色	明亮如绢的茶色,柔和的棕黄色、栗色,发质柔软	褐色、棕色;铜色、巧克力色
眼睛	眼睛黑白分明;目光锐利,眼珠为深黑色、焦茶色	目光柔和,整体感觉温柔,眼珠呈焦茶色、深棕色	像玻璃球一样奕奕闪光,眼珠呈亮茶色、黄玉色,眼白感觉有湖蓝色	深棕色、焦茶色;眼白为象牙色或略带绿的白色
搭配法则	最适合纯色,在各国国旗上使用的颜色都是冬季型人最适合的色彩。在四季颜色中,只有冬季型人最适合使用黑、纯白、灰这三种颜色,藏蓝色也是冬季型人的专利色。但在选择深重颜色的时候一定要有对比色出现。冬季型人选择适合自己的颜色的要点是:颜色要鲜明,光泽度高。冬季型人着装一定要注意色彩的对比,只有对比搭配才能显得惊艳、脱俗	给人以非常柔和和优雅的整体印象。夏季型人适合以蓝色为底调的柔和淡雅的颜色,适合穿深浅不同的各种粉色、蓝色和紫色,以及有朦胧感的色调,在色彩搭配上,最好避免反差大的色调,适合在同一色相里进行浓淡搭配夏季型人选择适合自己的颜色的要点是:颜色一定要柔和、淡雅。夏季型人不适合穿黑色,过深的颜色会破坏夏季型人的柔美,可用一些浅淡的灰蓝色、蓝灰色、紫色来代替黑色。夏季型人穿灰色会非常高雅,但注意选择浅至中度的灰,但注意夏季型人不太适合藏蓝色	服饰基调属于暖色系中的明亮色调,在色彩搭配上应遵循鲜明、对比的突出自己的俏丽。春季型人使用范围最广的颜色是黄色,选择红色时,以橙红、桔红为主春季型人选择最适合自己颜色的要点是:颜色不能太旧,太黯对春季型人来说,黑色是最不适合的颜色,过深过重的颜色会与春季型人白色的肌肤、飘逸的黄发出现不和谐音,会使春季型人看上去显得黯淡。春季型人的特点是明亮、鲜艳	是四季色中最成熟而华贵的代表,最适合的颜色是金色,苔绿色,橙色等深而华丽的颜色。选择红色时,一定要选择砖红色和与黯桔红相近的颜色。秋季型人的服饰基调是暖色系中的沉稳色调。浓郁而华丽的颜色可衬托出秋季型人成熟高贵的气质,越浑厚的颜色也越能衬托秋季型人陶瓷般的皮肤秋季型人选择适合自己的颜色的要点是:颜色要温暖,浓郁。秋季型人穿黑色会显得皮肤发黄,可用深棕色来代替

（张　苗）

复习思考题

1. 施妆的基本方法及注意事项有哪些?
2. 常见脸型及适合的眉型有哪些?
3. 日妆的特点是什么?
4. 身材高大女性的整体形象设计方法是什么?

第九章 美甲技术

指甲的构造，常见的手形和甲形；自然指甲的修护方法；指甲彩绘、贴花镶嵌、甲油拓印等装饰指甲的操作方法；人造指甲如贴片指甲、水晶指甲、光疗树脂指甲的制作方法。

第一节 美甲基础知识

一、美甲的起源与发展

美甲文化的历史源远流长，古代拥有一手修长、华丽指甲的人，多半属于上流社会，地位显赫，不必从事体力劳动。发展到今天，美甲已经成为整体形象设计中不可或缺的部分，成为美容经济的组成部分，是时尚美容品位和气质的象征。

（一）外国古代美甲发展史

指甲的装饰最早可追溯到 6000 多年前的古埃及，那时人们用指甲花将指甲染成金色。考古学家还曾在埃及艳后的墓中发现了一个化妆盒，里面记载着：涂上"处女指甲油"为通向西方极乐世界之用。19 世纪的英国皇室贵族就有留甲的传统，象征着地位和权力。

（二）中国古代美甲发展史

在我国，美甲的历史同样非常悠久。唐朝时人们已经开始用凤仙花染甲，做法是将腐蚀性较强的凤仙花的花和叶放在小钵中捣碎，加入少量明矾，将指甲连续浸染 3～5 次，数月都不会褪色。中国古代官员佩戴金属假指甲增加指甲长度，显示其权势地位。

（三）现代美甲的兴起

现代美甲兴起于 20 世纪 30 年代，当时美国好莱坞的明星及贵妇名流们喜欢用真甲粘贴和装饰受损的指甲，促使一些化学工程师发明了贴片甲、水晶甲、丝绸甲等，深受好莱坞明星的喜爱。法式水晶甲的兴起，掀起了世界美甲的热潮，美甲开始平民化。

二、指（趾）甲的构造

指（趾）甲覆盖在指趾末端，由多层紧密的角化细胞构成，本身不含任何神经和血管，呈白色半透明状。正常健康的指（趾）甲表面光滑、亮泽、饱满，光线可以透过，由于反射了指（趾）甲下甲床的颜色而呈淡红色，指甲生长速度约每 3 个月长 1cm，趾甲生长速度约每 9 个月长 1cm。一般夏季比冬季生长速度稍快。疾病、营养状况、环境和生活习惯的改变可影响甲的颜色、形态和生长速度。

指（趾）甲主要由甲前缘、甲体、甲根三部分组成，又细分为以下几部分（图 9-1）：

1. 甲前缘　是甲延伸出皮肤的部分，由于下方没有支撑，并且缺乏水分和油分，所以容易断裂。

2. 甲板　指（趾）甲外露的部分，由多层紧密的角化细胞构成，本身不含任何神经和血管，附着在甲床上。甲板与皮肤表皮的角质层不同，它并不脱落；与毛发也不同，甲板连续生长，没有周期性。

3. 甲床　甲板下的皮肤组织，由生发层和真皮构成。甲床内含丰富的毛细血管、神经末梢，无汗腺和皮脂腺，是指甲的营养来源。

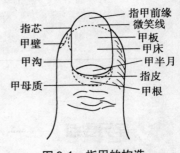

图 9-1　指甲的构造

4. 甲根　指（趾）甲伸入近端皮肤中的部分，较薄软，其作用是以新生的细胞推动老细胞向外生长，促进指甲更新，相当于农作物的根茎。

5. 甲母质　甲根深面的甲床，是甲的生长区，其作用是产生组成甲的角化细胞以促进甲生长，相当于农作物的土壤。甲板的厚度和宽度由甲母质的大小和形状决定，甲母质受损会造成甲停止生长或畸形生长。

6. 甲半月　靠近甲根处新月状的淡白色区，是甲母质生发细胞远侧的标志，反映了未成熟的甲体细胞的颜色。

 知识链接

甲半月与健康

①甲半月为新生的甲体，面积约占甲的 1/5，奶白色。健康状况良好时双手 8～10 个手指有甲半月，其面积或颜色异常提示身体存在健康隐患。②甲半月面积小于指甲的 1/5 表示精力不足，胃肠吸收能力较差；大于 1/5，易患心脑血管疾病。③颜色灰白表示脾胃消化吸收功能差，易引起贫血，乏力，体质下降；粉红且与甲色分界不清，表明体力消耗过大、脏腑功能下降；紫色代表气血瘀滞、血液黏稠，易引起心脑血管疾病；黑色多见严重心脏疾病、肿瘤、长期用药或中毒者。

7. 指皮　覆盖在甲根部的一层皮肤，可保护指甲。
8. 指芯　甲前缘下的薄层皮肤，此处皮肤较敏感。
9. 甲廓　覆盖在甲板周围的皮肤。甲两侧凸起的皮肤称甲壁，可保护指甲。甲周围凹陷的皮肤称甲沟。
10. 微笑线　甲前缘与甲板处形成的弧线。

三、美甲的概念

指甲是皮肤的附属器官，覆盖在指（趾）末端，除了具有保护手指（足趾）的生理作用外，通过修饰还具有美化手指（足趾）和手（脚）形的作用。

美甲又称指（趾）甲美容，是指根据顾客的手（脚）形、甲形、肤色、肤质、服装的色彩和要求，对指（趾）甲进行清洁、修剪、保养及修饰美化的过程，是整体形象设计的一部分。

现今的美甲已不仅局限于对指（趾）甲的修剪、保养、美化，而且扩展到对手（足）部的美化设计、手（足）部皮肤的保养以及各种问题指甲的处理。

四、手形与指甲形状

（一）常见的手形（图9-2）

1. 纤长形　这种手形的手指和手掌的长度相近，宽度也大致相同，每个手指都纤长匀称，指甲多呈椭圆形或方圆形。

2. 尖锥形　这种手形比较常见，手掌比手指部分宽厚，越到指尖越细，呈圆锥状，指甲多呈尖形。

3. 丰满形　这种手形偏方形，手掌和指肚都比较肥厚，指甲一般较短，呈方形、倒梯形。

4. 长方形　这种手形整个手掌呈规则的长方形，每个手指从指根到指尖几乎一样宽，指甲呈方圆形。

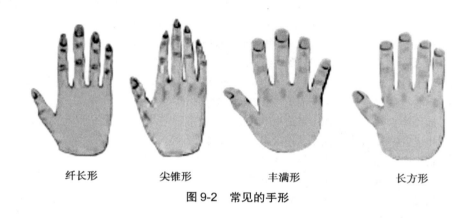

纤长形　　尖锥形　　丰满形　　长方形

图9-2　常见的手形

（二）常见的指甲形状（图9-3）

1. 椭圆形　指甲前缘呈椭圆形。在与手指形状十分协调的基础上，可增加手指的长度感从而使手指显得修长，改善粗短手指的形象，是比较理想的传统的东方甲形，深受广大女性的喜爱，适合于任何人。

2. 方圆形　指甲前缘平直，两角呈圆弧形。对于手指关节明显或手指瘦长者，方圆形指甲可以弥补其不足。此类指甲比较坚固耐磨，不易折断，对于喜欢留长指甲、指甲脆弱易断的人或经常展示手形的人都比较适合。

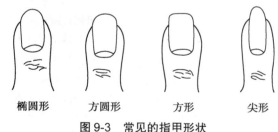

椭圆形　　方圆形　　方形　　尖形

图9-3　常见的指甲形状

3. 方形　指甲前缘平直，两侧呈直角。此类指甲由于指尖受力比较均匀，接触面积大，不易断裂，是最坚固耐用的一种甲形，脚趾甲也可修成此种形状。方形指甲是比较时尚及个性化的甲形，深受职业女性和白领人士的喜爱，适用于经常用指尖工作的人，如电脑键盘操作者。

4. 尖形　指甲前缘呈尖形。此类指甲由于指尖接触面积小，所以是最易断裂的一种甲形。尖形指甲适合于手指纤细修长的人，可使手显得玲珑小巧，对于不经常从事手部工作的人较适合。

五、美甲工具

"工欲善其事，必先利其器。"工具的齐备和正确选择是做好美甲的第一步。常用的美甲工具见表9-1：

表9-1　美甲工具

美甲类型	工具	作用
手指甲的护理	消毒液	用于消毒皮肤和工具
	洗甲水	用于清除指甲上的指甲油
	指甲剪	用于修剪指甲长度（图9-4）
	磨砂条	用于修整指甲的形状和贴片前指甲面的打磨。磨砂条的颗粒有粗细之分，颗粒越粗糙，磨损性就越强；颗粒越细，磨损性就越弱。常用的磨砂条型号有180号、120号、100号、80号等，型号越小的磨砂条颗粒越粗糙，型号越大的磨砂条颗粒越细（图9-5）
	豆腐块	用于磨平指甲表面的纹路或水晶甲的抛光（图9-6）
	橘木棒	用于清除甲缘夹缝中的污垢（图9-7）
	泡手碗	用于盛放液体泡手（图9-8）
	皂液	用于泡手，清洁皮肤，软化指皮
	棉片	用于清洁指甲表面、甲沟、指芯
	指皮软化剂	用于软化指皮，使指皮易于推起
	指皮推	用于推起老化的指皮，以便于修剪（图9-9）
	指皮叉	用于祛除指甲两侧老化的死皮（图9-10）
	指皮钳	用于剪断推起的指皮（图9-11）
	指缘营养油	用于营养指缘
	抛光块	一般有黑、白、灰三面。黑色面较柔软，可清除指甲表面凹凸不平的角质，也可用于丝绸指甲制作时的最后表面修形。白色面柔软、亮泽，可把指甲表面抛得更细，用于各类指甲制作后的抛光。灰色面极其柔软、亮泽，可把指甲表面抛亮，用于各类指甲制作后的精抛光。按照黑、白、灰的使用顺序依次抛光，可使指甲显得晶莹亮泽（图9-12）。
	抛光条	可代替抛光块，便于携带（图9-13）
	指甲刷	用于清洁甲面上的甲粉（图9-14）
	抛光蜜蜡	保护指甲，增加指甲亮度
	羊皮锉	用于打磨蜡膏，使指甲光亮（图9-15）
	加钙底油	用来隔离有色指甲油，可增强指甲硬度，保护指甲
	亮油	可增加指甲的亮度
足趾甲的养护	足浴盆	用于盛放液体泡足
	脚砂板	用于打磨足茧
	隔趾海绵	用来分隔开足趾（图9-16）
贴片指甲的制作	一字剪	用于剪除多余的人造甲片（图9-17）
	镊子	用于取人造甲片、人造钻石和酒精棉
	人造甲片	用于制作贴片甲，可延长指甲
	贴片胶	用于粘贴人造甲片（图9-18）

续表

美甲类型	工具	作用
水晶指甲的制作	水晶笔	用于制作水晶甲。（图 9-19）
	水晶甲粉	用于制作水晶指甲，和水晶液相溶，会产生硬度同塑料的物质。常用的甲粉有白色、透明、粉透、自然色及彩色
	水晶甲液	用于溶解水晶粉，制作水晶甲
	洗笔水	用于清洗水晶笔上残留的水晶甲粉
	黑磨块	用于水晶甲的抛光
	消毒干燥黏合剂	用于粘贴水晶指甲，可吸收指甲表面的油分水分，使其易于粘贴，并有杀菌消毒的作用
	卸甲液	用于卸除水晶指甲
指甲彩绘	调色盘	用于各种色料的调配（图 9-20）
	丙烯颜料	用于指甲彩绘（图 9-21）
	画笔	包含水晶雕花笔和指甲彩绘笔（图 9-22）
	指甲油	种类繁多，可根据设计需要选用来美化指（趾）甲
	手动打孔钻	用于在指甲上打孔，装吊饰（图 9-23）
	指甲装饰物	用于指甲的美化设计。例如人造钻石、亮片、挂坠等

注：表格中所列手部指甲养护中的工具为美甲基本用具，其他美甲类型中所列工具为除美甲基本用具外所使用的一些专用工具

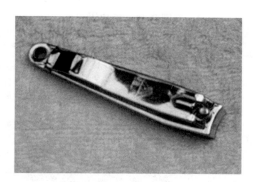

图 9-4　指甲剪

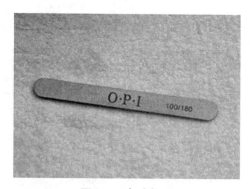

图 9-5　磨砂条

图 9-6　豆腐块

图 9-7　橘木棒

图 9-8　泡手碗

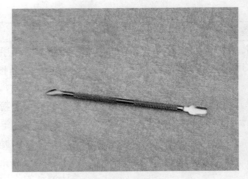

图 9-9　指皮推

图 9-10　指皮叉

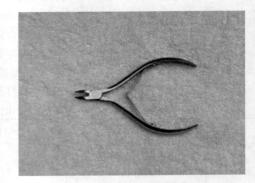

图 9-11　指皮钳

图 9-12　抛光块

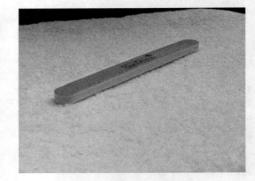

图 9-13　抛光条

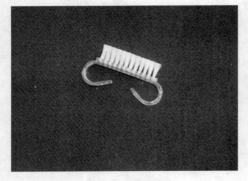

图 9-14　指甲刷

图 9-15　羊皮锉

图 9-16　隔趾海绵

图 9-17　一字剪

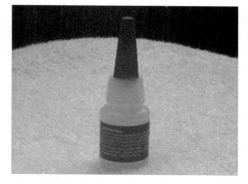

图 9-18　贴片胶

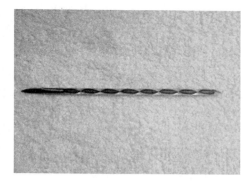

图 9-19　水晶笔

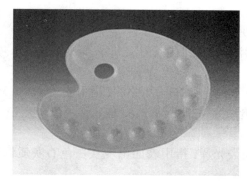

图 9-20　调色盘

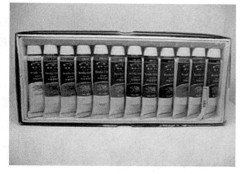

图 9-21　丙烯颜料

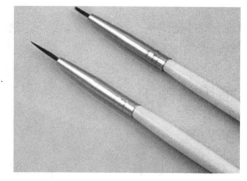

图 9-22　画笔

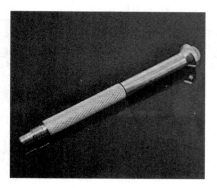

图 9-23　手动打孔钻

六、指甲与健康

一个健康的人，指（趾）甲表面应该光滑、亮泽、饱满，呈淡红色，甲板质地坚韧。如果人体在某一阶段的健康状况受到影响，指甲的颜色、质地、形状也会发生变化。

（一）指甲与营养

和指甲关系最密切的营养物质是蛋白质、维生素和矿物质，营养物质摄取不足，会使指甲变薄、变脆，失去原有的光泽。

1. 蛋白质　是指甲生长必不可少的营养物质，如果蛋白质缺乏，会使指甲生长缓慢，且容易断裂。平时应多食用含有大量氨基酸的豆制品。

2. 维生素　指甲生长需要多种维生素，主要有维生素 A、B、D、E。

（1）缺乏维生素 A：皮肤和指甲会变得干燥。

（2）缺乏维生素 B：指甲变黑，表面有凹陷纵嵴。

（3）缺乏维生素 D：指甲变脆，易断裂。

（4）缺乏维生素 E：指甲失去光泽且生长速度缓慢。

3. 矿物质　与指甲密切相关的主要是钙、铁、锌元素。

（1）缺钙：指甲变脆，易断裂。

（2）缺铁：指甲变薄、翘起，严重时可形成勺形的指甲。

（3）缺锌：指甲上出现白点。

（二）常见的异常指甲颜色

1. 颜色发白　主要是甲床的毛细血管运行不畅。贫血、心脏或肝脏疾病也会使指甲苍白而无血色。

2. 颜色发黄　抽烟或接触各类化学制品会使指甲发黄。

3. 颜色发黑　长期接触水银、染发剂或显影液，缺乏维生素 B_{12}。

4. 颜色发绿　真菌感染。

5. 颜色发蓝　肺部氧气不足，全身血液循环不畅或心脏疾病都可使指甲变蓝。

6. 颜色呈棕褐色　长期使用含氧化剂的药膏或劣质指甲油。

（三）常见的指甲疾病

1. 灰指甲　又称甲癣，表现为指甲增厚，失去光泽，指甲表面出现灰白色石灰质钙化状，是一种甲真菌性疾病。

2. 甲沟炎　即指甲周围软组织的化脓感染，主要是由于手部不卫生或长期浸泡在水中造成细菌或真菌感染所致。

3. 指甲萎缩　表现为指甲萎缩、失去光泽，严重时会使整个指甲剥脱。经常接触化学品，以及指芯受损是导致指甲萎缩的主要原因。

第二节　自然指甲的养护

一、手部指甲的修形及养护程序

1. 消毒　用皮肤专用的消毒液对美甲师和顾客的双手进行消毒，祛除手部皮肤和指甲上的细菌。（图 9-24）

2. 祛除指甲油　用棉片蘸取洗甲水将指甲上残留的指甲油擦去。（图 9-25）

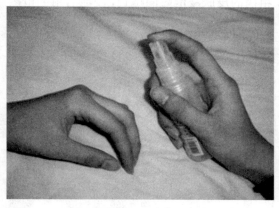

图 9-24　消毒

图 9-25　祛除指甲油

3. 修剪指甲　先用指甲剪将指甲剪成理想的长度和形状，再用 180 号磨砂条打磨指甲前缘，打磨时要注意动作方向，要从指甲两侧向中间修磨，不要来回打磨，以免损伤指甲（图9-26、图 9-27）。不同形状指甲的修磨方法如下：

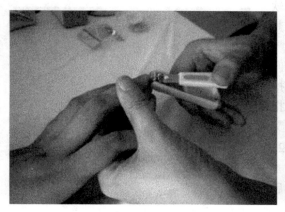

图 9-26　修剪指甲

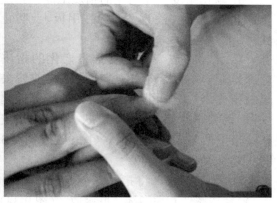

图 9-27　修磨指甲

（1）椭圆形指甲：用 180 号磨砂条从指甲两侧向中间按椭圆形轨迹打磨，直到圆润光滑为止。

（2）方圆形指甲：将 180 号磨砂条与指甲面成 45°，从指甲两侧向中间打磨指甲前缘，再将磨砂条沿着指甲两侧向中间呈圆形曲线状打磨，最后将指甲两侧的尖角锉圆。

（3）方形指甲：将 180 号磨砂条与指甲前缘呈直角，从左向右水平打磨，再将指甲的侧面贴在磨砂条上，垂直打磨指甲两侧，最后从指甲两侧向中间方向平直修整对称。

（4）尖形指甲：将 180 号磨砂条与指甲前缘成 45° 进行打磨，再沿指甲前缘下方，从两侧向中间按曲线轨迹将指甲锉成尖形。

4. 清洁指芯　用棉片包裹橘木棒的尖头蘸取酒精或皮肤专用消毒液，清洁指甲前缘下和指芯上的污垢。清洁时动作要轻柔，避免刺伤指芯，如果指甲较长，可将手指翻转过来清洁指芯。（图 9-28）

5. 泡手指　在泡手碗中加入适量温热的皂液,将左右手手指依次放入其中浸泡约3～5分钟,使指皮松软,细嫩的皮肤浸泡时间略短,粗糙的皮肤浸泡时间略长,浸泡后用毛巾擦干。(图9-29)

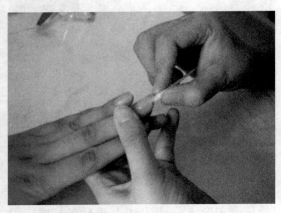

图9-28　清洁指芯

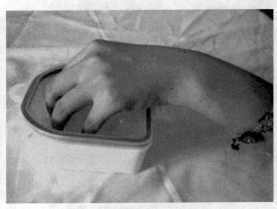

图9-29　泡手指

6. 软化指皮　在老化的指皮上涂上指皮软化剂,使其软化,注意不要涂在甲板上,防止其软化。(图9-30)

7. 修剪指皮　用指皮推将老化的指皮向后缘推起,再用指皮钳夹起,用指皮剪剪去推起的指皮,注意使用时要剪断指皮后再提起指皮钳,不要牵拉,以免损伤皮肤,然后用指皮叉祛除指甲两侧老化的死皮。(图9-31、图9-32、图9-33)

8. 营养指缘　将指缘营养油涂在指甲后缘,轻轻按摩使其被指缘皮肤吸收。(图9-34)

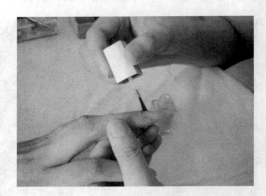

图9-30　软化指皮

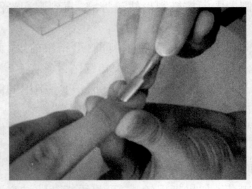

图9-31　修剪指皮(1)

图9-32　修剪指皮(2)

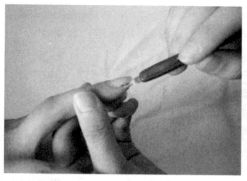

图9-33 修剪指皮（3）

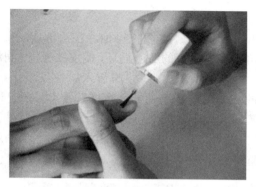

图9-34 营养指缘

9．抛光 用抛光块或抛光条按照黑、白、灰的次序，单向在指甲表面摩擦，抛出指甲亮度。对自然甲抛光，切勿来回摩擦，否则摩擦产生的热可能导致指甲脱离，应该根据甲板表面的弧度倾斜抛光，在一个位置抛光次数不要连续超过3次。（图9-35、图9-36）

10．上抛光蜜蜡 将少量蜡膏涂在指甲表面，用羊皮锉反复打磨上过蜡膏的指甲，可增加指甲的硬度、亮度，保护指甲。（图9-37）

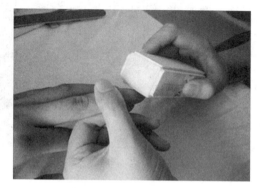

图9-35 用抛光块抛光

图9-36 用抛光条抛光

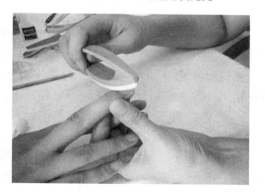

图9-37 上抛光蜜蜡

 知识链接

指甲的日常养护常识

美甲师可以用以下知识指导顾客进行日常指甲保养。

1．易裂的指甲可以涂擦甘油或婴儿油。

2．失去水分的指甲可以涂擦橄榄油。

3．指缘或甲沟周围出现肉刺或死皮，应用专业修甲工具将其剪断，并涂抹营养油。

4．多次薄薄地涂指甲油比一次涂厚厚的指甲油效果更好，应尽量少用指甲油清洗剂，用时应当一次擦去一小部分，不要反复清洗整个甲面，卸除指甲油后可以抹上护甲油脂按摩，让指甲得到缓和休息，同时补充指甲失去的水分。

11．手部养护

（1）手部按摩：将按摩油涂在手部皮肤上，按摩 3～5 分钟，再用毛巾擦拭干净。手部按摩可以促进手部的血液循环，使皮肤光滑、润泽，有弹性。（图 9-38）

（2）手蜡养护：将蜡膜放入蜡疗仪熔化，并测试蜡温，以皮肤不感觉烫为宜，再将熔化后的蜡均匀刷于手部并戴上蜡膜手套，养护时间为 10～15 分钟，蜡膜充分发挥功效后，将蜡膜轻轻剥下并用毛巾擦拭干净，最后用酒精棉签擦去指甲上的浮油。

12．涂指甲油　在指甲上依次涂上加钙底油、指甲油（两遍）和亮油，可根据顾客的需要选择合适的指甲油颜色。（图 9-39）

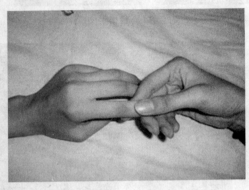

图 9-38　手部按摩

图 9-39　涂指甲油

13．整理工作台　清洁、整理工作台面，消毒使用过的工具。

二、足部趾甲的修形及养护程序

1．同手部养护程序第 1～10 步。即：消毒→祛除趾甲油→修剪趾甲→清洁趾芯→泡足趾→软化趾皮→修剪趾皮→抛光→上抛光蜜蜡。

2．上隔趾海绵　用隔趾海绵将足趾隔开，以便于涂指甲油。（图 9-40）

3．涂指甲油　在趾甲上依次涂上加钙底油、颜色指甲油、亮油，颜色指甲油根据顾客的要求进行选择，可涂两遍。

4．整理工作台　清洁、整理工作台面，消毒使用过的工具。

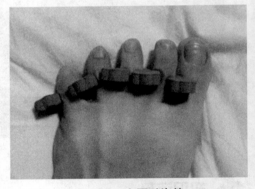

图 9-40　上隔趾海绵

第三节　装饰指甲

为了美化指甲，我们可以发挥自己的想象力，在指甲上涂上缤纷的色彩、别致的图案，使指甲看上去多姿多彩、华丽与高雅。常用的指甲装饰方法有颜色彩绘、喷绘、甲油勾绘、甲油拓印、贴花镶嵌、水晶雕花等。

一、指甲油的常识

（一）指甲油的分类

1. 亮光指甲油　指一般的普通指甲油，可增加指甲亮度。

2. 亮片指甲油　在指甲油中加入了亮片、亮粉。

3. 透明指甲油　指有透明感的指甲油，可随着光线反射出光泽。

4. 雾光指甲油　有磨砂玻璃般雾面质感的指甲油。

5. 炫光指甲油　在不同的光线下会显现出不同的颜色。

6. 珠光指甲油　在特定的光线下，会有珠光效果。

（二）指甲油的颜色

1. 自然色系　此类指甲油颜色以肉色为主，分为浅红色、中性浅红色、透明无色等。

2. 暖色系　此类指甲油颜色以暖红色为主，主要包括朱红、大红、橘红、棕红色等。

3. 冷色系　此类指甲油主要包括玫瑰红、紫色、紫红、绿色、蓝色等。

4. 珠光色系　在指甲油里加入金、银彩色亮珠，涂在指甲上，由于光线照射时的反射光使亮珠闪闪发光，装饰性较强。

（三）指甲油的选择

进行指甲装饰时需要选择合适的指甲油，指甲油的选择应考虑以下因素：指甲颜色、手部皮肤、职业、年龄、服装、出席场合、季节等。

1. 指甲颜色　中老年女性、健康不佳的人，指甲原有的红润色消失，显现出苍白色或黄白色。可选用自然色系中肉色或透明无色指甲油改善指甲的异常颜色，增加指甲的光洁度和色泽感。

2. 手部皮肤　手部皮肤呈象牙白、麦肤色可选择暖色系的指甲油，如橙色、深红色、古铜色。肤色偏红者可选择粉色、珊瑚色、酒红色指甲油。肤色偏黄或苍白的人可选择暖红色系指甲油。手部皮肤皱纹较多者可选择较鲜艳的指甲油颜色，可使人的注意力集中于指甲而忽略手。

3. 职业　职业女性可选择粉红色、浅紫色等典雅、稳重、自然的浅色系指甲油或有透明感的指甲油，不要使用过于夸张、鲜艳的颜色。

4. 年龄　年轻人青春、时尚，可选择流行色系体现其个性。成熟女性端庄、典雅、秀美，可选择浅色系指甲油。

5. 服装　指甲油的颜色应与服装的色彩相协调。

6. 出席场合　出席宴会或婚礼时，可选择红色、紫色、珊瑚色、金色等能突显华贵气质的指甲油。参加舞会或派对时，可选择前卫的香槟色、银色、有金属质感的紫色等色彩，并可在指甲上镶嵌钻石、粘贴金箔纸。

7. 季节　春夏季节天气较温暖，可选择浅色系，如粉红色、浅紫色、浅绿色、浅褐色等轻柔颜色。秋冬季节可选择深色系，如红褐色、硅红色、玫瑰紫、深橘色、茶色等较稳重的颜色。

（四）指甲油的涂抹

1. 涂抹方法

（1）轻轻摇动指甲油瓶，使指甲油能充分混合均匀。

（2）将指甲油刷全部浸入指甲油瓶中，蘸取指甲油，取出时在瓶口处轻刮指甲油刷外侧，使指甲油在笔端聚成水滴状。

（3）先涂指甲的中间，再涂指甲左边，最后涂指甲右边，均由离指皮0.8mm左右处涂至指甲，要涂的薄而均匀。（图9-41、图9-42）

图9-41 涂指甲油（1）

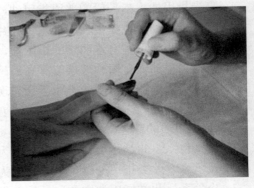

图9-42 涂指甲油（2）

涂抹较宽大的指甲时，左右可留出0.8mm左右的缝隙，会从视觉上感觉指甲变得细长。涂抹较长的指甲时，可先涂指甲前半部分，再涂抹后半部分。

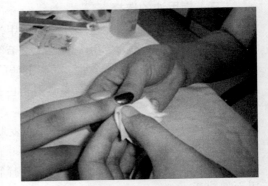

（4）如果有多余的指甲油溢出，可用棉签蘸上洗甲水将其擦去。（图9-43）

（5）待指甲油干燥后，加涂一层亮油。

2. 注意事项

（1）涂抹时应按照一定的顺序，可从左手的小指开始，至右手的小指结束。

（2）涂指甲油前应先涂一层加钙底油，不仅能隔离有色指甲油，增强指甲硬度，保护指甲，还便于指甲油着色，防止指甲油脱落。

图9-43 擦去溢出指甲油

（3）指甲油用量要充足，一般每种颜色应涂2～3遍。

（4）不同颜色的指甲油涂抹方法也不同

1）深色指甲油的涂法：一次涂抹的量不宜太多，否则会显得厚重、不均匀。涂2～3遍，每一遍更薄一些，效果会较好。

2）浅色指甲油的涂法：浅色指甲油使用不当，很容易露出涂抹不均匀的痕迹，在涂第一层时需特别注意指甲油的蘸取量和刷指甲油的倾斜度，并在第一层未干时尽快涂第二层。

3）珠光色系指甲油的涂法：珠光色系指甲油容易干，在指甲刷上蘸取稍多一些的指甲油，尽快涂好，否则会显得不均匀。刷子应直立使用，为避免留下痕迹，先涂两边，后涂中间。

4）白色指甲油的涂法：白色指甲油涂抹时也容易留下涂抹不匀的痕迹，因此涂抹方法与珠光指甲油相似，但第一笔蘸取的指甲油量比珠光指甲油要多，甲油刷与甲盖尽量垂直，迅速涂抹。

（五）指甲油的祛除（图9-44、图9-45、图9-46）

1. 将蘸满洗甲水的化妆棉轻敷在指甲上。

2. 待指甲油溶解后，再用化妆棉蘸取适量洗甲水，放在指甲上，由甲根朝甲尖方向擦净,不要来回涂擦。

3．用棉签蘸取洗甲水,擦净残留在指甲四周的指甲油。

4．在指甲边缘涂上指缘营养油。

5．涂加钙底油。

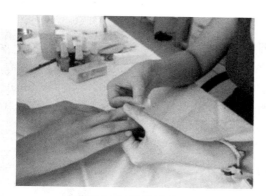

图9-44　祛除指甲油(1)

图9-45　祛除指甲油(2)

(六)使用指甲油的注意事项

1．如果指甲油呈黏状、干掉,或者有颜色分离现象,表示指甲油可能已经变质。

2．指甲油的保存期限一般为2年,未开封的指甲油可保存3年。

3．指甲油用过后瓶盖要拧紧,否则里面的溶剂容易挥发掉,指甲油会变得很浓稠。

4．如果指甲油变浓稠,可用指甲油专用稀释剂进行稀释,但一瓶指甲油只能稀释2～3次。

5．洗甲水或丙酮不宜用来稀释指甲油。

6．指甲油放置一段时间后,色素成分会沉淀,再次使用前须摇匀,瓶子内的金属球会把色素成分分散出来。

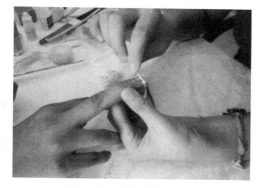

图9-46　祛除指甲油(3)

二、指甲彩绘

指甲彩绘是指用各种绘具在指甲上描画出图案的艺术。

(一)指甲彩绘的操作程序

1．消毒。

2．修剪指甲。

3．清洁指芯。

4．泡手指。

5．软化指皮。

6．修剪指皮。

7．涂加钙底油。

8．涂有色指甲油。

9．使用颜料、彩绘工具绘制图案，粘贴装饰物。

10．再涂一层亮油，使指甲亮泽，并可使粘贴的装饰物不易脱落。

（二）指甲彩绘的操作方法

1．颜料彩绘　充分发挥自己的想象力，用各色丙烯颜料，在已经涂好指甲油并且已干燥的甲面上描绘出各种各样不同的图案，干燥后再涂上亮油，保持色泽鲜艳持久（图9-47）。常用的图案有以下几种：

（1）植物类：花草等是初学者比较容易掌握的彩绘图案之一。如青松、翠竹、梅花、兰花、玫瑰等。

（2）动物类：可以在指甲上画上自己喜爱的动物或自己的属相。如兔、狗、猫、鸭、蝴蝶、蜻蜓等。

（3）卡通类：伴随我们成长的一些卡通人物也可作为时尚的彩绘图案。如米老鼠、唐老鸭、花仙子等。

图9-47　颜料彩绘

（4）人像类：如仕女、人像等。

（5）脸谱类：作为国粹的京剧艺术也走上了时尚丽人的指尖。

（6）书法类：爱好书法的人们也可将其书写在指尖。如隶书、行书等。

（7）风景类：如海边、高山、溪流等。

（8）故事类：也可将十指上的图案连成一个叙事故事或一组动态画面。

（9）图形类：如心形、线条等。

（10）节日类：如圣诞节的雪花、圣诞树、圣诞挂饰，春节的春联、鞭炮等。

2．喷绘　指甲喷绘是指用喷绘机和专用喷绘颜料，在甲面上喷出各种颜色渐变的效果或雾状色彩，并在此基础绘制图案，可表现出颜料彩绘不易强调的层次与曲线。

3．甲油勾绘　甲油勾绘是用指甲油和两用甲油笔，在指甲表面采用点、挑以及拉线描绘的方法勾绘出简单美丽、变幻无穷的图案，是初学者容易掌握的彩绘方法。

4．甲油拓印　甲油拓印又称水染镶嵌甲，是运用指甲油的比重以及水的凝扩效果，采用双色或多色组合的方式，用指甲油在水面上勾绘出奇幻的图案。操作时，先将指甲油滴入水中，用专用的勾绘针笔画出图案，再将手指伸入水中的指甲油中，用镊子祛除浮在水面的甲油浮膜后将手指取出，用洗甲水清除掉多余的指甲油，再涂上亮油。

5．贴花镶嵌　粘贴指甲装饰物是在彩绘后或涂有底色的指甲上进行的进一步装饰。常用的指甲装饰物有：水印贴花、金银箔、水晶钻、亮片及吊饰等。

贴花装饰：用镊子取出喜爱的贴花图案，粘贴在涂好指甲油的指甲适当位置上，再涂一层彩绘专用的亮光油，让贴纸与指甲结合得更紧密，光泽度更持久（图9-48、图9-49）。注意选择、设计的指甲彩贴图案应简洁，不宜在同一指甲上粘贴过多的彩贴。

金银箔装饰：先将金银箔捣碎，再将其粘贴在涂好指甲油的指甲适当位置上，并可配合彩线装饰。

水晶钻装饰：涂好指甲油后，待干，在贴水晶钻的位置上先涂上彩绘专用亮光油，将橘木棒或牙签尖端点上少量彩绘专用亮光油，用其粘取水晶钻，放在指甲上，排列成需要的图案，再涂上一层彩绘专用亮光油，使水晶钻不易脱落。

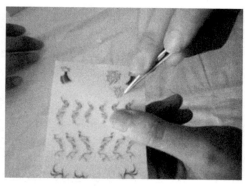

图9-48 贴花装饰（1）

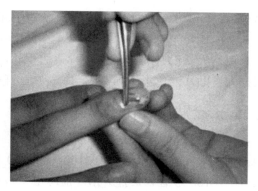

图9-49 贴花装饰（2）

三、水晶雕花

水晶雕花，是指用彩色水晶甲粉在指甲上制作出有凹凸立体感的图案效果。根据造型不同又分为水晶外雕、水晶内雕及水晶三维立体雕塑。

1．水晶外雕 是在已制作好的人造指甲表面上雕塑各种图案，其手法大胆，配饰丰富，立体感更强，在日常生活中应用比较广泛。

2．水晶内雕 是指在水晶指甲的夹层内雕塑出各种立体图案，制作成的指甲图案栩栩如生，晶莹亮泽。具体制作方法如下：

（1）在指甲上粘贴人造甲片，并打磨出适宜的形状。

（2）用水晶笔蘸取水晶甲液和彩色水晶甲粉在指甲上雕塑出花卉、动物、风景或卡通图案，图案不可雕塑的过高。

（3）在雕塑好的图案上覆盖一层透明水晶甲粉，再打磨指甲形状、抛光，最后涂亮油。

3．水晶三维立体雕塑 制作成的水晶雕塑图案完全立体，具有三维效果，可大可小，是美甲师创意设计、艺术构思、文化素养的综合体现。此类指甲常用于展示、演出，其造型效果比较夸张，在日常生活中很少应用。

 知识链接

数码美甲机

指甲彩绘给指甲增添丰富的图案和色彩，但没有绘画基础的从业人员若要一年半载就能画出精美而独特的图案是很难的。但可以借助于数码美甲机，采用开放式图库，智能识别任何形式的图片，并将图片分别自动对应不同的指甲，按照每个指甲的大小和形状作出调节，喷绘出精致的图案，从而满足不同顾客的个性要求，制作时间只有几十秒，减轻了美甲师的劳动强度，降低了对美甲师绘画技术的要求，且喷绘的画面比手工彩绘色彩更丰富、细腻，色彩间的过渡更柔和、自然。

第四节 贴 片 指 甲

人造指甲具有修补和装饰断落或受损指甲的功能，对于薄软脆裂的指甲有保护作用，可避免其撕裂或破损。根据使用工具、设备和材料的不同，人造指甲可分为贴片指甲、水晶指甲、丝绸指甲、光疗树脂指甲等几大类。本节主要介绍贴片指甲,其他的人造指甲将在后面几节中作介绍。

根据人造贴片与指甲结合方式的不同,贴片指甲可分为全贴片、半贴片、浅贴片三类。根据人造贴片的色彩不同,可分为透明色、自然色、白色(法式)、彩色贴片。

一、全贴片指甲的制作

(一)所需工具、用品

消毒液、洗甲水、指甲剪、100 号和 180 号磨砂条(用 100 号磨砂条刻磨,祛除指甲表面油分;用 180 号磨砂条打磨指甲前缘形状)、橘木棒、泡手碗、皂液、指皮软化剂、指皮推、指皮剪、指皮叉、指缘营养油、指甲刷、人造甲片、贴片胶、一字剪、酒精、加钙底油、有色指甲油、亮油和棉片。

(二)全贴片指甲的制作程序

1. 消毒　用皮肤专用的消毒液对美甲师和顾客的双手进行消毒,祛除手部皮肤和指甲上的细菌。

2. 祛除指甲油　用棉片蘸取洗甲水将指甲上残留的指甲油擦去。

3. 修剪指甲　用指甲剪剪去过长的指甲前缘,再用 180 号磨砂条打磨指甲前缘。

4. 清洁指芯　用棉片包裹的橘木棒尖头蘸取酒精或皮肤专用消毒液,清洁指甲前缘下和指芯上的污垢。

5. 泡手指　在泡手碗中加入适量温热的皂液,将左右手手指依次放入其中浸泡约 3～5 分钟。

6. 软化指皮　在老化的指皮上涂上指皮软化剂,使其软化。

7. 修剪指皮　用指皮推将老化的指皮向后缘推起,再用指皮钳夹着,用指皮剪剪去推起的指皮。

8. 营养指缘　将指缘营养油涂在指甲后缘,轻轻按摩使其被指缘皮肤吸收。

9. 刻磨　用 100 号磨砂条打磨指甲表面,可增大接触面积并祛除指甲表面油分,使人造甲片能更加牢固的贴在自然甲上,再用指甲刷扫去粉末。(图 9-50)

10. 选修贴片　根据顾客的指形选择不同型号的人造甲片,人造甲片的宽度以两侧甲沟之间的宽度为准,如果贴片大小不符应事先修剪好。

11. 注贴片胶　在贴片槽内注入贴片胶水,左右转动贴片,使胶水分布均匀。(图 9-51)

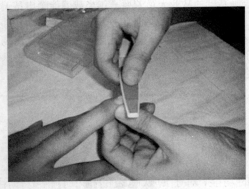

图 9-50　刻磨

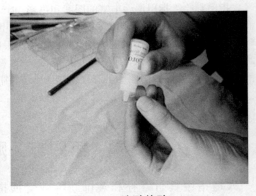

图 9-51　注贴片胶

12. 粘贴片 以 45°角将人造甲片的后缘顶住自然指甲后缘，使其吻合，并将人造甲片由后向前轻轻压在自然指甲表面，待胶水干后松手。（图9-52）

13. 修整指甲前缘形状 根据顾客的需求，先用一字剪剪去多余的人造甲片，再用 180 号磨砂条打磨出合适的指甲形状。

14. 涂指甲油 在指甲上依次涂上加钙底油、颜色指甲油（两遍）、亮油。

15. 整理工作台 清洁、整理工作台面，消毒使用过的工具。

图9-52 粘贴片

二、半贴片指甲的制作

（一）所需工具、用品

除人造甲片为半甲片外，其余均与全贴片相同。

（二）半贴片指甲的制作程序

1. 同全贴片指甲制作程序的 1～9 步。即：消毒→祛除指甲油→修剪指甲→清洁指芯→泡手指→软化指皮→修剪指皮→营养指缘→刻磨。

2. 选修贴片 根据顾客的指形选择不同型号的人造甲片（半贴片），甲片的宽度以两侧甲沟之间的宽度为准，甲片槽的深度以盖住 1/2 甲板为宜，如果贴片大小不符应事先修剪好。

3. 注贴片胶 在贴片槽内注入贴片胶水，左右转动贴片，使胶水分布均匀。（图9-53）

4. 粘贴片 以 45°角将人造甲片轻卡在自然指甲前缘上，使其吻合，再将甲片轻压在甲板上（不要有气泡），使胶水槽盖住甲板的 1/2，并矫正歪斜。（图9-54）

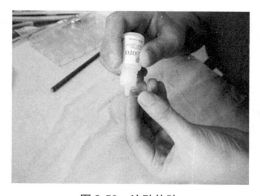

图9-53 注贴片胶

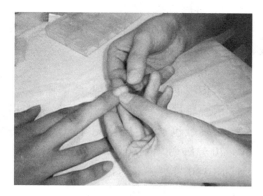

图9-54 粘贴片

5. 修整指甲前缘形状 根据顾客的需求，先用一字剪剪去多余的人造甲片，再用 180 号磨砂条打磨出合适的指甲形状。（图9-55、图9-56）

图 9-55　修整指甲前缘形状（1）

图 9-56 修整指甲前缘形状（2）

6．去接痕　用 180 号磨砂条祛除甲片接痕。（图 9-57）

7．抛光　用抛光块抛光指甲表面。

8．在指甲上依次涂上加钙底油、颜色指甲油（两遍）、亮油。

9．整理工作台　清洁、整理工作台面，消毒使用过的工具。

（三）浅贴片指甲的制作程序

与半贴片指甲的制作程序基本相同，只是在粘贴片时，使胶水槽盖住甲板的 1/3 即可（使人造甲片的后缘与微笑线吻合）。

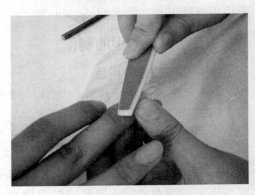

图 9-57　去接痕

三、贴片指甲的卸除方法

贴片指甲的卸除方法不同于普通指甲的卸除，只有掌握正确的甲片卸除方法，才能不损伤自然指甲。

（一）所需工具、用品

指甲剪、脱脂棉球、锡纸、180 号磨砂条、豆腐块、抛光块、指缘营养油、酒精棉签、卸甲液、加钙底油和营养亮油。

（二）操作步骤

1．用指甲剪剪除多余的人造甲片。

2．用脱脂棉球蘸取适量卸甲液，盖在指甲表面。

3．用锡纸包紧指甲，以免卸甲液挥发。

4．20 分钟后，将锡纸和棉球去掉。

5．用 180 号磨砂条打磨指甲表面。

6．用豆腐块抛平指甲表面纹路。

7．用抛光块按黑、白、灰的顺序抛出指甲亮度。

8．在指甲边缘涂指缘营养油，轻轻按摩使其被指缘皮肤吸收。

9．用酒精棉签清洁指甲边缘及残留指甲油。

10．涂加钙底油。

11．涂营养亮油。

第五节　水　晶　指　甲

　　水晶指甲是将水晶甲液与水晶甲粉进行调制而制作成的人造指甲,因其外观像水晶一样晶莹剔透而得名。水晶指甲不仅具有修补和装饰断落或受损指甲的功能,强化脆弱、生长缓慢的指甲,而且由于其水晶般的外观,还可起到美化、修饰指甲的作用。

一、水晶指甲的基本操作

　　水晶指甲的制作工艺精细,制作难度较大,必须经过专业的学习与训练才能很好的掌握制作技巧。

（一）工具

　　制作水晶指甲需要一些特殊的专用工具。

　　1.水晶笔　水晶笔是制作水晶指甲的重要工具之一,形状像毛笔。水晶笔的材质和形状直接影响到水晶指甲的成型,笔杆可选用白桦木或耐腐蚀的有机杆,笔身应选用上等水貂毛制作。

　　2.纸托板　纸托板是水晶指甲制作中使用最多的材料之一,可以校正自然形状有缺陷的指甲。纸托板操作的正确与否对水晶指甲的成型有重要的影响。

　　（1）纸托板的使用方法

　　1）撕去纸托板的底纸,双手食指托住纸托板的下面,拇指压在纸托板的上面,轻轻弯曲制作出与指甲相近的拱度。（图9-58）

　　2）将纸托板对准指关节的中心线,纸托板中心圆孔的边缘以45°卡住指甲前缘,旋转纸托板使其紧贴指甲前缘。（图9-59）

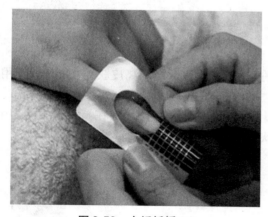

图9-58　上纸托板（1）

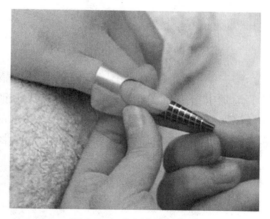

图9-59　上纸托板（2）

　　（2）注意事项

　　1）修剪自然指甲前缘时应留有1～2mm的空距,以便于上纸托板。

　　2）纸托板不能与自然指甲吻合时,可修剪纸托板中心圆孔边缘的形状。因为当自然指甲的拱度与纸托板拱度不吻合时,卡紧纸托板时会在两者指尖产生缝隙,制作水晶指甲时甲粉会渗入到缝隙中,造成指甲前缘过厚。

　　3.水晶甲粉　又称亚克力粉,和水晶甲液相溶,会产生硬度同塑料相仿的物质。常用的甲粉有白色、透明、粉透、自然色及彩色。

4. 水晶甲液　又称亚克力水，用于溶解水晶甲粉。

（二）制作水晶指甲的基本训练

1. 制作水晶指甲首先要掌握的基本功是制作水晶粉球，用水晶笔蘸取水晶甲液和水晶甲粉使其形成水晶粉球，可在纸托板上反复练习，以了解和控制水晶粉球的固化过程。

2. 掌握了制作水晶粉球的基本功后，就可以练习用四笔成型法制作水晶指甲，熟练后还可以采用 2～3 笔成型。

第一笔：用水晶笔蘸取适量的水晶甲液和白色水晶甲粉，形成第一粒白色水晶粉球，将其轻放在纸托板前缘靠近微笑线的位置，用笔身轻拍，再用水晶笔侧将水晶粉球的两侧推至微笑线，最后用笔尖调整，趁湿勾画出弧度合适的微笑线。（图 9-60）

第二笔：用水晶笔蘸取适量的水晶甲液和粉透色水晶甲粉，使其形成第二粒粉色透明水晶粉球，轻放在甲板的前半部分靠近微笑线的位置，用笔尖将其向前抹平与白色前缘自然连接。（图 9-61）

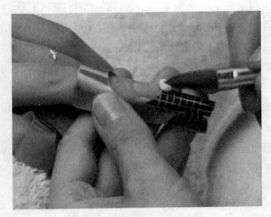
图 9-60　制作水晶甲第一笔

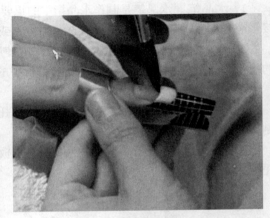
图 9-61　制作水晶甲第二笔

第三笔：用水晶笔取第三粒粉色透明水晶粉球，放在指甲后缘距离皮肤约 0.8mm 处，用笔尖勾画出指甲后缘弧度，再用笔尖将其向前拉平，与指甲前半部分自然衔接。（图 9-62）

第四笔：用水晶笔取第四粒粉色透明水晶粉球，水晶甲液量稍大，放在指甲正中间，用笔尖抹平覆盖于整个指甲表面，制造出整体形状。（图 9-63）

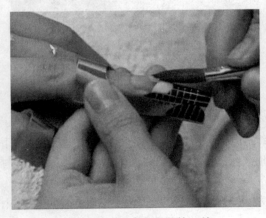
图 9-62　制作水晶甲第三笔

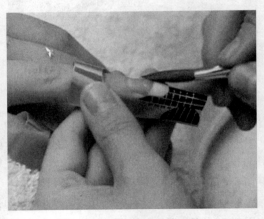
图 9-63　制作水晶甲第四笔

二、贴片水晶指甲的制作程序

1．同半贴片指甲制作程序的1～6。即：消毒→祛除指甲油→修剪指甲→清洁指芯→泡手指→软化指皮→修剪指皮→营养指缘→刻磨→选修贴片→注贴片胶→粘贴片→修整指甲前缘形状→去接痕。

2．涂消毒干燥黏合剂　在所有的指甲上涂第一遍消毒干燥黏合剂，待完全干燥后再涂第二遍消毒干燥黏合剂，在其湿润的时候制作水晶指甲。（图9-64）

3．制作水晶指甲

第一笔：用水晶笔蘸取适量的水晶甲液和水晶甲粉，使其形成第一粒水晶粉球，将其轻放在指甲的前半部分，用笔身拍平。（图9-65）

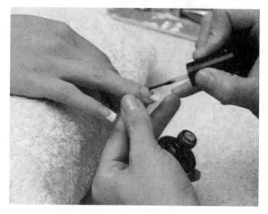

图9-64　涂消毒干燥黏合剂

图9-65　制作水晶指甲第一笔

第二笔：用水晶笔蘸取适量的水晶甲液和水晶甲粉，使其形成第二粒水晶粉球，轻放在指甲后缘距离皮肤约0.8mm处，用笔尖将其向前拉平，与第一笔相衔接。（图9-66）

第三笔：用水晶笔取第三粒水晶粉球，水晶甲液量稍大，放在指甲正中间，用笔尖抹平覆盖于整个指甲表面制造出整体形状。（图9-67）

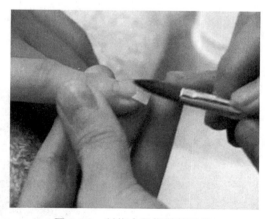

图9-66　制作水晶指甲第二笔

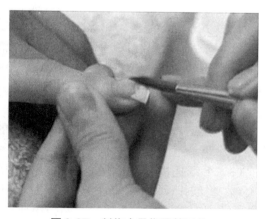

图9-67　制作水晶指甲第三笔

4．修形　用100号磨砂条先依次打磨甲沟，使指甲宽度与甲沟宽度相符，再打磨指甲前缘形状，最后打磨指甲表面，使表面光滑，并调整指甲表面弧度。

5．粗抛光　用黑、白磨块来回在指甲表面摩擦，进行粗抛光，祛除指甲表面的磨痕。（图9-68）

6．除尘、营养指缘　用指甲刷清除甲屑，将指缘营养油涂在指甲后缘，轻轻按摩使其被指缘皮肤吸收。（图9-69）

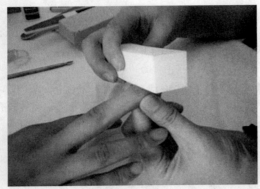

图9-68　粗抛光　　　　　　　　　　　　　　　图9-69　除尘

7．精抛光　用抛光块抛光指甲表面，使水晶甲更加晶莹亮泽。

8．涂亮油。

三、法式（贴片）水晶指甲

（一）法式贴片水晶指甲

与制作贴片水晶指甲所用工具、用品相同，制作程序与贴片水晶甲也基本相同，只是注意打磨指甲表面时不用去接痕，而是要保持微笑线清晰、完美的曲度。

（二）法式水晶指甲

1．所需工具、用品

磨砂条、黑磨块、白磨块、水晶笔、水晶甲粉、水晶甲液、水晶盅、洗笔水、卸甲液、消毒干燥黏合剂、纸托板、消毒液、洗甲水、指甲剪、泡手碗、橘木棒、皂液、指皮软化剂、指皮推、指皮剪、指皮叉、指缘营养油、指甲刷、抛光块、酒精、加钙底油、有色指甲油、亮油和棉片。

2．法式水晶指甲的制作程序

（1）同贴片指甲制作程序的1～9，即：消毒→祛除指甲油→修剪指甲→清洁指芯→泡手指→软化指皮→修剪指皮→营养指缘→刻磨。

（2）涂第一遍消毒干燥黏合剂　在所有的指甲上涂第一遍消毒干燥黏合剂。

（3）上纸托板　将纸托板对准指关节的中心线，将纸托板中心的圆孔的边缘以45°卡住指甲前缘，旋转纸托板使其紧贴指甲前缘。（图9-70）

（4）涂第二遍消毒干燥黏合剂：在所有的指甲上涂第二遍消毒干燥黏合剂，在其湿润的

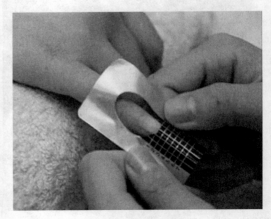

图9-70　上纸托板

时候制作水晶指甲。

（5）制作水晶指甲

第一笔：用水晶笔蘸取适量的水晶甲液和白色水晶甲粉，使其形成第一粒白色水晶粉球，将其轻放在纸托板前缘靠近微笑线的位置，用笔身轻拍，再用水晶笔侧将水晶粉球的两侧推至微笑线，最后用笔尖调整，趁湿勾画出弧度合适的微笑线。

第二笔：用水晶笔蘸取适量的水晶甲液和粉透色水晶甲粉，使其形成第二粒粉色透明水晶粉球，轻放在指甲板的前半部分靠近微笑线的位置，用笔尖将其向前抹平与白色前缘自然连接。

第三笔：用水晶笔取第三粒粉色透明水晶粉球，放在指甲后缘距离皮肤约 0.8mm 处，用笔尖勾画出指甲后缘弧度，再用笔尖将其向前拉平，与指甲前半部分自然衔接。

第四笔：用水晶笔取第四粒粉色透明水晶粉球，水晶甲液量稍大，放在指甲正中间，用笔尖抹平覆盖于整个指甲表面制造出整体形状。

（6）制造拱度　美容工作者将双手拇指放在指甲两侧，向中间轻轻挤压，呈现指甲自然拱度。（图9-71）

（7）修形　用 100 号磨砂条先打磨甲沟，使指甲宽度与甲沟宽度相符，再打磨指甲前缘形状，最后打磨指甲表面，使表面光滑，并调整指甲表面弧度。

（8）粗抛光　用黑、白磨块进行粗抛光，祛除指甲表面的磨痕。

（9）除尘、营养指缘　用指甲刷扫除甲屑，将指缘营养油涂在指甲后缘，轻轻按摩使其被指缘皮肤吸收。

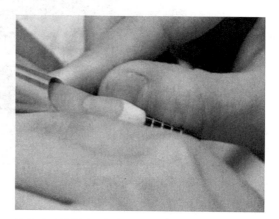

图 9-71　制造拱度

（10）精抛光　用抛光块抛光指甲表面，使水晶甲更加晶莹亮泽。

（11）涂亮油。

四、琉璃甲和内嵌甲

（一）琉璃甲

琉璃被誉为中国五大名器之首，它是以各种颜色的人造水晶为原料，以脱蜡铸造法高温烧造而成的艺术品，通常用于宫殿、庙宇、陵寝等重要建筑，也是艺术装饰的一种带色的陶器，其色彩流云漓彩、美轮美奂；其品质晶莹剔透、光彩夺目。琉璃甲是美甲师结合传统的琉璃，在指甲上打造的流行时尚艺术，利用特殊材料以及幻彩琉璃液让指甲产生类似琉璃的梦幻色彩，是爱美女性喜爱的全新美甲项目。

琉璃甲的制作程序如下：

1．同贴片指甲制作程序的 1～9，即：消毒→祛除指甲油→修剪指甲→清洁指芯→泡手指→软化指皮→修剪指皮→营养指缘→刻磨。

2．在指甲表面涂抹凝胶黏合剂，放入光疗灯中照射后取出。

3．上纸托板　将纸托板对准指关节的中心线，将纸托板中心圆孔的边缘以 45° 卡住指甲前缘，旋转纸托板使其紧贴指甲前缘。

4．上锡纸　将一张锡箔纸揉皱后展平，贴在纸托板上，可达到琉璃的褶皱效果。（图9-72）

5．第一遍造型　在指甲上涂上透明延甲浆，并放入光疗灯中照射2～4分钟。（图9-73、图9-74）

6．第二遍造型　根据设计的要求在指甲上涂上各色琉璃胶，并放入光疗灯中照射2～4分钟。取出后用表面清洁剂擦拭。（图9-75、图9-76）

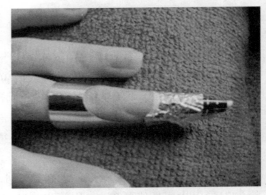

图9-72　上锡纸

图9-73　第一遍造型（1）

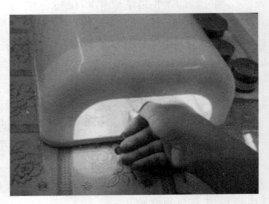

图9-74　第一遍造型（2）

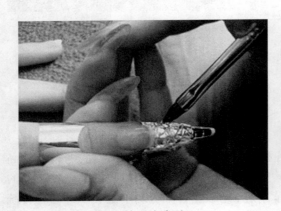

图9-75　第二遍造型（1）

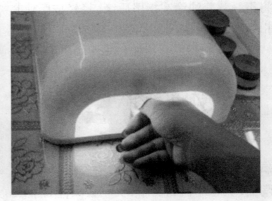

图9-76　第二遍造型（2）

7．修形。

8．定型　用光疗笔将定型浆涂于整个指甲表面，要涂得薄而均匀。再将指甲放入光疗灯中光疗2分钟左右，取出后用表面清洁剂擦拭。

9．涂营养油。

（二）内嵌甲

1．同法式水晶指甲的（1）～（4），即：消毒→祛除指甲油→修剪指甲→清洁指芯→泡手指→软化指皮→修剪指皮→营养指缘→刻磨→涂第一遍消毒干燥黏合剂→上纸托板→涂第二遍消毒干燥黏合剂。

2．用彩色水晶甲粉制作指甲前缘，并在整个指甲板上薄薄地铺一层底。

3．用镭射粉与水晶粉混合蘸取水晶液涂在指甲表面，并加上内嵌饰物，如贝壳片。

4．用水晶笔将适量透明水晶粉球涂抹整个指甲表面。

5．同法式水晶指甲的（6）～（11），即：制造拱度→修形→粗抛光→除尘、营养指缘→精抛光→涂亮油。

五、水晶指甲的卸除方法

水晶指甲佩戴3～6个月后，会发生老化、变脆、发黄、翘起等现象，需及时将其卸除。掌握正确的卸除方法非常重要，如果卸除不当，会损伤自然指甲。常用的卸除水晶指甲的方法有容器卸除法和锡纸卸除法两种。

1．容器卸除法　在玻璃容器中倒入适量的水晶甲专用卸甲液，将手指伸入其中浸泡约15分钟，经过浸泡的水晶指甲膨胀发软，这时用卸甲推由甲根向指尖将其推起、清除。残留的水晶指甲遇到空气后又会立即硬化，需重新浸泡，直至彻底清除干净，最后用纸巾擦拭干净。（图9-57，图9-77）

2．锡纸卸除法　用浸有卸甲液的棉片依次贴敷在十个手指的指甲上，用锡纸包裹指甲约15分钟，打开锡纸，水晶指甲膨胀发软，用卸甲推由甲根向指尖将其推起、清除。（图9-78）

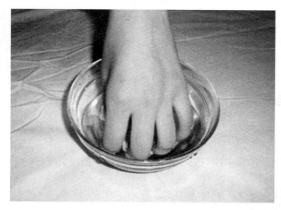

图9-77　容器卸除法

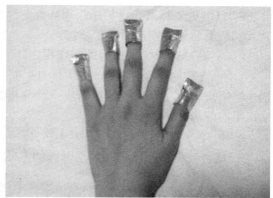

图9-78　锡纸卸除法

第六节　光疗树脂指甲和丝绸指甲

一、光疗树脂指甲

光疗树脂指甲是将树脂材料通过紫外线灯照射产生光合作用，而使树脂固化制成的一种人造指甲。光疗树脂指甲采用纯天然树脂材料，透明、有光泽，不仅能保护指甲，而且能有效地矫正甲形。其优缺点如下：

优点：

1．纯天然树脂是一种无毒、无刺激的化学物品，对人体、指甲无害。

2．在操作过程中没有任何刺激性气味，对人体的呼吸及精神系统无影响。

3．具有与自然指甲一样的韧性、弹性、不易断裂。

4．本身晶莹剔透，光泽透明，无需抛光、涂亮油；色泽不易脱落，不易发黄；持久耐用。

5．有利于为真甲塑形。

缺点：

1．卸甲比较困难，需要打磨很久，在打磨至很薄后，再将指甲浸泡到脱甲剂内。

2．卸甲后，指甲会出现干枯缺水、无营养的状态，需要用一些营养油涂抹在指甲上，以提供足够的营养。

（一）所需用品、用具

1．基础胶　又称"黏合剂"，主要作用是使自然指甲与光疗树脂指甲的材料能很好的结合。

2．造型浆　用纯天然树脂材料制成，无毒无味，有光泽，用于塑造树脂指甲的形状，有白色、粉红色、透明色等。

3．定型浆　用纯天然树脂材料制成，用于光疗树脂指甲的定形。

4．彩色胶　又称"彩色延甲胶"，有多种颜色，可单独制作指甲的延长部分，也可附在造型浆上为指甲增添色彩。

5．表面清洁剂　清洁树脂指甲的表面。

6．光疗笔　笔毛薄而扁，毛质较硬，是制作光疗树脂指甲时取放光疗树脂浆的工具。

7．光疗灯　内置有紫外线灯管，可产生紫外线，与树脂产生光合作用，使树脂硬化。

8．打磨机　打磨光疗树脂指甲表面。

其余用品用具同自然指甲修护。

（二）贴片光疗树脂指甲的制作程序

1．同全贴片指甲制作程序的 1～13 步。即：消毒→祛除指甲油→修剪指甲→清洁指芯→泡手指→软化指皮→修剪指皮→营养指缘→刻磨→选修贴片→注贴片胶→粘贴片→修整指甲前缘形状。

2．刻磨：贴片表面需刻磨（图 9-79）。

3．用光疗笔在指甲上涂一层薄薄的基础胶，并将指甲放入光疗灯中光疗 30 秒。

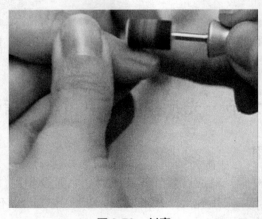

图 9-79　刻磨

4. 用光疗笔取粉透色或透明色造型浆涂在指甲表面，将制作好的指甲放入光疗灯光疗约2～4分钟，取出后用表面清洁剂擦拭，用180号磨砂条打磨指甲前缘，用打磨机打磨指甲表面。

5. 定型：用光疗笔将定型浆涂于整个指甲表面，要涂得薄而均匀，再将指甲放入光疗灯中光疗约2分钟，取出后用表面清洁剂擦拭。（图9-80、图9-81）

6. 涂营养油。

（三）法式光疗树脂指甲的制作程序

1. 同自然指甲修护程序的1～8，即：消毒→祛除指甲油→修剪指甲→清洁指芯→泡手指→软化指皮→修剪指皮→营养指缘。

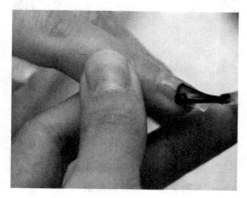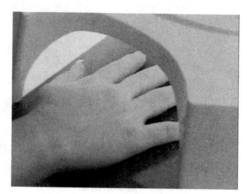

图9-80 定型（1）　　　　　　　　　　图9-81 定型（2）

2. 刻磨。

3. 上纸托板　将纸托板对准指关节的中心线，将纸托板中心的圆孔的边缘以45°卡住指甲前缘，旋转纸托板使其紧贴指甲前缘。

4. 用光疗笔在指甲上涂一层薄薄的基础胶，并将指甲放入光疗灯中光疗30秒。

5. 制作光疗树脂甲

（1）第一遍造型：用光疗笔取白色造型浆涂在指甲前缘，以螺旋的方式制作出指甲前缘，将制作好的指甲放入光疗灯光疗约2～4分钟，取出后用镊子放置在指甲前缘微笑线两侧轻轻挤压，制造拱度。再用表面清洁剂擦拭，用180号磨砂条打磨指甲前缘、表面。（图9-82、图9-83）

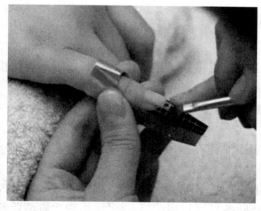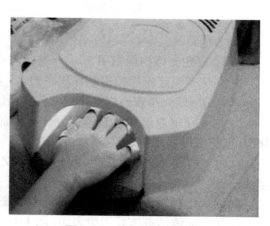

图9-82 第一遍造型（1）　　　　　　　图9-83 第一遍造型（2）

（2）第二遍造型：用光疗笔取粉透色或透明色造型浆由距离指甲后缘约 0.8mm 处涂于整个指甲表面，要涂得薄而均匀。再将指甲第二次放入光疗灯中光疗约 2～4 分钟，取出后用表面清洁剂擦拭。（图 9-84、图 9-85）

（3）修形：卸下纸托板，用 180 号磨砂条打磨指甲前缘形状，用打磨机打磨指甲表面。（图 9-86、图 9-87）

（4）定型：用光疗笔将定型浆涂于整个指甲表面，要涂得薄而均匀。再将指甲放入光疗灯中光疗约 2 分钟，取出后用表面清洁剂擦拭。

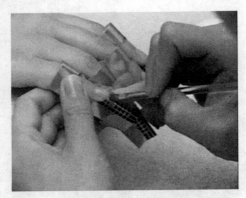

图 9-84　第二遍造型（1）

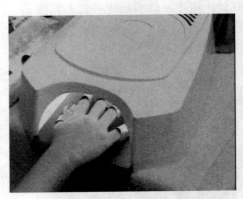

图 9-85　第二遍造型（2）

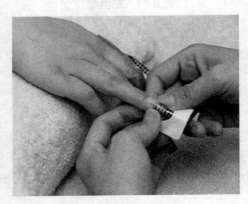

图 9-86　卸下纸托板

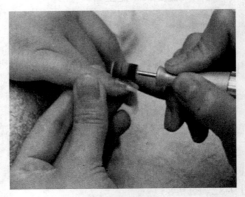

图 9-87　修形

6. 涂营养油。

（四）彩色光疗树脂指甲

1. 同法式光疗树脂指甲制作程序的 1～4，即：消毒→祛除指甲油→修剪指甲→清洁指芯→泡手指→软化指皮→修剪指皮→营养指缘→刻磨→上纸托板→涂基础胶。

2. 用光疗笔取透明色造型浆制作指甲前缘，将制作好的指甲放入光疗灯光疗约 2～4 分钟，取出后用镊子制造拱度。

3. 用光疗笔取彩色胶蘸取贝壳粉，以"Z"字形制作在指甲前缘上，用光疗灯照射 2～4 分钟。

4. 用光疗笔取适量镭射彩色胶涂满整个指甲板，形成光滑的平面，用光疗灯照射 2～4 分钟。

5. 用表面清洁剂擦拭指甲表面，用 180 号磨砂条打磨指甲前缘、表面，用粉尘刷清除粉尘,再次用表面清洁剂擦拭指甲表面。

6. 定型:用光疗笔将定型浆涂于整个指甲表面,要涂得薄而均匀,再将指甲放入光疗灯中光疗约 2 分钟,取出后用表面清洁剂擦拭。

7. 涂营养油。

二、丝绸指甲

人们一直把丝绸看成是贵族的象征,因此丝绸指甲会使女士显得雍容华贵。丝绸指甲是用弧形超薄的护甲片,配以丝绸加固,在丝绸面涂上特殊的化学树脂胶,通过融网处理以及抛光使丝绸透明化,呈现晶莹亮泽的形态。丝绸指甲自然坚固,颜色、形态及薄厚程度更接近真甲,制作过程简单、容易掌握。

(一)所需工具、用品

1. 丝绸网　可由天然蚕丝或纤维丝织成。丝绸材质的经纬交叉力加固于指甲之上,可增加指甲的牢固度,并具有很好的弹性。

2. 丝绸剪　用于修剪丝绸。

3. 松脂胶　在自然指甲上形成一层牢固的外膜,既保护指甲,又形成双重的黏附力,使丝绸网不易脱落,同时也保证指甲在锉平时表面平滑均匀。

4. 反应液　与松脂胶配合使用的速干剂,可以使松脂胶迅速干燥,又不会引起灼热感。其余与贴片指甲所需用品相同。

(二)丝绸甲的制作程序

1. 同半贴片指甲制作程序的 1～6,即:消毒→祛除指甲油→修剪指甲→清洁指芯→泡手指→软化指皮→修剪指皮→营养指缘→刻磨→选修贴片→注贴片胶→粘贴片→修整指甲前缘形状→去接痕。

2. 在指甲表面涂松脂胶,喷反应液。

3. 修剪丝绸网　依据顾客指甲表面的大小,用丝绸剪修剪丝绸网,丝绸网略小于甲面,将丝绸网后缘修剪成与指甲后缘相同的弧度。

4. 贴丝绸　用丝绸剪将丝绸网贴放指甲表面,距离指甲后缘约 3mm,距两侧甲沟约 1.5mm,用塑料纸压膜轻压,让丝绸紧贴于指甲表面。应该用镊子和丝绸剪配合移动丝绸网,尽量不要用手接触丝绸网,以免丝绸网粘上粉尘、油分、水分,不能吸收胶液,会导致丝绸网明显露出。

5. 溶网　将松脂胶均匀地涂在丝绸表面,使丝绸透明化,在指甲表面喷反应液。第二次涂松脂胶,第二次涂反应液;第三次涂松脂胶,第三次涂反应液。注意要涂得薄而均匀,松脂胶如果一次量涂的太多,涂反应液时就会感到灼热,因此应分三次少量多次涂松脂胶。

6. 修形　用 180 号磨砂条修形,打磨指甲外侧、内侧、表面、前缘,再用白磨块祛除指甲表面的磨痕。

7. 除尘、营养指缘。

8. 抛光。

9. 涂指甲油。

（张　婳）

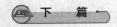

复习思考题

1. 指甲的构造是什么？
2. 手部自然指甲的修护程序是什么？
3. 指甲装饰的分类和方法是什么？
4. 水晶指甲的制作程序是什么？
5. 彩色光疗树脂指甲的制作程序是什么？

第十章　三　文　技　术

学习要点

　　美容文饰的有关术语；文饰的基本原则；三文适应证及禁忌证；文眉、绣眉、飘眉的操作；文唇、文眼线的操作；三文术后的并发症及其处理；美容文饰失败的修复方法。

第一节　概　　述

一、美容文饰的基本概念

　　文饰美容技术是在人体体表进行艺术创造的一门特殊技艺，是一种创伤性的皮肤着色术。由古老的文身术演变而来，古时称之为刺青，即人为地用锋利的器具将皮肤刺破，将有色染料植刺入体表，在皮肤内形成永久性的各种图案以达到修饰的目的。它包括文唇、文眉、文眼线和文身等，是技术性很强的常用医学美容技术，需要专门的器械、严格的消毒，并由训练有素的医技人员操作，其中文眉、文眼线、文唇又称"三文"。随着现代美容的发展，文饰术越来越受到人们的青睐。

二、美容文饰的原理

　　文刺术将色素刺入表皮下，形成一定的色素沉着。由于表皮薄，有一定的透明度，所以色素能透过表皮，呈现出色泽。刺入表皮的色素均呈小颗粒状，直径小于 1μm，很快被胶原蛋白包围，和众多的色素颗粒一起聚合成较大颗粒（约 1.5～1mm）的散状色素带，留在真皮和表皮之间。由于这种颗粒太大，无法被吞噬细胞带走，而形成一个具有颜色的标识，能维持几年甚至几十年。刺入的深浅直接关系到文刺的质量。刺得过深，色料进到真皮，渗入毛细血管丛，文刺后的皮肤就容易泛蓝，也容易洇色；刺得过浅，则容易随着表皮的新陈代谢出现掉色。

三、美容文饰的术语

　　在文饰工作中，经常会用到一些专业用语，这些术语的概念不能混淆。

　　1. 眉色　是指受术者自身眉毛的颜色。

　　2. 文色　是指受术者皮肤上用色料文刺出的颜色。

　　3. 上色　又称着色、吃色。是指受术部位皮肤在文刺后着色的状态。

　　4. 填色　指受术者皮肤已文了固定形状或轮廓，在此基础上，把中间的空白填上所需的颜色。

5. 浮色　指文刺后，一部分色料已刺入皮下，另一部分则浮在皮肤表面上。通常在文刺操作完毕时，要把留在皮肤表面上的浮色擦净，以便观察。

6. 脱色　又称掉色。是指受术者皮肤某一部位，在文刺上色后，经过一段时间，原来的文色脱掉了，颜色比以前变浅的情况。

7. 反色　指全唇文刺术后，经过 7～10 天左右的脱痂、脱皮、掉色，到一个月左右血液循环重新建立，文刺后的全唇色泽重新恢复的状态，反映出的颜色比原来明显。

8. 底色　指局部皮肤文刺后最先着色的部分。

9. 补色　也称加色、复色，指在原来所文颜色的基础上，再进行补文，如加宽、加深等，以补救原来的不足。

10. 盖色　指用与原来文刺颜色不同的色料，在原有的部位进行文刺，来掩盖现存的颜色。

11. 遮色　指用接近肤色的色料进行文刺，遮住原来文刺不理想的部分，使其与自身肤色达到一致。

12. 配色　指文刺的色料，是由两种或两种以上的颜色调配的。

13. 套色　指文刺时，第一遍文刺了一种色料，第二遍又用另一种色料文刺，分层次地上色。

14. 洇色　指由于文刺色料不达标或文刺时手法过重，导致文刺时色料进入皮肤较深，造成局部皮肤文刺后，色料出现向四周扩散、漾渗，使得线条变粗或形状改变的情况。

15. 变色　指文刺后，经过一段时间，文刺部位现在的颜色与当时文刺的颜色不一样。

16. 轻文　指术者在文刺时，手法应轻，文色也相应浅。

17. 重文　指术者在文刺时，手法应重，文色也相应深。

18. 挑角　亦称起角，指在文刺上眼线时，外眼角部分逐渐加宽、上挑、形成夹角，即上眼睑睫毛尾端投影的形态。

19. 开角　是指在文刺上下眼线时，外眼角部分的上下眼线不交合，而是展开，称为开角。其意义在于：小眼睛者在文眼线时，眼睛没有框死的感觉。

20. 闭角　指在文刺上下眼线时，外眼角部分的上下眼线交合，角不展开，称为闭角。其意义在于：闭角的眼线以强调为主，手法显得有些夸张。

21. 上翘　指在文刺上眼线外眼角部分挑角时，有向上、向斜后方上翘的走势，称上翘。

四、美容文饰的消毒及卫生监控

文饰技术是一项技术性很强的医疗工作，操作者应树立无菌观念，严格按无菌技术规范操作，把握术前、术中、术后每个细小环节，杜绝和减少术后感染及并发症。

（一）操作前

1. 美容文绣师消毒　文绣师术前用 75%酒精或碘伏对自己的双手进行消毒，范围至手臂部位，然后打开一次性无菌文绣包，穿无菌文绣服，戴上无菌圆顶帽、口鼻罩和无菌乳胶手套。（图 10-1）

2. 顾客消毒：文饰部位皮肤一般使用

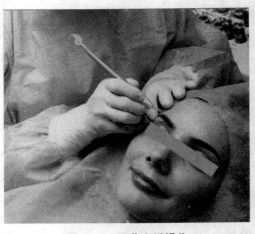

图 10-1　无菌文绣操作

0.1%的新洁尔灭消毒,也可用碘伏、酒精、碘酊消毒,但碘酊需用酒精脱碘,并且碘酊、酒精易过敏,一般不用。如顾客眉部皮肤油性,可用75%酒精擦拭3～5次,因酒精可以去油脂,帮助提升上色效果。但唇部和眼部的消毒不可用酒精,因为酒精对黏膜有刺激。另外,唇部用酒精消毒,文唇后会引起唇部发黑现象,唇部也可用碘伏进行消毒。

3．辅助工具消毒　修眉刀片、剪刀、镊子在设计造型前用75%酒精或0.1%防锈新洁尔灭浸泡消毒,浸泡时间为30分钟,药液宜每周更换1次。眉笔必须用消毒好干净的刀片削笔尖呈扁鸭嘴状,再用新洁尔灭棉球包裹笔尖进行消毒,消毒后再进行设计。

4．铺洞巾操作　消毒完毕,设计好造型,双方认可,然后在其颜面部位铺上一次性洞巾,露出文绣部位即可进入无菌文绣状态。

5．备湿水棉片　医用脱脂棉做成棉片或棉球消毒后,用生理盐水或甲哨唑液浸泡、拧干。做湿水棉片,注意不要太湿,以免影响着色效果。

6．一次性针片　一人一针,防止交叉感染。

7．色料托架,色料杯　色料架宜固定、容易清洁,色料杯必须一次性使用。

8．美容文饰室　定期紫外线灯进行空气消毒,门窗、家具、地面用消毒液擦拭及拖地。

（二）操作中

1．软化角质　文饰部位皮肤消毒后,使用专业润皮渗色啫喱软化顾客的角质死皮,辅助麻药吸收及上色。外加保鲜膜覆盖10分钟,有加强吸收的效果。

2．止血止痛　选择适当的麻醉方法,外敷麻药时间到位,做到无痛文绣,操作细致,动作轻稳,减少出血,便于色料更好吸收留色。

3．规范操作　步骤严格按照文饰操作规范进行。

4．防止感染　使用生理盐水或甲硝唑液浸泡的湿水棉片,不断擦拭文饰部位浮色,防止细菌经破损伤口感染。

5．清洁卫生　注意操作环境卫生,用过的湿水棉片及时清理更换,保持工作台面及周围环境的卫生清洁。

（三）操作后

操作后必须及时涂上消炎药膏及专业修复剂,消炎药膏等先挤压到消毒棉签上,再涂抹文绣过的地方来回擦拭。文唇术后10天再使用亮唇蜜与红唇素,令色彩巩固持久。

 知识链接

修复剂

文饰操作中一般配合使用润皮渗色啫喱、眉唇修复剂、亮唇蜜与红唇素等。

专业修复剂的主要功能:内含适量bFGF(成纤维细胞生长因子)可加速皮肤细胞生长,促进恢复;消毒杀菌;滋润皮肤。配合保鲜膜使用,可防止结痂和脱色现象。

亮唇蜜的主要功效:含有蜂蜜多糖、水凝胶、维生素E等营养成分,深层滋养修复受损唇部纤维,加速返色,减少干燥脱皮现象,如连同红唇素一起使用效果更佳。抵挡紫外线的侵扰,淡化黑色素,使唇部色泽水润光鲜。

红唇素的主要功效:樱花天然萃取物,能有效促进唇部血液循环,改善微循环,增强血红素供氧能力,改善黑唇、乌唇、白唇现象。

五、美容文饰的麻醉方法

文饰技术是一种创伤性美容技术,疼痛是难免的。为了配合美容文绣师做好各项美容文饰术,保证文饰术后效果及质量,采用适当的麻醉方法是必要的。

(一)文眉术中的麻醉方法

受术者在文眉的过程中,一般只感到有轻微的刺痛,可以耐受,故不需采用麻醉。对于个别敏感耐受性差的人,可用棉签蘸少许1%的地卡因液或2%利多卡因液涂抹眉区皮肤,行表面麻醉,但必须在表皮刺破后效果才好。

(二)文眼线中的麻醉方法

眼睛是面部最敏感的部位,所以在行文眼线术时,应根据受术者的具体情况来选择局部麻醉方法的任何一种。现将三种局麻方法在文眼线中的应用介绍如下:

1. 行表面麻醉的麻醉方法

(1)此法适于对疼痛耐受力较好,或近日眼部不想有明显肿胀的受术者。

(2)术前3～5分钟均用棉签蘸少量1～2%的地卡因液或2%利多卡因液,在上、下睑缘部位来回轻涂。配戴隐形眼镜者应取下,放入生理盐水中暂存。

(3)在刺破皮肤后,还应反复地涂抹麻药。原则上是文刺一遍,涂抹一遍麻药,这样效果会更好一些。

(4)麻药的浓度应控制在3%以下,因为浓度越高,反应越重,会引起结膜充血,甚至造成角膜剥脱现象。

(5)涂抹麻药时,手宜轻柔,少蘸药液,勿触及球结膜(尤其是高浓度麻药)。

(6)文刺后,应用2～3滴氯霉素眼药水冲洗眼球,嘱患者眼球来回转动,每晚点氯霉素眼药水一次,连续三日。

2. 行局部浸润麻醉的操作方法

(1)术前应详细询问受术者有无麻醉过敏史。

(2)眼部常规皮肤消毒,即用1∶1000新洁尔灭棉球擦拭。如眼部有色彩妆的痕迹,应用金霉素眼药膏少许擦拭卸妆。

(3)用一次性注射器抽取2%普鲁卡因肾上腺素1支(2ml),此药液是在购进时就已配制好的,封装在安瓿内,或用2%利多卡因2ml也可。

(4)嘱受术者轻闭双眼,术者在一侧眼睛的外眦角部沿下睑或上睑进针,作成皮下连续皮丘。也可使针尖从外眦直接进入至内眦下睑缘或上睑缘,边退针边推药作成皮丘(或者下眼睑分成两次进针,上眼睑也一样)。一侧下睑或上睑各用0.5ml麻药。

(5)普鲁卡因肾上腺素有延长作用时间和止血的功能,但个别敏感的受术者可出现心悸、脉快、血压升高等现象,此时应立即停药,对症处理。改用利多卡因即可。

(6)有高血压、甲状腺功能亢进病史者应禁用。

(7)由于是局部浸润麻醉,文眼线术后局部水肿明显,应24小时内间断做冷敷。

3. 行区域阻滞麻醉的操作方法

(1)局部用75%酒精消毒皮肤。

(2)文下眼线时,在下睑部可行眶下神经阻滞麻醉。眶下孔位于眶下缘中点下方0.5～1cm处,其中有眶下神经、眶下动脉和眶下静脉通过。眶下神经为上颌神经的主支,它向前经眶下裂入眶,经眶下沟通过眶下管出眶下孔,分布于下睑,外鼻及上唇的皮肤。在鼻正中线旁开 3cm 左右眶下孔进针（见图 10-2）。此处的骨性标志是上颌骨的眶面与颧骨的接缝处有一凹陷。嘱受术者眼睛向上看，垂直进针，抽无回血可推入 2% 普鲁卡因肾上腺素（或 2% 利多卡因）1ml 左右，以阻滞眶下神经。拔出针后，立即用棉签按压注射部位 1 分钟左右，防止出现血肿。

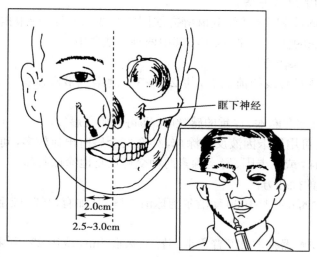

图 10-2　眶下神经阻滞麻醉

（3）文上眼线（或文眉）时，可在上睑部行眶上神经和滑车神经的阻滞麻醉，眶上切迹（孔）位于眶上缘内，中 1/3 交界处，其中有眶上神经，眶上动脉及眶上静脉通过，分布于上睑及额，顶部皮肤。在正中线旁开 2.5cm 左右眉弓下缘进针（见图 10-3），此处触摸有一明显的凹陷，压迫有酸、胀麻的感觉处就是眶上切迹。嘱受术者眼睛向下看（防止误伤眼球），持注射器与皮肤呈 45° 斜向上进针，有落空感后，回抽确定无回血可推入 2% 普鲁卡因肾上腺素（或 2% 利多卡因）1ml 左右，拔针后按压针眼 1 分钟左右。

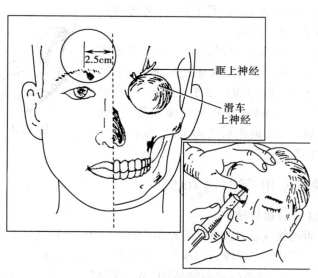

图 10-3　眶上神经阻滞麻醉

（4）一般在麻药注入 6～8 分钟后可行文眼线术，否则麻醉不完全时，受术者会稍感疼痛。

（5）注射部位应准确，防止因动眼神经的阻滞而造成暂时性的上睑下垂。如遇此情况，一般在 40～60 分钟自动消失，不做任何处理。

（三）文唇术中的麻醉方法。

文唇术包括文唇线和文全唇，其麻醉方法同文眼线术一样，应根据受术者的具体情况来选择局部麻醉方法的任何一种，也可将其中两种方法并用。

1. 行表面麻醉的操作方法

（1）在受术者画好唇线的前提下，用 2%～3% 地卡因液浸湿棉片，敷在唇部 20 分钟左右。

（2）当受术者唇部有麻木、厚重的感觉时，即可开始文唇线。

（3）在文刺时，可用地卡因液反复涂抹，如在文全唇时出血较多，可用棉签蘸少许的肾上腺素药液进行涂抹，或地卡因、肾上腺素两种交替反复地涂抹唇部。

2. 行浸润麻醉的操作方法

（1）局部常规消毒：用 1∶1000 新洁尔棉球消毒唇部，如有口红，应用金霉素眼药膏少许擦拭卸妆。

（2）用一次性注射器抽取 2% 普鲁卡因肾上腺素 5ml，或用 2% 利多卡因，在红唇部分四次进针，即上下唇各进针两次。

（3）先从上唇一侧嘴角避开血管进针，针尖与皮肤平行，沿红唇做连续皮丘，边推药边进针（或边退边推药）到唇珠止。再从唇珠向嘴角做连续皮丘，也可从另一侧嘴角按同样的方法进行。下唇同上唇。

（4）用此种方法麻醉，术后 24 小时内唇部应做间断冷敷，利于消肿。

3. 行阻滞麻醉的操作方法

（1）上唇麻醉时，用左手食指于眶下缘中点下 6～8mm 处摸到眶下孔，在鼻翼旁开约 0.5cm 处进针，于皮下注药少许，然后使针的方向与头颅矢状面呈 20°，向上、后、外推进到眶下孔，入眶下管约 0.5cm 左右，回吸无血时，方可注射 2% 普鲁卡因肾上腺素 0.5～1ml。

（2）下唇麻醉时，可阻滞颏神经。颏神经是下牙槽神经的终支。颏孔位于第一、二双尖牙之间下方，下颌骨体上下缘中点略上方，距中线约 2.5～3cm，左右对称，与眶下孔垂直（见图 10-4），左食指触摸颏孔，在颏孔后上方向前下穿刺，进入颏孔后注药 1ml，或在相当于颏孔处的骨面上注药。

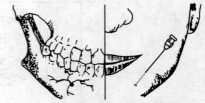

图 10-4　颏神经阻滞麻醉

六、美容文饰的常用手法（图 10-5）

（一）文刺手法（文眉机针法）

1. 续段法　也叫连接线条法，即根据所设计的长线条，分段文出数条中等长度的线，使其连接形成长线条。常用来文刺较长的线条，如眼线、唇线、文身等。

2. 连续交叉法　文刺的路线呈斜倒状的"W"或"M"形，其形状相互交叉，连续不断，用密集的线条组成片状，主要用于片状的着色或复色，如文全唇等。操作时要注意线条的疏密排列和针刺深浅,掌握得当,可以文出各种不同的效果。

3. 旋转法 即用打圈的方法进行文刺,常用于文唇红、文身、复色等大面积的文刺。旋转法应注意掌握好圈子的大小和移针的速度。圈越小,颜色越深,圈越大、颜色越浅;移动速度快则色浅,移动速度慢则色深。

4. 质感线条法 又称画眉法,方法是根据基础眉的文样,一根一根地向上或向下划线,结尾时顺势翘出,多用于仿真立体文眉。但要注意以下几点:

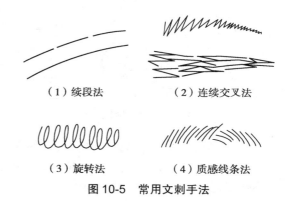

（1）续段法　（2）连续交叉法

（3）旋转法　（4）质感线条法

图10-5　常用文刺手法

（1）每一根线条都要两头细、中间粗,稍带弧度。

（2）线条的排列要有规律,疏密适当。

（3）要注意线条的深浅、浓淡变化。

（二）绣眉手法（柔绣技术） 用以45°紧排焊接、极富弹性的不锈钢14头/12头针片,将色料刺入皮肤0.2～0.3mm深处,绣出质感线条,属于质感线条法的一种。面部柔绣技术最适合眉毛的文饰。常用针法有以下几种:

1. 全导针针法:"摆、推、提、弹、还原、撤退"。全部的针以45°平均力度推向皮肤,然后针尾向下压,针片前端向上缓慢提升(注意最后1～2支针不可提)。此针法绣出的线条清晰均匀,没有轻重之分,常用于绣眉腰时使用。(图10-6)按照力度的大小,可分为重度全导针、中度全导针、轻度全导针。

（1）轻度全导针:推向皮肤力度最小,翻手腕幅度小,针片弹起皮肤程度少,用于绣上眉框前区、鼻影线、眼影轮廓线。

（2）中度全导针:推向皮肤力度稍大,翻手腕幅度中等,针片弹起皮肤程度高,用于绣上眉框中、后区。

（3）重度全导针:推向皮肤力度最大,翻手腕幅度大,针片弹起皮肤程度最高,能听到清脆的针片"嗙、嗙、嗙"的声音,用于绣眼线、唇线。

摆　推　提　弹　还原　撤退

图10-6　全导针针法

2. 前导针针法:"推、提、撤"。针片以大于45°倾斜向前,使针片前端先刺入皮肤,后面的针跟着放在皮肤上,向前推且向上做提升,一边向上提升,一边向后撤退,产生前重后轻的效果。常用于绣眉头、眉梢时使用。(图10-7)

3. 后导针针法:"后、前、推、提"。针片以小于45°倾斜向后,使针片后端先刺入皮肤,前面的针跟着放在皮肤上。向前推动的同时向上做全面的提升,产生出后重前轻的线条,常用在绣眉梢时使用。(图10-8)

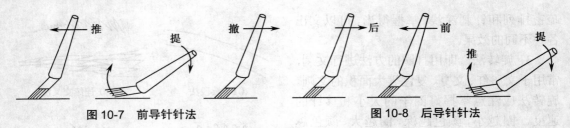

图 10-7　前导针针法　　　　　　　图 10-8　后导针针法

4. 旋转针："推、提、转"。利用后面的六支针在皮肤上作推、提、转的提升，形成弧形浮突线条，用于眉中、眉尾及唇线的位置。做完二条稍长线条后，把针片向后抹，跟原来线成一小弧度，继续"推""弹"（图 10-9）

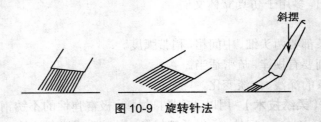

图 10-9　旋转针法

（三）飘眉手法

顺滑针法：摆—后—划—抛，使用前面的 7 支针轻摆压下皮肤然后再向后运力拉动划破做一字顺势划抛，只需一笔即形成光滑细致的弧度线条，也叫"一笔描"针法，纤细、创面小，可应用于整条眉毛做眉头、眉腰、眉尾的线条及眼线和唇线的位置。（图 10-10）

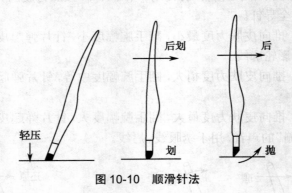

图 10-10　顺滑针法

（四）播眉手法

运用文眉机单针或七排针顺眉生长方向使用抛画法操作，轻稳平贴，有去无回，连线成片，将颜色一遍一遍地由淡加深，做出雾状丝化感。

（五）文唇手法（图 10-11）

1. 弹性巡回润唇针法：垂直皮肤 90° 入针，推针力度重，回针力度轻，运用弹力加强上色，以轻巧、均匀、等速的抛刺力度完成。

2. SPA 针法，排针和圆影针皆可自由选用：常用的主要上色手法，垂直 90° 或 75° 入针。

（1）抚行针：来回续段延长或 C 字运动方向，上下来回划直线法，可用于唇线、唇面位置。

（2）揉圈法：C 字运动方向来回环绕轻移打小而密的满圈，用于唇面位置。

（3）点刺法：用于弥补唇线与唇体之间的空白区，也为最后检测是否上色均匀时用。

（4）螺旋滑针法：常用于已做花的唇，用来修改深色向浅色相互过渡之用。

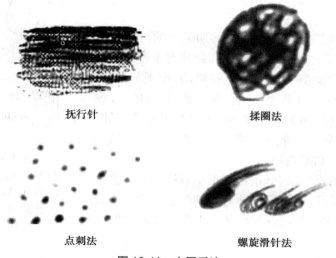

抚行针　　　　　　　　　揉圈法

点刺法　　　　　　　　　螺旋滑针法

图 10-11　文唇手法

七、美容文饰的常用物品

（一）文饰色料

要采用特制的无毒、经无菌处理过的色料。好的色料应符合以下特点：颜色纯正、色泽稳定、浓度适中、附着力好、不扩散、无毒、半膏状、无油水分离现象，文刺效果自然逼真。色料选购时一定要识别好坏真伪，严防假冒伪劣产品。

1. 文眉色料　分为主色与调色两类，常用的主色包括：深咖啡色、浅咖啡色、自然灰色。调色是指黑色，单纯的黑色不能用于文眉，它必须与主色调配使用。主色与调色的调配比例关系一般是 3∶1。

2. 文睫毛线色料　帝王黑、特黑色等。

3. 文唇色料　玫红色、深红色、朱红色、橙红色等，要根据顾客的年龄、肤色及唇色等多方面因素来综合考虑选择。

同一名称的制剂，由于生产厂家不同，生产工艺不同，其色彩并不相同。同一厂家的同一品牌，由于生产条件不同、时间不同，其颜色也有差别。因此，美容医师在调配色彩时，需要根据当时购进的色料进行调配，不能照搬书本上的调配比例。

（二）文饰工具

文饰工具是美容医师手中的武器，按操作方式不同，分为手工和机械两种；按文刺针的多少，分为单针和多针。常用的主要有以下几种：

1. 电动文饰机　即电动文眉机，简称文眉机，为最常采用的文饰工具之一。有直流电式、交流电式和充电式三种。最普通的是交流电式和充电式。其外形似一支粗大的圆珠笔，机身内有一个微型电动机，转轴上的连杆与卡针器相连，从而带动卡针器上的文眉针做垂直运动。使用时，将文眉针插入卡针器的十字孔内，套上针帽，选定转速档位，开机后文眉针高速旋转，做垂直运动，刺入皮下，从而将针尖所蘸的色料带入皮内，留下持久的颜色。

文眉针为单针，注意要在开机情况下调节针位的高低，文眉针大约要露出针帽 0.2～0.3cm。在文刺过程中，操作者应控制文刺的深度，以刺入真皮的浅层为宜，过深可引起色彩变蓝。（图 10-12）

2．绣眉笔　绣眉笔是近几年内普遍采用的一种绣眉专用文刺工具，由笔杆和针片组成。其针片有十四头弧形绣眉针和十二头弧形绣眉针，不锈钢材料，真空无菌包装。十四头弧形绣眉针：适合眉毛粗、宽、浓、硬、密的顾客，做出细致仿真的眉毛弧线条和绣眼线；十二头弧形绣眉针：适合眉毛细、窄、淡、软、散的顾客，做出柔密仿真的眉毛弧线条和眉部细小部位的操作。

3．会走弧线的手型笔（一次性弧形绣眉针）：仿手型握笔结构流线体外型设计，利用人体力学能配合针片轻松走出眉毛的弧线，可用来表现各种眉部手工文饰技艺，如绣、挑、雕、划、飘的手法。（图 10-13）

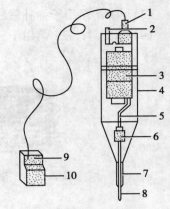

图 10-12　文眉机

1．电源插头；2．开关；3．电动机；
4．机身；5．连杆；6．卡针具；
7．针帽；8．针；9．档位调节；
10．稳压电源

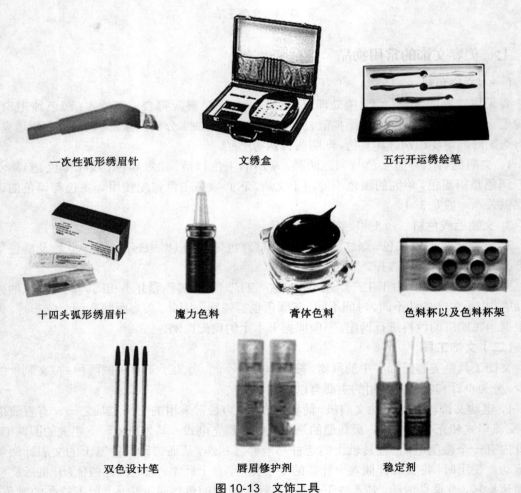

一次性弧形绣眉针　　　　文绣盒　　　　五行开运绣绘笔

十四头弧形绣眉针　　　魔力色料　　　膏体色料　　　色料杯以及色料杯架

双色设计笔　　　唇眉修护剂　　　稳定剂

图 10-13　文饰工具

（三）文饰用品

75%医用酒精、0.1%新洁尔灭溶液、十四头/十二头弧型绣眉针、单针、三针（复合针）、排针及针帽（一次性）、文眉机、湿水棉片、色料、托盘、无菌杯、无菌医用脱脂棉球、一次性医用口罩、无菌手套、局部麻醉药、色料杯、镊子、一次性的5ml无菌注射器、消炎药膏、眉笔、修眉刀、棉签、牙签、保鲜膜、一次性无菌文绣包、环保桶、推车、美容床、被子、凳子、镜子、化妆台及无影灯。

八、美容文饰的适应证和禁忌证

在文刺之前，要仔细观察和询问顾客，严格把握文刺的适应证。

（一）文眉术的适应证和禁忌证

1. 适应证 ①因疾病或其他原因引起的眉毛脱落症；②眉毛残缺不全或外伤性眉毛缺损、眉中瘢痕；③眉毛稀疏、散乱；④双侧眉毛淡；⑤两侧眉型不对称；⑥眉型不理想或对眉型不满意；⑦不会化妆或无时间化妆者。

2. 禁忌证 ①眉部皮肤有炎症、皮疹或过敏者；②眉部有新近外伤者；③患有传染性皮肤病者；④过敏性体质、瘢痕性体质者；⑤面神经麻痹者；⑥患有糖尿病、高血压及严重心、脑疾病者；⑦对文眉犹豫、亲属不同意者也应列为暂时性禁忌证；⑧精神状态异常（如不配合或期望过高）或精神病患者。

（二）文眼线的适应证和禁忌证

1. 适应证 ①睫毛稀疏脱落者；②眼型不佳者；③倒睫术及眼袋术后为掩盖瘢痕者；④重睑术过宽者；⑤求美者个人爱好且无禁忌证者。

2. 禁忌证 ①患有眼疾，尤其是睑缘、结膜患有炎症者；②眼睑内、外翻，眼球外突明显，上眼睑皮肤明显松弛下垂者；③患有传染性皮肤病者；④瘢痕体质、过敏体质者；⑤精神状态异常或精神病患者；⑥心理准备不充分者列为暂时禁忌证。

（三）文唇的适应证与禁忌证

1. 适应证 ①唇红线不整齐、不规则、不明显者；②唇色不佳者；③唇部外伤或整形术后留有瘢痕者。

2. 禁忌证 ①传染性皮肤病、过敏体质、瘢痕体质者；②唇部有疾患者；③精神状态不正常或精神病患者；④犹豫不决或亲属不同意者等。

九、美容文饰的基本原则

1. 宁浅勿深，宁繁勿简 是指在文刺操作时，宁可刺浅切忌过深。人与人之间存在着个体差异，如皮肤性质、皮肤的弹性、皮肤的颜色等，所以对药液的吸收过程不同，每个人对眉毛颜色深浅的要求也不同。如刺入的部位过深，色料可沿皮下扩散造成洇色、颜色变蓝等，顾客不满意且难以修改。过浅虽然着色差，手术后易脱色，但可以通过补色再弥补。对要求文眉的受术者，一般给予2次免费补色的机会。宁可工作麻烦些，也不能给人留下一双浓黑不自然的眉毛，造成终身遗憾。

2. 宁短勿长，宁窄勿宽 是指文刺形状不宜过长或过粗过宽，尤其是在第一次文时，能短则短，能细则细，可通过再次补文来调整。过长、过宽则修改较困难。

3. 宁慢勿快，修文并用 操作要认真，不能只顾速度而不顾质量，对部分上色困难者，需反复文刺，切不可急躁。同时，为保持眉的生动立体和生理功能，不要在文眉前将眉毛统统剃掉,而应该在原有眉型基础上,修剪美化后再进行文眉,尽量保留真眉。

4. 浓淡相宜,注意整体　在文眉过程中,应时刻注意眉毛的自然生长形态,要按其长势和色泽规律文出浓淡相宜,富于立体感的眉。原则上眉头、眉梢、眉峰上下边缘要淡,而眉身要文得深些。如果不按自然生长形态规律去文,各部分浓淡不分,黑成一片,显然达不到增添美感的目的。

总而言之,在文饰技术操作时,要留有余地。因为美容医师面对的是一张有血有肉的脸,而不是纸,画坏了可以扔掉,重新再画一张,不理想的文刺形态将给顾客留下终生痛苦。所以,从某种意义上讲,文饰操作只能成功,不许失败。

第二节　三文技术的操作

一、文眉技术

由于文眉具有永久性,所以必须真实、自然、美观,现多采用立体仿真文眉术。立体仿真文眉术是根据眉毛自然生长方向和规律,用人工文刺的方法来美化眉毛。

(一)眉型审美设计

设计眉型是文眉非常关键的步骤,通过设计可以扬长避短,弥补不足,调整面部,使之协调,增加容貌的美感。要想设计好眉形,必须了解标准眉的位置、美学参数和顾客的五官、脸型、肤色、职业、年龄、性格、气质等因素。

1. 标准眉的位置(图 10-14)

(1)眉头在鼻翼外侧与内眼角连线的延长线上

(2)眉峰在眉头至眉梢的 2/3 处

(3)眉梢在鼻翼外侧与外眼角连线的延长线与眉相交处

(4)眉梢与眉头在同一水平线上,且略高于眉头

2. 眉部结构的相关组合名称(图 10-15)

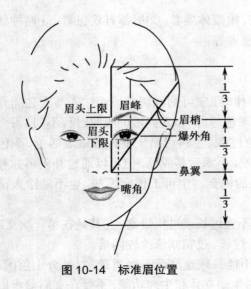

图 10-14　标准眉位置

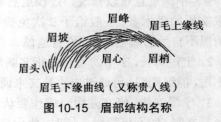

图 10-15　眉部结构名称

3.**快速画眉法** 用防水眉笔标记先定好眉峰点（翻白眼法），再确定眉毛上缘线的眉头、眉梢点后，由眉峰开始起笔与眉头连直线，眉峰到眉梢画弧线，构成眉毛的上缘线。确定眉心对眉峰，再定眉毛下缘线眉头点，由眉心开始起笔与眉头连直线，眉梢到眉峰收弧线，构成眉毛的下缘线。眉头到眉峰到眉梢宽比为4：2：1由宽慢慢收细变窄。眉头圆润顺自然生长规律。再用修眉剪刀修剪眉形以外多余部分即可。（图10-16）

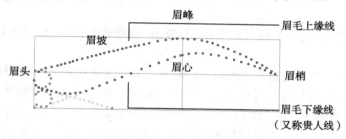

图10-16 快速画眉法

 知识链接

画眉口诀与"翻白眼法"

画眉口诀：眉峰到头推直线，眉峰到梢拉弧度，确定眉心对眉峰，眉梢向心收弧度，心到眉头连直线，封口圆润变蚕头。

"翻白眼法"：我们在设计眉型时，不应该让顾客躺在美容床上，因为躺下时面部的肌肉会向两边拉，这时候设计的眉型是对称的，但当顾客站起来时，就会出现不对称的高低眉。最好的方法是让客人靠墙边站立，自然放松，头保持水平，眼球尽量向上翻，此时眉毛挑起最高地方就是客人的眉峰，这种寻找眉峰的方法俗称"翻白眼法"。

4.眉形的设计，要考虑以下五种因素：

（1）时代性（图10-17）

随着时代的变迁，流行的眉形也随之发生微妙的变化。

1）二、三十年代，流行轻缓柔和的音乐，也流行细细弯弯的低眉，这也是中国女性社会地位低下的表现。

2）四十年代，由于战争，那时期的眉形都是杂乱无章、没有规律的。

3）五十年代，"大跃进"使中国女性的眉毛变得粗犷潇洒。

4）六、七十年代，由于文革时期，随时都注意阶级斗争动向，那时的眉毛都是扭曲、压抑、皱着眉头的。

5）八十年代，改革开放，人们的思想得到解放，不再禁锢，流行爆炸式的发型，那时的眉型也以粗犷、宽阔而有力度为主。

6）九十年代，人们不再盲从，开始寻找自我价值，所以眉型也追求清纯、自然、聪颖。

7）二十一世纪，女性在追求时尚的同时，还趋于理性、环保、独立，所以眉型更显得充满个性，适合个人风格。

图10-17 眉型时代变化图

（2）个性化（图 10-18）

每个人都有不同的个性，在设计眉形时应根据其不同个性而进行；

1）外向性格的人，适合的眉形是高挑、弯曲，眉峰要有角度，这样才显得充满生机、活力。

外向　　　　　　　内向

图 10-18　眉型内外性格变化图

2）内向性格的人，适合的眉形是柔和、不夸张，眉峰略有弧度，这样才显得温文尔雅。

（3）对称性

对称性不是指绝对的对称，而是相对的对称，我们很难找到两边的眉形是完全一样对称的眉毛。比如说经常靠左侧睡觉的人，左腮一定比右腮小，左边的颧骨就比右边的颧骨突出，左边的眉骨自然也比右边的眉骨高。所以，给顾客设计眉形时，不能设计完全对称，否则显得左边的眉形低了。有时候眉毛设计得过于对称，反倒把一个人的面部缺陷都显现出来了。

（4）配合性

人的五官每一部分都不是单独存在的，眉毛也一样，它的设计必须配合脸部五官的生长特点，与之相协调。（见表 10-1）

表 10-1　眉形与脸部五官配合的对照表

配合项目	适合的面型	适合的眼型	适合的鼻子	适合的唇型
眉毛长	腮大	眼间距宽	鼻长	唇角大
眉毛短	腮小	眼间距窄	鼻短	唇角小
眉毛高	脸短	眼凸	鼻梁高	唇峰高
眉毛低	脸长	眼凹	鼻梁低	唇峰低
眉毛粗	脸大	眼珠颜色深	鼻肥大	唇厚
眉毛细	脸小	眼珠颜色浅	鼻细小	唇薄
眉毛曲	面带角度	眼带角度	鼻柔和	唇面滑
眉毛直	面带弧度	眼带弧度	鼻硬朗	唇带角度

1）眉毛长短与面部的关系：腮大眉长，腮小眉短，如果腮大眉短会使腮显得更大，腮小眉长则把腮显得更小。

2）眉毛长短与眼睛的关系：眼距宽则眉长，眼距窄则眉短，如眼距宽而眉短，则只看到眼睛看不到眉毛，如眼距窄而眉长，则只看到眉毛，而找不到眼睛。

3）眉毛长短与鼻的关系：鼻长而眉长，鼻短则眉短，如鼻长眉短，则只见到鼻子而看不到眉毛，如鼻短眉长，则只见眉毛不见鼻子。

4）眉毛长短与唇的关系：唇角大眉毛长，唇角小眉毛短，如果唇角小眉毛短，会使唇显得过于肥大而突出，如果唇角小而眉毛长，就体现不出我们性感的唇了。

（5）灵性（眉毛线条的排列）

一个人的眉毛线条排列杂乱无章，过浓密、过稀疏、中断就显得没有灵性。相反，如果眉毛排列有序，浓密、稀疏得当，颜色浅淡虚实，这样的眉毛就有立体感，自然而富有灵性。文饰眉毛时，眉毛线条排列的摆放就显得尤为重要。请比较下面三个绣眉线条排列的效果。（图 10-19）

1）眉头到眉尾全是顺一个方向绣，而人的眉毛有些却是往下长的，这种向上的线条排列与人的自然眉毛出现交叉，就显得很乱，不够秀气。

2）眉毛虽然是顺着自然生长的方向绣，但眉毛绣出来是一根根直线条，这样看起来就有一种生硬、死板、不够灵巧的感觉。

3）眉毛是顺着自然生长的方向，绣出的一丝丝线条清晰、立体、仿真的眉毛，这种眉毛才让人显得自然、逼真。

眉毛走势不对，杂乱无章　　自然生长显生硬、死板　　排列顺畅有立体感

图 10-19　眉毛线条的排列变化图

（二）不同脸型的眉型设计（表 10-2）

表 10-2　不同脸型的眉型设计

脸型	设计方法
圆脸型	设计出上扬眉型，眉头压低，眉峰应略向上扬，呈微吊形，稍粗些，长短适宜，以达到使面部显长、五官舒展的效果，而不可设计出水平长眉，以避免使脸型显得更加宽圆
方脸型	应设计出大方、近弧形的眉，缓和其面部的棱角。眉峰略前移，眉梢不要拉长，不能设计出短细平眉
长脸型	一般设计水平形状眉型可起到缩短、分割脸长度的视觉效果。眉峰后移，眉梢拉长。而上扬眉、吊眉均有强调脸长度的作用，应避免
三角形脸型	一般设计出上挑圆弧形眉，眉峰位置近于外眼角上方，眉峰拉长些可使脸上方显得宽展些。此种脸型最忌配以近似三角形眉型，否则会夸大脸型下部的宽度
菱形脸型	此种脸型应设计出上挑圆弧形眉，眉峰靠外，眉梢水平可使脸上方显得宽展些。不宜下斜、过长眉，否则会使颊部更为突出
倒三角脸型	此种脸型应设计出眉峰上挑，整个眉型可圆滑些，避免眉峰靠外或在眉长 3/4 处

总之，脸型过长，眉峰下移；脸型过短，眉峰上移；脸型过宽，眉峰前移；脸型过宽长，眉峰后移。

眉型设计还应考虑受术者的年龄、性格：年龄大、脸型较宽、性格开朗者，可酌情设计出较宽的眉型；年龄偏轻、脸型小、五官紧凑集中，性格内向者可设计出较细的眉型。

（三）文眉色料的选择（表 10-3）

表 10-3　文眉色料的选择

色料	适用对象
深咖啡	接近于发色、眉色，适合肤色深、黄，自身眉毛比较黑的人，用于添加眉处
浅咖啡	适合肤色白皙，眉色浅，喜欢淡妆的人
灰咖啡	适用于年龄较大，喜欢自然效果的人
棕咖啡	适用任何肤色和整体眉色较浅、喜欢自然效果的人
棕色	适合肤色较浅，有染发，比较时尚新潮的年轻人
土黄色	适用于文深了的眉毛，起淡化作用，还可以加少量深咖啡来修改泛红的眉毛
橙色	修改变蓝色的眉色，文后即出现咖啡色

（四）文眉的操作

以立体仿真文眉术（也称自然眉）的操作为例。

1. 自然眉操作特点　上色快，疼痛感低，创面细浅，不结痂，不产生瘢痕，完全依照眉毛的特性及生长方向、根据受术者的原有客观条件进行填充，一根一根做上去，具有光感、空间感的立体效果，即使近看，亦如眉毛重生，充分在二维的空间中表现出三维的立体感。

自然眉在整个操作过程中不填色，线条采用质感线条法，重复少，脱色后不扩散，清晰、纤细，线条排列遵循眉毛的生长方向，能够做到疏密有度、深浅相间、以假乱真。

2. 操作常规　包括术前准备、术中操作和术后医嘱三个环节。

（1）术前准备

1）与受术者沟通，让受术者作好接受手术的心理准备，签手术协议书。

2）物品准备：电动文眉机、文眉针、色料、色料杯、消毒药棉、0.1% 苯扎溴铵、一次性乳胶手套、弯盘、抗生素软膏等。

3）美容文绣师衣帽整齐、洗手、戴口罩。

（2）术中操作

1）根据受术者的脸型、气质、爱好设计出理想的眉型，双方达成共识。

2）在画好的眉型上，用 0.1% 苯扎溴铵棉球擦拭消毒。

3）文锈师戴口罩、手套，取双侧对面位或单侧对面位。

4）文眉一般不用麻醉，疼痛程度完全可以耐受。如个别对疼痛特别敏感，不能忍受时，可在文刺过程用 1%～2% 的丁卡因棉片敷于眉部，可以减轻疼痛。

5）右手持机，蘸取少许的文眉色液垂直入针约 0.8mm，不宜太深，针法走质感线条（弯弧度、中间实两边虚）。左手食指、中指平行于线条将皮肤绷紧。

6）第一遍，先在画好的眉型区稀疏地文出眉毛的主线条，勾出眉型轮廓。

7）第二遍，在主线条中添加辅线，突出眉毛的立体空间感。

8）第三遍，走修饰线突出眉毛的不同层次。同时运用线条颜色深浅浓淡来体现层次感，主线比辅线深一些，辅线比修饰线要深一些。自然眉质感线条摆放和分布需要基本功，后面附有练习分解图（图 10-20、图 10-21、图 10-22）。

9）第四遍，观察眉毛着色情况及整体效果，术中不断用 0.1% 苯扎溴铵棉球擦去浮色，不足之处及时修整，直至满意为止。

10）文刺完毕，可在局部涂一层抗生素药膏，以防止感染及厚痂形成。

（3）术后医嘱

1）保持局部干燥、卫生。术后 3 天内不宜洗头，不要用水洗眉区，不要做热敷以防洇色。

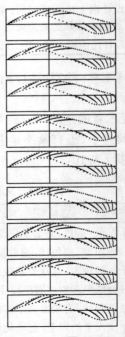
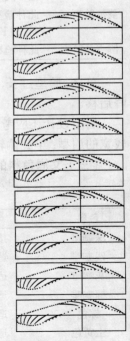

图 10-20　绣眉练习分解（1）
基础线条的训练

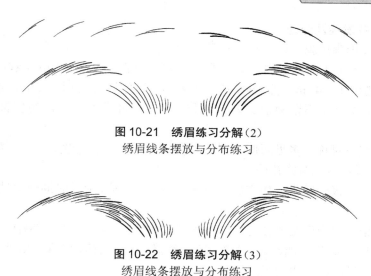

图 10-21 绣眉练习分解（2）
绣眉线条摆放与分布练习

图 10-22 绣眉练习分解（3）
绣眉线条摆放与分布练习

2）局部眉区涂消炎药膏预防感染，并缓解结痂造成的不适。

3）术后 7 天左右结痂，结痂期不宜用手剥离或抓痒。

4）痂皮脱落后会伴有部分脱色的现象，可于一个月后补色。

5）术后局部肿胀，个别受术者出现轻度瘀血等情况，一般 3～7 天即可消失，不需特别处理，如红肿较严重可口服消炎药缓解。

（五）文眉术的注意事项

1．禁忌 切忌画框文眉；切忌局麻文眉；切忌刮光眉毛再文；切忌针尖对准受术者眼球，以防飞针；切忌文刺过深，严禁超过 1mm。

2．自然眉宜选择啫喱状态的色料，密度够又能保证下色，而液态的密度不够、易扩散，不适合做文自然眉时的色料；固态的则过于黏稠，不易下色，可运用于排针针刺法（绣眉）。

3．保持 90° 垂直入针，做到有效文刺，重复不断穿刺容易造成局部表皮皮肤溃烂及糜烂，从而造成结痂与脱落。

4．干性皮肤文刺力度宜轻，油性皮肤力度稍重。

5．严格无菌操作，必须保证一人一针一份色料，以防交叉感染。

6．操作中不上色的原因及其处理

（1）手法过于轻缓，文刺太浅，脱痂后看不出文刺的痕迹，半个月或一个月后可通过补色的方法来补救。

（2）受术者皮肤性质为油性，尤其是"T"字区，毛孔较粗大，文刺太浅，不上色，文刺深了，渗出液多。处理方法为：在文刺前用 75% 酒精棉球在双眉部涂擦几遍，先行脱脂；在整个文刺过程中，尽量少用眼药膏涂擦，避免油性过大，等全部过程完成后，再涂眼药膏。

（3）机器方面：首先可能是文眉机转速慢；其次，考虑针尖外露过长，药液不能及时通过针帽到达针尖部分；第三，操作中，针尖是否与色料金属杯强行接触而变钝粗，出现痕迹现象。处理方法：文眉机应挑选功率大、转速快的；针尖的长短可通过针帽来回调节；采用关机蘸药液或及时调换新针。

（4）色料质量差也可导致不上色，宜选择质量好的色料。

（六）术后并发症及处理

1．脱色　文饰痂皮脱落后，颜色变浅着色不均，可在1个月后补色。

2．文后出现蓝色眉、红色眉　眉色明显异常者，可用 Q 开关 Nd：YAG 激光洗眉。蓝色、过黑眉可选用 1064nm 波长激光祛除黑色素；红色眉可选用 532nm 波长激光，能非常有效地祛除红色素，不留瘢痕。若效果仍不满意，可手术切除。在文饰祛除后，重新文饰。

3．两侧眉型不对称　多见两侧眉型一高一低，一长一短，一宽一窄，一弯一直，一浓一淡的情况，可在脱痂后重新修补矫正。

4．局部感染　极少发生。如文眉区出现红、肿、热、痛，应及时局部涂抹或外敷抗感染药，口服抗生素。

5．交叉感染　文饰后发现肝炎等传染病，应及时到医院进行专科治疗。

6．变态反应　局部出现红斑，水疱渗液、糜烂，自觉瘙痒，严重者出现畏寒，发热，恶心，头痛等全身症状，应尽快到医院处理。

二、绣眉技术

绣眉是柔绣文饰技术中效果较为突出、能体现柔绣特色的一种技术，是运用十四头或十二头弧形绣眉针蘸取绣眉膏状色料，使用"推-提-弹-撤"等针法把色料绣在皮肤表层。

绣眉的适应证、禁忌证，应遵循的原则及眉型设计，操作步骤等要求，均与电动文眉机文眉一样，只是所用文眉工具不同、针法技巧有别而已，绣出眉毛的质感效果一致。操作步骤如下：

沟通→设计眉型→消毒→点刺后敷麻药（必要时）→选配色料（膏状）→安置针片→走针→观察上色→锁色→定色→术毕涂抹消炎膏修复。

绣眉针法操作要点：

1．选择安装好针片　十二头弧形绣眉针适合眉毛较细、较短、较淡的求美者，使用效果特别出色。十四头弧形绣眉针适合眉头较深、较长、较浓的求美者，能更好的表现眉毛的仿真状态。将针片妥善牢固安装在绣眉笔杆前端。安装针片时，笔杆与针片可在同一轴线上，也可将针片与笔杆安装成 130°～160° 夹角。

2．左手绷紧眉部皮肤，右手握持绣眉笔杆，针片前端蘸取色料，以 45° 刺入皮肤，根据部位不同，灵活交替运用全导针、前导针、后导针、旋转针等针法。顺着眉毛的生长方式，一一绣刺，深度一般在 0.2～0.3mm。

3．先绣眉坡，眉坡起始区用轻度全导针，中区用中度全导针，这样绣出来的效果是淡淡的一条线的感觉，不需力度太重，以免影响效果。眉峰过渡处用点针，可避开眉峰出现交叉，而导致看起来不够光滑。眉头用后导针，使眉头呈打开状，并且做出一丝丝自然向上眉毛生长的效果。眉尾用旋转针，可以使眉尾带弧度、有浮突感，看起来更加逼真（图 10-23）。文绣密度和着色程度，依眉毛不同部位而有所不同。一般眉头部位要稀些，颜色要淡些；眉腰部位要密些，颜色要浓些；眉梢部位由于眉毛稀少应适当文绣密些，但颜色要淡。操作时要注意各部位疏密、颜色浓淡要衔接自然，不要出现阶梯现象。眉毛线条的摆放与分布见绣眉练习分解图。

4．观察着色情况，操作中应及时用湿棉片拭去浮色，始终保持文绣部位的洁净。在同一位置可反复柔绣多遍，并观察上色情况，直到满意为止。

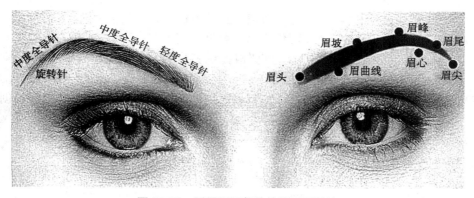

图 10-23 绣眉不同部位使用不同针法

5．锁色 把剩余的色料涂于上色的眉毛处,外敷保鲜膜,加固上色。

6．定色 涂土黄色稳定色性,可使颜色变得更自然柔和。

7．一侧绣好后,同法文绣另一侧。双侧文绣结束,应仔细观察眉型、高低、长短、形状、色泽是否对称,若不对称应马上修整。

8．术毕处理:待确定绣眉满意后,应行眉区清洁,并涂少许抗生素药膏以保护创面。

三、飘眉术

飘眉归属于文绣,都属于创伤性的着色现象,是运用五行开运绣绘笔,蘸取飘眉专用色料采用飘眉针法的顺滑针将色料植入表皮,进而形成一根根的仿真眉毛。因在效果方面能达到如毛发丝的纤细,有以假乱真、俊秀飘逸的感觉,因而取名叫飘眉。

1．飘眉的特点 操作快,比普通绣眉手法快 5～10 倍,手法轻盈,一次性上色,不斑驳,不晕色,不变色,线条排列可根据客人自身眉毛生长方向进行随意变换,弧度逼真,稳定持久。

2．适合人群

(1)喜欢简约风格的女性。

(2)眉毛较密,浓粗的女性。

(3)无眉、缺眉、少眉、秃眉的男性。

3．操作步骤 沟通→穿无菌文绣服,打开无菌文绣包→消毒→设计眉型→点刺后敷麻药(必要时)→选配色料(金棕咖、深棕灰、亚洲黑等)→安置针片→走针(飘眉针法顺滑针)→观察上色→锁色→定色→术毕涂抹消炎膏修复。

4．飘眉针法操作要点

(1)用五行开运绣绘笔或会走弧线的手型笔安装好针片。

(2)左手食、中指绷紧眉部皮肤,右手握笔,针片前端蘸取少许的色料,用针片 7～8 根针垂直刺入皮肤,深度一般在 0.4mm。拇指用力推笔,手腕旋转进行顺滑抛,(即"顺时针外抛"或"逆时针内收")抛出一根根的弧形线,每抛一笔蘸取一次色料。先抛出主线条,再抛辅助线、修饰线。线条排列可根据顾客自身眉毛生长方向进行随意变换,只要遵循"线随形变,灵活变通"的原则即可。线条变化可以对脸型起到调整、强调、收敛和美化的效果。

(3)观察着色情况,操作中注意力度,并不是力度越大越容易上色,而是三分力向下轻压,七分力快速运力向后拉弹,听见针与针碰撞的吱吱声即一次性上色,重复上色遍数不可超过 2 遍,操作中应及时用湿棉片拭去浮色,始终保持文绣部位的洁净。

（4）锁色：把剩余的色料涂于上色的眉毛处，外敷保鲜膜，加固上色。

（5）定色：涂土黄色稳定色性，可使颜色变得更自然柔和。

（6）一侧飘绣好后，采取"逆时针内收"滑抛绣另一侧。仔细观察眉型、高低、长短、形状、色泽是否对称，若不对称应马上修整。

（7）术毕处理：待确定飘眉满意后，应行眉区清洁，并涂少许抗生素药膏以保护创面。

5．飘眉的配色

（1）金棕咖

适合少女型和浪漫型气质的女性

比例：3 份金棕咖 +1 份亚洲黑或深棕灰 +0.5 份土黄 +0.2 份白色

（2）深棕灰

适合优雅型、古典型和自然型气质的女性

比例：3 份深棕灰 +1 份亚洲黑或金棕咖 +0.5 份土黄 +0.2 份白色

（3）亚洲黑

适合前卫型、少年型、戏剧型气质求美者

比例：3 份亚洲黑 +1 份深棕灰或金棕咖 +0，5 份土黄 +0.2 份白色

（4）灰色调的眉毛：如果顾客觉得纯黑色太深，而咖啡色很浅，担心日久会有发红的烦恼的话，那也不用担心，我们可以用国际流行色——灰色。这种眉色迎合了很多潮流和时尚的人士，是在国际上一些专业彩妆里面都能找到的颜色，同时，很多著名的歌星、影星都会用这种颜色对自己的眉毛进行修饰。

1）自然灰色，用 2 份亚洲黑 +2 份白色 +0.5 份土黄飘眉针法，做两遍即可。

2）深灰色，用 3 份亚洲黑 +2 份白色 +0.5 份土黄飘眉针法，做两遍即可。

飘眉使用的色料几乎不合 Fe_2O_3 且色系以灰色为主调，上色手法为"一笔描"着色仅需 1～2 遍，入色深度在表皮层的基底层与真皮浅层乳头丘之间约 0.4mm，是最稳定的层面，所以不会发红，也不会偏蓝。

6．飘眉术的线条摆放变化对不同脸形的美化效果

（1）适合心形脸、正方形脸、倒三角形脸眉峰在 1/2 处的柳叶眉，其线条整体走势就应呈聚拢上收的状态，并一直延续到眉尾部分。眉头至眉峰处由短线逐渐变长斜立上收，眉峰到眉梢处短线向下聚拢呈"V"字，制造出收紧面部五官突出轮廓立体感，拉长提升面部长度的效果。如图 10-24 所示：

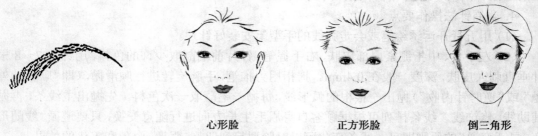

心形脸　　　　　　正方形脸　　　　　　倒三角形

图 10-24　心形脸、正方形脸、倒三角形脸的线条摆放变化

（2）适合长形脸、瘦长脸形的一字眉，其线条走势则应在眉头到眉峰部分长线斜平舒展，呈向上平滑长弧线状态，过渡到眉梢部分弧线下斜成"V"字分两层。制造出增添面部饱

满感、缩短面部长度的效果。如图 10-25 所示：

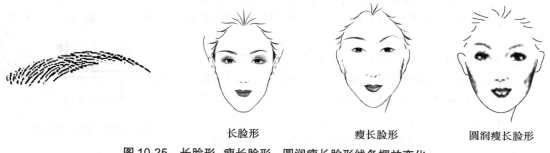

长脸形　　　　　瘦长脸形　　　　圆润瘦长脸形

图 10-25　长脸形、瘦长脸形、圆润瘦长脸形线条摆放变化

（3）适合菱形、正三角脸形，眉峰在 3/4 处的上扬眉，其线条走势略同柳叶眉，在眉头至眉峰部分，朝眉梢方向平斜长线，斜立、聚拢、上收，延续至眉心靠后，眉梢短线向下聚拢合并呈"V"字，修饰五官过于紧促、焦急严肃、额头尖窄、颧骨突出的印象，制造提升面部，扬长避短的美化效果。如图 10-26 所示。

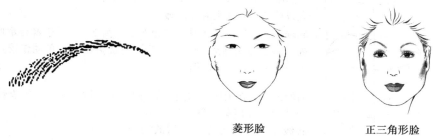

菱形脸　　　　　正三角形脸

图 10-26　菱形脸、正三角形脸线条摆放变化

四、文唇术的操作方法

红润、娇艳、柔美的红唇是面部美的重要因素。每天画唇涂口红费时，且不易长久，而文唇则可以使唇型变美而达永久。文唇术分为文唇线、文全唇两种。单纯文嘴唇轮廓线的称为文唇线术；文出唇周围轮廓线后，又将整个红唇部都着色者，称为文全唇术。

（一）唇部的构造

口唇分为上唇、下唇，上下唇又分为：①皮肤部（也称白唇）；②红唇部，为口唇轻闭时正面所见的赤红色口唇部。红唇部皮肤极薄，没有角质层和色素，因而能透出血管中血液颜色形成红唇；③黏膜部，在唇的里面，为口腔黏膜的一部分。

 知识链接

标准唇型

根据美学标准，理想的唇型应是口唇轮廓线清晰，大小与鼻型、眼型、脸型相适宜，唇结节明显，口角微翘，红唇整齐、红润，唇弓、唇珠、人中嵴立体分明，上唇薄而且稍突于下唇，双侧口角活动幅度协调对称，整个口唇富有立体感，能体现出口唇的美。上唇厚 5～8mm（男性比女性厚 2～3mm），下唇厚 10～13mm。

（二）唇型的设计

1．五点定位法　唇谷中央一点（A），左、右唇峰两点（B、B′），两端唇角两点（C、C′）。（D、F、D′）是上唇与下唇的对应点。弧线连接五点即可达到一张相对对称完美的双唇。（图10-27）

A点对称于F点、B点对称于B′，C点对称于C′点。

标准唇形：上唇唇中线高（AE）7～8mm，下唇唇中线高（EF）10mm，B点和B′点较A点高3～5mm，下点D和D′点较F点高1～2mm。

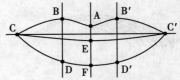

图10-27　五点定位法

2．唇峰定唇型　唇线设计采用唇峰定唇型的方法，即以唇峰的位置变化来决定整个唇线的形态，常见的唇峰定唇型的方法如表10-4。

表10-4　常见的几种唇峰定唇型的方法

唇峰	特点	适合人群
三分之一唇峰	唇峰的位置在上唇中部到口角这段距离的内1/3处，呈山形。唇缘弓曲线起伏大，两上唇嘴角的曲线微微向上，下唇较丰满。给人以感情丰富豪爽大方之感	适合多数女性。尤其在微笑时口型最佳
三分之二唇峰	唇峰的位置在上唇中部到口角距离的内2/3处。唇部曲线圆滑、平缓、宽广。有优美微笑的感觉，显得高傲艳丽	适于舞台歌唱演员等口部动作较多的人
二分之一唇峰	唇峰的位置在上唇中部到口角的1/2处。唇峰处上唇厚度与下唇厚度基本相同。上下唇线轮廓圆滑匀称。口唇的动静皆相宜。有内向而沉静、典雅而秀美的感觉	适合东方女性

3．唇周画点连线　此种画法比较随意、简单，是在原唇的基础上，构思出理想的"花瓣型""樱桃型"等若干种合适的唇型。在唇周点上若干个小点，将小点光滑连线即成理想唇线。

无论以何种方法在设计口唇角时，应使口唇角微微上翘，给人以甜美笑意之感。

4．不同唇型的唇线设计　唇型设计是文唇线的前提，文好唇线是文全唇的关键，这实质上是一种艺术再创造的过程，嘴唇形状各异，不理想者可通过文唇术进行美化修饰，使其变得美丽动人。（表10-5）

表10-5　不同唇型的设计技巧与效果

不同唇型的特点	设计技巧	效果图
上下唇型过厚	为内收唇型，将唇的轮廓线文在原唇线内侧约0.5～1mm	
上下唇型过薄	为扩大唇型，将唇的轮廓线文在原唇线外侧约0.5～1mm	
口角下垂	两侧口角处适当提高，如脱离原唇型过多，应考虑文全唇	
唇型过突	唇轮廓线的弧度平缓或取直，唇峰低些	

续表

不同唇型的特点	设计技巧	效果图
唇轮廓线模糊	先定好唇峰的位置,再文出唇的轮廓线	
上下唇弯度过大	加宽口角处的口唇宽度	
上下唇轮廓线不对称	用唇轮廓线矫正上、下唇使之平衡	

在唇线的设计中,不论是纠正厚唇、薄唇或一般的文唇线,都应在原基础上进行,即紧贴于唇红线,向外或向内文饰,以此来达到加宽或缩小唇型的目的。向内向外时,不能离开唇线 1mm 左右,否则形成二重唇,影响美感。

总之,设计唇型线时,必须依据受术者的唇型、脸型、鼻型、眼型、年龄、肤色及爱好等因素综合调整,确保设计的唇型符合"轮廓清晰、曲线优美、型随峰变、不离红线、立体感强"的原则,这样才能设计出适合各种脸型的唇型,以弥补原唇型的缺陷,增加原唇的美感。

(三)选择文唇色料及配色

配制文唇液,应根据顾客的年龄、肤色、唇色和本人要求,综合考虑。原则上要求文出的全唇色泽应柔和自然,不过于鲜艳夸张,肤色相对偏黯的,应使用深色系,肤色相对白皙的,应使用亮色系。在文全唇时最好是唇线的色泽和全唇的色泽相差不要太多,使文出的唇相对自然。如果想让唇型清晰,有立体感,可以通过加重唇线的着色来强化唇型轮廓,不必通过色泽变化。

选择全唇颜色时,原则上唇红底色越黯、越紫的人,应选择鲜亮些的文唇液,如玫瑰红、草莓红、日本红;唇红底色淡的人,可选用特红色或日本红。从年龄角度考虑,年龄轻、肤色白的人,尽量选用鲜艳的颜色,如玫瑰红、日本红、草莓红;肤色深、年龄较大者,可选用颜色柔和的,如紫红色 + 玫瑰红或特红色 + 草莓红;如果唇底色黯淡或发乌,可用玫红色或草莓红文全唇,再用日本红覆盖。(表 10-6)

表 10-6 文唇色料的选择

色料颜色	特点及适用对象
紫咖啡	多用于修文唇线
紫红色	多用于修文唇线
玫瑰红	亮丽柔和,适合肤色白皙的人
特红色	色泽厚实,色系深红,适合修改发乌、发紫的唇色
日本红	颜色纯正、鲜艳、亮丽,适合追求文唇效果鲜艳的人
草莓红	颜色浅而柔和,适合肤色白皙的年轻人及喜欢淡妆唇色浅的人
橙红色	适合发黑发黯的唇进行转色
玫瑰紫	紫色系,适合皮肤白的人

文全唇一般可以用单一的一种色料或两种颜色配制,可将两种颜色各取一滴按 1 : 1 配制,如果想要偏重于哪种颜色,则哪种色料可取 2 滴配另一种色料 1 滴,按 1 : 2 配制,配制时注意将颜色搅拌均匀后,感觉理想方可使用。

总之，文全唇的色料选择、配制，应根据受术者的唇色、肤色、年龄、喜好等综合因素进行，美容文绣师无须被某种模式限制，在实践中应不断探索尝试，灵活应用，实际工作中并无固定不变的标准，操作者要因人而异去选择。

（四）文唇术的要求

1. 唇线设计　轮廓清晰，曲线优美，型随峰变，不离红线，立体感强。

2. 唇线运笔　用力柔和，减少出血；线条流畅，上色均匀。

3. 着色分布　唇线略深，全唇略艳；先文唇线，再文全唇。

4. 上下呼应　人中长者，上唇略画厚；人中短者，上唇略画薄；下颏比例小，下唇略画小；下颏比例大，下唇略画大。

5. 年龄层次　20～35 岁女性，文色可略艳；35～45 岁女性，文色可略黯。

（五）文唇的操作常规

包括术前准备、术中操作、术后医嘱三个环节。

现代人单独文唇线的比较少，下面介绍的是文全唇的操作。

1. 术前准备

（1）与受术者沟通，让受术者作好接受手术的心理准备。签手术协议书。

（2）物品准备：电动文眉机、文唇单针、复合针、色料（按需要调配好）、色料杯、消毒药棉片、0.1% 苯扎溴铵或碘伏、一次性乳胶手套、弯盘、抗生素软膏或抗病毒软膏、麻药等。

（3）美容文绣师衣帽整齐，洗手，戴口罩。

2. 术中操作

（1）清洁：首先用棉片擦拭、洗面奶清洁唇部，以减少口腔内外的病菌和病毒通过文唇感染局部创面。

（2）消毒：用 0.1% 苯扎溴铵溶液浸泡的棉片或碘伏进行口周及唇部的消毒，消毒由内至外最少三遍，以防感染。

（3）设计唇型：用防水唇线笔根据受术者的唇型、脸型、鼻型、眼型、年龄、肤色及爱好等设计好唇型，双方达成共识。

（4）铺麻药：用 1mm 厚的脱脂棉片，取 2% 丁卡因 +1ml 盐酸肾上腺素浸湿棉片于唇部敷 20～30 分钟，并用保鲜膜覆盖以防止挥发。文全唇开始后就不再用肾上腺素，以防唇色发乌。一般多采用表面麻醉，也可采用局部浸润麻醉、局部阻滞麻醉，但后者用得少。

（5）文唇线

1）文绣师戴无菌手套。

2）文唇针蘸少许配好的文唇色液，左手固定唇部皮肤，右手持机，将针（单针）垂直，均匀刺入皮肤，采用线条续段法，沿着预先设计好的唇线造型位置进行文刺。

3）第一遍：从唇峰开始先把整个唇线文刺一遍，以免在操作过程中将唇线擦掉而影响观察，失去依据。操作时，用左手将唇部组织略微绷紧，针尖刺入深度宁浅勿深，约为 0.8mm。在文完第一遍后，有可能出现线条深浅不匀，连接断裂的情形。

4）第二遍：用定针法沿唇线，以第一遍的 2/3 的入针深度重走一遍，将线条塑型。完成后擦拭干净，检视唇线的完成情况。

5）第三遍：观察唇线着色情况及整体效果，不足之处及时修整。术中有渗血、出血现象可用浸有生理盐水加肾上腺素的消毒棉球擦拭，以利于观察着色情况和止血。擦拭时动作要轻，以减轻局部肿胀现象。

（6）文全唇

1）文好唇线轮廓后，换复合针，出针 0.2～0.4mm，垂直进针，以连续交叉法或旋转法（"打圈"、走"之"字针法）反复填文红唇部。文刺时应绷紧唇部组织（注意紧绷的范围不应超出 15%），用力适中。如果力度过大易造成唇部紫斑，力度过小不易上色。文唇角时要求顾客微张嘴，以便使唇角组织绷紧。

2）第一遍，用"打圈"、走"之"字针法达到整体上色的 80%，手法注意轻、柔、快、贴、准。

3）第二遍，主要是补色，可用"小圈""复合针"。

4）第三遍，主要是巩固上色，可用"单针""打圈"。

5）文刺过程中，不可边文边擦，要使色料被充分吸收，否则会严重影响上色。应勤蘸色料，减少无效文刺。出血时不容易着色，因此文刺时应避开出血点。

6）检查上色情况，上色不足应酌情填文，直到色泽均匀，术者与受术者双方满意为止。最后要把剩下的色料均匀涂敷在唇部，保留 5 分钟以上，以便唇部组织继续吸收色料，然后擦掉。术后常规涂抹抗病毒软膏，预防感染。

3．术后医嘱

（1）术后遵医嘱口服阿昔洛韦片、牛黄解毒片、维生素 C 或维生素 B_2，局部涂抹抗病毒软膏以防唇部起疱疹，帮助皮肤修复及防止色素沉淀。

（2）术后 24 小时内做间断冷敷，以消除局部肿胀现象。

（3）饭后用生理盐水清洁唇部，及时涂抹抗生素软膏滋润唇部，以防干裂、脱皮及感染，保持唇部黏膜湿润。

（4）黏膜恢复期间禁食海鲜、烟酒及辛辣刺激性食物，忌茄子、芒果、荔枝等，需多喝白开水。

（5）术后 3～7 天脱痂。结痂应自然脱落，不可用手抠抓，以免着色不匀影响效果。

（6）文唇线者，脱痂后，若颜色变浅或着色不理想，可在 2～3 周后补色；文全唇者，刚文完后颜色非常浓艳，如化了浓妆。第二天至第四天出现结痂、脱皮，局部色泽暂时呈粉白色，半个月左右颜色由粉白色逐渐转为红亮。期间从文唇第十天开始，使用红唇素和亮唇蜜可长期保鲜唇部色彩。第五天至第一个月为修护滋养期，若着色不理想者应等 1 个月后再进行补色修正。

（六）文唇术的注意事项

1．术前询问是否为瘢痕体质，是否有对消毒剂、麻药过敏，是否月经期，以上情况皆不宜做。

2．色料的选配让受术者认同，切忌文唇调色加"棕色"或"咖啡色"，因为咖啡色内含有黑色素，唇部吸收黑颜色的能力特别强，以免文后颜色发黑。

3．切忌先局麻后再设计唇型，以免跑型。

4．切忌唇线夸张过大，防止造成"血盆大口"。

5．切忌文刺过深，造成瘢痕。一般文唇线的深度以小于 1mm，即不超过皮肤基底层为宜；文红唇部深度以小于 0.4mm 为宜。

6．切忌边文边擦，要让色料充分渗透。一般是文完上全唇或下全唇后，用"按"的手法进行擦拭。

7．文唇线时应遵循"宁淡勿浓，宁细勿宽"的原则。文全唇时应遵循"宁浅勿深，宁淡勿浓"的原则。

8．严格无菌操作，须一人一针一份色料，防止交叉感染。

9. 注意两侧口角处的填色及对称性。

10. 注意红唇区内外黏膜颜色的过渡要自然柔和。

（七）文唇不上色的原因

1. 边文边擦色料没有被皮肤充分吸收。

2. 针尖不锋利，和皮肤形成撞击而没有刺入皮肤，或文眉机的功率不高。

3. 文刺时入针深度过深或过浅。过深因出血而排斥色料，过浅则没有刺入真皮的乳头层，在黏膜恢复时，色料随着角质层的新陈代谢而脱落。

4. 斜刺的角度不对，没有向针尖的方向运动，导致针尖入皮肤的深度过浅。

5. 文刺时唇部不够紧绷，由于唇部组织松软造成皮下瘀血而形成紫斑，因此，绷的范围不应超出15%。

6. 文刺密度过于稀疏，造成色泽不匀。

7. 文眉机的针尖外露过长，形成无效文刺，甚至会产生瘢痕。

8. 肾上腺素的使用不当造成毛细血管收缩不好，出血量过大，影响着色。

（八）文唇后唇部过肿及发乌的原因

1. 文唇肿有两种情况，一是操作过程中肿胀；二是术后第2天肿胀。

（1）操作过程中肿胀可能有以下几种原因：1）操作时间过长，正常操作一般不要超过1小时；2）手法太重对唇部组织刺激过强；3）文唇过程中敷麻药引起，现在文唇用的表面麻醉药很多都存在着浓度超标的问题，当唇部黏膜损伤后过量的麻药对唇部造成较强刺激，因此容易肿胀；4）操作时将唇绷得过紧，深度过深，出血过多；5）无效文刺：进针方向错误，针尖外露过长，没蘸到色料。

（2）术后第2天肿胀，多是手术的刺激所致，1周内基本可消退，不必特殊处理。

2. 文唇后发乌的原因

（1）唇部损伤前使用肾上腺素过量或时间过长，造成皮下血管长时间收缩，形成瘀血而发乌。

（2）唇部损伤后使用肾上腺素过量，文饰色料及血液中的红色素和血细胞被肾上腺素氧化，造成色素沉着，因此，文唇破损后，不可使用肾上腺素。

（3）文唇力度过大，出血过多，造成瘀血发乌。

（4）选色用色太深，配色不当。工业色料成分不稳定作用在黏膜和肌肉上，会使得唇发乌发黯。

（九）文唇术的并发症及处理

1. 唇型不美

（1）原因及表现：与设计者的美学修养及手术时操作有误有关，使设计的唇型、脸型、五官不协调。

（2）预防及处理：要求术者具有较高水平的美学知识和审美观、熟练的操作技巧，操作时一定要运笔均匀，紧贴唇红线文刺。

能够修补者可于术后2～3周修补，不能修补者可行Q开关Nd：YAG激光褪色或手术切除术。

2. 唇色不美

（1）原因及表现：与美容文绣师缺乏色彩知识或草率行事，受术者不根据自身情况盲目赶时髦有关。文出黑色或棕色唇线，致使文出的唇线与肤色及唇色极不相称等。

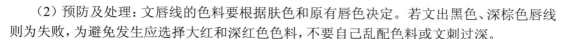

（2）预防及处理：文唇线的色料要根据肤色和原有唇色决定。若文出黑色、深棕色唇线则为失败，为避免发生应选择大红和深红色色料，不要自己乱配色料或文刺过深。

处理文唇失败目前最好的办法是 Q 开关 Nd∶YAG 激光治疗，利用该激光系统的 532nm 波长激光，能非常有效地祛除红色素，不留瘢痕。

3．感染

（1）原因及表现：与文饰过程中没能严格执行无菌操作，或是受术者口腔有溃疡、口腔周围皮肤有感染病灶存在等有关，导致局部创面糜烂、红肿、化脓、疼痛明显，严重者伴发热。

（2）预防及处理：选择适宜的时间进行文饰，避开病灶存在期。术中应严格遵守无菌操作，术后常规涂抗生素软膏保护创面，保持局部清洁干燥。

处理：行全身或局部抗感染治疗：1）感染轻者，取甲硝唑液清洗创面后用甲硝唑液浸湿棉片敷于唇部，每天 1～2 次，连续 2 天；2）感染重者，静脉滴注消炎抗菌类药，每天 1 次，连续 3 天；3）若唇部表面溃烂，可用复方黄柏液敷唇，每日 2 次，效果甚佳。

4．疱疹

（1）原因及表现：又名单纯性疱疹，由 HPV 病毒感染引起，为最常见的并发症，在唇面部常见多个聚集排列的水泡。

（2）预防及处理：术后遵医嘱口服阿昔洛韦片、牛黄解毒片、维生素 C 或维生素 B_2，局部涂抹抗病毒软膏以防唇部起疱疹。

处理：用单针进行泡的表层穿刺，用甲硝唑片剂磨成粉，再用利巴韦林注射液调和成膏状，外敷在泡体上 20～30 分钟，效果甚佳，继续口服阿昔洛韦，注射干扰素或转移因子，提高机体免疫力。

5．过敏反应

（1）原因及表现：一般多由消毒液、文唇液、麻药等引起，出现局部渗液多，唇周潮红、发痒，有苔藓样改变。

（2）预防及处理：术前询问受术者以往有无过敏史。操作时禁用伪劣、质量不合格的消毒液、文唇色液、麻药等。

注意保持局部创面清洁，可用庆大霉素液加地塞米松局部涂擦或湿敷，也可用氢化可的松软膏外涂，口服抗过敏类药物治疗，局部反应明显、严重者，同时给予抗生素药物治疗。

6．唇色青紫

（1）原因及表现：文饰过深、局部瘀血，文唇色液选择不当，造成失色。文唇后，局部冷敷时间过长，血液循环不良所致。极个别人也可能与色素进入血液发生反应有关。

（2）预防及处理：文饰不宜过深，选择质量好的文唇色液。术后宜进行局部间断冷敷，冷敷 2～3 天即可，每次冷敷的时间不宜过长，20 分钟左右为宜，间隔 5 分钟后再进行。

处理：文饰过深所致的局部瘀血，术后可逐渐吸收好转，无需特殊治疗。瘀血重，术后理疗或冷敷 2～3 天后瘀血仍存在者，改为局部热敷以加强血液循环，促进瘀血的吸收，也可配合口服活血化瘀类药物。若由于文唇药液选择不当造成失色，待局部肿胀消退、结痂完全脱落后，择期改色修正。

7．增生（极少见）

（1）瘢痕性增生

1）原因及表现：由于过深过密及过度的文刺，使真皮受损出现糜烂、不规则的隆起，多见于瘢痕性增生。

2）预防及处理：询问受术者是否为瘢痕体质，瘢痕体质不宜做。

处理：可以在创面表层实行开放性点刺法，用曲安奈德敷于棉片上，再用保鲜膜覆盖15～20分钟（曲安奈德是一种肾上腺皮质激素类药物，常用于外科瘢痕性处理，用量上宁少勿多）。

（2）排异性增生：即局部规则性块状隆起，常见于唇线的边缘。

处理：在机体表皮做一个均匀的穿刺，把曲安奈德敷于棉片上，保鲜膜覆盖15～20分钟。

8. 排异（极少）

（1）机体性排异：色素进入体内时在深层同化期间，机体细胞对外来物质产生的排异现象，常见于文完后周期性的脱落，是由于文刺过深造成。

治疗：涂抹防瘢痕膏，口服阿昔洛韦。

（2）病理性排异：由于色素的毒副作用，导致有机色料进入皮肤内不断推动角质层的脱落形成机体隆起，常见局部块状隆起。

治疗：机体表层做一个均匀穿刺，把甲硝唑片剂磨成粉状，再用庆大霉素、地塞米松调和成膏体，敷在隆起上20～30分钟。

五、文眼线的操作

文眼线不仅可以起到扩大、改变眼型，增加睫毛浓密感的作用，而且能使黑眼线与白巩膜形成颜色上的黑白对比，在彼此衬托、相互影响下，使黑白更分明，眼睛更加明亮有神。

（一）眼线设计

1. 眼线设计的原则　前细后宽（近内眼角处为前，近外眼角处为后），前浅后重；形随眼变，不离睫毛。

2. 标准眼线的设计　上眼线位于上眼睑两排睫毛根部之间，下眼线位于下眼睑灰色缘间线与睫毛根部之间，外眼角描画比内眼角浓，上眼线粗下眼线细，比例为7∶3。（图10-28）

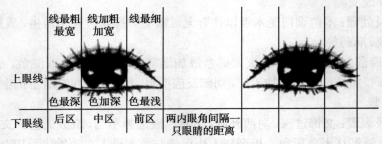

图 10-28　标准眼线的设计

3. 眼线的形态　眼线的基本形态（图10-29）原则上应符合正常睫毛的行走规律。上眼线应自内眦部向外眦部逐渐加宽，至尾部微微上翘，尤其对于年龄大、眼睑皮肤有松弛下垂的人更应注意眼线尾部的处理。下眼线自泪小点下缘至外眦部可基本一致，表现为细、直、淡的形态，也可在下睑缘中外1/3处，略文深加宽些。

4. 不同眼型眼线的设计

（1）"凸"型眼型，亦称之为近视眼

1）特征：眼球鼓起外凸，眼黑部分面积少，眼

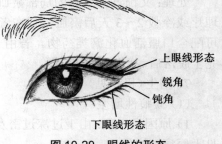

图 10-29　眼线的形态

白面积大。

2）设计目的：增强眼睛的黑白对比度，达到收缩眼型，减轻眼球外凸的感觉。

3）眼线设计位置：

上眼线——位于眼睫毛根部的内侧，不搭角。

下眼线——位于灰色线上。

4）设计线条：眼线线条偏细。

5）前后效果对比图（图10-30）

（2）"凹"型眼型

1）特征：眼球内陷，眼黑面积多，眼白面积少，显得憔悴无神。

2）设计目的：增加眼睛的明亮通透度，在视觉上起到放大眼睛的效果。

3）设计位置：

上眼线——位于睫毛根部及其外侧，到位搭角。

下眼线——位于眼睫毛根部，使眼睛外扩。

4）设计线条：偏粗。注意向睫毛根部内侧加粗，不能超出睫毛根部，否则会眼睑外翻。

5）前后效果对比图（图10-31）

图10-30　"凸"型眼型眼线设计前后对比图　　　图10-31　"凹"型眼型眼线设计前后对比图

（3）细长型眼型，亦称鹰眼

1）特征：眼睛长度有余，宽度不足。

2）设计目的：增加眼睛宽度，收缩长度。

3）设计位置：

上眼线——位于睫毛根部及其外侧，提前2mm平搭角。

下眼线——位于睫毛根部，在外眼角到内眼角的2/3处，由粗到细的过渡。

4）设计线条：中等偏粗。

5）前后效果对比图（图10-32）

（4）上吊型眼型，亦称上斜眼

1）特征：外眼角高，内眼角低，线轴线向上。

2）设计目的：抬高内眼角，降低外眼角。

3）设计位置：

上眼线——避开泪囊，起笔于内眼角眼睫毛根部的外层，中部文于内外眼睫毛根部的中层，外眼角文于内层眼睫毛的根部的内侧，即眼睑外缘上。

下眼线——从内眼角最前端开始，起笔由内眼眶开始文于眼睛中间，在褐色线上，外眼角文于睫毛根部。

4）设计线条：下眼线的外眼角线条增粗。

5）前后效果对比图（图10-33）

（5）下垂眼型，亦称下斜眼

1）特征：内眼角高，外眼角低，眼轴线向下。

图10-32　细长型眼型眼线设计前后对比图　　　　图10-33　上吊型眼型眼线设计前后对比图

2）设计目的：降低内眼角，提高外眼角。

3）设计位置：

上眼线—内眼角文于眼睑外缘上，紧贴眼睫毛根部至外眼角处，在眼睫毛根部及其外侧，提前2mm起角。

下眼线—内眼角不文色，由眼睫毛根部连接至眼睑外缘拉与外眼角贴于灰线上。

4）设计线条：上眼线的外眼角线条增粗。

5）前后效果对比图（图10-34）

（6）向心型眼型

1）特征：两内眼角间距小于一只眼的距离。

2）设计目的：拉开两眼间距。

3）设计位置：

上眼线—内眼角线淡，沿眼睫毛根部向外眼角拉长加宽。

下眼线—1/3或1/2处在眼睫毛根部向外眼角拉线。

4）设计线条：上眼线向外眼角线条拉长加宽。

5）前后效果对比图（图10-35）

图10-34　下垂眼型眼线设计前后对比图　　　　图10-35　向心型眼型眼线设计前后对比图

（7）离心型眼型

1）特征：两眼间距大于一只眼的距离。

2）设计目的：缩短两眼之间的距离。

3）设计位置

上眼线—文于眼睫毛根部，内眼角至外眼角处停止不向外延伸。

下眼线—文于眼睫毛根部与灰线之间。

4）设计线条：内眼角略粗，外眼角较内眼角略细。

5）前后效果对比图（图10-36）

（8）肿泡眼

1）特征：眼睛浮肿。

2）设计目的：淡化浮肿感。

3）设计位置：

上眼线—文于泪囊后开始紧贴内眼眶，沿着睫毛根部向外眼角延伸光滑线条。

下眼线—从内眼角前端向外眼角沿着眼睫毛根部与灰线间延伸曲线。

4）设计线条：偏细不宜过粗。

5）前后效果对比图（图10-37）

图10-36　离心型眼型眼线设计前后对比图　　　　图10-37　肿泡眼型眼线设计前后对比图

（二）文眼线的色料及配色

文眼线所用色料的颜色取决于受术者的皮肤和虹膜的颜色。由于东方人虹膜多为黑褐色，皮肤颜色偏黄，文出的眼线颜色越黑效果越好，所以文眼线所用色料原则上以黑色为宜，这样文出的眼线与虹膜及皮肤的颜色比较和谐。因而，色料的配制是黑色制剂比例应大些。

（三）文眼线术的要求

1．眼线设计　前细后宽，前浅后重；形随眼变，不离睫毛。

2．眼线运笔　稳而不抖，准而不偏；匀而不乱，畅而不断；线条流畅，着色均匀；先文细线，逐渐加粗。

3．掌握年龄层次　20～35岁女性宜线条略粗，文色深些；35～45岁女性宜线条略细，文色淡些。

4．明确皮肤性质　上眼线因文在皮肤上，易上色；下眼线因文在睑缘上，不易上色。

5．文饰效果　明亮有神，柔美动人；层次分明，富于立体感。

（四）文眼线术的操作

1．术前准备

（1）与受术者沟通，让受术者作好接受手术的心理准备。文眼线可以起到美化作用，但文眼线后要洗掉较难，而且有洇色的可能，有时可能发蓝。这些均应事先与受术者讲清楚。签手术协议书。

（2）物品准备：电动文眉机、文眉针、文眼线的色料（按需要调配好）、色料杯、消毒药棉、0.1%苯扎溴铵、一次性乳胶手套、弯盘、抗生素软膏或眼药水、生理盐水、麻药等。

（3）美容文绣师衣帽整齐、洗手、戴口罩。

2．术中操作

（1）清洁：眼部有妆，应先用少许金霉素眼药膏为眼部卸妆，擦掉眼线、眼影及睫毛膏等，再用洗面奶清洗眼部。

（2）消毒：用无刺激的消毒液0.1%苯扎溴铵消毒睑缘及睑部等。

（3）设计眼线：根据受术者的眼型设计好眼线，双方达成共识。

（4）麻醉：选择适当的麻醉方法，常用的麻醉方法有表面麻醉、局部浸润麻醉、局部阻滞麻醉三种。具体操作见第一节。

（5）文眼线：术者戴手套，分开眼睑，暴露睫毛根部，右手垂直持机，蘸少许眼线色液，上眼线从内眼角上睑缘起笔，沿着睫毛根部到眼部中区，（即整眼长2/3处）文出纤细的线段。以轻、中度抚行针"续段法"操作，至外1/3处起角加粗以重度抚行针"续段法"完成。下眼线在下眼睑睫毛根部与灰线之间。从内眼睑起笔绕开泪小点到眼部中区文出纤细的线段，以轻、中度抚行针"续段法"操作，至外 1/3 处色稍加深加粗以重度抚行针"续段法"完成。深度约 0.3～0.7mm，以见到微细血珠为宜，用棉球擦拭不掉色即可，每文刺 5～6 针再蘸眼线色液一次。（图 10-38）

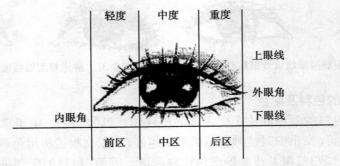

图 10-38　眼线针法分布图

（6）文刺时手要稳，运针力度一致，深浅掌握适度，边文边擦，先文出细线条，再根据标准逐渐加宽，力求文出线条圆滑、流畅、自然的眼线。

（7）文刺完毕，用氯霉素眼药水冲洗双眼，文刺的部位再涂一层抗生素眼药膏以防感染，最后用棉片将面部擦拭干净。

3. 术后医嘱

（1）术后 24 小时内间断冷敷，便于消除局部肿胀，禁止热敷。冷敷时应将冰块放置于冰袋内，外裹消毒毛巾进行，每次冷敷时间为 20～30 分钟，不得将冰袋或冰块直接放于创面上，以免冰水渗入伤口造成感染。

（2）术后 24 小时内可用凉水洗脸，但不可沾热水，以防脱色。

（3）术后 3 天内创面保持清洁干燥，不得沾水；继续滴用氯霉素眼药水，每天 4 次（或在创面上外用消炎药，每天 3 次），以防感染。

（4）局部因注射麻药造成瘀血者，术后 2 天可做热敷消除瘀血。

（5）术后勿用手揉擦眼部，3～7 天后自然脱痂。创面结痂后不宜接触热水、蒸气等，以防结痂软化、脱落，影响着色。结痂要让其自行脱落，不能人为抠掉，以防其颜色随痂一同脱落，影响上色效果。

（6）术后 1～6 个月内补色一次。

（五）文眼线术的注意事项

1. 术前详细询问受术者有无麻醉过敏史。对于眼睛患有慢性炎症、近期做过眼部手术、瘢痕体质、过敏体质、凝血机制障碍、月经期、精神过度紧张者不要文眼线。

2. 文刺前用眼药水滴眼数次。戴隐形眼镜者，要摘掉镜片。

3. 严格无菌操作，做到一人一针一份色料，文饰器具必须严格消毒。

4. 严格检查文眉机，防止出现"飞针"现象。操作过程中文针绝不能朝向眼球，以防万一出现"飞针"误伤眼球，造成意外事故。

5. 涂抹麻醉药时，注意不能让麻药进入眼睛，尤其是高浓度的麻药会导致角膜损伤，严重的会导致角膜剥脱甚至失明。

6. 注意不要伤及泪小点开口、睑板腺开口及睫毛根部。

7. 切忌文刺过深，造成洇色。

8. 忌将下眼线全部文在睫毛根外侧而形成"黑眼圈"。

9. 切忌将上眼线最高点文在瞳孔内侧缘上，以免造成"三角眼"。

10. 避免上眼线尾端上翘的部分过分夸张。

11. 切忌上下眼线尾端在外眦部相交重合，避免有框死的感觉。

（六）术后并发症及处理

1. 眼线颜色变蓝

（1）原因及表现：眼线色液质量差，文刺过深所致。

（2）预防及处理：选择质量可靠的眼线色液，调配眼线液时应选用黑棕色，以黑色为主，以防眼线变蓝。文刺不宜过深，以 0.3～0.7mm 为佳，即表皮深层或真皮乳头层，以不出血或少量出血为度，这样文出的眼线不易变蓝且不易晕染。

处理：文刺术后 1 个月，若发现眼线变蓝，可选择质量好的文眼线液再次文刺覆盖或修改。

2. 眼线洇色、眼线晕染

（1）原因及表现：洇色、晕染是文眼线色液在文刺后从皮内向四周扩散、渗透引起的，是文饰术中较棘手的并发症，一旦发生很难处理，这是操作技术差和责任心不强所致。

（2）预防及处理：要求术者具有高度的责任心，丰富的医学美学知识以及熟练的操作技巧。受术者欲做此项手术，一定要到专业的美容院及医疗机构接受治疗，以免造成终生遗憾。

处理：用高频电进行清洗，面积小时可一次清洗，面积大时分数次清洗。另可选用 Q 开关 Nd：YAG 激光治疗祛除眼线色素，不留瘢痕。必要时可考虑用手术切除，伴有眼袋者，可行眼袋矫正术并同时祛除洇色区皮肤。

3. 两侧眼线不对称

（1）原因及表现：美容文绣师工作粗心，审美观差。或两侧注射麻醉药量不等，导致眼睑肿胀不同，文饰时双侧对称，肿胀退后出现两侧眼线不对称。表现为左右两侧眼线长短、粗细、宽窄、深浅、位置等不对称。

（2）预防及处理：要求术者具有美学修养和审美能力，注射麻醉药量要一致，操作细致，边文、边擦拭、边观察两侧的对称性。

处理：文刺术后 1 个月，对不对称的部位进行修补，多出部位无法覆盖时，可用激光或高频电清洗。

4. 眼睑外翻

（1）原因及表现：美容文绣师对文眼线的正常位置掌握不准确，下眼线文刺偏外，下睑缘外露过宽，看上去貌似"眼睑外翻"。

（2）预防及处理：文下眼线时应沿睫毛根部的内侧进行文刺。下眼线文好后，受术者站立平视，下睑内侧唇缘看上去似露非露，或下睑缘外露宽度不超过 1mm。

处理：将下眼线往内侧补文。如果眼线过宽，可采用激光清洗或手术切除的方法将外侧过宽的眼线除掉。

5. 熊猫眼

（1）原因及表现：美容文绣师技术水平低，文饰得过宽、过深、洇色，或内、外眦角的上、下眼线连接。

（2）预防及处理：上眼线沿着睫毛根部的外侧文，根据实际情况，眼线可适当宽些，一般宽度为 2～3mm。下眼线沿睫毛根部的内侧缘文，要求细、直、干净、清晰、流畅、不宜宽，一般在 0.5～1mm。内、外眦角处的上、下眼线不能连接。文饰过程中可随时让受术者坐起来，以观察眼线的形态。

处理：将下眼线向内侧补文。如果眼线过宽，用激光把外侧过宽的眼线清除，或手术切除。

6. 睑裂缩小

（1）原因及表现：文饰不流畅，文饰后眼线离睑缘太近。小眼睛上、下眼线全文，或者上、下眼线在内、外眦角处相连，视觉上产生眼睛变小的感觉。

（2）预防及处理：下眼线文在睫毛的内侧，上眼线文在睫毛的外侧，切勿将整个睑缘都文满。上、下眼线内侧都要细，外侧要适当加粗，在内、外眦角上、下眼线不能相连。小眼睛最好只文上眼线，不文下眼线。

预防为主，一旦形成睑裂缩小，可采用高频电沿睑缘后唇轻轻清洗，但清洗不应过宽过深，以免损伤睑板腺开口，造成睑板腺阻塞。

7. 皮下瘀血

（1）原因及表现：局部麻醉时注射针头刺破小血管，造成皮下出血所致，皮肤表现为青紫色。

（2）预防及处理：注射麻药不应过深。针头首选 5 号或小于 5 号的细针头，进针时应避开毛细血管网，回抽时注意是否有回血。推药时动作要轻柔。出针时，立即按压针眼 1 分钟。如采用阻滞麻醉或表面麻醉，可以避免刺破局部血管发生瘀血。

处理：注射麻醉时，如出血立即压迫出血部位 3～5 分钟，出血多者应停止操作。文饰结束后要立即冷敷约 30 分钟。术后 2 天热敷，以利于瘀血的吸收。局部瘀血不需特殊治疗，一般 6～10 天可痊愈。

8. 局部感染

（1）原因及表现：文饰器械消毒不严格，未遵守无菌操作原则；或术后不注意卫生，机体免疫力下降均造成局部感染，表现为局部红、肿、热、痛等现象。

（2）预防及处理：文饰用具严格消毒，文饰操作应严格遵守无菌操作原则。术后保持创面清洁、干燥，并滴眼药水对伤口进行养护，以防感染。

处理：感染轻者，可通过局部点抗生素眼药水或上眼药膏治疗。感染较重者，除局部应用抗生素眼药水或上眼药膏外，还可适量口服广谱抗菌消炎药奥硝唑和帕珠沙星 3～5 天。

9. 过敏

（1）原因及表现：受术者为过敏体质。过敏包括对麻药、消毒液和文眼线色液过敏，表现为局部红肿、发痒，面部丘疹，文饰脱色。

（2）预防及处理：术前应详细询问受术者有无过敏史，有过敏史者不宜做。

处理：如出现过敏现象，应立即停止操作，及时对症抗过敏治疗，祛除变应原。可应用激光祛除色料，色料祛除后变应原消失，过敏现象随之消失。

10. "飞针"损伤

（1）原因及表现：美容文绣师操作粗心，安装文眉针不牢，致使文饰过程中文眉针从文眉机上脱落刺伤角膜或眼球受伤，表现为眼部持续疼痛、流泪、怕光等。

（2）预防及处理：术前应先行试文，检查文眉针安装是否牢固。文饰过程中应精力集中，文眉针应始终避开角膜和眼球。

处理：损伤当时，应及时滴入氯霉素眼药水或红霉素、金霉素眼药膏，严重者及时到医院眼科进行就诊。

第三节 美容文饰失败的修复方法

一、空针密文褪色法

1．原理 用文眉机不蘸任何色料在需要修复区来回空文，人为造成表皮损伤，使其数日后结痂脱落，颜色变淡。

2．适应证

（1）眉色文刺过深者。

（2）文刺时眉的某一缘、眼线某一点、唇线某一边等不理想者。

3．方法

（1）局部皮肤常规消毒。

（2）用文眉机不蘸任何色料比较致密地走空针文局部，注意深度0.5～0.8mm左右。

（3）术后创面用纱布按压10分钟，以减少出血。

（4）局部涂少许湿润烧伤膏或干燥暴露创口。

4．养护 保持创面干净和干燥，7～10天左右结痂脱落，颜色变浅。

二、洗眉水褪色法

1．原理 空针密文损伤表皮后，局部涂脱色剂，皮肤表面数日后结痂脱落，颜色变淡。

2．适应证

（1）眉色漆黑、变蓝者。

（2）上眼线文刺过宽过长者。

（3）唇线过宽者。

3．方法

（1）局部皮肤常规消毒。

（2）用文眉机反复致密地空文需褪色区，注意深度。

（3）用消毒棉签蘸脱色剂，均匀涂擦需褪色区2～3遍。

（4）3分钟左右，涂消炎剂于需褪色区。

（5）干燥后局部薄涂抗生素药膏，保护创面或干燥暴露创面。

4．养护 术后24小时可清洁创面一次，一周内不得沾水，7～10天左右结痂脱落，颜色明显变浅。

三、遮盖法

1．原理 用文眉机蘸取与自然肤色相同或相似的色料进行文刺，使某部位的原文色变浅，如同利用遮瑕霜来遮盖皮肤瑕疵。

2．适应证

（1）某一点、某一部分文刺不理想者。

（2）原文底色不佳，需重新盖色者。

3．方法

（1）眉区遮盖法：用棕色色料文刺整个眉区或部分蓝色眉区；用大红、桃红色料文刺整个蓝色眉区。

（2）眼线洇色遮盖法：用自然肤色色料文刺眼线某一洇色或不理想部分，使之原底色变浅。

（3）唇线遮盖法：用大红、桃红色料文刺整个发黑的唇线，视当时遮盖的效果决定文刺的次数。

4．养护　术后创面保持绝对清洁和干燥，3～7 天结痂脱落，1 个月左右进行第二次遮色，直至达到理想的效果。

四、再文饰法

在原有文饰或文饰失败修整的痕迹上再进行文饰。

1．适应证

（1）原文刺部位颜色较浅或颜色不佳者。

（2）原文刺部位的形状较短、较细者。

（3）部分祛除术后，需再次调整者。

（4）完全祛除术后，需再次文饰者。

2．操作常规

（1）眉的再文饰法：一般在行祛除术后 2～3 个月进行。皮肤常规消毒，描画好所需形状，要注意不能与原痕迹差距太大。

（2）眼线的再文饰法：应在标准的位置行再文饰法。

（3）唇的再文饰法：在修整的基础上，再行文饰法。

五、电灼褪色法

1．原理　电针与文刺部位接触，针尖部放电产生局部火花，使气体分子电离，产生等离子体火焰，导致电针周围组织的蛋白质碳化、汽化、凝固变性。由于汽化层下面还有薄薄的凝固层，形成保护层，可以阻止出血，最后表皮脱落，颜色变浅。此法是以破坏为前提，祛除各种失败文饰，有止血、消炎、不留疤等优点。

2．适应证

（1）双侧眉型不对称，文色发蓝，颜色过重者。

（2）眉头过粗、过方、不自然者。

（3）眼线形状不佳，颜色过重，文色发蓝者。

（4）上下眼线位置偏离睫毛根部者。

（5）眼线边缘不整齐、洇色者。

（6）唇型不佳、文色发黑者。

（7）各种文身。

3．方法

（1）文眉术失败的修复和养护

1）签订手术协议书。

2）皮肤常规消毒。

3）用 2% 普鲁卡因肾上腺素 2ml 局部浸润麻醉。

4）用多功能电离子手术治疗仪 5～8 伏，长火局部炭化，深度 0～5mm，边操作边用棉球擦拭，直到原文眉变浅或消失。

5）术后伤口用纱布按压 10 分钟，以减少出血和渗出，局部按烧伤原则处理，涂少许湿润烧伤膏。

6）TDP 理疗 3 天，每次 18 分钟，每日 1 次。

7）保持创面干燥，不得沾水，术后 7～10 天痂皮自然翘起，裂开翘起的部分可剪掉，不可硬揭。

8）术后 15 天左右局部发红、发痒，有新眉长出。

9）实施去眉术后 3～6 个月才可补文。

10）如第一次祛除效果不佳者，第二次可用点状烧灼法，深度以真皮浅层为宜，不损伤毛囊。

（2）文眼线术失败的修复和养护

1）签订手术协议书。

2）局部用 1% 苯扎溴铵消毒。

3）2% 普鲁卡因肾上腺素局部麻醉。

4）按照文眼线的正确位置进行文刺。

5）电针祛除失败眼线部分。

6）局部涂以湿润烧伤膏，不予包扎。

7）如上下眼线同时修补，修补顺序应是上眼线、下眼线、外眦角，以免色料沾染创面。

8）按烧伤原则处理局部。

9）术后 7 天左右痂皮自然脱落，不可硬揭。

10）根据祛除的情况，3～6 个月后均可再修补一次。

11）下眼线的祛除应注意深度，以防破坏毛囊，睫毛乱长。

（3）文唇术失败的修复

1）签订手术协议书。

2）局部常规消毒。

3）2% 普鲁卡因肾上腺素 4ml 局部浸润麻醉。

4）电针对准需修复部位进行炭化，注意深度，以下步骤同上。

六、手术切除柔绣法

1. 原理　即通过手术部分或全部切除文失败的眉毛，重塑新的眉型，术后再用绣眉法补文或重文，可同时改善眼上部皮肤松弛。由于切眉同时也切除了术区的毛囊，影响了该处眉毛的生长。因此，最好采取选择性切除，根据具体情况保留眉头或部分眉毛。这样，愈后即使画眉或重新文眉都比较自然。

2. 适应证　此方法主要用于文眉失败、洗眉遗留瘢痕、眉型不佳者。

3. 方法　目前切眉术的切口一般用美容外科的专用小针，50～70 号尼龙细线缝合，术后 5～7 天拆线。也可用可吸收缝线做皮内间断缝合，外面可用医用胶水、生物黏合剂或贴免缝胶布，这样可以避免针眼瘢痕。术后需要加压包扎 1～2 天，不需要吃消炎药和止疼药，一般术后 2 周左右可以完全消肿，这时可以开始用眉笔画眉，2 个月后可以重新在新眉

型的基础上绣眉。

七、激光洗眉法

1. 原理　即特定波长的激光可以透过皮肤的表皮到达皮肤的深层，使皮肤内部的色素颗粒瞬间粉碎，粉碎的色素颗粒被人体的巨噬细胞吞噬后，慢慢运走，而对周围正常的皮肤和毛发不造成损伤，因此皮肤上不会留瘢痕。不同波长的激光，可以选择性地吸收皮内的黑色、蓝色、绿色、褐色、红色、棕色、黄色等色素，是目前运用最广泛、效果最佳的文刺修复方法。

2. 适应证

(1) 文眉、文眼线、文身失败者。

(2) 其他修复方法效果不佳者。

(3) 患部无炎症，为非瘢痕体质或过敏体质，无糖尿病和心脏病等。

(4) 非月经期、怀孕期。

3. 方法　目前采用了 Q 开关 532nm（去咖啡色、橙色、红色）、Q-IT 开关 755nm（去蓝色、绿色、咖啡色、黑色）和 Q- 开关 1064nm（去蓝色、咖啡色、黑色）三种波长的激光，可祛除绝大多数色素。愈合期间，可涂抗生素软膏或口服消炎药避免继发感染，避免阳光紫外线直接照射；痂皮脱落以前治疗区不接触水，不搓擦，要等痂皮 1 周左右自行脱落，不得强行剥落；若遇文得较深的病例，一次不求完全消除，可分次进行，千万不可因急于求成，而造成局部损伤甚至形成瘢痕。两次治疗间隔时间 3～6 个月。

总之，文饰操作中由于各种原因难免会出现一些失误，如：文眉后左右眉毛的颜色一深一浅，或操作中不小心把线条划到眉型之外等情况是可以通过文饰修改来挽救。如文眉后左右眉毛的颜色一深一浅，其原因由于力度、绷紧度、进针角度、皮肤角质薄厚及个体差异等综合因素，个别求美者会出现上述情况。修改方法：如果满意浅色的一侧眉毛，则将深色的一侧用"空针密纹褪色法"轻划 2 遍，使其出血代谢多余的色料，按压止血后再把 1 份白色 +1 份肤色调匀后涂在创面上，压敷 5 分钟，稍作修饰即可。如果在着针次数相同的情况下深色的一侧眉毛颜色适当，则将浅色一侧眉毛加入 0.5 滴调色精化液继续敷色 10 分钟即可。如操作中不小心把线条划到眉型之外，这种情况是由于顾客个体差异，皮肤弹性的张力不同，操作中这种意外时常会发生，所以白色和肤色色料必须常备。只要采取：①空针密纹；②挤压出血；③按压止血；④涂抹敷色；（用牙签蘸取适量白色或肤色色料点涂在多余处，停留 5～8 分钟吸收。皮肤偏白的人使用白色，皮肤偏黄的人用肤色）；⑤棉签按揉色料让其吸收即可一次性补救成功。文饰修改并不是万能的，它的意义在于弥补某些不足。以下四种眉毛不改：①底色太蓝不改；②眉形太宽不改；③高低不对称不改；④太低于眉弓骨以下不改。这四种情形的求美者最好选择激光洗眉或手术切除。3 个月后再做眉部文绣项目。

（曾小平）

❓复习思考题

1. 文饰的基本原则是什么？

2. 文饰后局部一直出现红、肿、痒、脱皮等现象，考虑是因何种原因导致？如何处理？

3. 操作中不小心把线条划到眉型之外了,该如何补救?

4. 文眼线后红肿厉害,其原因是什么?如何消除?

案例分析题

患者,女,32 岁,护士,嘴薄轮廓不明显,前来文唇修正。见:脸形较标准、但感觉扁,立体感不强,眉眼位置适中,口唇扁平,口角稍下垂,无唇峰、唇色一般、肤色白。请写出:

(1)唇型线的设计要点。

(2)文饰操作要点。

(3)术后可能出现的并发症及处理。

《美容实用技术》教学大纲

（供医疗美容技术专业用）

一、课程性质与任务

《美容实用技术》是美容医学的专业课程，也是美容学生必修的专业技能课，美容实用技术主要是以医学美学原理为指导，以中西医理论为基础，同时根据人体皮肤容颜的自然变化和形成的规律，将分散于各医学母体学科的一些技术和方法（除美容牙科和美容外科外）融为一体，研究各种美容操作技术、技巧和手法，维护、修复、改善和重塑人体形态美的一门学科，是不同的美容技术作用原理及技法的总和，是美容医学领域中一个实用性很强的应用性技术群。

主要任务是通过学习让学生初步掌握本课程的基本理论、各种美容操作技术及方法，为毕业后从事美容师、美容导师、美容顾问、美容讲师、美容咨询师、技术总监等美容岗位打好扎实的基础。通过讲解，培养学生研究问题、解决问题和创新问题的能力。

本课程教学时数180学时，讲授64学时，实训116学时。共10章，约45万字。

本课程教学分理论教学与实践教学，注重学生的技能训练，通过图像、实训、多媒体等方式加强感观形象教学。

教学内容分掌握、熟悉、了解三级要求，掌握内容要求学生牢固掌握，并能熟练地联系实际加以应用；熟悉内容让学生完全理解并掌握要点；其余为了解内容。

二、课程目标

依据医学美容技术专业"培养适应21世纪我国社会主义经济建设发展需要，面向社会岗位需求，德、智、体全面发展的，具备医学美容技术所需的中、西医学基础知识，具有医学美容技术和中药化妆品研发的基本理论、基本知识和基本技能，在医疗美容机构、美容企业、化妆品企业、美容教育、培训等部门，从事美容、美容咨询、化妆品配制工作的高级应用型专业技术人才"的培养目标，本课程的教学目标是：通过教学，让学生掌握本课程的基本理论、各种美容操作技术及方法，为毕业后从事美容师、美容导师、美容顾问、美容讲师、美容咨询师、技术总监等美容岗位打好扎实的基础；通过讲解，培养学生研究问题、解决问题和创新问题的能力。

【知识教学目标】

1. 掌握皮肤的基本知识；肌肤养护的各种操作手法；不同性质肌肤的养护方案；芳香美容的应用；塑形美体的原理及操作；脱毛、穿耳孔、烫睫毛及嫁接睫毛的操作；常用美容仪器的原理及操作；面诊、手诊与脏腑的关系；美容化妆的程序、各种妆型的施妆技法；指甲的修护、装饰技法及贴片指甲、光疗树脂指甲的制作方法；三文技术的训练、操作方法。

2. 熟悉肌肤养护的日常程序；精油的基础知识及注意事项；芳香美容的应用原则；肥胖的基础知识；各种美容仪器的工作原理；矫正化妆的操作规则、各种妆型的特点；水晶指甲的制作方法；常用文饰色料的配色原则、文饰术的术语、注意事项及术后养护。

3. 了解手足、颈肩背的日常养护；精油、卵巢早衰、月经周期、乳房发育的基础知识；各种美容仪器的养护及注意事项；注射填充技术等各种医疗美容技术的原理与操作；丝绸指甲的制作程序；文饰术的并发症、防治及错误文饰的祛除方法。

【能力培养目标】

1. 具有熟练操作各种类型皮肤、芳香美容、美体塑形、化妆、美甲、文饰、常用美容仪器等美容实用技术的操作技法的能力。

2．具备运用皮肤基本知识准确分析皮肤类型，制定合理的养护方案的能力；运用精油基础知识调配精油，并进行芳香养护的能力；运用面诊、手诊、背诊等分析、判断脏腑功能，并进行美容养护的能力；具备运用色彩知识和化妆原则设计不同妆型的能力；调配纹饰色料的能力。

3．能进行常用美容仪器的操作；基础纹饰技术的操作；基本指甲养护的操作；能进行脱屑和各种面膜的操作；能进行脱毛、穿耳孔、烫睫毛、嫁接睫毛的操作。

【素质教育目标】

1．树立"以人为本"的观念，培养学生求真务实、爱岗敬业、团结协作的精神和良好的职业道德品质。

2．培养学生运用所学知识，对求美者进行正确指导、维护、修复、改造和再塑形体美，精益求精的态度。

3．培养将所学知识进行融会贯通，并结合就业，自主学习、探索，积极发现、主动分析、解决问题的习惯和综合素质。

三、教学内容和要求

第一章　绪　　论

【知识教学目标】

1．熟悉美容实用技术的定义、对象、应用领域、基本任务。

2．熟悉我国医学美容的发展特点。

3．了解美容实用技术的存在及发展前景。

4．了解医学美容的发展史。

5．了解与美容实用技术相关的名词。

【能力培养目标】

通过本章理论知识学习，具备初步认知美容实用技术理论体系的能力。

【教学内容】

1．简要阐述美容实用技术存在的必要。

2．阐明美容实用技术的概念和对象。

3．阐明美容实用技术的基本任务。

4．阐明美容实用技术的应用领域。

5．简述美容实用技术的发展前景。

6．阐明与美容实用技术相关的名词。

7．简述医学美容的发展史。

第二章　皮肤美容基本知识

【知识教学目标】

1．掌握皮肤的解剖构成，表皮、真皮、皮脂腺的美容相关知识。

2．掌握皮肤生理功能及美容作用。

3．掌握皮肤的基本类型，及中性、干性、油性、混合性、敏感性、衰老性皮肤的特点。

4．熟悉皮肤类型的测定方法。

5．熟悉皮肤的健美标准及保养原则。

6．了解皮肤结构的基本知识。

7．了解黑色素形成的机理。

【能力培养目标】

1．具备运用本章理论知识，学习本课程后续知识内容的能力。

2．具备判断各种皮肤类型的能力。

3．具备初步解决皮肤美容问题及与顾客沟通的能力。

【教学内容】

第一节　皮肤的结剖构成

1．阐明皮肤的解剖构成，重点阐明表皮的五层结构。

2．重点阐明角质层的储水能力与美容的作用。

3．重点阐述基底层与皮肤美容的密切关系。

4．阐明真皮结构中的美容意义。

5．阐明皮肤附属器的结构，详细介绍皮脂腺的生理。

6．重点阐明皮脂膜的概念及生理作用。

7．简要介绍皮肤颜色的影响因素。

第二节　皮肤的生理功能

1．阐明皮肤八大生理功能及意义。

2．重点阐述皮肤的屏障功能和吸收功能，明确与美容相关的意义。

第三节　皮肤的分型及特点

1．阐明皮肤常见的七种类型。

2．阐明七种皮肤类型各自的特点。

第四节　皮肤类型的测定方法

简要阐明皮肤类型的四种测定方法。

第五节　皮肤的保养原则

阐明皮肤的六大保养原则。

附

1．拓展—黑色素沉着机理。

2．拓展—黑斑形成原理。

3．拓展—影响黑色素形成因素。

4．拓展—黑色素沉着的调节，阐明自由基的含义。

第三章　肌肤养护技术

【知识教学目标】

1．掌握包头、搭胸巾的操作方法。

2．掌握肌肤养护的程序，各种不同性质皮肤的养护方案，明确肌肤养护的概念。

3．重点掌握卸妆、脱屑、洁面的操作手法，明确步骤要求。

4．掌握脱屑的分类、概念及作用。

5．掌握头面部五官穴位定位、归经作用及美容相关作用。

6．掌握面部按摩、面部刮痧的操作手法、操作技巧，及眼部养护和眼部排毒的操作手法。

7．掌握手部、颈肩、背部养护操作手法。

8．熟悉肌肤养护准备的工作流程。

9．熟悉肌肤养护、洁肤的目的和面部刮痧的原理。

10．熟悉不同皮肤类型脱屑原则及脱屑禁忌。

11．熟悉卸妆用品的选择与应用。

12．熟悉纸巾、洁面海绵、棉片的使用方法。

13．熟悉洁肤的注意与要求。

14．熟悉按摩的作用、原则、要求。

15．熟悉面膜的作用，明确冷、热倒膜的含义、用途。

16．熟悉各种面膜的操作流程、敷膜顺序、部位。

17．熟悉肌肤养护卡的制作方法及内容。

18．熟悉假性皱纹和真性皱纹的意义。

19．熟悉眼袋、黑眼圈的形成机理及成因。

20．熟悉理想手的特征。

21．熟悉颈肩部、背部养护常用的穴位。

22．了解肤值的计算与应用方法。

23．了解肌肤养护准备工作目的、卸妆的要求与注意事项。

24．了解清洁用品的选择与应用。

25．了解按摩的定义、注意事项与禁忌。

26．了解面膜的分类。

27．了解敷膜的操作要求，面膜养护的注意事项、禁忌。

28．了解手部日常养护事项。

29．了解颈肩部、背部皮肤特点、衰老的因素、养护操作注意事项。

【能力培养目标】

1．具备通过本章知识的学习，衔接中医基础理论、针灸推拿理论、美容保健技术等课程相关知识，实现融会贯通的能力要求。

2．具备运用本章知识，科学、合理地制定养护方案的能力。

3．具备熟练各种美容养护技法，正确动手操作的能力。

4．具备设计美容机构顾客养护卡的能力。

【教学内容】

第一节　肌肤养护的准备工作

1．简述做好养护准备工作的目的，明确四种服务。

2．阐明肌肤养护准备工作的内容和要求。

3．重点阐明包头、搭胸巾的操作方法。

4．简述准备工作的注意事项。

第二节　肌肤养护的程序

阐明肌肤养护程序的九大内容，明确各步养护的注意事宜。

第三节　面部洁肤与脱屑

1．阐明洁肤的目的。

2．阐明洁肤的步骤、方法和要求，重点阐明卸妆、脱屑、洁面的操作手法及注意事项。

3．阐明卸妆、脱屑、洁肤用品选择的原则与应用，明确纸巾、棉片、洁面海绵、棉签的使用方法。

4．阐明脱屑的分类、概念、作用及禁忌。

第四节　面部按摩与刮痧技术

1．阐明美容按摩的概念。

2．阐明面部按摩、刮痧的作用。

3．阐明按摩的原则、要求。

4．阐明按摩、刮痧的注意事项与禁忌。

5．阐明眼部、鼻部、口周、面颊、耳周、头部按摩常用的穴位、定位、归经、作用及美容相关作用。

6．重点阐明面部按摩、刮痧的操作手法、技法。

第五节　面膜养护技术

1．简述面膜的作用、因素。

2．简述根据面膜的材料、化学性质、功能、性状进行分类及各种面膜的特性，明确冷、热倒膜的作用。

3．阐明软膜、硬膜的操作过程，明确敷膜的顺序、部位。

4．阐明面膜操作过程的要求、注意事项和禁忌。

第六节　养护卡的制作

阐明养护卡的制作内容及表格设计。

第七节　不同性质皮肤的分析与养护

阐明针对不同性质皮肤，从养护分析、养护建议（专业、日常养护、生活建议）等方面入手，制定科学、合理的护肤方案。

第八节　眼部皮肤的养护

1．简述眼部的解剖结构。

2．阐明眼袋的形成原理及成因。

3．阐明黑眼圈的形成原理及成因。

4．重点阐明眼部养护手法和排毒手法及要求、注意事项。

第九节　手部皮肤的养护

1．阐明理想手的特征。

2．重点阐明手部养护的步骤、方法及要求。

3．简述手部日常养护建议。

第十节　头颈肩部的养护

1．简述头颈肩部的特点及皮肤衰老的因素及养护操作的要求。

2．阐明头颈肩部常用穴位。

3．阐明头颈肩部的养护手法。

第四章　芳香美容技术

【知识教学目标】

1．掌握芳香美容、精油、基础油、花香纯露的概念。

2．掌握精油的总体功效。

3．掌握精油的调配原则、注意事项、调配浓度、调配方法。

4．掌握常用的21种单方精油、6种基础油的功效。

5．掌握面部、下肢背面、腰背部、下肢前侧、上肢部、腹部、胸部淋巴引流排毒的操作手法。

6．掌握卵巢保养、肾保养、经络排毒疗法的操作手法。

7．熟悉精油、基础油、花香纯露的作用原理。

8．熟悉熏香法精油、沐浴法精油的组合及功效。

9．熟悉不同性质皮肤精油及身体调护精油的应用。

10．熟悉淋巴引流按摩、经络排毒疗法的原理及作用。

11．熟悉卵巢保养、肾保养的作用原理及常用精油。

12．了解芳香美容的起源与发展状况。

13．了解精油七大特性，常用的五种分类方法，主要了解按用途和气味不同来分类。

14．了解精油的六种提取方法。

15．了解芳香美容的四种实施方法。

16．了解精油使用的注意事项。

17．了解常用的四种花香纯露。

18．了解调配精油的用品、用具。

19．了解淋巴循环的途径。

20．了解淋巴引流操作程序及按摩技巧、禁忌。

21．了解精油的主要化学成分与功效。

22．了解卵巢保养、肾保养、芳香耳烛疗法、经络排毒疗法的适应证、注意事项。

23．了解卵巢保养、肾保养的养护流程。

24．了解芳香耳烛按摩的原理。

【能力培养目标】

1．具备运用本章知识，能初步辨别精油品质的能力。

2．具备针对皮肤不同性质及身体状况，能合理调配精油进行美容调护的能力。

3．具备面部及身体各部芳香养护手法操作的能力。

4．具备运用芳香美容基础知识，解释各芳香养护项目作用原理的能力。

【教学内容】

第一节　芳香美容的简介及发展史

1．阐明芳香美容的概念。

2．从中国、埃及、罗马、阿拉伯四个文明古国阐明古代芳香美容的发展。

3．从芳香疗法的兴起、推广、热潮，阐明现代芳香美容的发展概况。

第二节　精油的基本知识

1．阐明精油的概念和特性。

2．从五个不同方面介绍精油的分类,重点介绍按精油用途及气味不同进行分类。

3．阐明精油的作用原理。

4．从调节人体生理功能和平衡神经系统两大方面阐明精油功效。

5．简述精油的提取方法。

6．简述芳香美容的实施方法,重点阐明熏香法、浴法精油的组合及功效。

7．简明精油使用的注意事项。

第三节　常用精油

1．阐明常用21种单方精油的来源、萃取部位及功效,重点阐明精油功效。

2．阐明基础油的概念及作用原理。

3．介绍常用的六种基础油。

4．阐明花香纯露的概念及作用原理。

5．介绍常用的四种花香纯露。

第四节　芳香美容的应用

1．阐明精油的调配原则、注意事项、调配浓度、调配用品、用具。

2．列表介绍十余种不同性质皮肤的适用精油及推荐配方。

3．列表介绍十余项身体调护的适用精油及推荐配方。

第五节　淋巴引流

1．阐明淋巴引流的含义。

2．简述淋巴循环的途径。

3．阐明淋巴引流按摩的机理及作用。

4．阐明淋巴引流按摩的禁忌。

5．简述淋巴引流的操作流程。

6．阐明淋巴引流按摩的技巧。

7．重点介绍面部淋巴引流操作手法及全身淋巴引流操作手法。

附

1．拓展精油主要化学成分及代表精油、功效、禁忌。

2．拓展卵巢保养知识,介绍卵巢与美容的关系、卵巢保养的作用原理、适应证;重点介绍卵巢保养的精油、流程、操作手法、注意事项。

3．拓展肾保养知识,介绍肾与美容的关系、肾保养的作用原理、适应证;重点介绍肾保养的精油、流程、操作手法、注意事项。

4．拓展芳香耳烛疗法方面的知识,介绍芳香耳烛的形成、芳香耳烛疗法的作用原理、养护与操作手法、注意事项。

5．拓展经络排毒疗法相关知识,介绍经络美容的原理、适应证;重点介绍经络美容的流程、操作手法、注意事项。

第五章　美体塑身技术

【知识教学目标】

1．掌握健胸按摩、点穴健胸操作手法。

2．掌握国际减肥原则。

3．掌握常用减肥食品、药品。

4．掌握瘦脸、腹部减肥,经络、穴位及针灸减肥的操作方法。

5．熟悉乳房的类型、健美标准及自测方法。

6．熟悉专业健胸养护程序及注意事项。

7．熟悉健胸、局部减肥常用的按摩穴位。

8．熟悉肥胖的含义及分类。

9．熟悉肥胖成因及形成瘦体型的中西医观点。

10．熟悉减肥的目的及专业减肥的步骤。

11．熟悉九种常见的减肥方法及不同部位的减肥手法。

12．了解乳房的结构及发育的中西医理论。

13．了解乳房发育不良的常见原因。

14．了解常见健胸方法及瘦体型的日常调护方法。

15．了解肥胖的危害、计算方法。

16．了解减肥及调护瘦体型的注意事项。

【能力培养目标】

1．具备运用本章知识，能对肥胖及瘦体型进行正确调护的能力。

2．具备指导减肥顾客进行日常养护的能力。

3．具备健胸按摩、瘦脸、腹部减肥、经络、穴位及针灸手法、方法操作的能力。

【教学内容】

第一节　健胸

1．简述乳房的结构。

2．阐明乳房的类型、健美标准和自测方法。

3．简述乳房发育的中西医观点。

4．介绍非正常乳房的种类及乳房发育不良的常见原因。

5．简述常见的三大种健胸方法。

6．阐明专业健胸养护的养护流程、注意事项，明确常用健胸按摩穴位、健胸按摩操作手法。

第二节　减肥

1．阐明肥胖的含义、分类及危害。重点阐明肥胖分类及特性。

2．阐明中西医对肥胖形成原因的认识。

3．从三种不同计算肥胖的方法，阐述肥胖的评估标准。

4．从五个方面分析减肥的目的。

5．简述专业减肥的步骤。

6．阐明常见的运动、饮食、药物、消耗脂肪、热能、睡眠、仪器、吸脂、针灸减肥（埋线）等九种减肥方法，重点阐明国际减肥原则、常用减肥食品、常用局部减肥穴位、经络、穴位操作方法、针灸减肥的操作等。

7．阐明不同部位的减肥手法及注意事项，重点阐述瘦脸手法、腹部减肥手法。

第六章　常用美容仪器

【知识教学目标】

1．掌握皮肤检测美容仪操作方法及判定结果。

2．掌握皮肤清洁美容仪的作用及操作方法。

3．掌握皮肤修复美容仪的作用及操作方法。

4．熟悉皮肤检测美容仪的工作原理及注意事项。

5．熟悉皮肤清洁美容仪的工作原理及注意事项。

6．熟悉皮肤修复美容仪的工作原理及注意事项。

7．了解皮肤检测美容仪各仪器的作用及日常养护。

8．了解皮肤清洁美容仪各仪器的日常养护。

9．了解皮肤修复美容仪各仪器的日常养护。

【能力培养目标】

1．具备运用本章知识，进行常用美容仪器日常养护，延长仪器使用寿命的能力。

2．具备运用本章知识，对美容市场出现的美容仪器，进行原理分析讲解的能力。

3．具备正确操作常用美容仪器的能力。

4．具备根据皮肤检测结果，正确选择美容仪器进行养护的能力。

【教学内容】

第一节　皮肤检测美容仪

1. 阐述美容放大镜的种类、作用、操作方法、判定结果及注意事项，主要从不同皮肤性质来阐述美容放大镜的判定结果。

2. 阐述美容透视灯的工作原理、作用、操作方法、判定结果及注意事项，主要从不同皮肤状况来阐述美容透视灯下不同荧光色的分析判断结果。

3. 阐述皮肤检测仪的工作原理、作用、操作方法、判定结果、日常养护及注意事项，主要从不同皮肤性质来阐述皮肤检测仪下呈现不同的颜色来进行分析判断。

4. 阐述皮肤、毛发显微成像检测仪工作原理、作用、操作方法及注意事项。

5. 阐述专业皮肤检测分析仪工作原理、作用、操作方法、注意事项及仪器保养。

第二节　皮肤清洁美容仪

1. 阐述奥桑喷雾仪的工作原理、作用、操作方法、注意事项及日常保养，介绍了不同性质皮肤奥桑喷雾仪的蒸面时间和距离。

2. 阐述真空吸喷仪的工作原理、作用、操作方法、注意事项及日常保养。

3. 简述其他清洁美容仪的作用、操作方法及日常保养。

第三节　皮肤修复美容仪

1. 阐明超声波美容仪的工作原理、美容作用、操作方法、注意事项及日常保养，重点从八个方面阐明超声波美容仪的美容作用，明确根据波形、肤质、年龄和个人感受情况调节超声波的强度。

2. 阐述高频电疗仪工作原理、作用、操作方法、注意事项及日常保养，重点阐述高频电疗仪直接和间接电疗法的作用，直接电疗法和间接电疗法的操作方法。

3. 阐述丰胸美容仪工作原理、作用、操作方法、注意事项及日常保养。

4. 阐述RF射频美容仪工作原理、作用、操作方法、注意事项。

5. 阐述美体塑身减肥仪的常见类型及四种常见的美体塑身减肥仪的工作原理、作用、操作方法、注意事项。

6. 阐述激光医学美容仪激光器的构成及工作原理、作用、操作方法、注意事项。

7. 阐述光子美容治疗仪工作原理、作用、操作方法、注意事项。

8. 阐述红蓝光治疗仪的工作原理、美容作用、操作方法、注意事项及日常保养，明确导出、导入工作操作的顺序。

9. 简述远红外线机工作原理、作用、操作方法、注意事项。

10. 简述微雕美容仪工作原理、美容作用、操作方法、注意事项。

11. 简述眼袋冲击仪工作原理、美容作用、操作方法、注意事项。

第七章　其他美容技术

【知识教学目标】

1. 掌握打耳孔的操作方法。

2. 熟悉注射填充技术的应用及理想的注射填充材料应具备的条件。

3. 掌握皮肤磨削技术的操作方法。

4. 掌握激光技术的原理、操作方法。

5. 掌握面诊脏腑定位、面部色诊内容、常见的面部异常情况及其诊断方法。

6. 掌握掌线形态的功能判定。

7. 熟悉烫睫毛及嫁接睫毛的主要用品用具和操作步骤方法。

8. 熟悉打耳孔的定位方法及打耳孔后的养护。

9. 熟悉注射填充技术的概念。

10. 熟悉胶原纤维蛋白注射术的原材料。

11. 熟悉皮肤磨削技术的应用及注意事项。

12. 熟悉吸脂塑形技术的含义及意义。

13. 熟悉掌纹的"深""浅""消""长"的含义及手掌上的交感神经区、副交感神经区。

14. 熟悉手掌区域划定。

15. 了解激光脱毛法的注意事项和禁忌。

16. 了解打耳孔、激光技术的注意事项。

17. 了解自体脂肪颗粒注射移植术原理、操作方法、注意事项。

18. 了解胶原纤维蛋白注射术的原理、操作方法、注意事项。

19. 了解羟基磷灰石注射术的原理、操作方法、注意事项。

20. 了解皮肤磨削技术、吸脂塑性技术的原理和注意事项。

21. 了解化学剥脱技术的原理、操作方法、注意事项。

22. 了解真空负压吸脂塑形术、超声吸脂塑形技术、电子吸脂塑形技术的原理、操作方法、注意事项。

23. 了解影响掌纹生成变化的因素及掌纹与机体系统的关系。

24. 了解手指形态与健康的关系。

【能力培养目标】

1. 具备通过本章学习,能综合前面所学知识,科学、合理地为顾客选用养护手段及美容项目的能力。

2. 具备打耳孔、皮肤磨削技术的操作能力。

3. 具备理化美容技术的指导能力。

4. 具备运用面诊、手诊的基本知识,分析判断脏腑功能及机体状况的能力。

【教学内容】

第一节　打耳孔技术

1. 阐明打耳孔的定位方法。

2. 阐明打耳孔的操作方法,明确耳钉枪打耳孔的操作要领。

3. 阐述打耳孔的注意事项及术后养护。

第二节　注射填充技术

1. 阐明注射填充技术的含义。

2. 阐明常用的注射填充材料及理想的注射填充材料应具备的条件。

3. 简述自体脂肪颗粒注射移植术原理、操作方法、注意事项。

4. 简述胶原纤维蛋白注射术的原理、操作方法、注意事项。

5. 简述羟基磷灰石注射术的原理、操作方法、注意事项。

第三节　皮肤磨削技术

1. 简述皮肤磨削技术的原理。

2. 阐明皮肤磨削技术的操作方法。

3. 简述皮肤磨削技术的注意事项。

第四节　化学剥脱技术

1. 阐述化学剥脱技术的原理、含义。

2. 阐述化学剥脱技术的应用、操作方法。

3. 简述化学剥脱技术的注意事项。

附

1. 阐明面诊的含义及原理。

2. 从面诊脏腑定位和面部色诊的变化两方面阐明面诊的方法,可以了解人体的健康状态、对人体脏腑经络病变做定性和定位诊断。

3. 阐明常见的面部异常情况,结合脏器在面部所表示的部位,有无上述异常变化,判断该脏器是否有疾病。

4. 从掌部的皮肤特征、掌纹的"深""浅""消""长"、手掌上的神经区(交感、副交感)、影响掌纹生成变化的因素、掌纹与机体系统的关系五大方面阐述掌纹的基本知识。

5. 阐明天然八带法的手掌分区及脏腑对应区的划分。

6. 阐述手指形态与健康。

7. 从手掌常见的异常纹、掌部诊断健康的线来阐明掌线形态的功能判定。

第八章　美容化妆技术

【知识教学目标】

1. 掌握施妆的程序和不同部位的化妆技巧,重点明确涂抹粉底、画眼线和打腮红的操作技巧。

2．掌握不同脸型、眉型、眼型、鼻型和不同唇型矫正化妆的技巧。

3．掌握日妆、晚妆和新娘妆的妆型特点和化妆技巧。

4．熟悉美容化妆的特点、作用、原则、种类。

5．熟悉美容化妆的专业用品用具；明确修正液和粉底的选择、粉扑和不同化妆刷的使用方法。

6．熟悉整体形象设计的原则和服饰、发型等搭配要点。

7．熟悉色彩诊断的基本步骤及在化妆中的应用。

8．熟悉服装、肤色对施妆的影响和限制。

9．了解美容化妆的概念。

10．了解梦幻妆的特点及化妆技法。

11．了解不同季节的化妆特点。

12．了解化妆品与化妆用具的保管及鉴别知识。

13．了解皮肤、头发、眼睛的四季型诊断。

【能力培养目标】

1．备运用色彩的基本知识和化妆的原则，熟练掌握化妆技巧，因人制宜地为人化日妆的能力。

2．通过色彩的选用和化妆技法的施行，结合人体美学知识，具备进行矫正化妆的能力。

3．具备不同妆型的施妆操作能力。

4．具备遵照TPO原则，进行整体形象设计的能力。

【教学内容】

第一节　美容化妆的基本知识

1．简述美容化妆的概念和特点。

2．阐明美容化妆的作用和原则。

3．简述美容化妆的种类。

4．介绍美容化妆的专业用品、用具及其使用方法。

5．详细阐明修正液的选择；粉底的种类、选择时应遵循的原则、涂抹方法；各个化妆刷的作用。

第二节　施妆的基本方法

1．回顾五官位置的美学标准，判断受妆者的脸型；明确三庭五眼的概念。

2．详细介绍施妆的程序和方法，明确各步的具体要求和注意事项。

第三节　立体矫正化妆

1．阐明不同脸型的矫正化妆技巧，明确暗影和高光的具体涂法。

2．阐明不同眉型的矫正化妆技巧，明确眉峰的位置对视觉的影响。

3．阐明不同眼型的矫正化妆技巧，明确眼影和眼线的描画方法。

4．阐明不同鼻型的矫正化妆技巧，明确鼻侧影的涂抹方法。

5．阐明不同唇型的矫正化妆技巧，明确唇线对唇型的矫正作用。

第四节　不同妆型的化妆

1．阐明日妆的特点，简述施妆程序及注意事项。

2．阐明晚妆的特点，明确施妆要点和注意事项。

3．阐明新娘妆的特点，明确色彩的选择。

4．阐明梦幻妆的核心和灵魂，明确其构思的灵活性和妆面与创意的协调性。

附

1．拓展美容化妆的实际应用，阐明整体形象设计中的TPO原则。

2．阐明服装和发型对整体形象设计的影响。

3．阐明不同场合的着装要求及对整体的影响。

4．阐明色彩诊断的基本知识及在化妆中的应用。

第九章　美　甲　技　术

【知识教学目标】

1．掌握自然指甲修护的程序和方法。

2．掌握指甲彩绘、贴花镶嵌、甲油拓印和水晶雕花等各种装饰指甲技法的操作技巧。

3．掌握全贴片指甲的制作步骤和操作方法。

4．掌握半贴片指甲的制作方法，注意祛除接痕的操作方法。

5．掌握水晶贴片指甲的制作方法和制作水晶指甲的笔法练习方法。

6．掌握光疗树脂指甲的制作方法。

7．熟悉常见的手型、甲形和指甲的结构。

8．熟悉水晶指甲的制作及卸除方法。

9．熟悉指甲常见的症状与疾病。

10．了解美甲的概念和渊源，明确其与整体造型的相关性。

11．了解指甲与营养、指甲与健康的基本知识。

12．了解丝绸指甲的制作方法。

【能力培养目标】

1．熟练掌握指甲修护的方法和装饰指甲的技法，具备根据不同手型和甲型，选用适宜风格，美化指甲的能力。

2．具备装饰甲片的能力，能根据顾客需求为其制作粘贴甲片。

3．熟悉光疗树脂指甲的用品用具，具备制作光疗树脂指甲的能力。

4．熟悉水晶甲液和水晶甲粉的使用方法，具备制作水晶外雕花和贴片水晶甲的能力。

5．综合《美学导论》和美容化妆知识，具备将美甲融入整体形象设计，根据服饰、场所、时间等因素进行美甲的能力。

【教学内容】

第一节　美甲基础知识

1．简述美甲的概念，概述美甲的渊源。

2．阐明指甲的构造，明确指甲修护过程中涉及的部位。

3．简述常见的手形与甲型，明确甲型对手的修饰作用。

4．阐明美甲的基本工具，明确不同美甲项目涉及的工具。

5．阐明指甲的不同状况所预示的健康信息。

第二节　自然指甲的养护

1．阐明手部指甲的养护程序，明确手指甲修护的步骤及操作方法。

2．简述足部趾甲的修形及养护，注意其养护特点和注意事项。

第三节　装饰指甲

1．简述指甲油的颜色、分类、选择，明确指甲油的涂抹方法、祛除方法和使用时的注意事项。

2．阐明指甲彩绘的种类及其特点，明确不同各种指甲彩绘的操作方法。

3．阐明水晶外雕、水晶内雕和水晶三维雕塑的特点，明确水晶外雕的操作方法。

第四节　贴片指甲

1．阐明全贴片指甲的制作程序和方法。

2．简述半贴片指甲的制作程序，明确祛除接痕的操作方法。

第五节　水晶指甲

1．阐明制作水晶指甲所需的工具，明确四笔成型法训练制作水晶甲。

2．阐明贴片水晶甲的制作程序，明确其操作方法。

3．简述内嵌水晶甲与琉璃水晶甲的制作程序，注意其与贴片水晶指甲的异同。

4．阐明水晶指甲的卸除方法，明确锡纸卸除法的操作方法。

第六节　光疗树脂指甲和丝绸指甲

1．简述光疗树脂指甲的优点、所用工具和制作程序，重点阐述光疗树脂指甲的制作方法。

2．简述制作丝绸指甲所需的器具和制作程序，明确其制作方法。

第十章　三　文　技　术

【知识教学目标】

1．掌握美容文饰技术的原理和基本原则。

2. 掌握美容文饰的消毒、麻醉方法和常用手法。

3. 掌握文饰色料的配色原则和美容文饰技术应遵循的原则。

4. 掌握文饰术的操作程序。

5. 掌握三文技术的操作方法。

6. 掌握文饰失败的修复方法。

7. 熟悉电动文饰机的操作方法、注意事项、消毒与保养。

8. 熟悉文饰用品。

9. 熟悉文饰术的适应证和禁忌证。

10. 了解常用的文饰术语。

11. 了解文饰失败的原因及其表现。

12. 了解文饰术的并发症及其防治。

13. 了解文饰术局部麻醉方法的种类、药物、并发症及其防治。

【能力培养目标】

1. 熟练掌握美容文饰的基础操作技术,具备运用电动文饰机进行文眉、文眼线、文唇的能力。

2. 具备文饰色料的调配能力;能根据顾客的肤色、年龄、工作等因素为其调配文饰色料。

3. 融会贯通人体美学、矫正化妆和整体形象设计的相关知识,具备为顾客设计适合的眉型、眼线和唇线的能力。

4. 掌握错误文饰的修复方法,具备修复错误文饰的能力。

【教学内容】

第一节　概述

1. 简述美容文饰的基本概念。

2. 阐明美容文饰的原理,明确文饰时刺入的深度。

3. 阐明美容文饰的术语,明确文色、浮色、反色、脱色、盖色、洇色、变色、开角、闭角等术语。

4. 阐明美容文饰的消毒与麻醉方法。

5. 阐明美容文饰的常用手法,明确质感线条法和柔绣技术的操作方法。

5. 阐明文饰色料的特点,明确文眉、文眼线、文唇时的色料选择。

6. 阐明电动文饰机、绣眉笔和手针,重点阐明电动文饰机的操作方法。

7. 阐明文饰所需用品,明确其功用。

8. 阐明文眉、文眼线和文唇的适应证和禁忌证。

9. 阐明美容文饰的基本原则。

第二节　三文技术的操作

1. 阐明眉毛的生长特点、眉型设计、文眉色料的选择。

2. 详细阐明文眉技术的操作,重点明确术中操作技巧和术后医嘱。

3. 阐明文眉术的注意事项和术后并发症及处理,明确文眉术中及文眉术后可能会出现的问题及解决方法。

4. 简述绣眉、飘眉技术,明确其特点和操作方法。

5. 阐明唇部的构造、标准唇型和唇部的设计,明确五点定位法和唇峰定唇型的设计唇型方法,以及唇线的设计方法。

6. 阐明文唇色料的选择及配色。

7. 阐明文唇应遵循的原则。

8. 重点阐明文唇的常规操作和术后注意事项,明确文唇术的操作技巧。

9. 阐明文唇术后可能出现的问题及处理,明确文唇术后出现并发症的处理方法。

10. 阐明标准眼线的位置、形态和不同眼型眼线的设计方法。

11. 阐明文眼线色料的选择和调配。

12. 阐明文眼线应遵循的原则和文眼线术操作前、操作中和术后医嘱,重点阐明文眼线术操作过程和术后医嘱。

13. 阐明文眼线术的注意事项和术后可能的并发症及其处理方法,明确文眼线术后可能见到的眼线颜色变蓝、眼睑外翻、熊猫眼等症状的处理方法。

第三节　美容文饰失败的修复方法

阐明空针密文褪色法、洗眉水褪色法、遮盖法、再文饰法、电灼褪色法、手术切除柔绣法、激光洗眉法等修复方法的原理、适应证、操作方法和术后养护,重点明确各方法的适应证和操作方法。

四、实践教学环节与要求

教学内容		实验实训内容与能力培养要求	教学方式
第三章 第一节	肌肤养护技术 肌肤养护的准备工作	1. 包头巾、胸巾 2. 卸妆 熟练掌握包头巾、胸巾和卸妆的操作技术	1. 演示教学 2. 实训指导
第三章 第三节	肌肤养护技术 面部洁肤与脱屑	1. 洁面 2. 脱屑 熟练掌握洁面和脱屑的操作技术	1. 演示教学 2. 实训指导
第三章 第四节	肌肤养护技术 面部按摩与刮痧技术	1. 面部按摩手法 2. 面部刮痧手法 熟练掌握面部按摩、刮痧的操作技术	1. 演示教学 2. 实训指导
第三章 第五节	肌肤养护技术 面膜养护技术	1. 硬膜技术 2. 软膜技术 熟练掌握硬膜、软膜的操作手法及技巧	1. 演示教学 2. 实训指导
第三章 第七节	肌肤养护技术 不同性质皮肤的分析 与养护	不同性质皮肤的养护操作技巧 具备根据不同皮肤类型制订养护方案,并进行调护操作的能力	1. 演示教学 2. 实训指导
第三章 第八节	肌肤养护技术 眼部皮肤的养护	1. 眼部按摩手法 2. 眼部排毒手法 熟练掌握眼部按摩及排毒手法的操作技术	1. 演示教学 2. 实训指导
第三章 第九节	肌肤养护技术 手足部皮肤的养护	手部皮肤的按摩手法 掌握手部肌肤的按摩技术	1. 演示教学 2. 实训指导
第三章 第十节	肌肤养护技术 头颈肩部的养护	颈肩部的按摩手法 熟练掌握颈肩部的按摩操作技术	1. 演示教学 2. 实训指导
第四章 第五节	芳香美容技术 淋巴引流	1. 面部淋巴引流按摩的操作技术 2. 身体淋巴引流按摩的操作技术 熟练掌握淋巴引流按摩的操作技术,能够根据顾客的实际情况调配精油,进行淋巴排毒养护	1. 演示教学 2. 实训指导
第四章 附2	芳香美容技术 卵巢保养	卵巢保养的操作技术 熟练掌握卵巢保养的操作技法	1. 演示教学 2. 实训指导
第四章 附3	芳香美容技术 肾保养	肾保养的操作技术 熟练掌握肾保养的操作技法	1. 演示教学 2. 实训指导
第四章 附4	芳香美容技术 芳香耳烛疗法	芳香耳烛疗法的操作技术 能进行芳香耳烛疗法的操作	1. 演示教学 2. 实训指导
第四章 附5	芳香美容技术 经络排毒疗法	经络排毒疗法的操作技术 能进行经络排毒疗法的操作	1. 演示教学 2. 实训指导
第五章 第一节	美体塑身技术 健胸	健胸的操作手法 熟练掌握健胸的操作技法	1. 演示教学 2. 实训指导

教学内容	实验实训内容与能力培养要求	教学方式
第五章　美体塑身技术 第二节　减肥	1. 瘦脸手法 2. 身体不同部位按摩减肥手法 3. 针灸、穴位减肥手法 熟练掌握推拿按摩、针灸、穴位减肥的操作技术,具备运用中医特色减肥技术的能力	1. 演示教学 2. 实训指导
第六章　常用美容仪器 第一节　皮肤检测美容仪	常用皮肤检测美容仪 具备应用常见皮肤检测美容仪判断皮肤类型的能力	1. 演示教学 2. 实训指导
第六章　常用美容仪器 第二节　皮肤清洁美容仪	1. 奥桑喷雾仪 2. 真空吸喷仪 熟练掌握奥桑喷雾仪、真空吸喷仪的操作手法、养护方法	1. 演示教学 2. 实训指导
第六章　常用美容仪器 第三节　皮肤修复美容仪	1. 超声波美容仪 2. 高频电疗仪 3. 丰胸美容仪 4. RF 射频美容仪 5. 美体塑身、减肥仪 6. 激光医学美容仪 7. 光子美容治疗仪 8. 红蓝光治疗仪 熟练掌握超声波、丰胸、美体塑身、减肥美容仪、激光医学美容仪的操作、养护方法;熟悉高频电美容仪、RF 射频美容仪、光子美容治疗仪、红蓝光治疗仪的操作方法	1. 演示教学 2. 实训指导
第七章　其他美容技术 第一节　打耳孔技术	打耳孔的方法 熟练掌握穿耳孔的操作方法	1. 演示教学 2. 实训指导
第七章　其他美容技术 第二节　注射填充技术	注射填充的方法 掌握胶原纤维蛋白注射术、羟基磷灰石注射术的操作方法	1. 演示教学 2. 实训指导
第七章　其他美容技术 第三节　皮肤磨削技术	皮肤磨削技术 掌握皮肤磨削技术	1. 演示教学 2. 实训指导
第七章　其他美容技术 第四节　化学剥脱技术	化学剥脱技术 熟练掌握化学剥脱技术的操作方法	1. 演示教学 2. 实训指导
第七章　其他美容技术 附1面诊 附2手诊	1. 面诊技术 2. 手诊技术 熟练掌握手诊、面诊的知识,具备运用面诊、手诊知识判断脏腑功能的能力	1. 演示教学 2. 实训指导
第八章　美容化妆技术 第二节　施妆的基本方法	基础化妆 熟练掌握基础化妆的操作技术	1. 演示教学 2. 实训指导
第八章　美容化妆技术 第三节　立体矫正化妆	矫正化妆 具备根据不同的脸型进行纠正化妆的能力	1. 演示教学 2. 实训指导

续表

教学内容	实验实训内容与能力培养要求	教学方式
第八章 美容化妆技术 第四节 不同妆型的化妆	1. 日妆 2. 晚妆 3. 新娘妆 4. 梦幻妆 熟练掌握不同妆型的化妆技术	1. 演示教学 2. 实训指导
第九章 美甲技术 第二节 自然指甲的养护	1. 美甲工具 2. 自然指甲的养护 熟练运用美甲工具进行指甲养护的操作	1. 演示教学 2. 实训指导
第九章 美甲技术 第三节 装饰指甲	1. 指甲彩绘 2. 水晶雕花 熟练掌握指甲彩绘和水晶雕花装饰指甲的操作方法	1. 演示教学 2. 实训指导
第九章 美甲技术 第四节 贴片指甲	1. 全贴片指甲 2. 半贴片指甲 3. 法式贴片指甲 熟练掌握贴片指甲的操作方法	1. 演示教学 2. 实训指导
第九章 美甲技术 第五节 水晶指甲	水晶指甲的制作 熟悉水晶指甲制作的方法	1. 演示教学 2. 实训指导
第九章 美甲技术 第六节 光疗树脂指甲和丝绸指甲	1. 丝绸指甲的制作 2. 光疗树脂指甲的制作 熟悉丝绸指甲和光疗树脂指甲制作的方法	1. 演示教学 2. 实训指导
第十章 三文技术 第二节 三文技术的操作	1. 文眉、绣眉、飘眉技术 2. 文眼线技术 3. 文唇技术 掌握三文技术的操作方法，能进行基本文饰的操作	1. 演示教学 2. 实训指导

五、教学时间分配

教学内容	总时数	理论时数	实践时数
绪论	4	4	
美容相关皮肤知识	6	6	
肌肤养护技术	28	8	20
芳香美容技术	28	8	20
美体塑身技术	20	6	14
常用美容仪器	12	4	8
其他美容技术	18	10	8
美容化妆技术	28	8	20
美甲技术	20	4	16
三文技术	16	6	10
合计	180	64	116

六、大 纲 说 明

1. 本大纲适用于三年制医学美容技术专业专科学生使用。

2. 各院校在使用本大纲时可根据实际需要,在学时的安排上进行灵活调整。

3. 本门课程专业技能性很强,旨在培养学生的实践动手操作能力,在实践课教学安排上可依据各院校的实际情况自行调整。

4. 对于本门课程的考试考核方面,建议采用理论考核与实践考核两方面进行,各占一定比例分值。在实践考核中又因美容技术的多样性,建议分阶段考核,并累计实践考核分数,作为最后的实践课成绩。实践考核部分所占比例分值约为40%,各院校可根据实际情况进行灵活调整。

主要参考书目

1. 高景恒，刘洪臣．临床诊疗指南——美容医学分册[M]．北京：人民卫生出版社，2009．
2. 马英，欧文．皮肤美容教学指南[M]．2版．北京：人民军医出版社，2008．
3. 张海燕．精油SPA[M]．北京：中国盲文出版社，2008．
4. 刘志诚．肥胖病的针灸治疗[M]．北京：人民卫生出版社，2008．
5. 张晓梅．美容工作者[M]．北京：中国劳动社会保障出版社，2006．
6. 袁芳．生活美容[M]．北京：科学技术文献出版社，2007．
7. 章萍．激光医学[M]．郑州：郑州大学出版社，2007．
8. 王晨霞．王晨霞掌纹诊病治病[M]．哈尔滨：北方文艺出版社，2007．
9. 李红阳．针灸推拿美容学[M]．北京：中国中医药出版社，2006．
10. 汪安宁．针灸学[M]．北京：人民卫生出版社，2005．
11. 胡云高．手掌病象探察图谱[M]．北京：中国中医药出版社，2006．
12. 裘名宜．美容医疗技术[M]．北京：科学出版社，2006．
13. 崔黎黎．时尚美甲DIY[M]．北京：农村读物出版社，2006．
14. 申五一，刘开东，王文科．医学美容[M]．北京：中医古籍出版社，2005．
15. 乔国华．现代美容实用技术[M]．北京：高等教育出版社，2005．
16. 华建芳，朱洪涛．美容工作者[M]．2版．上海：上海科学普及出版社，2005．
17. 陈明．使用美容技法[M]．沈阳：辽宁科学技术出版社，2005．
18. 申五一，刘开东，王文科．医学美容临床技术教程[M]．北京：中国古籍出版社，2005
19. 张湖德，张春彦，车延萍．时尚美容形象设计[M]．北京：人民军医出版社，2005．
20. 赵小川．医学美容技术[M]．北京：高等教育出版社，2005．
21. 吴继聪，张海霞．美容医疗技术[M]．2版．北京：科学出版社，2004．
22. 王家璧，王宏伟．皮肤激光美容治疗[M]．北京：清华大学出版社，2004．
23. 李赴朝，丁芷林．脂肪抽吸与脂肪移植术[M]．上海：第二军医大出版社，2004．
24. 卓芷聿．精油全书[M]．广东：汕头大学出版社，2003．
25. 范冰冰．化妆与形象设计[M]．北京：中国劳动保障出版社，2003．
26. 武志红．美甲职业技能培训教程[M]．北京：中国劳动社会保障出版社，2003．
27. 杜建．芳香疗法源流与发展[J]．中国医药学报．2003（8）：454-456．
28. 王海艳．芳香疗法[M]．长沙：湖南科学技术出版社，2002．
29. 吴继聪，张海霞，孙玉萍．美容医学技术[M]．北京：科学出版社，2002．
30. 孙翔．医学美容技术[M]．北京：人民卫生出版社，2002．
31. 姜勇清．美容与造型[M]．北京．高等教育出版社．2002．
32. 吴荣忠，段瑞平，曹汝智．现代实用医学美容学[M]．第2版．北京：学苑出版社，2002．
33. 孙玉萍，郗虹．文饰美容技术[M]．3版．北京：学苑出版社，2002．
34. 张学军．现代皮肤病学基础[M]．北京：人民卫生出版社，2001．
35. 刘巧．中西医结合皮肤病治疗学[M]．北京：人民军医出版社，2001．
36. 乔国华．美容工作者[M]．北京：中国劳动社会保障出版社，2001．
37. 彭庆星，何伦，秦守哲．美容医学基础[M]．北京：科学出版社，2000．
38. 马亚．美容[M]．北京：高等教育出版社，2000．

39. 孙玉萍. 实用皮肤美容技术[M]. 北京：北京出版社，2000.

40. 孙玉萍. 郗虹. 文饰美容技术[M]. 北京：学苑出版社，2000.

41. 李媛媛. 现代医学美容[M]. 北京：金盾出版社，1997.

42. 刘宁. 医学美容学[M]. 成都：成都中医学院，1994.

43. 于西蔓. 女性个人色彩诊断[M]. 广州：花城出版社，2003.

44. 乔国华. 化妆造型设计[M]. 北京：高等教育出版社，2005.